蒙 山 苔 藓 志

BRYOPHYTE FLORA OF MT. MENG

赵遵田　任昭杰　著

科学出版社

北　京

内 容 简 介

本志收录蒙山苔藓植物 55 科 122 属 332 种 2 亚种 7 变种，包括山东新记录科 1 个和新记录属 2 个；描述了每个物种的主要特征；编制了中英文分属和分种检索表；列出了引证标本信息；收录了每个物种的接受名、基原异名以及在我国曾被广泛使用的异名；绘制了绝大部分种类的墨线图；拍摄了部分种类的生境照片。

本志可供农业、林业、园林、园艺、环保和资源保护等相关科研、生产单位及大专院校的科研、教学人员参考，也可作为大专院校野外实习工具书。

图书在版编目(CIP)数据

蒙山苔藓志 / 赵遵田，任昭杰著. —北京：科学出版社，2020.10
ISBN 978-7-03-066179-1

Ⅰ.①蒙… Ⅱ.①赵… ②任… Ⅲ.①苔藓植物-植物志-蒙山县 Ⅳ.①Q949.35

中国版本图书馆 CIP 数据核字(2020)第 175973 号

责任编辑：韩学哲　孙　青/责任校对：郑金红
责任印制：肖　兴/封面设计：刘新新

科学出版社 出版

北京东黄城根北街 16 号
邮政编码：100717
http://www.sciencep.com

三河市春园印刷有限公司 印刷

科学出版社发行　各地新华书店经销

*

2020 年 10 月第 一 版　开本：889×1194　1/16
2020 年 10 月第一次印刷　印张：24 1/2　插页：30
字数：793 000
定价：298.00 元
(如有印装质量问题，我社负责调换)

谨以此书敬祝山东师范大学建校七十周年

赵遵田

《蒙山苔藓志》著者名单

本书著者：

赵遵田 任昭杰

本书参著者：

于宁宁　张永清　胡　玲　刘　毓　王学慧

刘　谦　刘红燕　主　玉　李景刚　蒋永胜

殷　济　黄　卉　石飞翔　赵奉熙

序　一

　　苔藓植物是高等植物中仅次于被子植物的第二大类群。据粗略统计，全世界记录苔藓植物约 2.2 万种，是全球所有陆地生态系统中的重要成员，具有很强的适应性。正是极强的适应性使其物种组成和分布规律具备了重要的环境指示意义。

　　我国苔藓植物研究起步较晚，陈邦杰先生是中国苔藓植物研究奠基人，此后有高谦、吴鹏程、胡仁亮、黎兴江等学者加入这个队伍，山东师范大学的赵遵田教授亦对此情有独钟。自青年时，赵遵田便立志投身中国苔藓研究事业，他穷毕生精力，率领团队踏遍了祖国的山山水水，完成了多部著作，如《山东苔藓志》、《昆嵛山苔藓志》等，即将问世的《蒙山苔藓志》是又一力作。

　　蒙山位于山东中南部，面积广阔，跨临沂市所辖蒙阴、平邑、沂南、费县四县，主峰龟蒙顶，海拔 1156 米，气候为暖温带大陆性季风气候。复杂的地理和气候条件为苔藓植物的生存繁衍提供了良好的环境，使蒙山成为山东苔藓植物最为丰富的地区之一。赵遵田是土生土长的沂蒙山人，对沂蒙山有着浓厚的感情，早在 1984 年，就开始对蒙山苔藓植物进行调查和采集。通过三十余年的不懈努力，走遍了蒙山的沟沟坎坎，带领其团队共采集苔藓植物标本 7200 余号，通过整理鉴定，摸清了蒙山苔藓植物本底。

　　该志在标本鉴定、检视和文献研究参考的基础上，收录蒙山苔藓植物 55 科 122 属 332 种 2 亚种 7 变种，其中苔类 18 科 24 属 61 种 2 亚种 3 变种，藓类 37 科 98 属 271 种 4 变种，并且发现了 1 个山东新记录科，即昂氏藓科 Aongstroemiaceae，以及若干山东新记录属种，进一步丰富和完善了山东苔藓植物区系。该志绘制了植物墨线图、拍摄了生境照片，对苔藓植物的鉴定和野外识别有重要的参考价值。

　　我热情期待这部具有重要学术价值的专著早日付梓。我为中国苔藓植物的追梦人赵遵田教授及其团队点赞！

中国植物学会名誉理事长　洪德元
中国科学院　院士
2019.9.30

序　二

　　一提起 "沂蒙山"，我的内心便油然而生许多感慨和敬意。这座山古称 "东蒙"、"东山"，地处山东省临沂市西北、沂蒙山区腹地。总面积 1125 平方千米，主峰龟蒙顶海拔 1156 米，为山东第一大山和第二高峰，素称 "亚岱"。有 1000 米以上山峰 14 座，湖泊 150 多片，森林覆盖率达 98% 以上。蒙山和沂水构成了人文地理概念 "沂蒙山"。

　　蒙山历史上属于东夷文明，是祭山文化的发祥地，西周时期颛臾王曾主祭蒙山。这里留下了孔子、鬼谷子、李白、杜甫等先贤足迹。近代蒙山是继井冈山、延安之后又一老革命根据地，被誉为 "两战圣地、红色沂蒙"。刘少奇、陈毅、粟裕等老一辈无产阶级革命家都在这里留下光辉的足迹，铸造的 "沂蒙精神" 成为党和国家宝贵的精神财富。

　　古之沂蒙，曾是 "四塞之崮、舟车不通、外货不入、土货不出" 之地。而今这里四通八达，被评为世界地质公园、全国首座 "中国生态名山"。良好的生态环境孕育了丰富的苔藓植物资源。

　　苔藓植物是最低等的高等植物，其物种多样性仅次于种子植物。由于体型矮小，长期以来一直未被人们所重视，仅仅就是公众眼里 "墙角的青苔"。但苔藓植物在自然界中有着重要的地位，对于维持生态平衡具有重要的作用。

　　蒙山地理气候条件复杂，植物多样性良好。为摸清该地区苔藓植物本底资源，山东师范大学赵遵田教授不辞辛劳、坚持深耕于此。从 1984 年至今，赵遵田团队对蒙山苔藓植物进行了多次的野外调查和标本采集。三十多年来共采集苔藓植物标本 7200 余号。通过不懈的努力，摸清了蒙山苔藓植物本底资源。在认真严谨的鉴定研究基础之上，《蒙山苔藓志》得以完成。该志收录蒙山苔藓植物 55 科 122 属 332 种 2 亚种 7 变种，发现了 1 个山东新记录科——昂氏藓科 Aongstroemiaceae，以及若干山东新记录属种，这对于完善山东苔藓植物区系具有重要作用，也对中国乃至世界苔藓植物研究提供了宝贵的基础资料。

　　欣闻该志即将出版，作为沂蒙山人的我由衷高兴，并很荣幸为之作序！

清华大学副校长
中国科学院院士
2020. 7. 20

前　言

蒙山位于山东中南部，地处东经 117°35′–118°20′，北纬 35°10′–36°00′，为西北一东南走向，面积约 1125 km²，主体山脉跨临沂市所辖蒙阴、平邑、沂南、费县四县，主峰龟蒙顶，海拔 1156 米，海拔在千米以上的山峰 14 座，大都坐落于蒙阴、平邑和费县交界处。蒙山地区气候为暖温带大陆性季风气候，年均气温 13.1℃，年平均降水量为 863.8 mm，无霜期 210 天，具有四季分明、雨热同期、光照充足等特点。

蒙山地层由新太古界泰山（岩）群构成，包括孟家屯组、雁翎关组、山草峪组和柳杭组，岩性以斜长角闪岩、黑云变粒岩为主夹角闪变粒岩、透闪阳起片岩、变质砾岩和石榴石英岩等；土壤以棕壤和褐土为主；蒙山地区水系发达，区域内河流皆属沂河水系，北麓主要有东汶河和蒙河，南麓主要有浚河和祊河，以上河流均为沂河一级支流，同时有岸堤水库、石岚水库、上治水库和安靖水库等蓄水量较大的水体。

复杂多变的地理和气候条件及一些阴润的局部小生境，为苔藓植物的生存繁衍提供了良好的环境，使蒙山拥有丰富的苔藓植物资源。

蒙山苔藓植物的科学研究起步较晚，1984 年和 1985 年，许安琪等先后三次赴蒙山进行苔藓植物调查，调查主要以龟蒙顶附近山区为主，共采集标本 1000 余号，1986 年和 1987 年，先后发表两篇文章，共报道蒙山苔藓植物 28 科 70 种和 1 变种，这是对蒙山苔藓植物最早的科学报道，可惜上述 1000 余号标本现已不知所踪，故本次未能研究参考。1984 年，高谦、赵遵田等赴蒙山进行苔藓植物资源调查和标本采集，随后，赵遵田继续进行调查研究，至 1998 年，共采集标本 1000 余号，其中大部分存放于山东师范大学植物标本馆（SDNU），1984 年采集的部分标本存放于中国科学院沈阳应用生态研究所标本馆（IFSBH）；1993 年，衣艳君等对山东凤尾藓属 *Fissidens* Hedw. 植物进行了初步研究，报道蒙山该属植物 1 种；1998 年，《山东苔藓植物志》出版，收录蒙山苔藓植物 32 科 62 属 98 种 2 变种，其中苔类 13 科 15 属 19 种，藓类 19 科 47 属 79 种 2 变种；1998 年之后，赵遵田继续对蒙山苔藓植物进行调查采集，采集标本 100 余号；与此同时，张艳敏也对蒙山苔藓植物进行了调查采集，2003 年发表采自于蒙山的山东苔藓植物新记录种 12 个。

为摸清山东苔藓植物本底资源，2007 年开始，赵遵田、任昭杰等对山东省苔藓植物资源进行新一轮的调查采集，2008 年、2010 年、2011 年和 2012 年先后 7 次从蒙阴、平邑和费县方向对蒙山进行苔藓植物资源调查和标本采集，共采集标本 4500 余号，期间任昭杰、杜超和黄正莉等先后对蒙山苔藓植物做过零星报道；2016 年，《山东苔藓志》正式出版，收录蒙山苔藓植物 48 科 99 属 227 种 1 亚种和 6 变种，其中苔类 18 科 21 属 46 种 1 亚种和 3 变种，藓类 30 科 78 属 181 种和 3 变种；同年 10 月，任昭杰赴沂南对蒙山和竹泉村等地进行调查，共采集标本 100 余号；2017 年和 2018 年，赵遵田、任昭杰等先后 4 次从蒙阴、平邑、沂南和费县方向对蒙山进行苔藓植物资源调查采集，共采集标本 1500 余号，期间任昭杰、田雅娴等对相关研究成果进行了报道。

本志在对上述 7200 余号标本仔细鉴定、检视和文献研究参考的基础上，得出并收录蒙山苔藓植物 55 科 122 属 332 种 2 亚种 7 变种，其中苔类 18 科 24 属 61 种 2 亚种 3 变种，藓类 37 科 98 属 271 种 4 变种。本次研究发现山东新记录科 1 个，即昂氏藓科 Aongstroemiaceae，山东新记录属 2 个，即异萼苔属 *Heteroscyphus* Schiffn. 和裂齿藓属 *Dichodontium* Schimp.。本志参照《山东苔藓志》进行系统排列。

本志对每个物种的主要特征进行了描述；收录了每个物种的接受名、基原异名以及在我国曾被广泛使用的异名；墨线图主要由任昭杰、于宁宁等绘制，图片格式处理主要由于宁宁完成；生境照片由任昭杰拍摄；引证标本的地点，按照"县+小地点"的格式记录，蒙阴等四县顺序大致按从北向南排列，即按蒙阴、平邑、沂南、费县顺序。本志在编研过程中借阅了存放于山东农业大学植物标本馆（SDAU）的部分标本，相关借阅标本已在文中标注。

在本志编研过程中，得到了吴鹏程、曹同、汪楣芝、贾渝、张力、吴玉环、李微等专家老师的指导和帮助；山东师范大学、山东博物馆、沂蒙山国家地质公园管理局、银座天蒙旅游区、临沂大学及山东省科学院临沂分院等单位领导、同仁给予了诸多支持和帮助；往届研究生韩国营、杜超、姚秀英、黄正莉、李林、郭萌萌、付旭等同学，在调查采集和研究过程中做了大量工作；另外，本志的顺利完成得到了国家自然科学基金（30570122、31400015）和山东第四次中药资源普查项目的资助，在此一并表示感谢！

由于作者水平有限，书中不足之处在所难免，敬请读者批评指正！

作　者
2019 年春

目 录

照片

一、苔类植物门
MARCHANTIOPHYTA

科 1. 疣冠苔科 AYTONIACEAE

叶状体通常中等大小至大形，带状，黄绿色至深绿色，多叉状分枝，腹面有时侧生新枝。气室多层，常具片状次级分隔；气孔单一型，常突起。中肋界线不明显，渐边渐薄。叶状体下部基本组织细胞较大，薄壁。腹面鳞片多近半月形，中肋两侧各一列，覆瓦状排列，有时具油细胞及黏液疣，先端具 1–3 个附片，略呈披针形。雌雄异株或雌雄同株。雄器托无柄，着生于叶状体背面。雌器托柄具 1 条假根沟，或缺失。雌器托生于叶状体背面中肋处或前段缺刻处，边缘浅裂至深裂，有时近于不裂或退化；雌器托下方着生苞膜，膜状或 2 瓣裂；具假蒴萼，或无，深裂，裂片披针形，内含 1 个孢子体。孢蒴多球形，外包蒴被，成熟后伸出，盖裂或不规则裂。弹丝具 1 列至多列螺纹加厚。孢子表面具疣或网纹。

本科全世界 5 属。中国有 5 属；山东有 3 属，蒙山有 2 属。

分属检索表

1. 雌器托柄无假根沟 ·· 1. 紫背苔属 *Plagiochasma*
1. 雌器托柄具 1 条假根沟 ·· 2. 石地钱属 *Reboulia*

Key to the genera

1. ♀ receptacles without rhizoid furrow ··· 1. *Plagiochasma*
1. ♀ receptacles with one rhizoid furrow ··· 2. *Reboulia*

属 1. 紫背苔属 **Plagiochasma** Lehm. & Lindenb.

Nov. Stirp. Pug. 4: 13. 1832.

叶状体通常中等大小，带状，叉状分枝，黄绿色至深绿色，腹面多带紫色，质厚。叶状体背面有时具油细胞；气室多层；气孔单一，有时明显突起，口部周围细胞单层；中肋界线不明显，渐边渐薄。叶状体下部基本组织较厚，细胞较大，薄壁。腹面鳞片较大，披针形或近半月形，带紫色；先端多具 1–3 个披针形附片，基部有时明显收缩。多雌雄同株。雄器托着生于叶状体背面中肋处，无柄。雌器托常退化，下方具贝壳状苞膜，内含孢子体。雌器托柄较短，无假根沟，着生于叶状体背面中肋的前端。孢蒴球形。弹丝具螺纹加厚或无。孢子表面具疣或网纹。

本属全世界现有 16 种。中国有 6 种；经检视标本发现，《山东苔藓志》（任昭杰和赵遵田，2016）收录的无纹紫背苔 *P. intermedium* Lindenb. & Gottsche 系日本紫背苔 *P. japonicum* (Steph.) C. Massal.误定，因将无纹紫背苔从山东苔藓植物区系中剔除，故目前山东明确该属植物 2 种，蒙山皆有分布。

分种检索表

1. 气孔口较大，周围环绕 3–4 圈长形细胞，呈放射状排列 ······················· 1. 日本紫背苔 *P. japonicum*
1. 气孔口较小，周围 1 圈非长形细胞，不呈放射状排列 ······················· 2. 小孔紫背苔 *P. rupestre*

Key to the species

1. Pores larger, surrounded by 3–4 circle elongate cells in radiation arrangement ··············· 1. *P. japonicum*
1. Pores smaller, surrounded only 1 circle non-elongate cells, not in radiation arrangement ··············· 2. *P. rupestre*

1. 日本紫背苔　照片 1

Plagiochasma japonicum (Steph.) C. Massal., Mem. Accad. Agri. Verona 73(2): 47. 1897.

Aytonia japonica Steph., Bull. Herb. Boissier 5: 84. 1897.

　　叶状体中等大小，带状，叉状分枝，背面表皮细胞壁薄；气孔分化，口部周围通常 6–8 个细胞，呈 3–4 圈环绕；中肋界线不明显。腹面鳞片紫红色，先端具 1–2 个卵状披针形附片，附片通常无齿。雌器托圆盘形，一般具 1–3 个苞膜，稀 4 个，内有孢子体。弹丝螺纹加厚或无螺纹加厚。

　　生境　生于岩面薄土上。

　　产地　蒙阴：蒙山，李林 20111372。

　　分布　中国（黑龙江、北京、山东、陕西、甘肃、青海、云南、广东）；不丹、日本和朝鲜。

2. 小孔紫背苔　图 1

Plagiochasma rupestre (Forst.) Steph., Bull. Herb. Boissier 6: 783 (Sp. Hepat. 1: 80).

Aytonia rupestre Forst., Char. Gen. Pl. (ed. 2), 148. 1776.

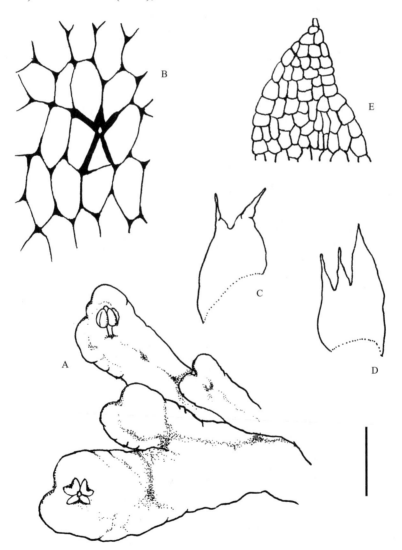

图 1　小孔紫背苔 *Plagiochasma rupestre* (Forst.) Steph., A. 叶状体；B. 叶状体背面细胞及气孔；C-D. 腹面鳞片；E. 鳞片的附片（汪楣芝、于宁宁　绘）。标尺：A=3.4 mm, B=50 μm, C-D=1.3 mm, E=168 μm。

叶状体带状，叉状分枝，背面表皮细胞圆多边形，薄壁，具三角体，有时具油细胞；气孔小，口部周围仅 1 圈 4–6 个非异形细胞，不呈放射状排列；中肋界线不明显。腹面鳞片先端具 1–2 条披针形附片，稀 3 条，有时边缘具黏液疣。雌器托具 1–3 个苞膜，内有孢子体。弹丝螺纹加厚。

生境 生于土表、岩面或岩面薄土上。

产地 蒙阴：蒙山，任昭杰 20111303、20111373。沂南：竹泉村，任昭杰 R16706-B。费县：玉皇宫下，海拔 870 m，任昭杰、田雅娴 R17620-C。

分布 中国（黑龙江、吉林、辽宁、内蒙古、山东、陕西、宁夏、新疆、安徽、上海、江西、四川、贵州、云南、福建、台湾）；日本、巴西、玻利维亚，欧洲和北美洲。

属 2. 石地钱属 Reboulia Raddi

Opusc. Sci. 2: 357. 1818.

叶状体中等大小，带状，叉状分枝，淡绿色至深绿色，质厚，干时边缘略背卷。叶状体背面表皮细胞具明显三角体，有时具油细胞；气室多层；气孔单一型，口部周围细胞单层；中肋界线不明显，渐边渐薄。腹面鳞片在中肋两侧各一列，覆瓦状排列，近半月形，带紫色，常具油细胞；先端具 1–3 条狭披针形附片。多雌雄同株。雄器托着生于叶状体背面前端，无柄。雌器托半球形，顶部平滑或凹凸不平，边缘 5–7 深裂，裂瓣下面有苞膜，内含 1 个孢子体。雌器托柄上具 1 条假根沟。孢蒴球形。弹丝螺纹加厚。孢子四分体型，表面具疣和网纹。

本属全世界仅 1 种。蒙山有分布。

1. 石地钱 图 2 照片 2

Reboulia hemisphaerica (L.) Raddi, Opusc. Sci. 2 (6): 357. 1818.

Marchantia hemisphaerica L., Sp. Pl. 1138. 1753.

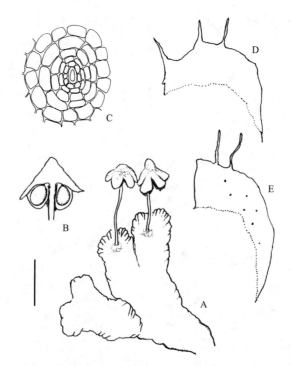

图 2 石地钱 *Reboulia hemisphaerica* (L.) Raddi, A. 叶状体；B. 雌托的纵切面；C. 叶状体背面细胞及气孔；D-E. 腹面鳞片（汪楣芝、于宁宁 绘）。标尺：A=2.2 mm, B=1.4 mm, C=50 μm, D-E=670 μm。

种特征同属。

生境　多生于岩面。

产地　蒙阴：蒙山，赵遵田 91293、91294；冷峪，海拔 500 m，李林 R123005-A。平邑：龟蒙顶索道上站，海拔 1066 m，任昭杰、王春晓 R18523-A、R18533、R18541-A。费县：茶蓬峪，海拔 380 m，李超 R123402-B；闻道东蒙，海拔 800 m，任昭杰、田雅娴 R17631；玉皇宫货索站，海拔 600 m，任昭杰、田雅娴 R18358。

分布　世界广布种。我国南北各省区均有分布。

科 2. 蛇苔科 CONOCEPHALACEAE

叶状体多中等大小至大形，浅绿色至深绿色，叉状分枝，具或不具光泽。叶状体背面表皮细胞多边形，薄壁；气室和气孔明显，气室单层，内具绿色球形细胞的营养丝，营养丝顶端着生无色透明的瓶状或梨形细胞；气孔口部周围 6–7 个细胞，5–8 圈，放射状排列；中肋界线不明显，渐边渐薄。叶状体下部基本组织高约 10 个细胞。腹面鳞片弯月形，先端具 1 个近椭圆形附片。雌雄异株。无胞芽杯。雄器托椭圆形，无柄，着生于叶状体背面的先端。雌器托长圆锥形，边缘 5–9 浅裂，每一裂瓣的苞膜内具 1 个孢子体，托柄具 1 条假根沟。孢蒴长卵圆柱形，成熟时伸出，不规则 8 瓣开裂，蒴壁半环纹加厚。弹丝螺纹加厚。孢子近球形，具疣。

本科全世界仅 1 属。蒙山有分布。

属 1. 蛇苔属 Conocephalum F. H. Wigg.

Gen. Nat. Hist. 2: 118. 1780.

属特征同科。

本属全世界现有 3 种。中国有 3 种；山东有 2 种，蒙山皆有分布。

分种检索表

1. 叶状体较宽，0.5–2 cm 宽；气室的透明瓶状细胞具长颈 ······················· 1. 蛇苔 *C. conicum*
1. 叶状体较窄，3–5 mm 宽；气室的透明瓶状细胞具短颈 ····················· 2. 小蛇苔 *C. japonicum*

Key to the species

1. Thallus broader, ca. 0.5–2 cm in diameter; the hyline bottle-like cells with long neck in the air chamber ········· 1. *C. conicum*
1. Thallus narrower, ca. 3–5 mm in diameter; the hyline bottle-like cells with short neck in the air chamber ······2. *C. japonicum*

1. 蛇苔　照片 3

Conocephalum conicum (L.) Dumort., Bot. Gaz. 20: 67. 1895.

Marchantia conicum L., Sp. Pl. 1138. 1753.

叶状体形大，绿色至深绿色、暗绿色，多具光泽；背面具气孔和气室；气室内具多数营养丝，营养丝顶端具透明长颈瓶状细胞；气孔单一，口部周围放射状排列 5–6 圈细胞。腹面鳞片半月形，先端具 1 椭圆形附片。雌雄异株。雄器托无柄。雌器托长圆锥形，边缘 5–9 浅裂，雌器托柄长，具 1 条假根沟。孢蒴不规则 8 瓣裂。弹丝螺纹加厚。

生境　多生于岩面、土表或岩面薄土上。

产地　蒙阴:里沟,海拔 700 m,任昭杰 R20120061-B;冷峪,海拔 450 m,付旭、郭萌萌 R123021-A、R17387-A。平邑:核桃涧,海拔 500 m,任昭杰、王春晓 R18480;核桃涧,海拔 700 m,李林 R17430-A;蓝涧,海拔 600 m,郭萌萌 R17431;广崮尧,海拔 700 m,任昭杰、田雅娴 R17563。沂南:东五彩山神龙洞,海拔 700 m,任昭杰、田雅娴 R18270。费县:三连峪,海拔 400 m,郭萌萌 R123333-B;玉皇宫货索站,海拔 600 m,任昭杰、田雅娴 R18324-A。

分布　广泛分布于全国各省区;印度、尼泊尔、不丹、朝鲜、日本、俄罗斯,欧洲和北美洲。

本种叶状体表面纹饰呈蛇皮状,易与其他类群叶状体苔类区别,在阴湿环境下常形成大片群落。

2. 小蛇苔　照片 4

Conocephalum japonicum (Thunb.) Grolle, J. Hattori Bot. Lab. 55: 501. 1984.

Lichen japonicus Thunb., Fl. Jap. 344. 1784.

叶状体黄绿色至深绿色,有时暗绿色;背面具气室;气室内具多数营养丝,营养丝顶端细胞短梨形,无细长尖;气孔单一。腹面鳞片深紫色。雌雄异株。雄器托圆盘状,无柄。雌器托柄长,透明,具 1 条假根沟。弹丝螺纹加厚。

生境　多生于岩面、土表或岩面薄土上。

产地　蒙阴:蒙山,任昭杰 20111285;蒙山,赵遵田 91284、91418。费县:茶蓬峪,海拔 300 m,李林 R121039;三连峪,海拔 400 m,李林、郭萌萌 R121039、R123188、R123203。

分布　中国(辽宁、山东、陕西、甘肃、上海、浙江、江西、湖南、重庆、贵州、云南、福建、台湾、香港);印度、尼泊尔、不丹、柬埔寨、菲律宾、朝鲜、日本、俄罗斯(远东地区)和美国(夏威夷)。

本种植物体较蛇苔 *C. conicum* 小,叶状体边缘常着生多数黄绿色或绿色芽胞,易与后者区别。

科 3. 地钱科 MARCHANTIACEAE

植物体多大形,浅绿色至深绿色,叉状分枝,有时腹面着生新枝。叶状体背面气室 1 层或退化,常具绿色营养丝;气孔烟突型,口部圆筒形;中肋界线不明显,渐边渐薄。叶状体下部基本组织厚,细胞较大,薄壁,常具大形黏液细胞和小形油细胞。腹面鳞片近半月形,在中肋两侧各具 1–3 列,覆瓦状排列,常具油细胞,先端具 1 个披针形、椭圆形或心形附片,边具齿突。中肋背面多着生杯状胞芽杯,边缘平滑或具齿,内生扁圆形芽胞。雌雄同株或异株。雌器托和雄器托伞形或圆盘形,均具长柄,柄具 2 条假根沟。雄器托边缘浅裂或深裂。雄器托边缘常深裂,下方具多数两瓣状苞膜,内含数个假蒴萼。孢蒴卵形,不规则开裂,蒴壁环纹加厚。弹丝螺纹加厚。孢子具疣或网纹。

本科全世界有 3 属。中国有 2 属;山东有 1 属,蒙山有分布。

属 1. 地钱属 Marchantia L.

Sp. Pl. 2: 1137. 1753.

属特点基本同科。

本属全世界现有 36 种。中国有 10 种和 3 亚种;山东有 2 种,蒙山皆有分布。

分种检索表

1. 叶状体腹面鳞片的附片边全缘或具少数齿突 ·· 1. 粗裂地钱 *M. paleacea*
1. 叶状体腹面鳞片的附片边缘具密齿突 ·· 2. 地钱 *M. polymorpha*

Key to the species

1. Appendage of ventral scales margins almost entire, rarely dentate ················· 1. *M. paleacea*
1. Appendage of ventral scales margins sharply dentate ······························· 2. *M. polymorpha*

1. 粗裂地钱　图 3

Marchantia paleacea Bertol., Opusc. Sci. 1 : 242. 1817.

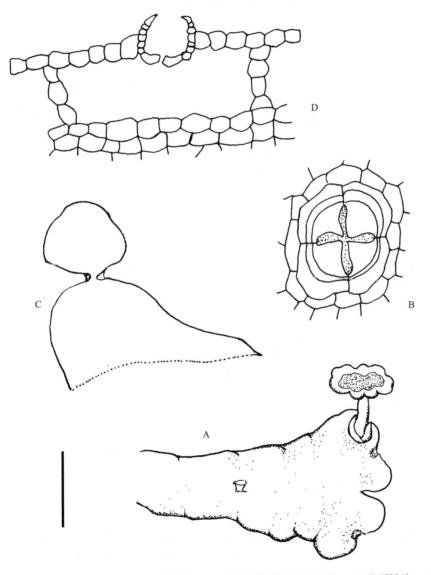

图 3　粗裂地钱 *Marchantia paleacea* Bertol., A. 叶状体；B. 叶状体背面细胞及气孔；C. 腹面鳞片；D. 叶状体横切面一部分（汪楣芝、于宁宁　绘）. 标尺：A=3.4 mm, B=50 μm, C=510 μm, D=67 μm.

本种叶状体腹面的附片边全缘或具少数齿突，雌器托裂瓣近扁平，不呈指状，一侧伸展或两侧对称，雌器托柄上常具狭长鳞片，以上特点明显区别于地钱 *M. polymorpha*。

　　生境　生于土表。

　　产地　蒙阴：蒙山，赵遵田 93445。平邑：龟蒙顶，海拔 1100 m，张艳敏 244（SDAU）。费县：三连峪，海拔 400 m，付旭、郭萌萌 R123046、R123185。

　　分布　广泛分布于全国各省区；印度、尼泊尔、不丹、日本、朝鲜，欧洲、北美洲和非洲。本种目前在山东仅发现于蒙山地区。

2. 地钱　图 4　照片 5、照片 6

Marchantia polymorpha L., Sp. Pl. 1137. 1753.

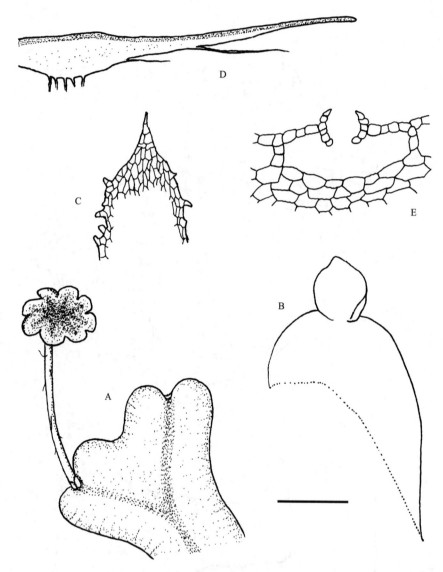

图 4　地钱 *Marchantia polymorpha* L., A. 叶状体；B. 腹面鳞片；C. 胞芽杯口部的一个齿；D. 叶状体横切面一部分；E. 气孔及气室的横切面（汪楣芝、于宁宁 绘）。标尺：A=4.0 mm, B=670 μm, C=126 μm, D=67 μm, E=100 μm.

　　叶状体形大，黄绿色至深绿色，多回叉状分枝。气孔烟突型。腹面鳞片 4–6 列，覆瓦状排列，弯月形，紫色，先端附片阔三角形或阔卵形，边缘具密集齿突，常具大形黏液细胞和油细胞。雌雄异株。雄器托圆盘形，7–8 浅裂。雌器托 6–10 深裂，裂瓣指状，放射状排列，托柄较长，无狭长鳞片。

　　生境　生于土表。

产地　蒙阴：蒙山，赵遵田 91340、91343。费县：玉皇宫，海拔 960 m，任昭杰、田雅娴 R18355。

分布　世界广布种。广泛分布于全国各省区。

本种为世界广布种，典型的伴人植物，其雌器托的指状瓣裂在野外较易识别。

科 4. 钱苔科 RICCIACEAE

叶状体形小至中等大小，稀大形，卵状三角形、卵状心形或带状，多叉状分枝，放射状排列，形成圆形或莲座状群落。叶状体背面具气室、气孔，或缺失；基本组织多层细胞，腹面向下突起；少数种类腹面着生鳞片。通常具平滑或粗糙两种假根。雌雄异株或雌雄同株。精子器和颈卵器散生于叶状体组织中。孢蒴成熟后，蒴壁破碎。蒴柄和基足缺失。弹丝缺失。孢子四分体型，较大。

本科全世界 2 属。中国有 2 属；山东有 1 属，蒙山有分布。

属 1. 钱苔属 Riccia L.

Sp. Pl. 2: 1138. 1753.

属的特征基本同科。

本属在蒙山乃至山东地区都较为稀见，分布零星，可能与山东气候相对干旱有关，具体因素尚需深入研究。

本属全世界约 155 种。中国有 19 种；山东有 5 种，蒙山有 4 种。

分种检索表

1. 叶状体具气室分化 ･･ 2
1. 叶状体无气室分化 ･･ 3
2. 叶状体横切面宽度为厚度的 3–4 倍 ････････････････････････････････ 1. 叉钱苔 R. fluitans
2. 叶状体横切面宽度为厚度的 1.5–2 倍 ･････････････････････････ 3. 稀枝钱苔 R. huebeneriana
3. 叶状体横切面宽度为厚度的 4–6 倍 ･･･････････････････････････････ 2. 钱苔 R. glauca
3. 叶状体横切面宽度为厚度的 1–3 倍 ･･･････････････････････････ 4. 肥果钱苔 R. sorocarpa

Key to the species

1. Air chambers differentiated ･･ 2
1. Air chambers undifferentiated ･･ 3
2. The width 3–4 times thickness of the thallus cross section ･････････････････････ 1. R. fluitans
2. The width 1.5–2 times thickness of the thallus cross section ･････････････････ 3. R. huebeneriana
3. The width 4–6 times thickness of the thallus cross section ･･･････････････････････ 2. R. glauca
3. The width 1–3 times thickness of the thallus cross section ･･････････････････････ 4. R. sorocarpa

1. 叉钱苔

Riccia fluitans L., Sp. Pl. 1139. 1753.

叶状体长带状，淡绿色，多回叉状分枝。叶状体先端楔形；背面表皮具不明显气孔，气室 2–3 层。腹面无鳞片。横切面宽度为厚度的 3–4 倍。

生境　生于潮湿土表。

产地　蒙阴：蒙山，赵遵田 91155。

分布 中国（黑龙江、辽宁、内蒙古、山西、山东、甘肃、新疆、江苏、上海、浙江、湖北、云南、福建、台湾、香港、澳门）；朝鲜、日本、俄罗斯，欧洲和北美洲。

2. 钱苔 图 5

Riccia glauca L. Sp. Pl. 1139. 1753.

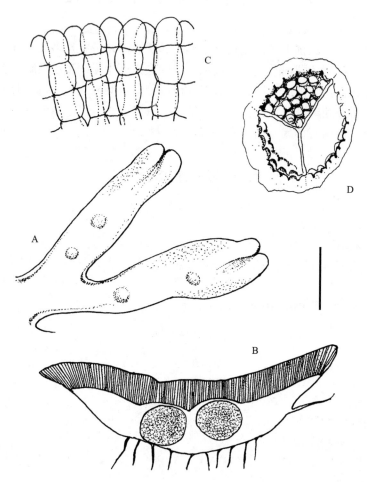

图 5 钱苔 *Riccia glauca* L., A. 叶状体；B. 叶状体横切面；C. 叶状体上表皮及邻近细胞横切面；D. 孢子（近极面）（汪楣芝、于宁宁 绘）。标尺：A=2.0 mm, B=144 μm, C=78 μm, D=40 μm.

叶状体中等大小，长三角形，淡绿色，规则 2–3 回羽状分枝，多呈圆形群落。叶状体先端半圆形，中央具宽的浅沟槽。无气孔和气室分化；背面具一层排列紧密的柱状细胞构成的同化组织，顶细胞圆形或半圆形。腹面有时具无色小形鳞片。横切面宽度为厚度的 4–6 倍。

生境 生于潮湿土表。

产地 沂南：张庄镇张庄村，赵遵田 20020089。

分布 中国（黑龙江、辽宁、山东、甘肃、上海、浙江、江西、福建、云南、台湾、香港、澳门）；朝鲜、日本、俄罗斯，欧洲和北美洲。

3. 稀枝钱苔 图 6

Riccia huebeneriana Lindenb., Nov. Actorum Acad. Caes. Leop. Carol. German. Nat. Cur. 18: 504. 1836 [1837].

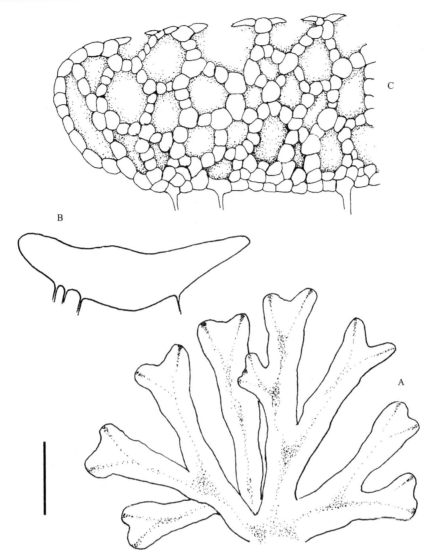

图 6　稀枝钱苔 *Riccia huebeneriana* Lindenb., A. 叶状体；B-C. 叶状体横切面（汪楣芝、于宁宁 绘）。标尺：A=1.0 mm,
B=168 μm, C=72 μm.

　　叶状体三角形，灰绿色，2–3 回叉状分枝，呈圆形群落。叶状体先端圆楔形，中央具宽的浅沟槽；背面具 2–3 层气室；腹面有时着生较大紫色鳞片。横切面宽度为厚度的 1.5–2 倍。

　　生境　生于潮湿土表。

　　产地　蒙阴：蒙山，任昭杰 20111194、20111324。

　　分布　中国（吉林、辽宁、内蒙古、山东、云南、广东、澳门）；日本、朝鲜、俄罗斯（远东地区），欧洲。

4. 肥果钱苔　图 7

Riccia sorocarpa Bischl., Nov. Actorum Acad. Caes. Leop. Carol. German. Nat. Cur. 17: 1053. 1835.

　　叶状体近三角形，淡绿色，2–3 回叉状分枝，多呈圆形群落。叶状体先端钝尖；无气室和气孔分化；背面具一层排列紧密的柱状细胞构成的同化组织，顶细胞梨形或圆形，有时平截。腹面具无色鳞片，或缺失。横切面宽度为厚度的 2–3 倍。

　　生境　生于潮湿土表。

产地　蒙阴：天麻林场场部附近，赵遵田 84174。

分布　中国（吉林、辽宁、内蒙古、山东、宁夏、新疆、四川、云南）；日本、朝鲜，欧洲和北美洲。

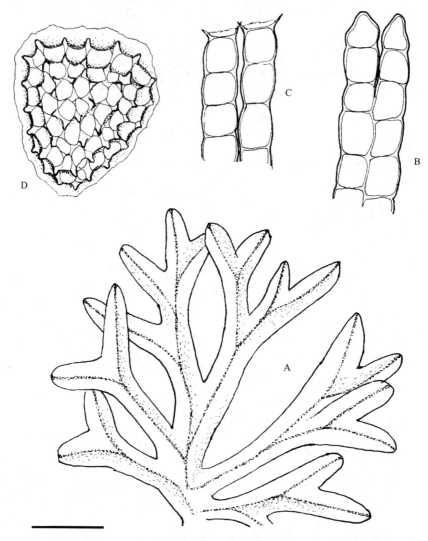

图 7　肥果钱苔 *Riccia sorocarpa* Bischl., A. 叶状体；B-C. 叶状体上表皮及邻近细胞横切面；D. 孢子（远极面）（汪楣芝、于宁宁　绘）。标尺：A=2.5 mm, B-C=67 μm, D=51 μm.

科 5. 小叶苔科 FOSSOMBRONIACEAE

　　植物体形小，具两列斜生叶片的类型和呈叶状体的类型，柔弱，单一或分枝，腹面密生紫色假根。叶半圆形或近圆方形，叶边全缘，波曲，基部相连。叶细胞大形，薄壁。雌雄同株，稀雌雄异株。精子器散生于茎背面，由雄苞叶部分覆盖。颈卵器丛生于茎顶，假蒴萼大形。孢蒴不规则开裂。孢子球形，较大，具疣或网纹。

　　本科全世界 2 属。中国有 1 属；蒙山有分布。

属 1. 小叶苔属 **Fossombronia** Raddi

Jungermanniogr. Etrusca 29. 1818.

植物体形小，柔弱，单一或分枝，腹面密生紫色假根。叶两列，蔽后式排列，近圆方形，斜列，前缘基部下延，叶边波曲。叶细胞较大，薄壁，基部细胞两层至多层。精子器裸露或部分被雄苞叶包围。颈卵器顶生，假蒴萼钟形，较大。孢蒴球形，具蒴柄，不规则开裂或不完全 4 瓣裂，蒴壁双层。弹丝通常两列螺纹加厚。孢子球形或三角状球形，较大，表面具网纹。

本属全世界约 85 种。中国有 3 种；山东有 1 种，蒙山有分布。

1. 小叶苔　图 8

Fossombronia pusilla (L.) Dumort., Recueil Observ. Jungerm. 11. 1835.

Jungermannia pusilla L., Sp. Pl. 1136. 1753.

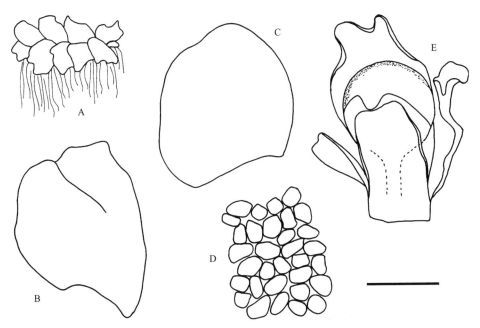

图 8　小叶苔 *Fossombronia pusilla* (L.) Dumort., A. 植物体一段；B-C. 叶；D. 叶中部细胞；E. 孢蒴（任昭杰、付旭 绘）。
标尺：A=3.3 mm, B-C=1.1 mm, D=110 μm, E=440 μm.

植物体形小，柔弱，多绿色，单一或叉状分枝，腹面密生紫色假根。叶阔椭圆形、卵状椭圆形、肾形等，变化幅度大，斜列；叶边全缘，波曲或不规则瓣裂。叶细胞长六边形，薄壁，内含多数叶绿体。假蒴萼钟形，口部深裂或波曲呈瓣状。孢蒴球形。

生境　生于土表、岩面或岩面薄土上。

产地　蒙阴：里沟，海拔 700 m，任昭杰 R20120061-A；小大洼，海拔 500 m，李林 R17433；大畦，海拔 600 m，李林 R123124-A；石门，海拔 600 m，李超、付旭 R123024；冷峪，海拔 500 m，李林 R20123002、R120153、R123358-B；刀山沟，海拔 650 m，黄正莉 20111091；砂山，海拔 600 m，付旭 R18051-A。平邑：蒙山，海拔 900 m，赵遵田 91330-A；拜寿台，海拔 1000 m，任昭杰、王春晓 R18500；蓝涧，海拔 680 m，付旭、郭萌萌 R120146-A、R123356-B、R123393-A；核桃涧，海拔 580 m，李林、郭萌萌 R17322-A、R17453。费县：三连峪，海拔 600 m，李林 R120184-B；茶蓬峪，海拔 300 m，李林、郭萌萌 R123337-A、R123359-A、R123402-A。

分布　中国（黑龙江、吉林、辽宁、河北、山东、甘肃、湖南、四川、云南、西藏、台湾）；朝鲜、日本、俄罗斯、巴布亚新几内亚、美国（夏威夷），欧洲、北美洲和南美洲。

科 6. 带叶苔科 PALLAVICINIACEAE

叶状体黄绿色、淡绿色至深绿色，匍匐，或上部直立或倾立，单一或叉状分枝，具裂片，或无；叶边平展或波曲，具毛或不具毛；中肋界线明显，多层细胞，两翼宽，单层细胞，中轴单一或两条。腹面两侧具黏疣，2–3 个细胞长，或具黏绒毛，7–8 个细胞长。腹面密生假根，假根无色，稀锈红色。腹面具鳞片，由单层细胞或单个细胞组成。雌雄异株。精子器 2 列至数列，生于叶状体的背鳞片下。雌苞多杯状，着生于叶状体背面。假蒴萼棒状。蒴帽 2 层至多层细胞，不高出假蒴萼。弹丝有或无。

本科全世界有 7 属。中国有 1 属；蒙山有分布。

属 1. 带叶苔属 Pallavicinia Gray

Nat. Arr. Brit. Pl. 1: 775. 1821.

叶状体淡绿色或鲜绿色，宽带状，匍匐，单一或叉状分枝，基部有柄或无柄；叶状体先端具小凹陷，凹陷处具黏液疣；叶边具毛或无毛；中肋界线明显，多层细胞，中轴单一，两翼单层细胞。中肋腹面密生假根；叶状体腹面具鳞片。雌雄异株。精子器球形，具短柄。颈卵器着生于叶状体背面或腹面短枝上。总苞短，杯状。假蒴萼圆柱状，高出苞片。蒴柄细长。孢蒴长卵形，不规则 2–4 瓣裂。弹丝较粗，具 2–3 条螺纹加厚。孢子表面平滑，或具疣或网纹。

本属全世界现有 15 种。中国有 4 种；山东有 1 种，蒙山有分布。

1. 带叶苔　照片 7

Pallavicinia lyellii (Hook.) Gray, Nat. Arr. Brit. Pl. 1: 685. f. 775. 1821.

Jungermannia lyellii Hook., Brit. Jungerm. Pl. 77. 1816.

叶状体中等大小至大形，阔带状，二歧分枝；中肋粗壮，中轴分化；叶状体边缘不规则波曲，具 1–2 个细胞长的纤毛。中肋粗壮，常不及顶，两侧为单层细胞，细胞不规则六边形，薄壁。鳞片着生于腹面先端，由单细胞构成，圆形。雌雄异株。假蒴萼圆筒形。蒴柄细长。孢蒴长圆柱形。

　　生境　喜生于阴湿环境。
　　产地　蒙阴：蒙山，赵遵田 Zh91284；砂山，海拔 600 m，任昭杰、付旭 R123129。
　　分布　中国（辽宁、山东、浙江、江西、湖南、四川、贵州、云南、福建、台湾、广东、广西、海南、香港、澳门）；日本、俄罗斯、尼泊尔、不丹、印度尼西亚、菲律宾、巴布亚新几内亚、澳大利亚、新西兰、巴西，北美洲和非洲。

科 7. 溪苔科 PELLIACEAE

叶状体大形，带状，黄绿色至暗绿色，常叉状分枝，或不规则分枝，多成片相互贴生，多具光泽；叶片宽度不等，边缘波曲。叶状体表皮细胞较小，六边形，多具叶绿体，中部细胞大形，无色，有时厚壁；横切面中部厚达十多层细胞，渐边渐薄，边缘单层细胞；假根主要着生于腹面中央；叶状体尖部具单列细胞组成的鳞片。雌雄同株或雌雄异株。精子器棒状，着生于叶状体先端背面中肋附近。颈卵器着生于叶状体背面圆形或袋状总苞内。孢蒴球形，四瓣纵裂。弹丝 3–4 列螺纹加厚。孢子球形，绿色。

本科全世界仅 1 属。蒙山有分布。

属 1. 溪苔属 **Pellia** Raddi

Jungermanniogr. Etrusca 38. 1818.

属特征同科。

本属全世界现约 6 种。中国有 3 种；山东有 2 种，蒙山皆有分布。

分种检索表

1. 雌苞袋状；叶状体细胞常具紫红色边缘 ·· 1. 溪苔 *P. epiphylla*
1. 雌苞杯状；叶状体细胞无紫红色边缘 ···································· 2. 花叶溪苔 *P. endiviifolia*

Key to the species

1. Perichaetium bursiform; thallus cell border usually purple-red ··························· 1. *P. epiphylla*
1. Perichaetium cup-shaped; thallus cell border not purple-red ·························· 2. *P. endiviifolia*

1. 溪苔　照片 8

Pellia epiphylla (L.) Corda, Naturalientausch 12: 654. 1829.

Jungermannia epiphylla L., Sp. Pl. 1135. 1753.

叶状体形大，黄绿色至深绿色，多叉状分枝，多具光泽；边缘波曲；中肋界线不明显。叶状体横切面中部厚约 10 层细胞，渐边渐薄，叶边为单层细胞，约 10 个细胞宽。叶状体表面细胞较小，长方形，中部细胞薄壁。雌雄同株。雌苞袋状。

生境　生于阴湿岩面或土表。

产地　蒙阴：砂山，海拔 600 m，任昭杰、付旭 R20120029-A、R120164-B、R123077；砂山，海拔 400 m，黄正莉 R123081；檞子沟，海拔 750 m，任昭杰、付旭 R123172；冷峪，海拔 500 m，李林 R17495-A。沂南：东五彩山，海拔 550 m，任昭杰、田雅娴 R18228-B、R18269、R18352。

分布　中国（黑龙江、内蒙古、山东、新疆、浙江、云南、西藏、福建、广西）；不丹、日本、朝鲜，欧洲和北美洲。

2. 花叶溪苔

Pellia endiviifolia (Dicks.) Dumort., Recueil Observ. Jungerm. 27. 1835.

Jungermannia endiviaefolia Dicks., Fas. Pl. Crypt. Brit. 4: 19. 1801.

本种与溪苔 *P. epiphylla* 相似，但本种雌苞杯状，叶状体细胞边缘不呈红紫色，叶状体末端老时常产生大量易掉落的花状分瓣，区别于后者。

生境　生于阴湿岩面。

产地　蒙阴：蒙山，任昭杰 20111399。

分布　中国（黑龙江、吉林、山东、甘肃、新疆、浙江、江西、福建、台湾）；印度、尼泊尔、不丹、朝鲜、日本，欧洲和北美洲。

科 8. 叶苔科 JUNGERMANNIACEAE

植物体形小至中等大小，黄绿色至暗绿色，有时带棕褐色。茎匍匐、直立或倾立，侧枝多生于茎腹面，稀具鞭状枝。假根多数或少数，无色、紫色或淡褐色，生于茎腹面、叶基部或叶腹面，有时束状下垂。侧叶蔽后式，斜列或近横生，叶边全缘，有时先端微凹，稀浅两裂，前缘基部常下延；腹叶多缺失，若存在，则呈三角状披针形或舌形，稀 2 裂。叶细胞方形、圆方形或圆多边形，多平滑，稀具疣，具三角体，或不具三角体；油体球形、椭圆形或长条形。雌雄同株或雌雄异株或有序同苞。雄苞顶生或间生，雄苞叶 2–3 对。雌苞顶生或生于短侧枝上；雌苞叶与侧叶同形或略异形，稍大。蒴萼形状多变，卵形、圆柱形、梨形或纺锤形，平滑或上部具纵褶，部分种类茎先端膨大呈蒴囊，蒴萼生于蒴囊上。孢蒴多球形或长椭圆球形，4 瓣裂，蒴壁细胞多层。弹丝多 2 列，螺纹加厚。孢子褐色至红褐色，具细疣。

本科全世界有 28 属。中国有 7 属；山东有 2 属，蒙山有 1 属。

属 1. 叶苔属 Jungermannia L.

Sp. Pl. 1131. 1753.

植物体小形至中等大小，黄绿色至暗绿色，有时带红棕色。茎匍匐、直立或倾立，不规则分枝，稀具鞭状枝，腹面着生假根，或呈束状沿茎下垂，无色或老时褐色，或紫色。腹叶缺失；侧叶蔽后式排列，卵形、圆形、肾形或长舌形，多不对称；叶边全缘、平滑。叶细胞薄壁，具三角体，明显或不明显。雌雄异株或雌雄同株异苞。雌苞叶排列成穗状。雌苞多顶生，稀侧生。蒴萼纺锤形、棒槌形或圆形，具褶或无褶。孢蒴卵形或球形，4 瓣裂。弹丝具 2 列螺纹加厚。孢子具细疣。

本属全世界现约有 160 种。中国约有 80 种；山东有 13 种 1 亚种，蒙山有 8 种 1 亚种。

分种检索表

1. 叶长明显大于宽 ⋯⋯⋯⋯⋯⋯⋯⋯⋯⋯⋯⋯⋯⋯⋯⋯⋯⋯⋯⋯⋯⋯⋯⋯⋯⋯⋯⋯⋯⋯⋯⋯⋯⋯⋯⋯ 2
1. 叶长小于宽，或近等长，或略大于宽 ⋯⋯⋯⋯⋯⋯⋯⋯⋯⋯⋯⋯⋯⋯⋯⋯⋯⋯⋯⋯⋯⋯⋯⋯⋯⋯⋯⋯ 3
2. 通常无无性枝条或无性芽胞 ⋯⋯⋯⋯⋯⋯⋯⋯⋯⋯⋯⋯⋯⋯⋯⋯⋯⋯ 4. 光萼叶苔 J. leiantha
2. 通常具无性枝条或无性芽胞 ⋯⋯⋯⋯⋯⋯⋯⋯⋯⋯⋯⋯⋯⋯⋯⋯⋯⋯ 8. 狭叶叶苔 J. subulata
3. 叶细胞无三角体 ⋯⋯⋯⋯⋯⋯⋯⋯⋯⋯⋯⋯⋯⋯⋯⋯⋯⋯⋯⋯⋯⋯⋯⋯⋯⋯⋯⋯⋯⋯⋯⋯⋯⋯⋯⋯ 4
3. 叶细胞具三角体 ⋯⋯⋯⋯⋯⋯⋯⋯⋯⋯⋯⋯⋯⋯⋯⋯⋯⋯⋯⋯⋯⋯⋯⋯⋯⋯⋯⋯⋯⋯⋯⋯⋯⋯⋯⋯ 5
4. 叶心形或圆三角形 ⋯⋯⋯⋯⋯⋯⋯⋯⋯⋯⋯ 2. 长萼叶苔心叶亚种 J. exsertifolia subsp. cordifolia
4. 叶卵状椭圆形 ⋯⋯⋯⋯⋯⋯⋯⋯⋯⋯⋯⋯⋯⋯⋯⋯⋯⋯⋯ 7. 疏叶叶苔 J. sparsofolia
5. 植物体直立，稀倾立 ⋯⋯⋯⋯⋯⋯⋯⋯⋯⋯⋯⋯⋯⋯⋯⋯⋯ 5. 溪石叶苔 J. rotundata
5. 植物体匍匐至倾立 ⋯⋯⋯⋯⋯⋯⋯⋯⋯⋯⋯⋯⋯⋯⋯⋯⋯⋯⋯⋯⋯⋯⋯⋯⋯⋯⋯⋯⋯⋯⋯⋯⋯⋯⋯ 6
6. 叶长小于宽 ⋯⋯⋯⋯⋯⋯⋯⋯⋯⋯⋯⋯⋯⋯⋯⋯⋯⋯⋯⋯⋯⋯ 3. 透明叶苔 J. hyalina
6. 叶长略大于宽或近等长 ⋯⋯⋯⋯⋯⋯⋯⋯⋯⋯⋯⋯⋯⋯⋯⋯⋯⋯⋯⋯⋯⋯⋯⋯⋯⋯⋯⋯⋯⋯⋯⋯⋯⋯ 7
7. 叶基明显下延 ⋯⋯⋯⋯⋯⋯⋯⋯⋯⋯⋯⋯⋯⋯⋯⋯⋯⋯⋯⋯⋯ 9. 截叶叶苔 J. truncata
7. 叶基不下延或略下延 ⋯⋯⋯⋯⋯⋯⋯⋯⋯⋯⋯⋯⋯⋯⋯⋯⋯⋯⋯⋯⋯⋯⋯⋯⋯⋯⋯⋯⋯⋯⋯⋯⋯⋯ 8
8. 假根无色或浅褐色 ⋯⋯⋯⋯⋯⋯⋯⋯⋯⋯⋯⋯⋯⋯⋯⋯⋯⋯⋯ 1. 深绿叶苔 J. atrovirens
8. 假根紫红色 ⋯⋯⋯⋯⋯⋯⋯⋯⋯⋯⋯⋯⋯⋯⋯⋯⋯⋯⋯⋯⋯⋯ 6. 石生叶苔 J. rupicola

Key to the species

1. Leaf length obviously longer than width ⋯⋯⋯⋯⋯⋯⋯⋯⋯⋯⋯⋯⋯⋯⋯⋯⋯⋯⋯⋯⋯⋯⋯⋯⋯⋯⋯⋯⋯ 2
1. Leaf length shorter than width, nearly equal to width, or slightly longer than width ⋯⋯⋯⋯⋯⋯⋯⋯ 3

2. Plant usually without gemma ·· 4. *J. leiantha*

2. Plant usually with gemma ·· 8. *J. subulata*

3. Laminal cells trigonis absent ·· 4

3. Laminal cells trigonis present ·· 5

4. Leaves cordate or orbicular triangle ·············· 2. *J. exsertifolia* subsp. *cordifolia*

4. Leaves ovate elliptic ··· 7. *J. sparsofolia*

5. Plants erect, rarely ascending ··························· 5. *J. rotundata*

5. Plants creeping to ascending ··· 6

6. Leaf length shorter than width ··························· 3. *J. hyalina*

6. Leaf length nearly equal to width or slightly longer than width ··············· 7

7. Leaf base obviously decurrent ····························· 9. *J. truncata*

7. Leaf base not decurrent, or slightly decurrent ·································· 8

8. Rhizoids hyaline or light brown ··························· 1. *J. atrovirens*

8. Rhizoides fuchsia ··· 6. *J. rupicola*

1. 深绿叶苔　图 9

Jungermannia atrovirens Dumort., Sylloge Jungerm. 51. 1831.

Jungermannia lanceolata L., Sp. Pl. 1131. 1753.

Jungermannia tristis Nees, Naturgesch. Eur. Leberm. 2: 448. 1836.

Solenostoma triste (Nees) K. Müller, Hedwigia 81: 117. 1942.

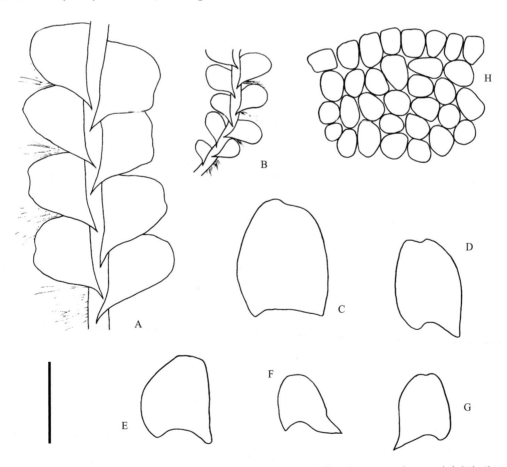

图 9　深绿叶苔 *Jungermannia atrovirens* Dumort., A. 植物体一段；B. 幼枝一段；C-G. 叶；H. 叶尖部细胞（任昭杰、付旭 绘）。标尺：A-B=1.7 mm, C-G=1.1 mm, H=110 μm.

植物体形小至中等大小，绿色至深绿色。茎匍匐至倾立，单一或叉状分枝。假根无色或浅褐色，散生于茎腹面。叶椭圆形、卵形至卵圆形，先端圆钝，基部不下延或略下延。叶细胞方形至六边形，薄壁，三角体小，有时不明显。每个细胞具 2–3 个纺锤形或球形油体。

生境 生于岩面或土表。

产地 蒙阴：蒙山，赵遵田 R20140034；冷峪，海拔 600 m，付旭 R121020-A。平邑：蓝涧，海拔 480 m，郭萌萌 R123302；蓝涧，海拔 620 m，李林 R123245-A。费县：茶蓬峪，海拔 350 m，李林、郭萌萌 R121002-C、R17427；望海楼，海拔 800 m，赵遵田 91299-A。

分布 中国（黑龙江、吉林、辽宁、河北、山东、甘肃、上海、浙江、江西、湖北、云南、西藏、福建、台湾）；日本、朝鲜，欧洲和北美洲。

2. 长萼叶苔心叶亚种

Jungermannia exsertifolia Steph. subsp. **cordifolia** (Dumort.) Váňa, Folia Geobot. Phytotax. 8: 268. 1973.

Aplozia cordifolia Dumort., Bull. Soc. Roy. Bot. Belgique 13: 59. 1874.

Solenostoma cordifolia (Hook.) Steph., Sp. Hepat. 2: 61. 1901.

植物体形小，深绿色。假根稀疏，无色或淡褐色。叶心形或圆三角形，基部收缩，背角略下延，先端圆钝。叶细胞六边形，较大，薄壁，角部不明显加厚。油体长椭圆形，常聚合成粒状。

生境 生于土表。

产地 蒙阴：蒙山，赵遵田 Zh91174。

分布 中国（吉林、辽宁、山东）；欧洲。

3. 透明叶苔

Jungermannia hyalina Lyell. in Hook., Brit. Jungerm. Pl. 63. 1814.

Solenostoma hyalinum (Lyell.) Mitt. in Godmell, Nat. Hist. Azores 319. 1870.

植物体形小，黄绿色至绿色，略透明。茎匍匐，或倾立，单一。假根多数，较长，无色或淡褐色。叶卵形或半圆形，基部不下延或略下延。叶细胞矩圆形，薄壁，三角体大。每个细胞具 3–6 个油体。

生境 生于岩面或土表。

产地 蒙阴：前雕崖，海拔 600 m，黄正莉 20111250；砂山，海拔 600 m，李林、郭萌萌 R17508；前梁南沟，海拔 700 m，李林 20111114；小天麻顶，海拔 950 m，赵遵田 91270、91434；冷峪，海拔 500 m，付旭 R123031-C。平邑：核桃涧，海拔 700 m，李林 20120059。费县：三连峪，海拔 600 m，李林 R1200184-A；望海楼，海拔 700 m，赵遵田 91397、91456-A。

分布 中国（辽宁、山东、江西、浙江、四川、重庆、贵州、云南、福建、广西、海南）；印度、朝鲜、日本、俄罗斯（堪察加半岛）、菲律宾、墨西哥、哥伦比亚和巴西，高加索地区。

4. 光萼叶苔 图 10

Jungermannia leiantha Grolle, Taxon 15: 187. 1966.

植物体形小至中等大小，黄绿色至暗绿色。茎匍匐，假根淡褐色至无色。叶蔽后式排列，舌形至长舌形，先端圆钝，背基角略下延。叶细胞具明显三角体，薄壁；每个细胞具 5–8 个球形或椭圆形的油体。蒴萼圆柱形，平滑无褶。

生境 生于湿石上。

　　产地　蒙阴：冷峪，海拔 450 m，付旭、李超 R17420-A、R17480、R17484；天麻顶，海拔 750 m，赵遵田 91209-A。平邑：蓝涧，海拔 600 m，郭萌萌 R17466；拜寿台上，海拔 1100 m，任昭杰、田雅娴 R17644；核桃涧，海拔 630 m，李超 R18023。费县：三连峪，海拔 450 m，付旭 R123433；透明玻璃桥下，海拔 750 m，任昭杰、田雅娴 R18199-A。

　　分布　中国（黑龙江、辽宁、山东、江苏、浙江、江西、湖南、四川、贵州、西藏）；欧洲和北美洲。

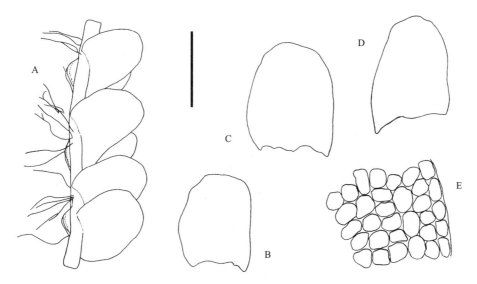

图 10　光萼叶苔 *Jungermannia leiantha* Grolle, A. 植物体；B-D.叶；E. 叶先端细胞（任昭杰、朱馨芳 绘）。标尺：A=1.67 mm, B-E=167 μm.

5. 溪石叶苔　图 11

Jungermannia rotundata (Amakawa) Amakawa, J. Hattori Bot. Lab. 22: 73. 1960.

Plectocolea harana Amakawa, Misc. Bryol. Lichenol. 2(3): 33. 1960.

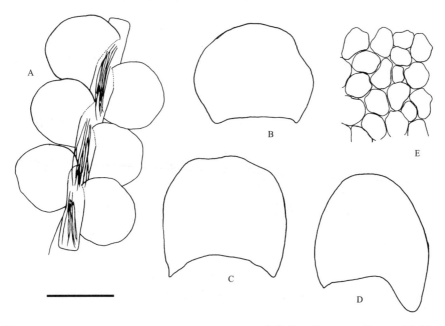

图 11　溪石叶苔 *Jungermannia rotundata* (Amakawa) Amakawa, A. 植物体一段；B-D. 叶；E. 叶细胞（任昭杰、朱馨芳 绘）。标尺：A=1.67 mm, B-D=0.93 mm, E=139 μm.

植物体形小，绿色，丛生。茎直立，单一，有时叶腋具鞭状枝。假根多数，紫红色或无色，常沿茎下垂呈束状。叶卵形或圆形，叶基不下延或略下延。叶细胞圆方形或椭圆形，薄壁，三角体小或不明显。

生境 生于岩面。

产地 费县：三连峪，海拔 400 m，李林 R123200-C。

分布 中国（山东、云南、西藏、四川、海南）；日本。

6. 石生叶苔 图 12

Jungermannia rupicola Amakawa, J. Hattori Bot. Lab. 22: 23. 1960.

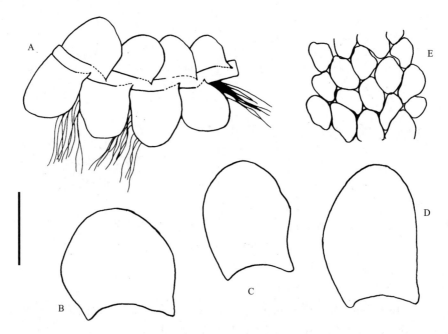

图 12 石生叶苔 *Jungermannia rupicola* Amakawa, A. 植物体一段（背面观）；B-D. 叶；E. 叶细胞（任昭杰、邱栎臻 绘）。标尺：A=1.39 mm, B-D=0.83 mm, E=139 μm.

植物体形小，黄绿色至深绿色。茎匍匐，稀分枝，先端倾立。假根多数，紫红色。叶卵形，平展，仅基部内凹。叶细胞六边形，三角体小，明显。

生境 生于阴湿岩面。

产地 蒙阴：冷峪，海拔 500 m，郭萌萌 R17331-A、R17479-A；小大畦，海拔 500 m，李林 R17478；老龙潭，海拔 440 m，任昭杰、王春晓 R18392-B。平邑：核桃涧，海拔 590 m，任昭杰、李超、王春晓 R17444-A、R18542。费县：三连峪，海拔 400 m，付旭 R123180；望海楼，海拔 960 m，任昭杰、田雅娴 R18363。

分布 中国（吉林、辽宁、山东、西藏）；日本、菲律宾、印度尼西亚和印度。

7. 疏叶叶苔

Jungermannia sparsofolia C. Gao & J. Sun, Bull. Bot. Res. 27: 139. 2007.
Solenostoma microphyllum C. Gao, Fl. Hepat. Chin. Boreali-Orient. 206. pl. 23. 1981.

植物体形小，绿色。茎直立，不分枝，稀叉状分枝。假根稀疏，透明或淡褐色。叶斜列，卵状椭圆形，长等于或略长于宽。叶细胞矩圆形至圆多边形，薄壁，无三角体。每个细胞具 1–2 个椭圆形油体。

生境　生于岩面。

产地　蒙阴：蒙山，海拔 600 m，李林 20111102。

分布　中国特有种（黑龙江、吉林、山东、湖南、西藏）。

8. 狭叶叶苔　图 13　照片 9

Jungermannia subulata A. Evans, Trans. Connecticut Acad. Arts 8: 258. 1892.

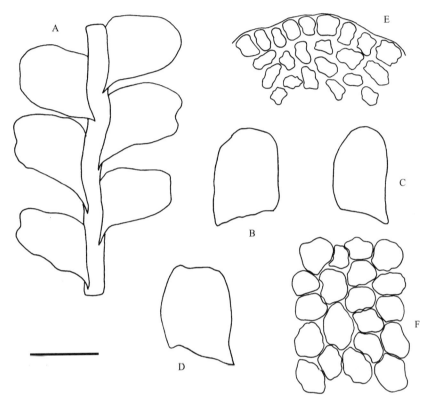

图13　狭叶叶苔 *Jungermannia subulata* A. Evans, A. 植物体一段；B-D. 叶；E. 叶尖部细胞；F. 叶中部细胞（任昭杰　绘）。
标尺：A-D=0.8 mm, E-F= 93 μm.

　　植物体形小至中等大小，黄绿色至绿色，有时带红色。茎匍匐至倾立，单一或分枝。假根无色或淡褐色，着生于茎腹面。叶卵形、长椭圆形或舌形，长明显大于宽，先端圆钝，有时具凹刻，背基角略下延。叶细胞薄壁，三角体明显，常鼓起呈节状，角质层平滑。每个细胞具 6–10 个球形或长椭圆形的油体。

生境　生于岩面或土表。

产地　蒙阴：小天麻顶，海拔 750 m，赵遵田 91275；观峰台，海拔 850 m，赵遵田 20111387-A；大畦，海拔 600 m，李林 R123126-B、R17445-A；聚宝崖，海拔 500 m，任昭杰、田雅娴 R18367；老龙潭，海拔 440 m，任昭杰、王春晓 R18392-A、R18459-C、R18466-B；老龙潭，海拔 550 m，任昭杰、王春晓 R18474。平邑：蓝涧口，海拔 566 m，任昭杰、王春晓 R18377-A、R18493-A、R18499-C；核桃涧，海拔 650 m，任昭杰、王春晓 R18398-B、R18498。

分布　中国（黑龙江、吉林、辽宁、山东、浙江、江西、湖南、云南、福建、西藏、台湾、广西）；印度、不丹、尼泊尔、斯里兰卡、泰国、朝鲜、日本、俄罗斯（远东地区）、美国（夏威夷），高加索地区。

9. 截叶叶苔　图 14　照片 10

Jungermannia truncata Nees, Hepat. Jav. 29. 1830.

Solenostoma truncatum (Nees) Váňa & D. G. Long, Nova Hedwigia 89: 509. 2009.

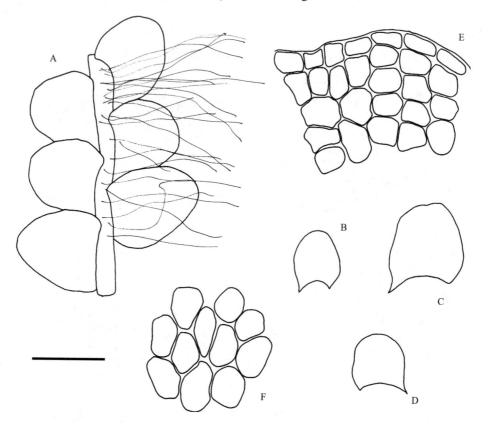

图 14　截叶叶苔 *Jungermannia truncata* Nees, A. 植物体一段（腹面观）；B-D. 叶；E. 叶尖部细胞；F. 叶基部细胞（任昭杰　绘）。标尺：A-D=1.1 mm, E-F=110 μm.

　　植物体形小至中等大小，绿色或淡黄褐色，稀紫红色。茎单一，或具分枝。假根多数，散生，无色或浅褐色，稀紫红色。叶卵形至卵舌形，稀舌形，先端平截或圆钝，背基角下延。叶细胞矩圆形或椭圆形，薄壁，三角体大或小。

　　生境　多生于土表。

　　产地　蒙阴：前梁南沟，海拔 600 m，黄正莉 20111252；冷峪，海拔 600 m，李林、郭萌萌 R120147-A、R123374-B；里沟，海拔 900 m，任昭杰 R123076；砂山，海拔 600 m，李林 R123082。平邑：核桃涧，海拔 700 m，郭萌萌 R123003-A、R123062-A、R16009-C；明光寺，海拔 550 m，赵遵田、任昭杰 R17648-E；蓝涧口，海拔 560 m，任昭杰、王春晓 R18385-A、R18492-B、R18555-C；蓝涧，海拔 680 m，李超、李林 R123041、R123223-A、R123393-B；拜寿台，海拔 1000 m，任昭杰、王春晓 R18557-A；寿星沟，海拔 1050 m，任昭杰、王春晓 R18383-E、R18491-D。费县：三连峪，海拔 400 m，李林 R123411；三连峪，海拔 600 m，郭萌萌 R123089、R18018。

　　分布　中国（吉林、辽宁、山东、江苏、浙江、江西、湖南、四川、贵州、云南、西藏、福建、台湾、广西、海南、香港、澳门）；朝鲜、日本、尼泊尔、印度、孟加拉国、缅甸、泰国、柬埔寨、马来西亚、印度尼西亚、菲律宾、巴布亚新几内亚，大洋洲。

科 9. 圆叶苔科 JAMESONIELLACEAE

植物体绿色至深绿色，有时深棕色。假根存在或缺失。侧叶蔽后式排列，近圆形、阔卵圆形，多不裂；腹叶钻状，不裂，较小，或缺失。雌雄异株。雌苞离生，或与 1 个或 2 个雌苞叶合生。雌苞叶腹叶较大。蒴萼突出。蒴囊缺失。孢蒴壁多 4–7 层，稀 2–3 层。

本科全世界有 11 属。中国有 4 属；山东有 1 属，蒙山有分布。

属 1. 对耳苔属 Syzygiella Spruce

J. Bot. 14: 234. 1876.

植物体中等大小至较粗大，绿色或褐绿色。茎匍匐，先端上升。叶片互生，蔽后式，斜生茎上，圆形或卵形或肾形，全缘。叶细胞规则或不规则六边形，三角体不明显或呈节状；角质层平滑无疣。雌苞叶腹叶较明显，在茎上常退失。雌雄异株。

本属全世界现有 27 种。中国有 4 种；山东有 2 种，蒙山皆有分布。

分种检索表

1. 叶细胞三角体通常不呈节状；叶片角质层平滑；蒴萼长柱形 ·················· 1. 筒萼对耳苔 S. autumnalis
1. 叶细胞三角体通常呈节状；叶片角质层具疣；蒴萼梨形 ···················· 2. 东亚对耳苔 S. nipponica

Key to the species

1. Trigonis of lamianl cells usually acute; leaf cuticle smooth; perianth long oblong-clavate ·················· 1. *S. autumnalis*
1. Trigonis of lamianl cells usually bulging obtuse; leaf cuticle verrucose; perianth pyriform ························· 2. *S. nipponica*

1. 筒萼对耳苔　照片 11

Syzygiella autumnalis (DC.) K. Feldberg, Váňa, Hentschel & J. Heinrichs, Cryptog. Bryol. 31 (2): 144. 2010.

Jungermannia autumnalis DC., Fl. France Suppl. 202. 1815.

Jamensoniella autumnalis (DC.) Steph., Sp. Hepat. 2: 92. 1901.

植物体多中等大小，通常较粗壮，绿色至暗绿色，有时带褐色。茎匍匐，不分枝，或在雌苞下部分枝。侧叶斜列，阔卵形或圆方形，先端圆钝或略内凹，基部略下延；腹叶在茎中下部缺失。叶中细胞圆形或长椭圆形，薄壁，基部细胞略长大，三角体明显。

生境　多生于岩面或土表。

产地　蒙阴：蒙山，任昭杰 20111116、20111199、20111326；冷峪，海拔 500 m，付旭 R123031-D；前梁南沟，海拔 650 m，李林 20111228-A。平邑：核桃涧，海拔 600 m，黄正莉、李林 R123040-C、R123042-A、R18409-B；蓝涧口，海拔 566 m，任昭杰、王春晓 R18501-B；蓝涧，海拔 680 m，李林 R123193。费县：望海楼，海拔 850 m，赵遵田 91302-A；三连峪，海拔 400 m，郭萌萌 R123004；玉皇宫货索站，海拔 600 m，任昭杰、田雅娴 R18196。

分布　中国（黑龙江、吉林、内蒙古、河北、山西、山东、陕西、上海、浙江、湖南、四川、云南、台湾）；日本、朝鲜、俄罗斯，欧洲和北美洲。

2. 东亚对耳苔 图 15

Syzygiella nipponica (S. Hatt.) K. Feldberg, Váňa, Hentschel & J. Heinrichs, Cryptog. Bryol. 31 (2): 145. 2010.

Jamesoniella nipponica S. Hatt., J. Jap. Bot. 19: 350. 1943.

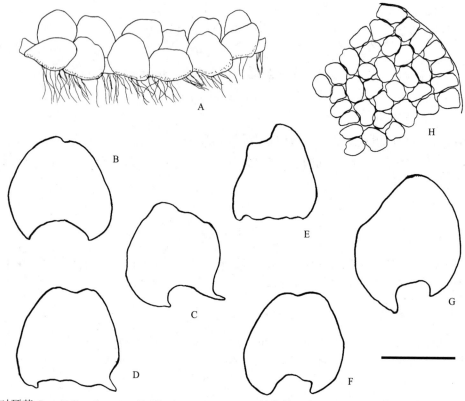

图 15　东亚对耳苔 *Syzygiella nipponica* (S. Hatt.) K. Feldberg, A. 植物体一段；B-G. 叶；H. 叶先端细胞（任昭杰、邱栎臻 绘）。标尺：A=1.67 mm, B-G=0.83 mm, H=139 μm.

植物体中等大小。茎匍匐，假根散生于叶基部，常无色。叶椭圆形或阔卵形，先端钝或略内凹，背基角略下延。叶细胞圆方形或长圆方形，基部细胞较长，薄壁，三角体明显，呈节状；角质层具疣。

　　生境　生于树基干上。

　　产地　平邑：核桃涧，海拔 600 m，李超 R123157-A。

　　分布　中国（山东、甘肃、上海、浙江、湖南、安徽、四川、贵州、云南、台湾）；日本和印度尼西亚。

科 10. 大萼苔科 CEPHALOZIACEAE

植物体细小，淡绿色或黄绿色。茎匍匐，先端倾立，不规则分枝，皮部一层细胞较大，内部细胞小，薄壁或厚壁。芽胞生于茎顶，黄绿色，由 1–2 个细胞组成。叶 3 列，侧叶 2 列，斜列，先端 2 裂，全缘；腹叶较小，或缺失。叶细胞方形至多边形，薄壁或厚壁，无色，或略呈黄色，具油体或缺失。雌雄同株。雌苞生于茎顶或腹面短枝上。蒴萼长筒形，上部具 3 条纵褶。蒴柄较粗。孢蒴卵圆柱形，蒴壁 2 层细胞。弹丝具 2 列螺纹。

本科全世界有 16 属。中国有 8 属；山东有 1 属，蒙山有分布。

属 1. 大萼苔属 Cephalozia (Dumort.) Dumort.

Recueil Observ. Jungerm. 18. 1835.

植物体形小至中等大小，黄绿色至绿色。茎多匍匐，横切面皮部细胞较大，薄壁，中间分化多数小形后壁细胞。无性芽胞小，多生于茎、枝顶端，有时生于叶尖。侧叶稀疏，不呈覆瓦状排列，斜列于茎上，背基角常下延，圆形或卵形，先端多 2 裂，裂瓣钝或尖锐；腹叶若存在，常生于雌苞或雄穗腹面。叶细胞较大，薄壁，三角体小或无。雌雄同株或异株。

本属全世界现有 35 种。中国有 12 种；山东有 1 种，蒙山有分布。

1. 钝瓣大萼苔　图 16

Cephalozia ambigua C. Massal., Malpighia 21: 310. 1907.

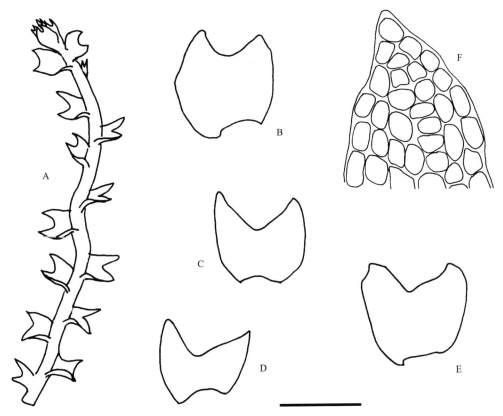

图 16　钝瓣大萼苔 *Cephalozia ambigua* C. Massal., A. 植物体一段；B-E. 叶；F. 叶尖部细胞（任昭杰、付旭 绘）。标尺：A=560 μm, B-E=220 μm, F=80 μm.

植物体细小，浅绿色或黄绿色。茎匍匐，先端有时倾立。叶片近横生，圆形，先端 2 裂，裂至 1/3–1/2 处，裂瓣先端圆钝或具钝尖；腹叶披针形或 2 裂，有时缺失。叶细胞方形至多边形，略厚壁。

　　生境　多生于腐木上。
　　产地　蒙阴：蒙山，李林 20120076；冷峪，海拔 500 m，李林 R123324-1-C。
　　分布　中国（黑龙江、辽宁、河北、山西、山东、甘肃、新疆、浙江、江西、湖南、贵州、福建）；亚洲北部、欧洲和北美洲。

科 11. 拟大萼苔科 CEPHALOZIELLACEAE

植物体细小，多淡绿色或黄绿色，有时带红色。不规则分枝，茎横切面圆形至扁圆形，皮部细胞和内部细胞相似，腹面着生假根。有时具无性芽胞。叶 3 列，侧叶 2 列，互生，先端 2 裂，裂瓣等大或略有差异，横生茎上或腹侧略下延，叶边平滑，或具齿；腹叶多退化，或仅生于生殖枝上。叶细胞小，六边形，三角体缺失或不明显，油体球形，较小。雌雄同株异苞。雌、雄苞叶 2 列，叶边全缘或具齿。蒴萼长筒形，生于茎顶或侧枝先端，上部具 4–5 纵褶，口部宽阔，边缘具指状细胞。雄苞多穗状，生于侧短枝上。孢蒴短柱形或椭圆柱形，4 瓣裂。弹丝 2 条螺纹加厚。

本科全世界 8 属。中国有 2 属；山东有 1 属，蒙山有分布。

属 1. 拟大萼苔属 Cephaloziella(Spruce) Schiffn.

Cephalozia 62. 1882.

植物体细小，多绿色，有时带红色。茎匍匐，不规则分枝。芽胞生于茎枝先端或叶尖上。叶 3 列，侧叶 2 列，横生茎上，先端 2 裂达 1/3–1/2，叶边全缘或具齿；腹叶退化或极小。叶细胞小，圆六边形，油体小，球形。雌性同株。雌苞和雄苞均生于茎顶或侧短枝上，苞叶分化，叶边全缘或具齿。蒴萼大，长筒形，上部具 4–5 条纵褶，口部宽阔，边缘具指状细胞。孢蒴短柱形或椭圆柱形，4 瓣裂。孢子小。

经标本鉴定研究和对先前文献的查阅整理，《山东苔藓志》（任昭杰和赵遵田，2016）收录本属 2 种，即短萼拟大萼苔 C. breviperianthia C. Gao 和挺枝拟大萼苔 C. divaricata (Sm.) Schiffn.，本研究发现分布于蒙山的本属山东新记录种一个，即刺茎拟大萼苔 C. spinicaulis Douin。因此，现山东有本属植物 3 种，蒙山皆有分布。

分种检索表

1. 茎密被刺状疣；叶细胞具密疣 ·· 3. 刺茎拟大萼苔 C. spinicaulis
1. 茎无密疣；叶细胞平滑 ·· 2
2. 侧叶边缘具粗齿或细齿 ·· 1. 短萼拟大萼苔 C. breviperianthia
2. 侧叶边缘通常平滑 ·· 2. 挺枝拟大萼苔 C. divaricata

Key to the Species

1. Stem densely setulose papillose; laminal cells setulose papillose ·················· 3. C. spinicaulis
1. Stem without papilla; laminal cells smooth ··· 2
2. Leaf margins denticulate or serrate ·· 1. C. breviperianthia
2. Leaf margins usually smooth ··· 2. C. divaricata

1. 短萼拟大萼苔　图 17

Cephaloziella breviperianthia C. Gao, Fl. Hepat. Chin. Boreali.-Orient. 131.1981.

本种侧叶通常 2 裂达 1/2 以上，裂瓣边缘具不规则齿突，明显区别于挺枝拟大萼苔 C. divaricata。

生境　生于岩面薄土上。

产地　蒙阴：蒙山，任昭杰 20111167。

分布　中国特有种（黑龙江、吉林、内蒙古、山东、贵州、福建）。

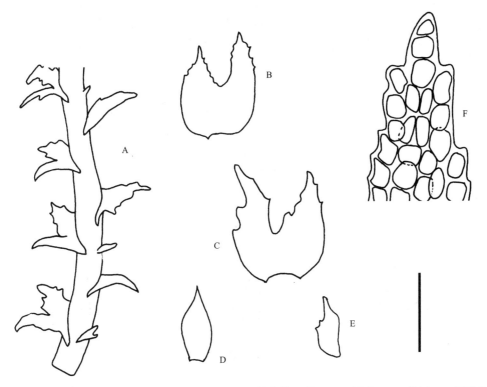

图 17　短萼拟大萼苔 *Cephaloziella breviperianthia* C. Gao, A. 植物体一段；B-C. 侧叶；D-E. 腹叶；F. 侧叶尖部细胞（任昭杰、李德利　绘）。标尺：A=250 μm, B-E=120 μm, F=60 μm.

2. 挺枝拟大萼苔　图 18

Cephaloziella divaricata (Sm.) Schiffn., Hepat.(Enggl.-Prantl). 99. 1893.

Jungermannia divaricata Sm., Engl. Bot. 10: 719. 1800.

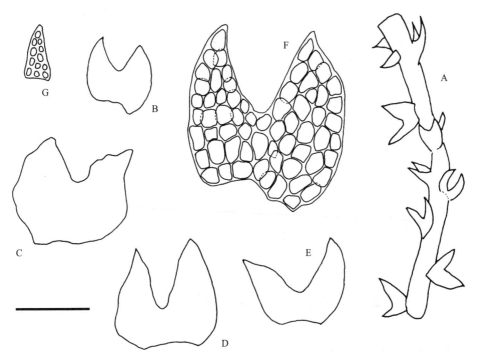

图 18　挺枝拟大萼苔 *Cephaloziella divaricata* (Sm.) Schiffn., A. 植物体一段；B-F. 侧叶；G. 腹叶（任昭杰　绘）。标尺：A=560 μm, B-E, G=270 μm, F=110 μm.

植物体细小，绿色至暗绿色。茎匍匐，不规则分枝。叶片 3 列，侧叶疏生，长方形，先端 2 裂达 1/2，裂瓣三角形，渐尖，叶边通常全缘；腹叶常退化，仅生于不育枝或雌苞叶中。叶细胞圆多边形，薄壁。

生境 生于土表或岩面薄土上。

产地 蒙阴：蒙山，任昭杰 20111244。费县：望海楼，海拔 1000 m，赵遵田 91474、911507。

分布 中国（黑龙江、山东、陕西、贵州）；朝鲜，亚洲北部、欧洲和北美洲。

3. 刺茎拟大萼苔 图 19

Cephaloziella spinicaulis Douin, Mém. Soc. Bot. France 29: 62. 1920.

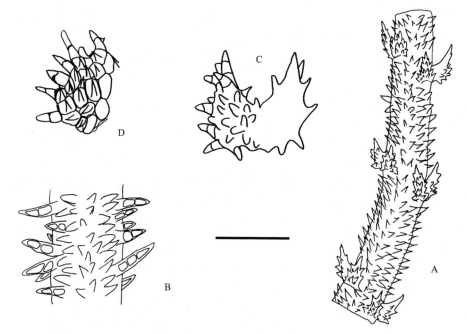

图 19 刺茎拟大萼苔 *Cephaloziella spinicaulis* Douin, A. 植物体一部分；B. 茎一段，示刺突；C. 叶；D. 叶细胞（任昭杰、田雅娴 绘）。标尺：A =208 μm, B=104 μm, C-D=83 μm.

植物体非常细小，仅 1–2 mm 长，绿色至灰绿色。茎匍匐，通常从茎腹面产生稀疏不规则分枝，稀不分枝，密被刺状疣，疣高 1–3 个细胞。叶稀疏，近横生于茎上，先端 2 深裂，裂瓣三角形或卵形，叶边具刺状疣。叶细胞小，9–15 μm，厚壁，三角体不明显，具刺状疣，疣高 1–2 个细胞。腹叶小，或仅存痕迹。孢子体未见。

生境 生于林下树干上。

产地 蒙阴：冷峪，海拔 550 m，任昭杰 R123351–1。

分布 中国（黑龙江、河北、山东、陕西、湖南、贵州、福建）；日本、朝鲜、俄罗斯，北美洲东部。

科 12. 齿萼苔科 LOPHOCOLEACEAE

植物体小形至大形，黄绿色至暗绿色，有时苍白色。茎通常顶生分枝或侧生短枝，稀具鞭状枝。假根生于茎枝腹面或腹叶基部。叶 3 列，覆瓦状蔽后式排列，侧叶斜列于茎枝上，圆方形或圆矩形，背基部常联生，基角下延，先端常具齿或不规则裂瓣，稀全缘或不裂。腹叶多 2 裂，边缘具齿，稀不裂，基部双基角或单基角与侧叶联生。叶细胞六边形或长六边形，具三角体或无，角质层平滑或具疣。雌雄苞顶生或侧生。雄苞多生于叶腋中的短枝上，数对排列成穗状。雌苞顶生或侧生于短枝上。雌苞叶分化或不分化。孢蒴卵形或长椭圆柱形，4 瓣裂。弹丝具 2 条螺纹加厚。有时具无性芽胞，多生于叶先端。

本科全世界有 22 属。中国有 3 属；山东有 2 属，蒙山皆有分布。

分属检索表

1. 腹叶不与侧叶基部联生，或仅一侧与侧叶联生 ··· 1. 裂萼苔属 *Chiloscyphus*
1. 腹叶与侧叶联生 ··· 2. 异萼苔属 *Heteroscyphus*

Key to the genera

1. Underleaves not connate, narrowly connate, or only alternate bases connate with lateral leaves ·············· 1. *Chiloscyphus*
1. Underleaves usually connate with lateral leaves ··· 2. *Heteroscyphus*

属 1. 裂萼苔属 **Chiloscyphus** Corda in Opiz

Naturalientausch 12 (Beitr. Naturg. 1): 651. 1829.

植物体小形至大形，绿色至深绿色，多丛生成小片。茎匍匐，不分枝或在蒴萼基部发出新枝，稀叉状分枝。假根生于腹叶基部。叶斜列于茎上，蔽后式排列，卵形或圆矩形，先端圆钝或 2 裂，背基角下延，叶边全缘；腹叶较小，2 裂达叶的 1/2–2/3，侧边平滑或具齿。叶细胞圆多边形，薄壁，三角体无或不明显，角质层平滑，油体较小，透明。雌雄同株或雌雄异株。雄苞生于茎枝先端或中部，集生呈穗状，雄苞叶较小，二裂瓣等大，或背瓣小囊状。雌苞生于茎顶或侧长枝或短枝上。雌苞叶深裂或不规则裂。蒴萼长椭圆形或三角形，高脚杯状，口部边缘具毛或齿。孢蒴卵形。

本属全世界约 100 种。中国有 21 种和 2 变种；山东有 4 种，蒙山皆有分布。

分种检索表

1. 叶片先端 2 裂，裂瓣三角形 ··· 2. 芽胞裂萼苔 *C. minor*
1. 叶片先端圆钝或略微凹，稀 2 裂 ·· 2
2. 叶片先端圆钝、微凹或 2 裂 ·· 4. 异叶裂萼苔 *C. profundus*
2. 叶片先端圆钝不裂 ··· 3
3. 腹叶 2 裂达叶长的 1/2，平滑或一侧具齿 ··· 1. 全缘裂萼苔 *C. integristipulus*
3. 腹叶 2 裂达叶长的 1/2–2/3，两侧各具一锐齿 ··· 3. 裂萼苔 *C. polyanthos*

Key to the species

1. Leaves apex bi-lobed, lobes triangular ··· 2. *C. minor*
1. Leaves apex rounded, entire or sinuous, rarely bi-lobed ·· 2
2. Leaves apex rounded, sinuous or bi-lobed ··· 4. *C. profundus*
2. Leaves apex rounded, entire ·· 3
3. Underleaves bi-lobed to 1/2, smooth or teethed one side ·· 1. *C. integristipulus*
3. Underleaves bi-lobed to 1/2 to 2/3, each side with an acute tooth ··· 3. *C. polyanthos*

1. 全缘裂萼苔　图 20

Chiloscyphus integristipulus (Steph.) J. J. Engel & R. M. Schust., Nova Hedwigia 39: 417. 1984.

Lophocolea integristipula Steph., Sp. Hepat. 3: 121. 1906.

Lophocolea compacta Mitt., Trans. Linn. Soc. London, Bot. 3: 198. 1891.

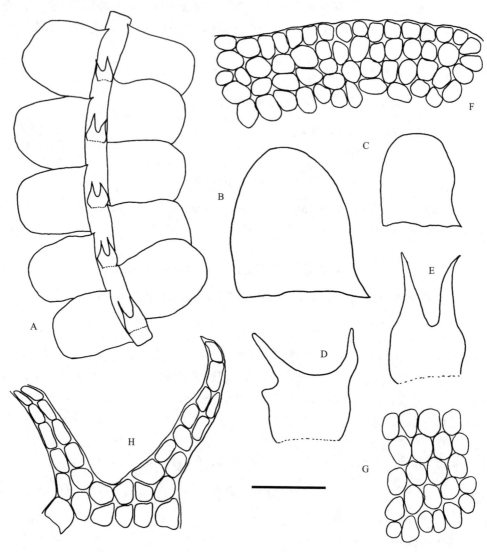

图 20　全缘裂萼苔 *Chiloscyphus integristipulus* (Steph.) J. J. Engel & R. M. Schust., A. 植物体一段（腹面观）；B-C. 侧叶；D-E. 腹叶；F. 侧叶先端细胞；G. 侧叶中部细胞；H. 腹叶先端细胞（任昭杰 绘）。标尺：A=1.1 mm, B-C=1.19 mm, D-E=208 μm, F-H=111 μm.

　　植物体较粗壮，黄绿色至绿色。茎匍匐，有时先端斜升，单一或不规则分枝。假根生于腹叶基部，多数。叶密集覆瓦状排列，斜生于茎上，圆方形或卵圆形，先端圆钝或截形，叶边平展；腹叶较小，与茎同宽，近方形，2 裂达叶长的 1/2，裂瓣三角形，先端锐尖，平滑或仅一侧具钝齿。叶细胞圆多边形，具小三角体。

　　生境　生于岩面或土表，有时没于水下。

　　产地　蒙阴：蒙山，赵遵田 91301；小大洼，李林 R123385-B；大畦，海拔 600 m，李林 R123174；冷峪，海拔 450 m，郭萌萌、李林 R123208-A、R123222-A、R123273-B；里沟，海拔 900 m，任昭杰 R123167。平邑：核桃涧，海拔 300 m，李超 R121031-A；核桃涧，海拔 620 m，付旭、李林 R120151、R123012、R123085。

　　分布　北半球广布。中国（黑龙江、吉林、辽宁、山东、陕西、上海、浙江、湖南、四川、重庆、贵州、云南、西藏、福建、广西）。

　　本种与裂萼苔 *C. polyanthos* 在蒙山以及省内各大山区都较为常见，而且常没于山涧溪流水下，长势旺盛，是山东水生苔类的重要成员，由于溪水冲刷的原因，腹叶常残缺或畸形。

2. 芽胞裂萼苔　图 21　照片 12

Chiloscyphus minor (Nees) J. J. Engel & R. M. Schust., Nova Hedwigia 39: 419. 1984.

Lophocolea minor Nees, Naturgesch. Eur. Leberm. 2: 330. 1836.

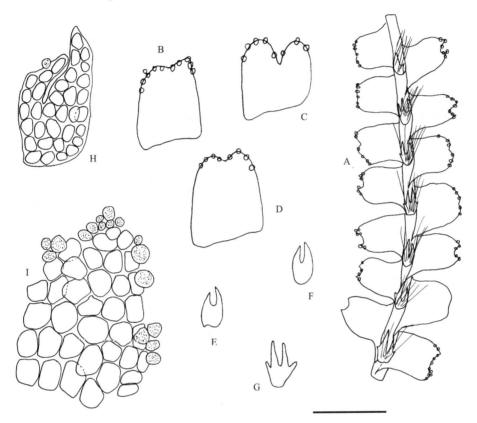

图 21　芽胞裂萼苔 *Chiloscyphus minor* (Nees) J. J. Engel & R. M. Schust., A. 植物体一段（腹面观）；B-D. 侧叶；E-G. 腹叶；H. 腹叶细胞；I. 叶尖部细胞（具芽胞）（任昭杰 绘）。标尺：A=1.1 mm, B-G=550 μm, H=170 μm, I=110 μm.

　　植物体形小，黄绿色至绿色。茎匍匐，单一，稀分枝。假根生于腹叶基部。侧叶蔽后式斜生于茎上，长方形或长椭圆形，先端 2 裂达叶长的 1/4–1/3，稀圆钝，裂瓣渐尖，先端常具大量芽胞；腹叶较小，略宽于茎，长方形，2 裂近基部。叶细胞多边形，基部细胞略长，无三角体，角质层平滑，每个细胞含 4–10 个近球形油体。

　　生境　多生于岩面、土表或树上。

　　产地　蒙阴：小大畦，海拔 650 m，李超 R121011、R123032、R123061-B；小大畦，海拔 700 m，付旭、李林 R123056、R123326、R17423-A；小大洼，海拔 600 m，郭萌萌 R123249-A；大畦，海拔 600 m，李林 R20123001、R20123004；蒙山，任昭杰 20111012、20111286、20111255；砂山，海拔 700 m，黄正莉、付旭 R121009、R123413；冷峪，海拔 520 m，李林、付旭 R120183-A、R123010、R123038；小大洼，海拔 700 m，李林、郭萌萌 R123002、R123304、R123399；聚宝崖，海拔 550 m，任昭杰、王春晓 R18422-A、R18427-A；老龙潭，海拔 500 m，任昭杰、王春晓 R18445-B。平邑：核桃涧，海拔 650 m，李林 R120185-A、R20123003-A、R120182-B；蓝涧，海拔 680 m，郭萌萌、付旭

R120178、R123097-A、R123281-C；蓝涧口，海拔 566 m，任昭杰、王春晓 R18380-B、R18404-A、R18499-B；明光寺，海拔 438 m，赵遵田、任昭杰、田雅娴 R17622-A、R17648-B。沂南：东五彩山，海拔 550 m，任昭杰、田雅娴 R18237-C；东五彩山，海拔 650 m，任昭杰、田雅娴 R18349-B。费县：茶蓬峪，海拔 350 m，李林、郭萌萌 R121002-B、R121040-A、R120150-A；透明玻璃桥下，海拔 750 m，任昭杰、田雅娴 R18323；三连峪，海拔 550 m，付旭 R123421；蒙山，海拔 600 m，李林 R123355。

　　分布　中国（黑龙江、吉林、辽宁、内蒙古、河北、山西、山东、甘肃、新疆、江苏、上海、江西、湖南、湖北、重庆、贵州、云南、西藏、福建、广西、香港）；尼泊尔、不丹、日本、朝鲜、蒙古、俄罗斯，欧洲和北美洲。

　　本种是蒙山乃至山东地区分布最为广泛的苔类之一，常夹杂于其他苔类或藓类群落中间，叶先端具大量无性芽胞，易与属内其他种类区别。

3. 裂萼苔　图 22　照片 13

Chiloscyphus polyanthos (L.) Corda, Opiz, Beitr. Natuf. 1: 651. 1826.

Jungermannia polyanthos L., Sp. Pl. 1, 2: 1131. 1753.

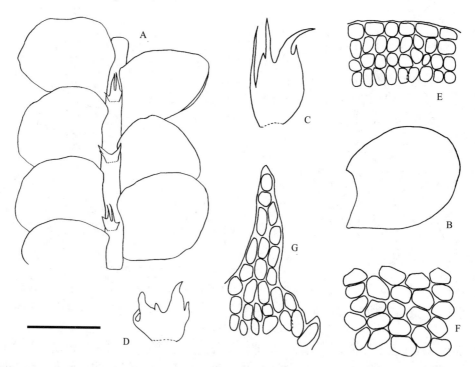

图 22　裂萼苔 *Chiloscyphus polyanthos* (L.) Corda, A. 植物体一段（腹面观）；B. 侧叶；C-D. 腹叶；E. 侧叶尖部细胞；
　　　　F. 侧叶中部细胞；G. 腹叶尖部细胞（任昭杰 绘）。标尺：A-D=1.4 mm, E-G=208 μm.

　　本种与全缘裂萼苔 *C. integristipulus* 类似，但本种腹叶 2 裂达叶长的 1/2–2/3，两侧各具一锐齿，区别于后者。

　　生境　生于岩面或土表，有时没于水下。

　　产地　蒙阴：冷峪，海拔 520 m，李林、郭萌萌 R123057-A、R123084-A、R123117；小大畦，海拔 700 m，李林 R123197-A；橛子沟，海拔 900 m，任昭杰、黄正莉、李林 R123170-A、R123429-B、R123430-A；里沟，海拔 700 m，任昭杰、李林 R123075-A、R123078-A、R123080；老龙潭，海拔 440 m，任昭杰、王春晓 R18462、R18468-A。平邑：核桃涧，海拔 600 m，郭萌萌、李林 R123189、R17430-B；拜寿台上，海拔 1100 m，任昭杰、田雅娴 R17574-C。

　　分布　中国（黑龙江、吉林、辽宁、内蒙古、山东、河南、陕西、甘肃、江苏、上海、浙江、江西、湖南、湖北、四川、贵州、云南、西藏、福建、台湾、香港）；印度、尼泊尔、不丹、朝鲜、日本、俄罗斯（远东地区），欧洲、北美洲和非洲北部。

4. 异叶裂萼苔　图 23

Chiloscyphus profundus (Nees) J. J. Engel & R. M. Schust., Nova Hedwigia 39: 421. 1984.

Lophocolea profunda Nees, Naturgesch. Eur. Leberm. 2: 346. 1836.

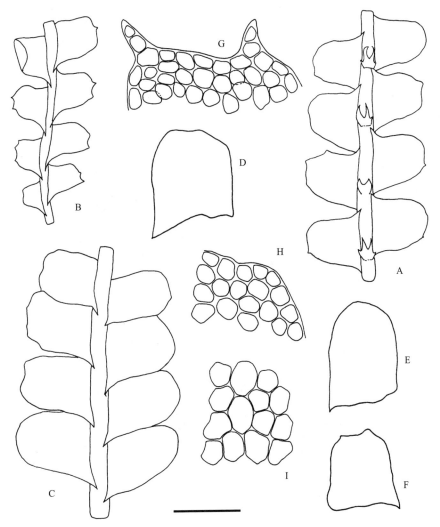

图 23　异叶裂萼苔 *Chiloscyphus profundus* (Nees) J. J. Engel & R. M. Schust., A. 植物体一段（腹面观）；B-C. 植物体一段（背面观）；D-F. 侧叶；G-H. 叶尖部细胞；I. 叶中部细胞（任昭杰　绘）。标尺：A-C=1.1 mm, D-F=0.8 mm, G-I=110 μm.

　　植物体形小，黄绿色至绿色。茎匍匐，不分枝或稀疏分枝。假根着生于腹叶基部，束状。侧叶通常异形，近方形或舌形，先端圆钝、截状、略内凹或呈 2 裂齿状，背角略下延；腹叶方形至长方形，先端 2 裂，两侧边缘各具一齿或仅一侧具齿，稀两侧均无齿。叶细胞六边形，薄壁，具小三角体或无三角体；角质层平滑。每个细胞具 4-5 个球形或椭圆形油体。

　　生境　生于岩面或土表。

　　产地　蒙阴：小大畦，海拔 700 m，李超 R123059-C；冷峪，海拔 520 m，李林 R123378。

　　分布　中国（黑龙江、吉林、辽宁、内蒙古、河北、山东、河南、新疆、江苏、上海、浙江、江西、四川、贵州、云南、西藏、福建、台湾）；不丹、日本、朝鲜、俄罗斯，欧洲和北美洲。

属 2. 异萼苔属 Heteroscyphus Schiffn.

Oesterr. Bot. Z. 60: 171. 1910.

植物体小形至大形，淡绿色或黄绿色。茎不规则分枝，分枝发生于茎腹面。假根散生或生于腹叶基部。叶片斜生于茎枝上，多背边基部下延，先端 2 裂或具齿，基部一侧或两侧与腹叶相连。腹叶较大，先端 2 裂或不规则齿毛状。叶细胞薄壁，三角体较大，节状，稀不明显。雌苞生于侧短枝上，雄苞也生于侧短枝上。

本属全世界约 60 种。中国有 14 种，本研究首次发现该属植物在山东的分布。

1. 全缘异萼苔　图 24

Heteroscyphus saccogynoides Herzog, Journ. Hattori Bot. Lab. 14: 40. 1955.

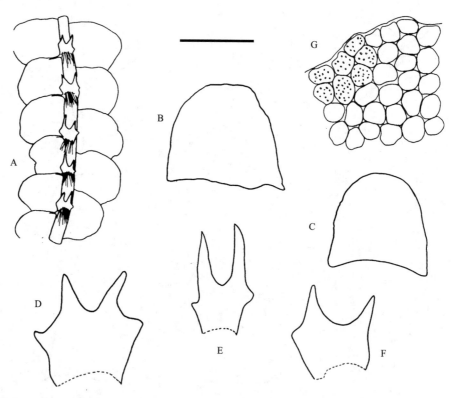

图 24　全缘异萼苔 *Heteroscyphus saccogynoides* Herzog, A. 植物体一段（腹面观）；B-C. 侧叶；D-F. 腹叶；G. 叶尖部细胞（任昭杰、田雅娴 绘）。标尺：A=1.67 mm, B-C=0.83 mm, D-F=333 μm, G=139 μm.

植物体形小，纤细，暗绿色，无光泽，密集丛生；茎匍匐，先端上升，多单一，稀分枝，长约 1 cm；叶覆瓦状斜向排列，蔽后式，圆方形，先端圆钝，或略内凹，边全缘平展；腹叶略宽于茎，2 深裂，裂瓣新月形，两侧各具一齿，齿有时不明显。叶细胞圆六边形，薄壁，无三角体，角质层具细疣。孢子体未见。

生境　生于林下岩面。

产地　蒙阴：冷峪，海拔 500 m，李林 R123324-A。平邑：拜寿台上，海拔 1100 m，任昭杰、田雅娴 R17521-A。

分布　中国特有种（山东、台湾、海南）。

科 13. 光萼苔科 PORELLACEAE

植物体中等大小至大形，绿色至褐绿色，有时棕色。茎匍匐，硬挺，羽状分枝。假根着生于腹叶基部。叶 3 列，侧叶 2 列，蔽前式排列，背瓣卵形或卵状披针形，平展或卷曲，先端圆钝、急尖或渐尖，叶边全缘或具齿；腹瓣较小，舌形，叶边平展或卷曲，全缘或具齿；腹叶较小，阔舌形，上部常背卷，基部两侧常沿茎下延，叶边全缘或具齿。叶细胞圆形、卵形或多边形，三角体明显或不明显，每个细胞具多数小形油体。雌雄异株。雄苞穗状，侧生。雌苞生于极度缩短的侧枝上。蒴萼背腹扁平，多具纵褶，口部宽阔或收缩，边缘具齿。孢蒴球形或卵形。弹丝多具 2 条螺纹加厚。孢子颗粒状，较大。

本科全世界有 3 属。中国有 3 属；山东有 2 属，蒙山皆有分布。

分属检索表

1. 侧叶和腹叶强烈波状卷曲；孢蒴成熟时开裂至 1/3–1/2 处，具 6–12 个裂瓣；蒴萼具多数褶皱 ⋯⋯⋯⋯⋯⋯⋯⋯⋯⋯⋯⋯⋯⋯⋯⋯⋯⋯⋯⋯⋯⋯⋯⋯⋯⋯⋯⋯⋯⋯⋯⋯⋯⋯ 1. 多瓣苔属 *Macvicaria*
1. 侧叶和腹叶不明显波状卷曲；孢蒴成熟时开裂至 2/3 处，几乎达基部，具 4 个或略多裂瓣；蒴萼具稀齿⋯⋯⋯⋯⋯⋯⋯⋯⋯⋯⋯⋯⋯⋯⋯⋯⋯⋯⋯⋯⋯⋯⋯⋯⋯⋯⋯⋯⋯⋯⋯⋯⋯ 2. 光萼苔属 *Porella*

Key to the genera

1. Leaves and amphigastria strongly crispate; capsules dehiscent 1/3–1/2 the length into 6–12 valves; perianth strongly plicate ⋯⋯⋯⋯⋯⋯⋯⋯⋯⋯⋯⋯⋯⋯⋯⋯⋯⋯⋯⋯⋯⋯⋯⋯⋯⋯⋯⋯ 1. *Macvicaria*
1. Leaves and amphigastria weekly crispate; capsules dehiscent more than 2/3 the length or nearly to base into 4 or more valves; perianth rarely ciliate ⋯⋯⋯⋯⋯⋯⋯⋯⋯⋯⋯⋯⋯⋯⋯⋯⋯⋯⋯⋯ 2. *Porella*

属 1. 多瓣苔属 Macvicaria W. E. Nicholson

Symb. Sin. 5: 9. 1930.

植物体中等大小，黄绿色至暗绿色。茎匍匐，不规则分枝。侧叶背瓣卵形，先端圆钝，叶边全缘，强烈波状卷曲；腹瓣舌形，先端圆钝，叶边强烈波状卷曲，基部一侧条状下延。腹叶椭圆形，先端圆钝，基部两侧沿茎条状波曲下延；叶边全缘，强烈波状卷曲。叶细胞圆多边形，薄壁，三角体小。雌雄异株。雄苞着生于侧枝顶端。蒴萼梨形，具多数纵褶，口部具齿。蒴柄较短。孢蒴卵球形，成熟时开裂至 1/3–1/2 处，6–12 个裂瓣。弹丝环状加厚或 1 列螺纹加厚，稀 2 列螺纹加厚。孢子褐色，较大。

本属全世界仅 1 种。蒙山有分布。

1. 多瓣苔　照片 14

Macvicaria ulophylla (Steph.) S. Hatt., J. Hattori Bot. Lab.5: 81. 1951.

Madotheca ulophylla Steph., Bull. Herb. Boissier 5: 97. 1897.

种特征同属。
生境　生于岩面薄土上。
产地　平邑：龟蒙顶索道上站，海拔 1066 m，任昭杰、王春晓 R18400-A。

分布 中国（黑龙江、内蒙古、山东、湖南、四川、重庆、云南、福建）；朝鲜、日本和俄罗斯（远东地区）。

属 2. 光萼苔属 Porella L.

Sp. Pl. 2: 1106. 1753.

植物体中等大小至大形，绿色、棕色至褐色。茎匍匐，硬挺，羽状分枝，分枝由侧叶基部伸出。假根着生于腹叶基部。叶 3 列，侧叶 2 列，蔽前式覆瓦状排列，背瓣卵形或卵状披针形，平展或内凹，先端圆钝、渐尖或急尖，叶边全缘或具齿；腹瓣较背瓣小，舌形，平展或边缘卷曲，叶边全缘，具齿或毛状齿；腹叶阔舌性，平展或上部卷曲，两侧基部常下延，叶边全缘、具齿或呈囊状。叶细胞圆形、多边形或卵形，具三角体或不明显。雌雄异株。雌苞生于短枝顶端。蒴萼上部具纵褶，口部收缩或宽阔，边缘具齿。孢蒴球形或卵形，不规则开裂。

本属全世界约 80 种，中国有 39 种和 12 变种及 3 亚种。《山东苔藓志》（任昭杰和赵遵田，2016）编研时，因未能见到相关标本而将《山东苔藓植物志》（赵遵田和曹同，1998）记载的中华光萼苔 *Porella chenensis* (Steph.) Hatt. 做存疑处理，收录山东该属植物 6 种、3 变种和 1 亚种，2018 年，任昭杰在青岛崂山流清河和蒙阴蒙山老龙潭分别采集到了中华光萼苔的标本，故现明确山东该属植物 7 种、3 变种和 1 亚种，蒙山有 6 种、3 变种和 1 亚种。目前，本属植物在蒙山乃至整个山东地区都非常少见，呈现出明显的衰退趋势。

分种检索表

1. 叶先端急尖至渐尖 ·· 2
1. 叶先端圆钝 ·· 3
2. 叶先端具多数毛状齿 ·· 1. 尖瓣光萼苔东亚亚种 *P. acutifolia* subsp. *tosana*
2. 叶先端具稀齿或全缘 ·· 2. 丛生光萼苔 *P. caespitans*
3. 叶边具毛状齿 ··· 7. 毛缘光萼苔 *P. vernicosa*
3. 叶边全缘 ·· 4
4. 叶先端平展 ·· 5
4. 叶先端内卷 ·· 6
5. 腹瓣和腹叶边缘通常内卷 ·· 3. 中华光萼苔 *P. chinensis*
5. 腹瓣和腹叶边缘平展 ··· 4. 亮叶光萼苔 *P. nitens*
6. 腹瓣和腹叶近同形，等大 ·· 5. 钝叶光萼苔 *P. obtusata*
6. 腹瓣和腹叶异形，腹瓣较腹叶狭小 ·· 6. 温带光萼苔 *P. platyphylla*

Key to the species

1. Leaf apices acute to acuminate ·· 2
1. Leaf apices rounded ·· 3
2. Leaf apices with numerous ciliated teeth ······································ 1. *P. acutifolia* subsp. *tosana*
2. Leaf apices rarely dentate or entire ·· 2. *P. caespitans*
3. Leaf margins with ciliated teeth ·· 7. *P. vernicosa*
3. Leaf margins entire ··· 4
4. Leaf apices plane ·· 5
4. Leaf apices recurved ·· 6
5. Margins of loube and underleaves usually recurved ····································· 3. *P. chinensis*
5. Margins of loube and underleaves plane ··· 4. *P. nitens*
6. Loube and underleaves almost in the same shape and size ···························· 5. *P. obtusata*
6. Loube and underleaves almost in the same shape, loube narrower and smaller than underleaves ··············· 6. *P. platyphylla*

1. 尖瓣光萼苔东亚亚种　图 25

Porella acutifolia (Lehm. & Lindb.) Trevis. subsp. **tosana** (Steph.) S. Hatt., J. Hattori Bot. Lab. 44: 100. 1978.

Madotheca tosana Steph., Bull. Herb. Boissier 5: 97. 1897.

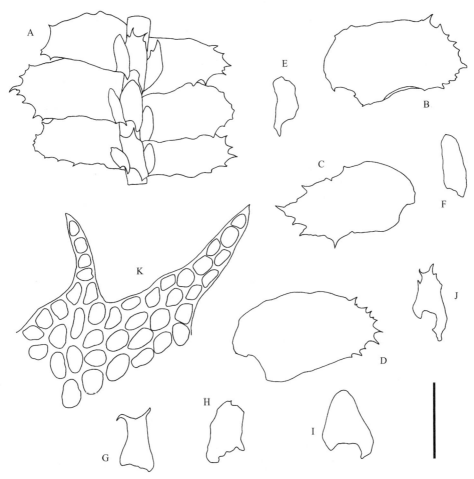

图 25　尖瓣光萼苔东亚亚种 *Porella acutifolia* (Lehm. & Lindb.) Trevis. subsp. *tosana* (Steph.) S. Hatt., A. 植物体一段（腹面观）；B-D. 侧叶背瓣；E-F. 侧叶腹瓣；G-J. 腹叶；K. 叶尖部细胞（任昭杰 绘）. 标尺: A-J=1.4 mm, K=140 μm.

　　植物体中等大小，二回羽状分枝。侧叶背瓣长卵形或长椭圆形，先端尖锐，具多数毛状齿，叶边平展，具稀短齿；腹瓣舌状，全缘或顶端具不规则齿，基部耳状；腹叶三角形至狭三角形，先端多具 2 齿，有时全缘，基部不下延。叶细胞椭圆形，具三角体。

　　生境　生于岩面。

　　产地　平邑：龟蒙顶，海拔 1100 m，张艳敏 51（PE）。

　　分布　中国（山东、湖南、四川、云南、西藏、福建、台湾）；朝鲜、日本和越南。

2. 丛生光萼苔

Porella caespitans (Steph.) S. Hatt., J. Hattori Bot. Lab. 33: 50. 1970.

Madotheca caespitans Steph., Mém. Soc. Sci. Nat. Cherbourg 29: 218. 1894.

2a. 丛生光萼苔原变种 图 26

Porella caespitans var. caespitans

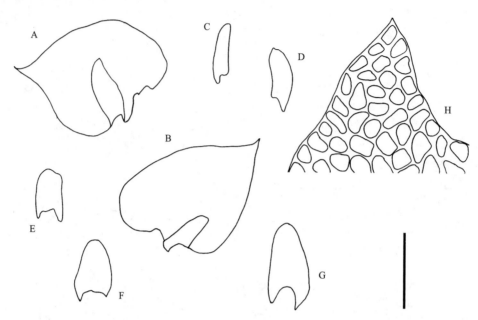

图 26 丛生光萼苔原变种 *Porella caespitans* (Steph.) S. Hatt.var. *caespitans*, A-B. 侧叶背瓣；C-D. 侧叶腹瓣；E-G. 腹叶；H. 叶尖部细胞（任昭杰 绘）。标尺：A-G=1.1 mm, H=110 μm.

植物体中等大小。茎匍匐，先端略倾立，2 回羽状分枝。叶密集覆瓦状排列，背瓣卵形，后缘常内卷，先端急尖，叶边全缘，有时先端具稀齿；腹瓣长舌形，全缘，平展，先端钝，基部沿茎下延；腹叶舌形，先端钝或平截，基部沿茎下延，下延部分平滑。叶细胞圆方形，渐基趋大，薄壁，具明显三角体。

生境 生于岩面或岩面薄土上。

产地 费县：望海楼，海拔 1000 m，赵遵田 20111370、20111371-G。

分布 中国（山东、陕西、甘肃、浙江、湖北、四川、重庆、贵州、云南、西藏、广西）；印度、不丹、朝鲜和日本。

2b. 丛生光萼苔心叶变种 图 27

Porella caespitans var. **cordifolia** (Steph.) S. Hatt. ex T. Katagiri & T. Yamag., Bryol. Res. 10 (5): 133. 2011.

Madotheca cordifolia Steph., Sp. Hepat. 4: 315. 1910.

本变种区别于原变种的主要特点是：侧叶背瓣阔卵形或卵状心形，叶边全缘；腹叶先端常具 2 短齿，基部下延部分常具齿。

生境 生于岩面或土表。

产地 费县：望海楼，海拔 1000 m，赵遵田 20111033、20111370-A。

分布 中国（山东、浙江、湖南、湖北、四川、重庆、贵州）；印度、不丹、朝鲜、日本和菲律宾。

图 27　丛生光萼苔心叶变种 *Porella caespitans* (Steph.) S. Hatt. var. *cordifolia* (Steph.) S. Hatt. ex T. Katagiri & T. Yamag., A. 幼枝一段（腹面观）；B-C. 侧叶背瓣；D. 侧叶背瓣和腹瓣；E-G. 侧叶腹瓣；H-L. 腹叶；M. 叶尖部细胞；N. 叶基部细胞（任昭杰　绘）。标尺：A-L=1.4 mm, M-N=140 μm.

2c. 丛生光萼苔日本变种　　图 28

Porella caespitans var. **nipponica** S. Hatt., J. Hattori Bot. Lab. 33: 57. 1970.

本变种区别于原变种的主要特点是：侧叶背瓣、腹瓣和腹叶具不规则疏毛状齿。

生境　生于土表。

产地　蒙阴：蒙山，海拔 870 m，赵遵田 20111033-A。费县：望海楼，海拔 1000 m，赵遵田 20111390-A。

分布　中国（山东、甘肃、浙江、湖南、湖北、四川、重庆、贵州、云南、西藏、福建、广西）；尼泊尔、印度、朝鲜、日本和菲律宾。

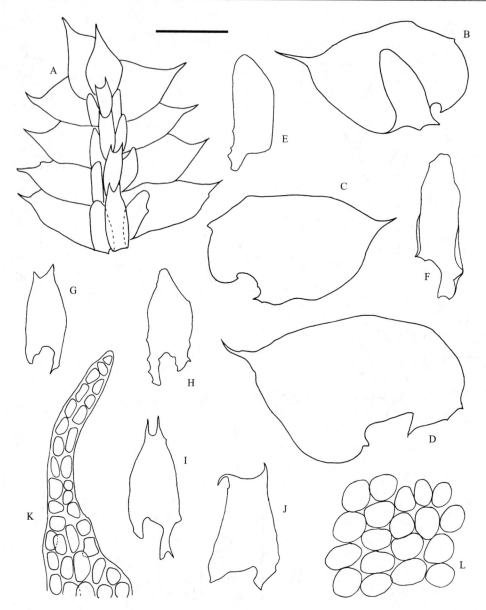

图 28　丛生光萼苔日本变种 *Porella caespitans* (Steph.) S. Hatt. var. *nipponica* S. Hatt., A. 植物体一段（腹面观）；B. 侧叶背瓣和腹瓣；C-D. 侧叶背瓣；E-F. 侧叶腹瓣；G-J. 腹叶；K. 叶尖部细胞；L. 叶中部细胞（任昭杰 绘）。标尺：A-J=1.1 mm, K-L=110 μm.

2d. 丛生光萼苔尖叶变种

Porella caespitans var. **setigera** (Steph.) S. Hatt., J. Hattori Bot. Lab. 33: 53. 1970.

Madotheca setigera Steph., Bull. Herb. Boissier 5: 96. 1897.

　　本变种区别于原变种的主要特点是：侧叶背瓣长卵形，先端具狭长尖或尾状尖。

　　生境　生于岩面。

　　产地　平邑：龟蒙顶，张艳敏 103（SDAU）；大洼林场洼店，海拔 500 m，张艳敏 215（SDAU）。

　　分布　中国（黑龙江、山东、甘肃、安徽、四川、重庆、云南、台湾）；越南、缅甸、尼泊尔、不丹、印度、朝鲜和日本。

3. 中华光萼苔　图 29

Porella chinensis (Steph.) S. Hatt., J. Hattori Bot. Lab. 30: 131.1967.

Madotheca chinensis Steph., Mém. Soc. Sci. Nat. Cherbourg 29: 218. 1894.

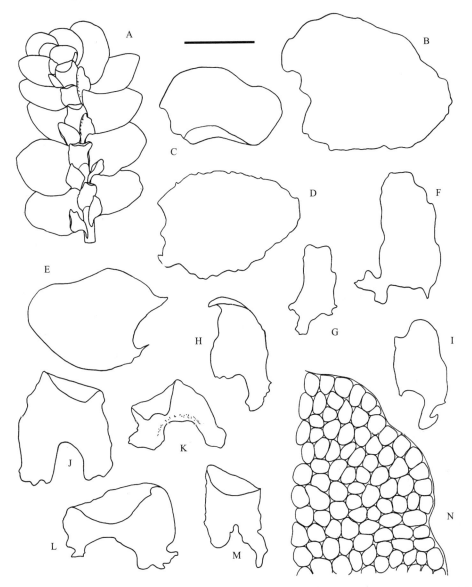

图 29　中华光萼苔 *Porella chinensis* (Steph.) S. Hatt., A. 植物体一段（腹面观）；B-E. 侧叶背瓣；F-I. 侧叶腹瓣；J-M. 腹叶；N. 叶尖部细胞（任昭杰 绘）。标尺：A=2.08 mm, B-E=1.04 mm, F-I=0.56 mm, J-M=0.67 mm, N=167 μm.

　　植物体中等大小，暗绿色。茎匍匐，羽状分枝。侧叶覆瓦状排列，卵形至长卵形，先端圆钝，叶边全缘，常略内卷，有时具小齿；腹瓣长舌形，常斜倾，先端钝，基部下延，下延部分具齿，边缘常内卷；腹叶阔舌形，先端平截，多具齿，常内卷，基部下延，下延部分具齿。叶细胞圆六边形或近圆形，厚壁，三角体明显。

　　生境　生于岩面土表。

　　产地　蒙阴：老龙潭，海拔 500 m，任昭杰、王春晓 R18445-A。

　　分布　中国（黑龙江、内蒙古、陕西、山东、河北、甘肃、新疆、浙江、湖北、四川、重庆、贵州、云南、西藏）；印度、不丹、尼泊尔、俄罗斯（远东地区）。

4. 亮叶光萼苔　图 30

Porella nitens (Steph.) S. Hatt. in Hara (ed.), Fl. E. Himalaya 525. 1966.

Madotheca nitens Steph., Mém. Soc. Sci. Nat. Cherbourg 29: 220. 1894.

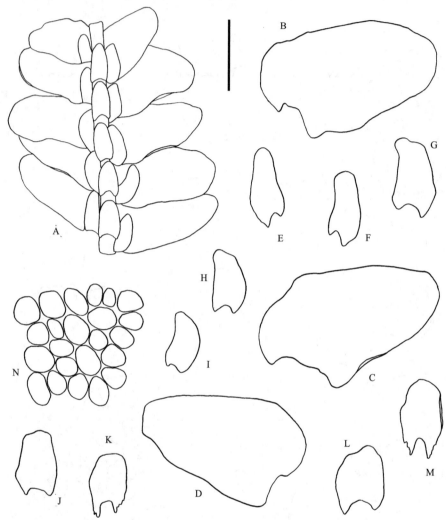

图 30　亮叶光萼苔 *Porella nitens* (Steph.) S. Hatt. , A. 植物体一段（腹面观）；B-D. 侧叶背瓣；E-I.侧叶腹瓣；J-M. 腹叶；N. 叶中部细胞（任昭杰 绘）。标尺：A=1.4 mm, B-M=1.1 mm, N=110 μm。

　　植物体中等大小，黄绿色。茎匍匐，2 回羽状分枝。侧叶疏松覆瓦状排列，背瓣长椭圆形或舌形，略内凹，先端圆钝，叶边全缘，后缘略背卷；腹瓣长舌形，先端圆钝，基部下延，叶边全缘；腹叶长椭圆状舌形，先端圆钝，中下部背卷，基部下延，下延部分边缘平滑或具齿。叶细胞圆形，三角体大而明显。

　　生境　生于岩面。

　　产地　蒙阴：蒙山，海拔 600 m，任昭杰 20111032。

　　分布　中国（山东、湖南、湖北、四川、重庆、云南、西藏、广西）；尼泊尔、印度和不丹。

5. 钝叶光萼苔　图 31

Porella obtusata (Taylor) Trevis., Mem. Reale Ist. Lombardo Sci., ser. 3, Cl. Mat. Nat. 4: 497. 1877.

Madotheca obtusata Taylor, London J. Bot. 5: 380. 1846.

Porella macroloba (Steph.) S. Hatt. & Inoue, J. Jap. Bot. 34: 209. 1959.

Madotheca macroloba Steph., Sp. Hepat. 4: 292. 1910.

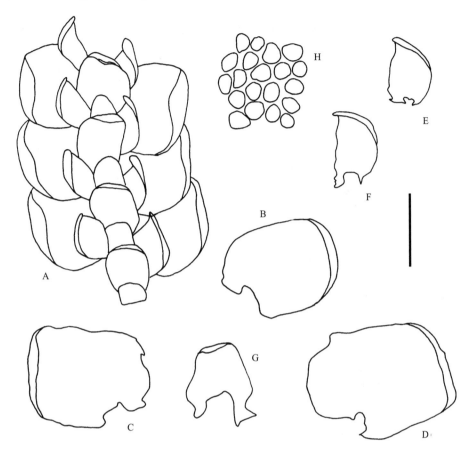

图 31　钝叶光萼苔 *Porella obtusata* (Taylor) Trevis., A. 植物体一段（腹面观）；B-D. 侧叶背瓣；E-F. 侧叶腹瓣；G. 腹叶；H. 叶中部细胞（任昭杰　绘）。标尺：A-G=0.8 mm, H=80 μm.

　　植物体中等大小，棕黄色。茎匍匐，羽状分枝。侧叶背瓣卵圆形，先端圆钝，强烈内卷，叶边全缘；腹瓣阔卵形，先端圆钝，强烈内卷，基部内侧宽下延，叶边全缘；腹叶卵形至长卵形，与腹瓣略同形，等大，先端强烈背卷，基部条状下延，叶边全缘。叶细胞卵形至圆形，基部细胞较大，具三角体。

　　生境　生于岩面。

　　产地　费县：望海楼，海拔 1000 m，赵遵田 20111394-A。

　　分布　中国（山东、甘肃、新疆、浙江、江西、湖南、湖北、四川、贵州、云南、西藏、福建、台湾、广西）；日本、印度，欧洲。

6. 温带光萼苔　图 32

Porella platyphylla (L.) Pfeiff., Fl. Niederhessen 2: 234. 1855.

Jungermannia platyphylla L., Sp. Pl. 1134. 1753.

　　植物体形较大。茎匍匐，羽状分枝。叶紧密覆瓦状排列，侧叶背瓣卵圆形，基部不下延，先端向腹面卷曲，叶边全缘；腹瓣舌形，较小，先端背卷，全缘；腹叶卵圆形，先端和侧边背卷，叶边全缘，基部两侧明显下延。叶细胞圆形，三角体明显。

　　生境　生于土表。

产地 费县：望海楼，海拔 1000 m，赵遵田 20111371-F。

分布 中国（黑龙江、吉林、内蒙古、河北、山东、陕西、甘肃、新疆、福建）；蒙古、俄罗斯（远东地区），欧洲和北美洲。

本种与钝叶光萼苔 *P. obtusata* 相似，本种腹瓣和腹叶异形，腹瓣较腹叶狭小，区别于后者。

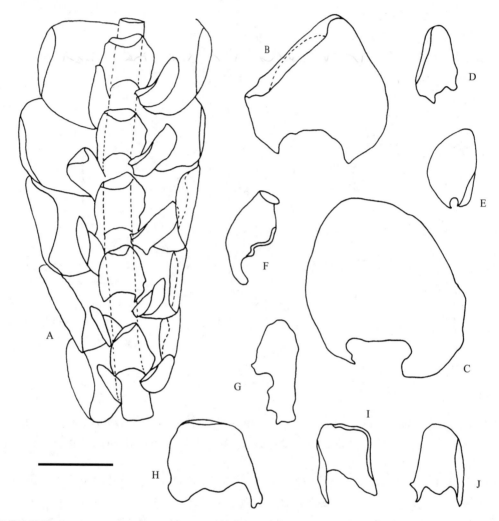

图 32　温带光萼苔 *Porella platyphylla* (L.) Pfeiff., A. 植物体一段（腹面观）；B-C. 侧叶背瓣；D-G. 侧叶腹瓣；H-J. 腹叶（任昭杰、李德利 绘）。标尺：A-J=0.8 mm.

7. 毛缘光萼苔　图 33

Porella vernicosa Lindb., Acta Soc. Sci. Fenn. 10: 223. 1872.

植物体形较大。茎匍匐，不规则羽状分枝。叶长卵形，先端圆钝，向腹面背卷，先端和后缘具 5–12 个毛状齿，基部不对称，具短下延，下延部有粗大的锐尖齿；腹瓣舌形，边缘具毛状齿，基部下延，下延部具锐尖齿；腹叶卵形至宽卵形，具毛状齿。叶细胞圆六边形，薄壁，三角体小或不明显。

生境 生于岩面薄土上。

产地 平邑：龟蒙顶，张艳敏 76（SDAU）。

分布 中国（黑龙江、吉林、山东、云南、福建）；朝鲜和俄罗斯（远东地区）。

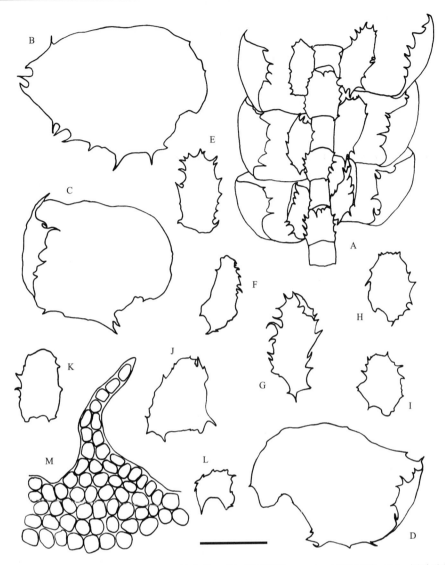

图 33　毛缘光萼苔 *Porella vernicosa* Lindb., A. 植物体一段（腹面观）；B-D. 侧叶背瓣；E-I. 侧叶腹瓣；J-L. 腹叶；M. 叶中部边缘细胞（任昭杰、李德利 绘）。标尺：A-L=2.2 mm, M=220 μm.

科 14. 扁萼苔科 RADULACEAE

　　植物体小形至大形，黄绿色至暗绿色，有时红褐色。茎匍匐，叉状分枝、不规则羽状分枝或羽状分枝，分枝多较短，部分种类具穗状小叶型枝，均生于叶基部背侧中线，茎横切面椭圆形或卵形，细胞分化或不分化。假根着生于腹瓣中央，呈束状，淡褐色至褐色。叶 2 列，互生，蔽前式排列，背瓣卵形至长卵形，平展或内凹，先端圆钝或具短尖头，基部不下延或略下延，抱茎，叶边全缘或具不规则齿；腹瓣较小，为背瓣的 1/4–1/3，卵形、舌形、三角形或长方形，多膨胀呈囊状，先端圆钝或具钝尖头；腹叶缺失。叶细胞六边形，薄壁或厚壁，具三角体或无，角质层平滑，有时具疣。雌雄异株，稀同株。雄苞顶生或间生，柔荑花序状，雄苞叶小，卵圆形，先端圆钝，叶边多全缘，腹瓣较大，囊状。雌苞生于茎顶或主枝顶端，稀生于侧短枝上，基部具 1–2 条新生枝。雌苞叶比茎叶大。蒴萼喇叭口形，先端扁平，口部平滑或波曲。孢蒴卵球形，4 瓣裂，蒴壁 2 层细胞。弹丝 2 条螺纹加厚，稀 3 条。孢子球形，具疣。

　　本科全世界有 1 属，蒙山有分布。

属 1. 扁萼苔属 Radula Dumort.

Comment. Bot. 112. 1822.

属特征同科。

本属全世界约 428 种。中国有 42 种和 1 变种；山东有 3 种，蒙山皆有分布。

分种检索表

1. 叶背瓣边缘具无性芽胞 ···3. 芽胞扁萼苔 R. lindenbergiana
1. 叶背瓣边缘无芽胞 ···2
2. 叶背瓣先端略内凹；雌雄同株 ···1. 扁萼苔 R. complanata
2. 叶背瓣先端不内凹；雌雄异株 ···2. 日本扁萼苔 R. japonica

Key to the species

1. Marginal gemmae of leaf-lobe present ··3. R. lindenbergiana
1. Marginal gemmae of leaf-lobe absent ··2
2. Leaves usually concave；monoicous··1. R. complanata
2. Leaves usually plane；dioecious··2. R. japonica

1. 扁萼苔 图 34

Radula complanata (L.) Dumort., Syll. Jungerm. Eur. 38. 1831.

Jungermannia complanata L., Sp. Pl. 1, 2: 1133. 1753.

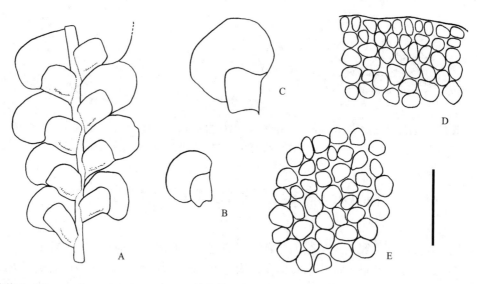

图 34 扁萼苔 *Radula complanata* (L.) Dumort., A. 植物体一段（腹面观）；B-C. 叶；D. 叶尖部细胞；E. 叶中部细胞
（任昭杰 绘）。标尺：A-C=1 mm, D-E=84 μm.

植物体形小至中等大小，黄绿色至暗绿色。茎匍匐，不规则羽状分枝。叶背瓣卵圆形，略内凹，叶基部弧形，完全覆盖茎；腹瓣方形或近方形，约为背瓣长度的 1/2，先端钝或平截，前沿基部弧形，覆盖茎直径的 1/3–1/2。叶细胞六边形或圆六边形，薄壁，具小三角体。雌雄同株。

　　生境 生于土表。

　　产地 蒙阴：大畦，海拔 700 m，李林 R18014。平邑：核桃涧，海拔 620 m，李林、付旭 R123107、R123219-A。

　　分布 中国（黑龙江、吉林、辽宁、内蒙古、山东、甘肃、青海、新疆、浙江、江西、湖南、湖北、四川、重庆、云南、福建、台湾）；印度、朝鲜、日本和巴西。

2. 日本扁萼苔

Radula japonica Gottsche ex Steph., Hedwigia 23: 152. 1884.

　　植物体中等大小。叶背瓣密集或稀疏覆瓦状排列，卵形，略向背面膨起，前缘基部覆盖茎的一部分；腹瓣方形，约为背瓣长度的 1/2，先端圆钝，基部覆盖茎直径的 1/3–1/2，脊部略膨起，不下延。叶细胞六边形，薄壁，具小三角体。雌雄异株。

　　生境 生于岩面或土表。

　　产地 蒙阴：刀山沟，海拔 550 m，黄正莉 20111127；小大洼，海拔 700 m，李林 R123292-A；橛子沟，海拔 900 m，任昭杰、郭萌萌 R123079-A、R123171-A；冷峪，海拔 500 m，李林 R12400。平邑：核桃涧，海拔 580 m，郭萌萌 R120145-A。沂南：东五彩山神龙洞，海拔 700 m，任昭杰、田雅娴 R18197。

　　分布 中国（辽宁、山东、江苏、上海、浙江、江西、湖南、重庆、西藏、福建、台湾、广东、广西、海南、香港）；朝鲜和日本。

3. 芽胞扁萼苔　图 35　照片 15

Radula lindenbergiana Gottsche ex Hartm., Handb. Skand. Fl. (ed. 9), 2: 98. 1864.

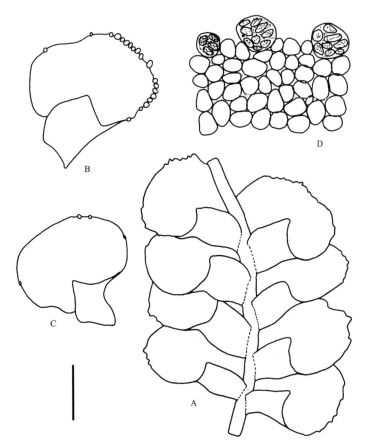

图 35　芽胞扁萼苔 *Radula lindenbergiana* Gott sche ex Hartm., A. 植物体（腹面观）；B-C. 叶；D. 叶边缘细胞和无性芽胞（任昭杰 绘）。标尺：A-C=0.8 mm，D=80 μm。

植物体中等大小，黄绿色至暗绿色。茎匍匐，不规则羽状分枝。叶背瓣先端圆钝，前缘基部覆盖茎，叶先端边缘着生盘状芽胞；腹瓣方形，为背瓣长度的 1/2–2/3，前沿基部覆盖茎直径的 1/2–3/4。叶细胞六边形，薄壁，具小三角体。

生境 生于岩面薄土上。

产地 蒙阴：蒙山，黄正莉 20120030；里沟，海拔 800 m，任昭杰 R120166–1；大畦，海拔 700 m，李林 R123327。

分布 北半球温带广泛分布。中国（吉林、内蒙古、河北、山东、陕西、安徽、浙江、江西、湖南、四川、重庆、贵州、云南、西藏、福建、台湾、广西）。

科 15. 耳叶苔科 FRULLANIACEAE

植物体形小至较大，绿色至暗绿色，有时红色、红棕色或紫红色至黑色，密集平铺。茎匍匐，或上升，规则或不规则分枝。叶 3 列，侧叶 2 列，近横生或斜列，蔽前式排列，背瓣大，内凹，卵形或椭圆形，叶边全缘，稀具齿，基部常具裂片状附属物，先端圆钝或稀具短尖，平展或内卷，腹瓣较小，兜形、钟形、盔形或圆筒形，稀披针形，基部常具丝状副体；腹叶与侧叶异形，先端全缘或 2 裂，基部下延或不下延。叶细胞圆形或椭圆形，多具三角体或球状加厚，有时具油胞。雌雄异株或同株异苞，稀同序异苞。雌苞生于侧短枝顶端，颈卵器 2–12 个，苞叶与侧叶近同形，较大。蒴萼常具 3–5 个脊，稀 10 个脊或平滑无脊，表面常具疣，或平滑。孢蒴球形，蒴壁 2 层细胞。弹丝 1–2 条螺纹加厚。孢子球形，较大，具疣。

本科全世界仅 1 属，蒙山有分布。

属 1. 耳叶苔属 Frullania Raddi

Jungermanniogr. Etrusca 9. 1818.

属特征同科。

本属全世界约 350 种。中国有 93 种、4 亚种、7 变种及 3 变型；山东有 11 种，蒙山有 8 种。

分种检索表

1. 腹叶先端圆钝 ·· 1. 达呼里耳叶苔 *F. davurica*
1. 腹叶先端 2 裂 ··· 2
2. 背瓣基部具 1–2 列大形油胞 ·· 5. 列胞耳叶苔 *F. moniliata*
2. 背瓣不具大形油胞 ·· 3
3. 腹叶比茎窄 ··· 3. 石生耳叶苔 *F. inflata*
3. 腹叶通常比茎宽 ··· 4
4. 腹叶卵圆形至近圆形 ··· 5
4. 腹叶倒楔形 ··· 6
5. 背瓣背仰 ··· 2. 皱叶耳叶苔 *F. ericoides*
5. 背瓣不背仰 ··· 8. 陕西耳叶苔 *F. schensiana*
6. 腹瓣盔状 ··· 6. 盔瓣耳叶苔 *F. muscicola*
6. 腹瓣圆筒状 ··· 7
7. 侧叶背瓣先端常内卷；腹叶长明显大于宽 ····································· 4. 楔形耳叶苔 *F. inflexa*
7. 侧叶背瓣平展；腹叶长略大于宽，或近等长 ······························ 7. 钟瓣耳叶苔 *F. parvistipula*

Key to the species

1. 达呼里耳叶苔　图 36

Frullania davurica Hampe, Syn. Hepat. 422. 1845.

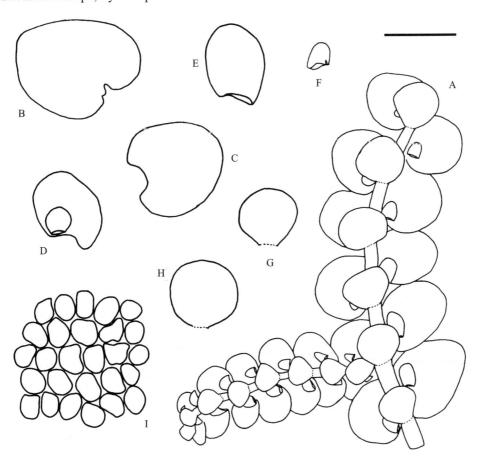

图 36　达呼里耳叶苔 *Frullania davurica* Hampe, A. 植物体一段（腹面观）；B-C. 侧叶背瓣；D. 侧叶背瓣和腹瓣；E. 侧叶腹瓣；F. 侧叶腹瓣和副体；G-H. 腹叶；I. 叶中部细胞（任昭杰 绘）。标尺：A=1.1 mm, B-D, E=330 μm, F-H=0.8 mm, I=80 μm.

植物体形小至中等大小，红棕色。茎匍匐，羽状分枝。侧叶背瓣卵圆形至圆形，先端圆钝；腹瓣兜形，具短喙，副体较小，丝状；腹叶圆形或宽卵形，先端全缘，圆钝，基部略下延或不下延。叶细胞椭圆形至圆形，三角体明显。

生境　生于岩面、土表或岩面薄土上。

产地　蒙阴：刀山沟，海拔 560 m，黄正莉 20111345。费县：望海楼，海拔 1000 m，赵遵田 20111370-C、20111390-B。

分布　中国（内蒙古、河北、山东、陕西、甘肃、浙江、湖南、湖北、四川、重庆、贵州、云南、西藏、福建、台湾）；朝鲜、日本和俄罗斯（远东地区）。

2. 皱叶耳叶苔　图 37

Frullania ericoides (Nees ex Mart.) Mont., Ann. Sci. Nat. Bot., sér. 2, 12: 51. 1839.

Jungermannia ericoides Nees ex Mart., Fl. Bras. 1: 346. 1833.

图 37　皱叶耳叶苔 *Frullania ericoides* (Nees ex Mart.) Mont., A. 植物体一段（腹面观）；B-C. 侧叶背瓣；D. 侧叶背瓣和腹瓣；E. 侧叶背瓣、腹瓣和副体；F-G. 侧叶腹瓣；H-I. 侧叶腹瓣和副体；J-N. 腹叶；O. 叶中部细胞（任昭杰 绘）。
标尺：A=1.1 mm, B-N=0.8 mm, O=80 μm。

植物体形小，暗绿色至红棕色。茎匍匐，稀疏羽状分枝。侧叶背瓣卵圆形至椭圆形，先端圆钝，内卷或平展，湿润时前缘背仰或略背仰，基部两侧多呈圆耳状；腹瓣兜形，口部宽阔，平截，具丝状副体；腹叶近圆形，先端浅 2 裂，裂瓣三角形，全缘，稀具齿。叶细胞近圆形，厚壁，三角体明显。

生境　生于岩面。

产地　蒙阴：蒙山，任昭杰 20111021。

分布　中国（山东、甘肃、江苏、上海、浙江、湖南、四川、云南、西藏、福建、台湾、广东、广西、香港）；朝鲜、日本、菲律宾、印度、尼泊尔、不丹、印度尼西亚、巴布亚新几内亚、新喀里多尼亚、澳大利亚、巴西、玻利维亚，东非群岛，欧洲和北美洲。

3. 石生耳叶苔　图 38

Frullania inflata Gottsche, Syn. Hepat. 424. 1845.

图 38　石生耳叶苔 *Frullania inflata* Gottsche, A. 植物体一段（腹面观）；B-C. 侧叶背瓣；D. 侧叶背瓣和腹瓣；E. 侧叶腹瓣；F-G. 侧叶腹瓣和副体；H-I. 腹叶；J. 叶尖部细胞；K. 叶基部细胞（任昭杰 绘）。标尺：A=0.8 mm, B-D=670 μm, E-I=440 μm, J-K=110 μm.

植物体形小，深绿色至褐绿色。茎匍匐，不规则羽状分枝。侧叶背瓣宽卵形，内凹，先端圆钝，多内卷，基部两侧下延，对称；腹瓣多披针形，偶呈兜状，副体丝状；腹叶狭长卵形，比茎窄，先端

2 裂，裂至腹叶的 1/3–2/5，裂瓣三角形，全缘。叶细胞圆形或圆方形，三角体不明显。

生境 生于岩面。

产地 蒙阴：蒙山林场，赵遵田 91237-A。

分布 中国（内蒙古、河北、山东、浙江、江西、湖南、湖北、四川、重庆、贵州、西藏、台湾）；朝鲜、日本、印度、巴西，欧洲和北美洲。

4. 楔形耳叶苔

Frullania inflexa Mitt., J. Proc. Linn. Soc., Bot. 5: 120. 1861.

Frullania delavayi Steph., Hedwigia 33: 157. 1884.

植物体中等大小，多紫褐色。茎匍匐，羽状分枝。侧叶背瓣卵形，先端常内卷；腹瓣倒卵形；腹叶楔形，上部较宽，下部较窄，长明显大于宽。叶细胞卵圆形，具三角体。

生境 生于岩面或树干上。

产地 沂南：东五彩山，海拔 750 m，任昭杰、田雅娴 R18296。费县：望海楼，海拔 970 m，任昭杰、田雅娴 R18295、R18316。

分布 中国（山东、浙江、四川、重庆、云南、西藏、台湾）；朝鲜、日本、尼泊尔、不丹和印度。

5. 列胞耳叶苔 图 39

Frullania moniliata (Reinw., Blume & Nees) Mont., Ann. Sci. Nat., Bot., sér. 2, 18: 13. 1842.

Jungermannia moniliata Reinw., Blume & Nees, Nova Acta Phys.-Med. Acad. Caes. Leop.-Carol. Nat. Cur. 12: 224. 1824.

植物体形小，绿色至红棕色。茎匍匐，不规则羽状分枝。侧叶卵圆形或圆形，先端具宽短尖，稀圆钝，前缘基部耳状；腹瓣圆筒形，稀片状，具丝状副体；腹叶椭圆形至近圆形，先端浅 2 裂，裂瓣全缘。叶中部细胞椭圆形，具或无三角体，基部常具 1–2 列大形油胞。

生境 生于岩面。

产地 蒙阴：蒙山，海拔 800 m，赵遵田 20111416-A。

分布 中国（黑龙江、山东、陕西、安徽、浙江、江西、湖南、湖北、四川、贵州、西藏、福建、台湾、广东、广西、海南、香港）；印度、斯里兰卡、越南、柬埔寨、老挝、朝鲜、日本和俄罗斯（远东地区）。

6. 盔瓣耳叶苔 图 40 照片 16

Frullania muscicola Steph., Hedwigia. 33: 146. 1894.

植物体形小，多棕褐色至红褐色。茎匍匐，不规则分枝或羽状分枝。侧叶背瓣长椭圆形或卵圆形，前缘基部耳状，后缘基部不下延；腹瓣兜状或片状；副体丝状，高 4–5 个细胞；腹叶倒楔形，先端 2 裂，裂瓣两侧各具 1–2 个齿，基部不下延。叶细胞圆形，每个细胞具 4–6 个油体。

生境 多生于岩面或树干上。

产地 蒙阴：蒙山三分区，海拔 750 m，赵遵田 91196-A、91351-A；小大畦，海拔 650 m，李林 R123113；大畦，海拔 700 m，李林 R123321、R123322、R123323；大大畦，海拔 700 m，李超 R123033-A；孟良崮，海拔 400 m，任昭杰、田雅娴 R18255-A；老龙潭，海拔 550 m，任昭杰、王春晓 R18473-A。

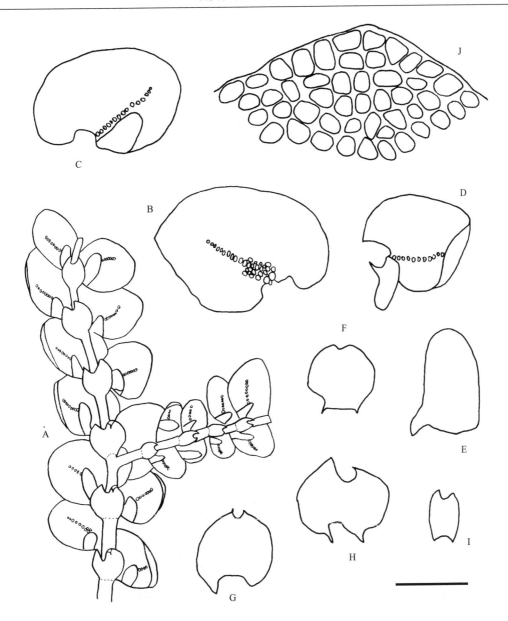

图 39　列胞耳叶苔 *Frullania moniliata* (Reinw., Blume & Nees) Mont., A. 植物体一段（腹面观）；B. 侧叶背瓣；C-D. 侧叶背瓣和腹瓣；E. 侧叶腹瓣；F-I. 腹叶；J. 叶尖部细胞（任昭杰 绘）。标尺：A=0.8 mm, B=440 μm, C-D, F-I=560 μm, E=220 μm, J=56 μm.

平邑：广崮尧，海拔 700 m，任昭杰、田雅娴 R17639-A；明光寺，海拔 590 m，任昭杰、田雅娴 R17517-A、R17525、R17570；核桃涧，海拔 580 m，李林 R123058；十里松画廊，海拔 1050 m，任昭杰、田雅娴 R17566。沂南：竹泉村，任昭杰 R16707-D。费县：望海楼，海拔 980 m，赵遵田、任昭杰、田雅娴 91319-C、R17541-B、R17571-A；闻道东蒙下，任昭杰 R17591；万鏊松风，海拔 900 m，任昭杰、田雅娴 R17592、R17604；三连峪，海拔 500 m，付旭 R123066；茶蓬峪，海拔 350 m，李超、李林 R123235-A、R17328-A、R18010；风门口，海拔 800 m，任昭杰、田雅娴 R18198、R18202、R18216；玻璃桥下，海拔 750 m，任昭杰、田雅娴 R18229。

分布　中国（黑龙江、内蒙古、河北、山东、陕西、甘肃、江苏、浙江、江西、湖南、湖北、四川、云南、福建、台湾、广西、香港、澳门）；印度、巴基斯坦、越南、蒙古、朝鲜、日本和俄罗斯（远东地区和西伯利亚）。

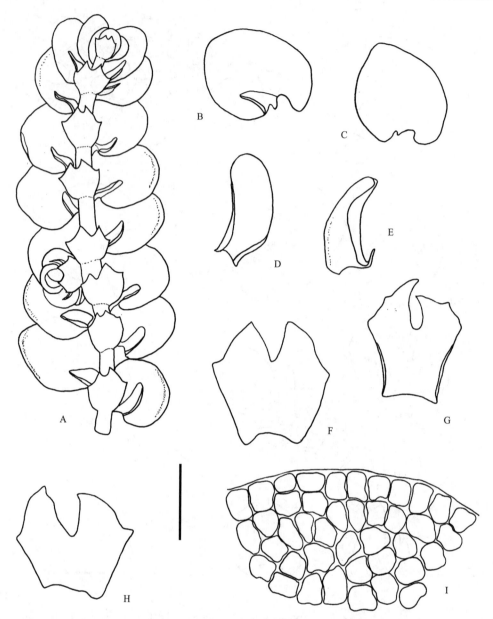

图 40 盔瓣耳叶苔 *Frullania muscicola* Steph., A. 植物体一段（腹面观）；B. 侧叶；C. 侧叶背瓣；D. 侧叶腹瓣；E. 侧叶腹瓣和附体；F-H. 腹叶；I. 叶先端细胞（任昭杰 绘）。标尺：A-C=0.83 mm, D-H=330 μm, I=83 μm.

本种是属内在蒙山乃至山东地区最为常见的种类，常在岩面、树基或树干上形成群落，有时与其他种类混生。

7. 钟瓣耳叶苔　图 41

Frullania parvistipula Steph., Sp. Hepat. 4: 397. 1910.

植物体形小，棕褐色。茎匍匐，不规则分枝。侧叶背瓣近圆形，平展或略内凹，先端圆钝，平展或内卷，基部两侧下延，近对称；腹瓣圆筒形，口部宽，平截，副体丝状，高 3-4 个细胞；腹叶倒楔形，先端 2 裂，裂瓣三角形，先端急尖或钝，两侧各具 1 齿。叶细胞卵形或圆形，三角体小。

生境　生于树干或岩面。
产地　蒙阴：刀山顶，海拔 900 m，黄正莉 20111289-A。沂南：东五彩山，海拔 650 m，任昭杰、田雅娴 R18293。费县：三连峪，海拔 500 m，李林 R123029。

分布　中国（黑龙江、吉林、山东、湖南、湖北、四川、贵州、云南、西藏）；不丹、泰国、日本、俄罗斯（远东地区），高加索地区，欧洲。

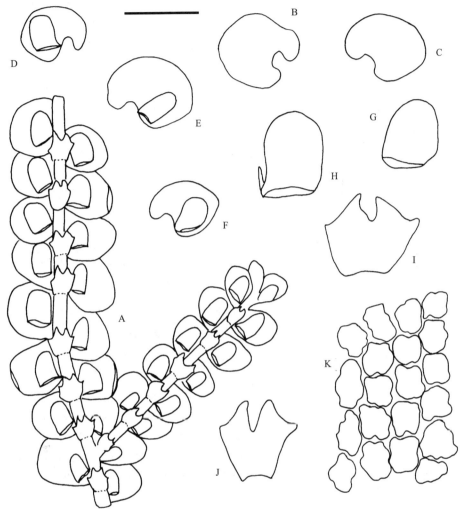

图 41　钟瓣耳叶苔 *Frullania parvistipula* Steph., A. 植物体一段（腹面观）；B-C. 侧叶背瓣；D-F. 侧叶背瓣和腹瓣；G. 侧叶腹瓣；H. 侧叶腹瓣和副体；I-J. 腹叶；K. 叶中部细胞（任昭杰 绘）。标尺：A-F=670 μm, G-J=270 μm, K=67 μm.

8. 陕西耳叶苔　图 42　照片 17

Frullania schensiana C. Massal., Mem. Accad. Arg. Art. Comm. Verona, ser. 3, 73 (2): 40. 1897.

植物体中等大小，红棕色。茎匍匐，不规则 1–2 回羽状分枝。侧叶背瓣卵形，内凹，先端圆钝，向腹面卷曲；腹瓣近圆形，口部明显下弯，副体丝状，高 4–5 个细胞；腹叶近圆形，先端浅 2 裂，裂瓣钝尖，全缘。叶细胞卵形，壁波曲，具球状加厚，三角体明显。

生境　生于岩面。

产地　蒙阴：蒙山，海拔 550 m，赵遵田 20111417、20111418；冷峪，付旭 R17447。平邑：核桃涧，海拔 600 m，付旭 R123220；寿星沟，海拔 1050 m，任昭杰、王春晓 R18547-C。费县：玉皇宫下，海拔 780 m，任昭杰、田雅娴 R17522、R17637；望海楼，海拔 950 m，任昭杰、田雅娴 R18203、R18306-A、R18315。

分布　中国（内蒙古、河北、山东、陕西、安徽、江西、湖南、四川、重庆、贵州、西藏、台湾）；尼泊尔、印度、不丹、泰国、朝鲜和日本。

图42　陕西耳叶苔 *Frullania schensiana* C. Massal., A. 植物体一段（腹面观）；B. 侧叶背瓣和腹瓣；C-E. 侧叶背瓣、腹瓣和副体；F-H. 腹叶；I. 叶中部细胞（任昭杰 绘）。标尺：A=1.1 mm, B-H= 0.8 mm, I=80 μm.

科 16. 细鳞苔科 LEJEUNEACEAE

　　植物体通常细弱，黄绿色至深绿色，有时带褐色。茎匍匐，羽状分枝、叉状分枝或不规则分枝，分枝有时再生分枝。假根生于茎腹面或腹叶基部。叶2列或3列，侧叶蔽前式覆瓦状排列，背瓣椭圆形至卵状披针形，叶边多全缘，稀具齿；腹瓣卵形至披针形。腹叶圆形至舟形，全缘或先端2裂，裂瓣间角度多变，稀腹叶缺失。叶细胞圆形至椭圆形，多具三角体或环状加厚，稀具油胞。雌雄同株或异株。每个雄苞叶具1–2个精子器，稀多个。雌苞顶生，蒴萼形态变化较大，每个蒴萼内具1个颈卵器。孢蒴球形，黑褐色，蒴壁2层，4瓣纵裂。弹丝多具1–2条螺纹加厚。孢子具密疣。

　　本科全世界约95属。中国有28属；山东有4属，蒙山有3属。

分属检索表

1. 植物体无腹叶 ·· 1. 疣鳞苔属 *Cololejeunea*
1. 植物体具腹叶 ··· 2
2. 腹叶先端2裂 ··· 2. 细鳞苔属 *Lejeunea*
2. 腹叶先端圆钝，全缘 ··· 3. 瓦鳞苔属 *Trocholejeunea*

Key to the genera

1. Plants without underleaves ·· 1. *Cololejeunea*
1. Plants with underleaves ··· 2
2. Underleaves bifid ··· 2. *Lejeunea*
2. Underleaves entire ··· 3. *Trocholejeunea*

属 1. 疣鳞苔属 Cololejeunea (Spruce) Schiffn.

Nat. Pflanzenfam. I (3): 117. 1893.

植物体细小，黄绿色至暗绿色，有时带棕色。茎匍匐，不规则分枝，横切面近椭圆形，中轴不分化。芽胞多为圆盘状。叶覆瓦状排列，背瓣披针形、椭圆形、卵形或近圆形，叶边全缘或具疣，先端圆钝或渐尖；腹瓣形状多样。腹叶缺失。叶细胞六边形，三角体小到大。雌雄同株或异株。蒴萼常具2–5 个脊，蒴柄具节。孢子表面具密疣。

本属全世界约 200 种。中国有 73 种；山东有 1 种，蒙山有分布。

1. 东亚疣鳞苔　图 43

Cololejeunea japonica (Schiffn.) Mizut., J. Hattori Bot. Lab. 24: 241. 1961.

Leptocolea japonica Schiffn., Ann. Bryol. 2: 92. 1929.

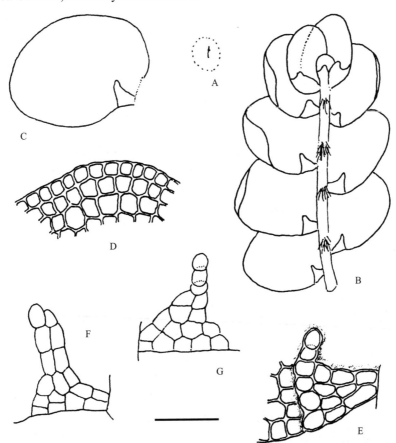

图 43　东亚疣鳞苔 *Cololejeunea japonica* (Schiffn.) Mizut., A. 植物体；B. 植物体一段（腹面观）；C. 叶；D. 叶尖部细胞；E. 侧叶腹瓣及部分叶基部细胞；F-G. 腹瓣（吴鹏程、于宁宁 绘）。标尺：A =1.5 cm, B=100 μm, C=61 μm, D-G=34 μm.

植物体极小，黄绿色至暗绿色。茎匍匐，不规则分枝。无性芽胞圆盘状，约由 20 个细胞组成。叶 2 列，侧叶背瓣卵形，全缘；腹瓣多种形状，多三角形至长三角形，中齿单细胞或无。腹叶缺失。叶细胞多边形或圆多边形，油体明显，每个细胞 10–20 个。

生境 生于树基干或阴湿土表上。

产地 蒙阴：冷峪，海拔 550 m，郭萌萌 R18017。平邑：蓝涧口，海拔 566 m，任昭杰、王春晓 R18380-A。沂南：东五彩山，海拔 700 m，任昭杰、田雅娴 R18200-A。

分布 中国（山东、江西、台湾）；日本。

属 2. 细鳞苔属 Lejeunea Lib.

Ann. Gén. Sci. Phys. 6: 372. 1820.

植物体形小，细弱，黄绿色至绿色。茎匍匐，不规则羽状分枝。叶紧密蔽前式覆瓦状排列，背瓣卵形、椭圆形或卵状三角形，稀前端具钝尖或锐尖，叶边全缘；腹瓣大小和叶形变化幅度较大，长为背瓣的 1/4–1/2，先端具 1–2 齿。腹叶先端 2 裂，略宽于茎或明显宽于茎。叶细胞较大，多薄壁，每个细胞具多个油胞。雌雄同株或异株。雄苞着生于短枝或长枝上，苞叶 1–10 对。雌苞顶生。蒴萼筒状或倒卵形，常具 4–5 个脊。弹丝线状。

本属全世界约 200 种。中国有 43 种；山东有 5 种；蒙山有 3 种。

分种检索表

1. 腹瓣小，长为背瓣的 1/10 ·· 1. 湿生细鳞苔 *L. aquatica*
1. 腹瓣长为背瓣的 1/5–1/2 ·· 2
2. 腹叶通常为茎宽的 2–3 倍 ··· 2. 日本细鳞苔 *L. japonica*
2. 腹叶通常为茎宽的 1.5–2 倍 ··· 3. 小叶细鳞苔 *L. parva*

Key to the species

1. Louble about 1/10 the length of lobe ··· 1. *L. aquatica*
1. Louble about 1/5–1/2 the length of lobe ·· 2
2. Underleaves usually 2–3 times as the diameter of stem ························· 2. *L. japonica*
2. Underleaves usually 1.5–2 times as the diameter of stem ························· 3. *L. parva*

1. 湿生细鳞苔 图 44 照片 18

Lejeunea aquatica Horik., Sci. Rep. Tohokuimp.Univ. ser. 4, 5: 643. 1930.

植物体形小，黄绿色至暗绿色。茎匍匐，不规则分枝。侧叶背瓣卵状椭圆形，先端圆钝，平展或内卷，全缘；腹瓣非常小，近三角形，长约为背瓣的 1/10，或更小；腹叶圆形，先端 2 裂。叶细胞圆六边形，平滑，角部略加厚。

生境 喜生于阴湿岩面或树干上。

产地 蒙阴：蒙山，任昭杰 20120072；大畦，海拔 700 m，李林 R18008；冷峪，海拔 550 m，李林、郭萌萌 R123290-A、R123373、R17314-A。平邑：核桃涧，海拔 200 m，李林 R123280-A；蓝涧，海拔 650 m，李林 R123350。沂南：东五彩山神龙洞，海拔 700 m，任昭杰、田雅娴 R18189、R18190。费县：三连峪，海拔 400 m，郭萌萌 R17424。

分布 中国（山东、安徽、浙江、江西、湖南、贵州、云南、福建、台湾、广东、广西、香港）；日本。

本种腹瓣极小，长仅为背瓣的 1/10，有时更小，易与同属内其他两种区别。

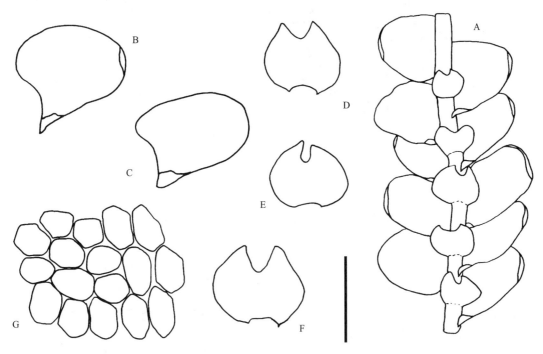

图 44　湿生细鳞苔 *Lejeunea aquatica* Horik., A. 植物体一段（腹面观）；B-C. 侧叶背瓣和腹瓣；D-F. 腹叶；G. 叶中部细胞（任昭杰　绘）。标尺：A=0.8 mm, B-C=670 μm, D-F=440 μm, G=110 μm.

2. 日本细鳞苔　图 45　照片 19

Lejeunea japonica Mitt., Trans. Linn. Soc. London, Bot. 3: 203. 1891.

植物体形小，黄绿色至暗绿色。茎匍匐，不规则分枝。侧叶背瓣卵形，先端圆钝，全缘；腹瓣卵形，长为背瓣的 1/4–1/3，膨起呈囊状，先端斜截形，具 1 个突出的齿；腹叶圆形，较大，宽为茎的 2–3 倍，先端 2 裂，裂瓣阔。叶细胞角部略加厚。雌苞叶椭圆形，腹瓣扁平，披针形，雌苞腹叶倒卵形，先端 2 裂。蒴萼鼓起，具 5 条明显纵棱。

生境　喜生于阴湿岩面、土表或树干上。

产地　蒙阴：蒙山，海拔 870 m，赵遵田 20111033-B；前梁南沟，海拔 700 m，黄正莉 20111145；冷峪，海拔 600 m，李林、付旭 R121012-A、R123020-B、R123054-A；老龙潭，海拔 440 m，任昭杰、王春晓 R18455-B、R18458-A、R18463；大石门，海拔 750 m，郭萌萌 R17449；小大洼，海拔 700 m，李林 R123292-B；小大畦，海拔 700 m，李超 R123086；大畦，海拔 600 m，李林 R20123005、R123008-B、R123383-A；大大洼，海拔 700 m，李超、郭萌萌 R123354-B、R17323-A。平邑：核桃涧，海拔 700 m，李林 R17326-A、R17327-B、R17461-A；蓝涧口，海拔 560 m，任昭杰、王春晓 R18408-B、R18514、R18524-A；蓝涧，海拔 680 m，郭萌萌 R123148；拜寿台，海拔 1000 m，任昭杰、王春晓 R18538；寿星沟，海拔 1050 m，任昭杰、王春晓 R18537；龟蒙顶索道上站，海拔 1066 m，任昭杰、王春晓 R18407-B、R18419-A。费县：三连峪，海拔 520 m，李林 R121032、R123211-A；茶蓬峪，海拔 380 m，李林 R123114-B、R123142-B；玉皇宫货索站，海拔 600 m，任昭杰、田雅娴 R18192-A、R18222-A、R18240-B。

分布　中国（吉林、辽宁、山东、陕西、安徽、江苏、浙江、江西、湖南、湖北、四川、贵州、福建、台湾、广东、海南、香港）；朝鲜和日本。

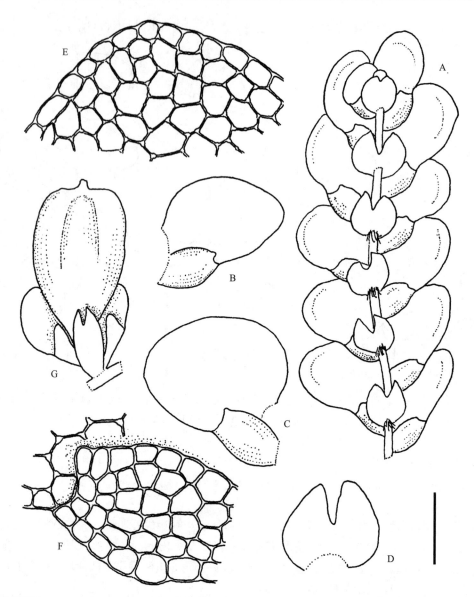

图 45　日本细鳞苔 *Lejeunea japonica* Mitt., A. 植物体一段（腹面观）；B-C. 侧叶背瓣和腹瓣；D. 腹叶；E. 叶尖部细胞；F. 侧叶腹瓣及部分叶基部细胞；G. 雌苞（吴鹏程、于宁宁　绘）。标尺：A, G=160 μm, B-C, F=84 μm , D-E=39 μm.

3. 小叶细鳞苔

Lejeunea parva (S. Hatt.) Mizut., Misc. Bryol. Lichenol. 5: 178. 1971.

Microlejeunea rotundistipula Steph. fo. *parva* S. Hatt., Bull. Tokyo Sci. Mus. 11: 123. 1944.

Lejeunea roundistipula (Steph.) S. Hatt., J. Hattori Bot. Lab. 8: 36. 1952.

Lejeunea patens Lindb. var. *uncrenata* G. C. Zhang, Fl. Hepat. Chin. Boreali-Orient. 208. 1981.

　　植物体细小，黄绿色。茎匍匐，不规则分枝。侧叶背瓣卵形至卵状椭圆形，先端圆钝，略内曲，叶边全缘；腹瓣卵形，长为背瓣的 1/3–1/2，膨起呈囊状，具单个齿；腹叶圆形，宽为茎的 1.5–2 倍。叶细胞圆形至椭圆形，具三角体。

　　生境　生于岩面。

　　产地　蒙阴：里沟，海拔 960 m，李林 20120058、R20120062-A；小大洼，海拔 700 m，郭萌萌 R123266-A；冷峪，海拔 520 m，李林 R17494-A。

分布　中国（辽宁、山东、浙江、江西、湖南、四川、重庆、贵州、云南、西藏、台湾、广东、海南、香港）；朝鲜、日本，萨摩亚群岛。

属 3. 瓦鳞苔属 Trocholejeunea Schiffn.

Ann. Bryol. 5: 160. 1932.

植物体中等大小，黄绿色至深绿色，有时带褐色。茎匍匐，不规则稀疏分枝。侧叶密集蔽前式覆瓦状排列，背瓣卵圆形，先端圆钝，前缘圆弧形，后缘近平直；腹瓣卵形，长约为背瓣的 1/2，强烈膨起，前沿具 3–4 个齿；腹叶近圆形，宽为茎的 2–3 倍，叶边全缘。叶细胞圆形至卵圆形，具明显三角体。雌苞叶大于茎叶，斜卵形，无齿或略具缺齿。蒴萼倒梨形，具 8–10 个脊。弹丝具 1–2 列螺纹加厚。

本属全世界有 3 种。中国有 2 种；山东有 1 种，蒙山有分布。

1. 南亚瓦鳞苔　图 46　照片 20

Trocholejeunea sandvicensis (Gottsche) Mizut., Misc. Bryol. Lichenol. 2 (12): 169. 1962.

Phragmicoma sandvicensis Gottsche, Ann. Sci. Nat., Bot., sér. 4, 8: 344. 1857.

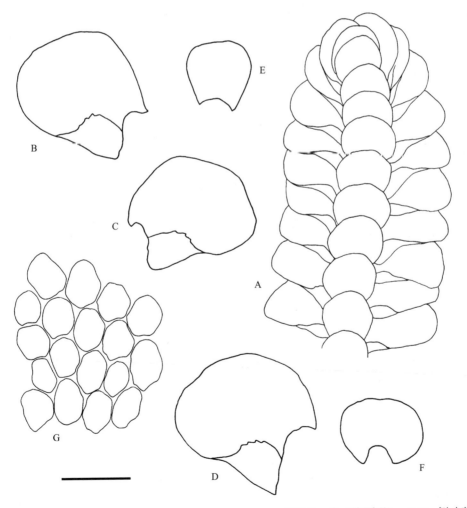

图 46　南亚瓦鳞苔 *Trocholejeunea sandvicensis* (Gottsche) Mizut., A. 植物体一段（腹面观）；B–D. 侧叶背瓣和腹瓣；E–F. 腹叶；G. 叶中部细胞（任昭杰 绘）. 标尺：A=2.4 mm, B–F=1.7 mm, G=240 μm.

植物体中等大小，多深绿色。茎匍匐，不规则分枝。侧叶背瓣阔卵形，先端圆钝，叶边全缘；腹瓣为背瓣长度的 1/3–1/2，半圆形，先端具 3–4 个圆齿；腹叶圆形，全缘。叶细胞圆形至近圆形，具三角体。

生境 多生于岩面。

产地 蒙阴：砂山，海拔 700 m，任昭杰 20120192；蒙山，石生，海拔 800 m，赵遵田 20111416-B；冷峪，海拔 500 m，李林 R120188-B、R121028；里沟，海拔 650 m，黄正莉 R123423。沂南：大青山，海拔 540 m，任昭杰、付结盟 R18264。费县：望海楼，海拔 980 m，赵遵田 91196-B、91319-D；玉皇宫下，海拔 780 m，任昭杰、田雅娴 R17529、R18299。

分布 全国各地均有分布；朝鲜、日本、巴基斯坦、印度、尼泊尔、不丹、斯里兰卡、越南、马来西亚和美国（夏威夷）。

科 17. 绿片苔科 ANEURACEAE

叶状体质厚，黄绿色至深绿色，有时带棕色，叉状分枝、羽状分枝或不规则分枝；不具中肋，或具不明显中肋；无气室和气孔分化；腹面具假根，稀具鳞片。叶状体由多层细胞组成，细胞较大，每个细胞具 1 个至数个油体。无性芽胞无，或生于叶状体先端。雌雄同株或异株。精子器生于短枝先端背面，陷于小穴中，每个小穴具 1–2 对精子器。雌苞着生于叶状体侧短枝上。孢蒴长椭圆柱形，4 瓣裂。蒴帽较大，长椭圆柱形或棒状。弹丝具螺纹加厚。孢子球形或椭圆球形，褐色至红褐色，表面具网纹或疣。

本科全世界 4 属。中国有 3 属；山东有 2 属，蒙山皆有分布。

分属检索表

1. 叶状体宽通常大于 5 mm；精子器多列 ···································· 1. 绿片苔属 *Aneura*
1. 叶状体宽 0.5–1 mm；精子器两列 ···································· 2. 片叶苔属 *Riccardia*

Key to the genera

1. Thallus usually more than 5 mm wide; antheridia in several rows ···································· 1. *Aneura*
1. Thallus ca. 0.5–1 mm wide; antheridia in two rows ···································· 2. *Riccardia*

属 1. 绿片苔属 Aneura Dumort.

Comment. Bot. 115. 1822.

植物体黄绿色或暗绿色，单一，或不规则分枝；无气室和气孔分化；中肋不明显，或缺失；表皮细胞六边形，小。假蒴萼缺失。蒴被圆柱形或棒状，较大，肉质。蒴柄细长。孢蒴椭圆柱形，4 瓣裂。弹丝红棕色，具单列螺纹加厚。芽胞多卵形。

本属全世界约 15 种。中国有 2 种；山东有 1 种，蒙山有分布。

1. 绿片苔

Aneura pinguis (L.) Dumort., Comment. Bot. 115. 1822.

Jungermannia pinguis L., Sp. Pl. 1136. 1753.

叶状体黄绿色至暗绿色，单一，或不规则分枝，先端圆钝，边缘波曲，有时平展，腹面具假根；

横切面厚，由 10–12 层细胞组成。

生境　生于湿土表面。

产地　蒙阴：蒙山，任昭杰 20111206、20112578；蒙山，赵遵田 91234-A。

分布　中国（黑龙江、吉林、内蒙古、山东、山西、新疆、浙江、江西、湖北、四川、贵州、云南、福建、台湾、香港、澳门）；印度、尼泊尔、不丹、朝鲜、日本、菲律宾、玻利维亚，欧洲和北美洲。

属 2. 片叶苔属 **Riccardia** Gray

Nat. Arr. Brit. Pl. 1: 679. 1821.

叶状体中等大小至较大，灰绿色至深绿色，近羽状分枝或羽状分枝；边缘多平展，有时波曲；无气孔和气室分化。表皮细胞六边形至不规则多边形。雌雄异株。蒴被圆筒形。蒴柄细长，较柔弱。芽胞常生于叶状体先端。

本属全世界约有 175 种。中国有 17 种；山东有 2 种，蒙山皆有分布。

分种检索表

1. 叶状体不规则羽状分枝 ·· 1. 宽片叶苔 *R. latifrons*
1. 叶状体掌状分枝 ·· 2. 掌状片叶苔 *R. palmata*

Key to the species

1. Thallus irregularly pinnately branched ·· 1. *R. latifrons*
1. Thallus palmately branched ··· 2. *R. palmata*

1. 宽片叶苔

Riccardia latifrons (Lindb.) Lindb., Acta Soc. Sci. Fenn. 10: 513. 1875.

Aneura latifrons Lindb., Nov. Strip. Pug. 1873.

叶状体形小至中等大小，狭带状，黄绿色至绿色，近羽状分枝，先端舌形，边缘无波纹，不形成中肋。叶状体由多层细胞组成，中部厚 5–6 个细胞，每个细胞具 1–3 个椭圆形油体。芽胞椭圆形，由 2 个细胞组成，生于叶状体先端表面。

生境　生于岩面薄土或腐木上。

产地　蒙阴：砂山，海拔 600 m，李林、郭萌萌 R17421。平邑：核桃涧，海拔 620 m，郭萌萌 R123189-B；拜寿台，海拔 1000 m，任昭杰、王春晓 R18481-A。

分布　中国（黑龙江、吉林、内蒙古、山东、新疆、浙江、江西、湖南、湖北、重庆、贵州、云南、福建、台湾、香港）；尼泊尔、日本、俄罗斯（远东地区），北美洲。

2. 掌状片叶苔

Riccardia palmata (Hedw.) Carr., J. Bot. 13: 302. 1865.

Jungermannia palmata Hedw., Theoria Generat. 87. 1784.

叶状体暗绿色，掌状分枝。叶状体由多层细胞组成，中部厚 6–9 个细胞，每个细胞具 1–3 个球形或椭圆形油体。芽胞圆形或长方形，生于叶状体先端。

生境　生于湿石上。

产地 蒙阴：蒙山，赵遵田 91173。

分布 中国（黑龙江、吉林、山东、新疆、浙江、江西、湖南、湖北、四川、云南、福建、台湾、香港、澳门）；日本、俄罗斯（远东地区），欧洲和北美洲。

科 18. 叉苔科 METZGERIACEAE

叶状体柔弱，黄绿色至暗绿色，有时带褐色；多叉状分枝，稀羽状分枝，先端圆钝，或呈锥形，腹面着生不育枝；中肋明显，通常腹面突起；叶边全缘，有时呈波状；叶状体密被刺毛或仅腹面中肋及边缘具刺毛，边缘刺毛单一或成对，直立或弯曲。叶状体由单层细胞组成。无性芽胞着生于叶状体边缘或背面。雌雄同株或异株。精子器球形，具短柄，附着在中肋上。雌苞较大。蒴帽梨形，具毛。孢蒴球形或卵球形，4 瓣裂。弹丝丛生于孢蒴裂瓣顶部，具螺纹加厚。

本科全世界 4 属。中国有 2 属；山东有 1 属，蒙山有分布。

属 1. 叉苔属 Metzgeria Raddi

Jungerm. Etrusca 34. 1818.

叶状体柔弱，黄绿色至深绿色，叉状分枝。叶边全缘，常呈波状。刺毛多生于中肋及边缘处，有时见于叶状体腹面，边缘刺毛单一或成对，直立，扭曲至镰刀形。无性芽胞多生于叶状体边缘或背部，长圆形或盘状。叶翼细胞单层，细胞多边形，中肋明显，背腹皆凸出。雌雄异株或同株。精子器球形，具短柄。雌苞生于腹面中肋上，内卷贝壳状，外被针毛。

本属全世界约 100 种。中国有 13 种；山东有 1 种，蒙山有分布。

1. 平叉苔 图 47

Metzgeria conjugata Lindb., Acta Soc. Sci. Fenn. 10: 495. 1875.

叶状体柔弱，黄绿色，细带形，叉状分枝，叶缘向腹面卷曲。叶状体背面平滑，腹面具稀疏刺毛，边缘刺毛对生，中肋腹面具多数刺毛。中肋横切面背面表皮细胞 2 列，腹面表皮细胞 3–4 列，叶状体细胞多边形至长方形。

生境 生于阴湿岩面。

产地 蒙阴：蒙山，任昭杰 20120015。

分布 中国（黑龙江、吉林、内蒙古、山东、甘肃、上海、浙江、江西、湖南、湖北、重庆、贵州、云南、福建、台湾、香港）；印度、尼泊尔、朝鲜、日本、俄罗斯（远东地区）、巴布亚新几内亚、澳大利亚、萨摩亚群岛，欧洲、南美洲和北美洲。

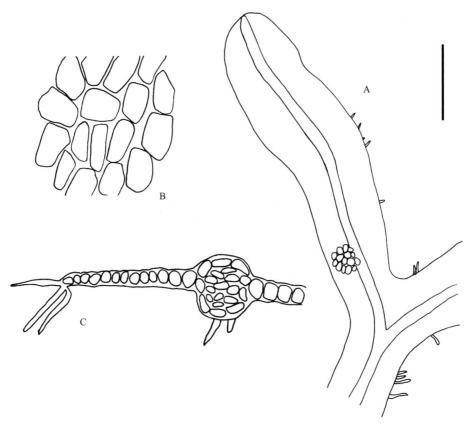

图 47　平叉苔 *Metzgeria conjugata* Lindb., A. 叶状体一部分；B. 叶状体细胞；C. 叶状体横切面一部分（任昭杰、付旭绘）。标尺：A=0.8 mm, B=170 μm, C=220 μm.

二、藓类植物门

BRYOPHYTA

科 1. 金发薛科 POLYTRICHACEAE

植物体多粗壮，硬挺，嫩绿色、绿色至深绿色，稀褐绿色或红棕色，常大片丛生。茎多单一，稀分枝；多具中轴。叶螺旋状排列，在茎下部多脱落，上部密集，基部多成鞘状抱茎，上部披针形至阔披针形或长舌形，腹面一般具多列栉片，背面常有棘刺，叶缘多具齿。叶细胞卵圆形或方形，鞘部细胞长方形，透明。孢蒴多顶生，卵形或圆柱形，稀为球形或扁圆形，多具气孔。蒴齿单层，齿片多 32 片或 64 片，多红棕色。蒴帽兜形、钟形或长圆锥形，常被灰白色或金黄色纤毛。

本科全世界 17 属，主要分布于温带地区，少数产于热带。中国有 6 属；山东有 3 属，蒙山有 2 属。

分属检索表

1. 叶缘具双齿；叶腹面栉片仅着生在中肋上 ·· 1. 仙鹤薛属 Atrichum
1. 叶缘具单齿；叶腹面除叶边外满布栉片 ·· 2. 小金发薛属 Pogonatum

Key to the genera

1. Leaf margins bi-toothed; ventral lamellae only on the leaf costa ·················· 1. Atrichum
1. Leaf margins single toothed; ventral lamellae on the leaf costa and also on the lamina ·········· 2. Pogonatum

属 1. 仙鹤薛属 Atrichum P. Beauv.

Mag. Encycl. 5: 329. 1804.

植物体小形至中等大小，嫩绿色至深绿色，成片丛生。茎直立，多单一，少分枝，基部密生红棕色假根；中轴分化。叶长舌形，干燥时卷曲，具多数横波纹，背面有斜列棘刺，先端多锐尖，稀钝尖；叶边波曲，具双列齿；中肋单一，粗壮，常达叶尖或突出于叶尖，腹面着生多列栉片，栉片顶细胞一般不分化。叶细胞六边形或不规则圆形，下部细胞长方形，叶缘分化 1–3 列狭长细胞。孢蒴长圆柱形，单生或簇生。蒴齿单层，齿片 32，红棕色。蒴盖圆锥形，具长喙。

本属全世界约 20 种。中国有 7 种及 1 变种；山东有 3 种和 1 变种，蒙山有 2 种和 1 变种。本属植物在蒙山分布较为广泛，常与东亚小金发薛 Pogonatum inflexum (Lindb.) Sande Lac.、多形小曲尾薛 Dicranella heteromalla (Hedw.) Schimp. 混生，在林缘土坡，尤其是新开辟的山路两侧土坡上形成大片群落，具有一定的观赏价值。

分种检索表

1. 孢蒴 2–5 个簇生 ··· 3. 仙鹤薛多蒴变种 A. undulatum var. gracilisetum
1. 孢蒴单生 ··· 2
2. 叶腹面栉片高 1–3 个细胞 ··· 1. 小仙鹤薛 A. crispulum
2. 叶腹面栉片高 3–7 个细胞 ··· 2. 小胞仙鹤薛 A. rhystophyllum

Key to the species

1. Capsules 2–5 in tufts ······································· 3. A. undulatum var. gracilisetum
1. Capsule solitary ··· 3
2. Leaf lamellae 1–3 cells high ··· 1. A. crispulum
2. Leaf lamellae 3–7 cells high ··· 2. A. rhystophyllum

1. 小仙鹤藓

Atrichum crispulum Schimp. ex Besch., Ann. Sci.Nat., Bot., sér. 7, 17: 351. 1893.

植物体中等大小，绿色至黄绿色，丛生。叶长舌形，背面具斜列棘刺；中肋腹面栉片 2–6 列，高 1–3 个细胞。叶中部细胞近六边形，叶边分化 1–3 列狭长形细胞。孢蒴单生，长圆柱形。

生境　多生于林地或土坡。

产地　蒙阴：小天麻顶，海拔 780 m，赵遵田 91274-B；聚宝崖，海拔 550 m，任昭杰、王春晓 R18432。平邑：核桃涧，海拔 580 m，李林 R120174-B；蓝涧，海拔 650 m，李林 R123048。费县：茶蓬峪，海拔 350 m，郭萌萌 R123142-A。

分布　中国（辽宁、山东、江苏、上海、浙江、四川、重庆、贵州、云南、西藏、台湾、广西）；朝鲜、日本和泰国。

2. 小胞仙鹤藓　照片 21

Atrichum rhystophyllum (Müll. Hal.) Paris, Index Bryol. Suppl. 17. 1900.

Catharinea rhystophylla Müll. Hal., Nuovo Giorn. Bot. Ital., n. s., 3: 93, 1896.

植物体形较小至中等大小，高 1–2 cm，丛生。叶背面具斜列棘刺，中肋腹面栉片 4–6 列，高 2–7 个细胞，稀达 8 个。叶中部细胞一般椭圆形，叶边分化 1–3 列狭长形细胞。孢蒴单生，长圆柱形，略弯曲。

生境　多生于林地或土坡。

产地　蒙阴：天麻顶，海拔 760 m，赵遵田 91190-B；小大畦，海拔 600 m，李林 R121035-B、R123067-A、R123095-A；冷峪，海拔 610 m，付旭 R123045-B；大牛圈，海拔 650 m，任昭杰、黄正莉、李林 R20131351-D、R18030-D。平邑：十里松画廊，海拔 1100 m，任昭杰、田雅娴 R17519-C；明光寺，海拔 550 m，赵遵田、任昭杰 R17648-H、R17649-G、R17656-B；核桃涧，海拔 625 m，李林、付旭 R121018、R123251；龟蒙顶，海拔 1045 m，任昭杰、田雅娴 R17629、R17653-B。费县：望海楼，海拔 1000 m，赵洪东 91314-A；三连峪，海拔 400 m，郭萌萌 R123391；三连峪，海拔 700 m，李林 R123268-A。

分布　中国（山东、江西、湖南、四川、重庆、贵州、云南、西藏、广西）；朝鲜和日本。

3. 仙鹤藓多蒴变种　图 48　照片 22

Atrichum undulatum (Hedw.) P. Beauv. var. **gracilisetum** Besch., Ann. Sci. Nat., Bot. ser. 7, 17: 351. 1893.

植物体形小至中等大小，黄绿色至深绿色，高 1–3 cm。叶长舌形，背面具斜列棘刺，中肋腹面栉片 4–5 列，高 3–6 个细胞。叶中部细胞一般椭圆形，叶边分化 1–3 列狭长细胞。孢蒴 2–5 个簇生。

生境　多生于林地或土坡。

产地　蒙阴：小天麻顶，海拔 780 m，赵遵田 91437-C；砂山，海拔 650 m，黄正莉、付旭 R18050-A；橛子沟，海拔 900 m，任昭杰 R18034；大牛圈，海拔 600 m，任昭杰、李林 R18035-A、R18038；大大畦，海拔 700 m，付旭 R123018；冷峪，海拔 550 m，李林 R17400；聚宝崖，海拔 500 m，任昭杰、王春晓 R18371-C；老龙潭，海拔 500 m，任昭杰、王春晓 R18442-C、R18457-A、R18468-B；孟良崮，任昭杰、田雅娴 R1301-C。平邑：核桃涧，海拔 500 m，付旭 R123050；蓝涧口，海拔 566 m，任昭杰、王春晓 R18522-B；蓝涧，海拔 620 m，李超、郭萌萌 R173380、R17472-B；龟蒙顶，海拔 1100 m，任昭杰、田雅娴 R17528；明光寺，赵遵田、任昭杰 R17663-A；龟蒙顶索道上站，海拔 1066 m，任昭杰、王春晓 R18520-B、R18523-D、R18530-B；拜寿台，海拔 1000 m，任昭杰、王春晓 R18521、R18557-D。沂南：东五彩山，海拔 550 m，任昭杰、田雅娴 R18237-B、R18356；东五彩山，海拔 700 m，任昭杰、田雅娴 R18357。费县：玉皇宫下，海拔 870 m，任昭杰、田雅娴 R17511；闻道东蒙，海拔 800 m，任昭杰、田雅娴 R17530；望海楼，海拔 1000 m，任昭杰、田雅娴 R18235-C、R18317。

　　分布　中国（黑龙江、吉林、辽宁、内蒙古、山东、河南、陕西、甘肃、安徽、江苏、浙江、江西、湖北、四川、重庆、贵州、云南、西藏、福建、台湾、广东、广西、香港）；巴基斯坦、缅甸、朝鲜和日本。

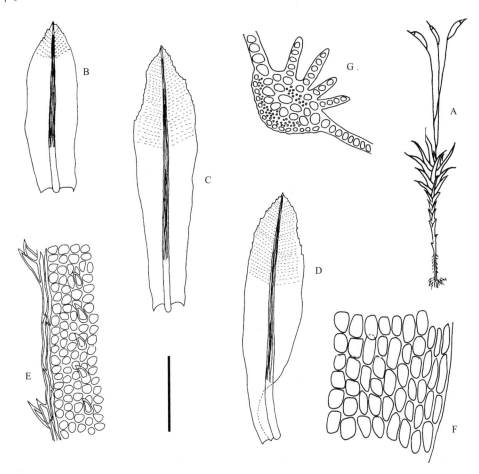

图 48　仙鹤藓多蒴变种 *Atrichum undulatum* (Hedw.) P. Beauv. var. *gracilisetum* Besch., A. 植物体；B-D. 叶；E. 叶中部边缘细胞；F. 叶基部细胞；G. 叶横切面（任昭杰　绘）。标尺：A=3.3 cm；B-D=1.7 mm；E-G=170 μm。

属 2. 小金发藓属 Pogonatum P. Beauv.

Mag. Encycl. 5: 329. 1804.

　　植物体中等大小，绿色至深绿色，老时褐绿色，成片丛生。茎直立，单一，少分枝，下部叶片多脱落，基部密生红棕色假根；中轴分化。叶干燥时多卷曲，基部鞘状，向上呈披针形，一般为 2 层细胞，叶边具齿，中肋及顶或突出，腹面密被纵列的栉片，顶细胞多分化。叶中上部细胞多角形，鞘部细胞单层，长方形。孢蒴圆柱形，蒴齿单层，32 片。蒴帽兜形，被长纤毛。

　　本属全世界约 57 种。中国有 20 种和 1 亚种；山东有 4 种，蒙山有 2 种。

分种检索表

1. 叶缘细胞双层；叶腹面栉片顶细胞横切面不内凹 ··1. 扭叶小金发藓 *P. contortum*
1. 叶缘细胞单层；叶腹面栉片顶细胞横切面内凹 ···2. 东亚小金发藓 *P. inflexum*

Key to the species

1. Leaf margins bi-stratose; cross section of marginal cells of lamellae not emarginated above ···············1. *P. contortum*
1. Leaf margins uni-stratose; cross section of marginal cells of lamellae emarginated above ························2. *P. inflexum*

1. 扭叶小金发藓

Pogonatum contortum (Brid.) Lesq., Mem. Calif. Acad. Sci. 1: 27. 1868.

Polytrichum contortum Menz. ex Brid., J. Bot. (Schrad.) 1800 (2): 287. 1801.

　　植物体较大，高 4–8 cm。茎直立，单一；中轴分化。叶干时强烈卷曲，叶边具粗齿；叶腹面密生栉片，高 2–4 个细胞，顶细胞近圆形，略大于下部细胞；中肋及顶，背面上部具齿。孢子体未见。

　　生境　生于林下土坡。

　　产地　平邑：蒙山，海拔 900 m，赵遵田 Zh91314。

　　分布　中国（山东、四川、广东、广西、海南、香港）；孟加拉国、日本、俄罗斯（远东地区），北美洲西部。

2. 东亚小金发藓　　图 49　　照片 23

Pogonatum inflexum (Lindb.) Sande Lac., Ann. Mus. Bot. Lugduno-Batavi 4: 308. 1869.

Polytrichum inflexum Lindb., Not. Sällsk. Fauna Fl. Fenn. Förh. 9: 100. 1868.

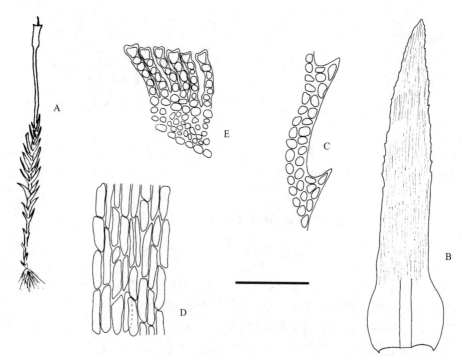

图 49　东亚小金发藓 *Pogonatum inflexum* (Lindb.) Sande Lac., A. 植物体；B.叶；C. 叶中部边缘细胞；D. 叶基部细胞；
　　　　E. 叶横切面一部分（任昭杰　绘）。标尺：A=2.2 cm; B=0.8 mm; C-D=330 μm; E=80 μm。

植物体中等大小，黄绿色至深绿色，有时灰绿色。茎直立，单一，少分枝；中轴分化。叶三角形或卵状披针形，基部呈鞘状，向上呈披针形；叶边上部具粗齿，由 2–4 个细胞组成；中肋背面上部具锐齿；栉片密生于叶腹面，高 4–6 个细胞，顶细胞多呈扁椭圆形，横切面观内凹，下部细胞方形。蒴柄红褐色，长 2–3.5 cm。孢蒴直立，圆柱形。

生境　多生于林地或路边土坡。

产地　蒙阴：小大洼，海拔 750 m，付旭 R123284-A；老龙潭，海拔 440 m，任昭杰、王春晓 R18444。平邑：蓝涧，海拔 500 m，郭萌萌 R123065；拜寿台上，海拔 1100 m，任昭杰、田雅娴 R17539、R17546；核桃涧，海拔 650 m，任昭杰、王春晓 R18496-B。沂南：蒙山，海拔 800 m，赵遵田 91203。费县：蒙山，海拔 800 m，赵遵田 91374、91375；玉皇宫下，海拔 570 m，任昭杰、田雅娴 R17543-A；玻璃桥下，海拔 700 m，任昭杰、田雅娴 R18238。

分布　中国（山东、河南、甘肃、安徽、江苏、上海、浙江、江西、湖南、湖北、重庆、贵州、云南、福建、台湾）；朝鲜和日本。

本种在蒙山乃至山东地区较为常见。

科 2. 葫芦藓科 FUNARIACEAE

植物体矮小，黄绿色至深绿色，多土表疏松丛生。茎直立，单一，稀分枝；中轴分化。叶多簇生于茎顶端，呈莲座状，且顶叶较大，卵圆形、倒卵圆形或长椭圆状披针形，先端急尖或渐尖，多具小尖头。叶细胞多角形，排列松散，基部细胞长方形，薄壁，透明，平滑。多雌雄同株。雌苞叶多不分化。蒴柄多细长，直立或上部弯曲。孢蒴多为梨形或倒卵形，直立、倾立或悬垂。蒴齿两层、单层或缺如。蒴盖多呈半圆状突起。

本科全世界 16 属。中国有 5 属；山东有 3 属，蒙山有 2 属。

分属检索表

1. 孢蒴较长，呈梨形或肾形；蒴齿发育 ··· 1. 葫芦藓属 Funaria
1. 孢蒴较短宽，呈碗状或高脚杯状；蒴齿缺如 ··································· 2. 立碗藓属 Physcomitrium

Key to the genera

1. Capsules longer, pyriform or reniform; peristome teeth developed ···························· 1. *Funaria*
1. Capsules shorter and boarder, bowlform or crateriformis; peristome teeth absent ··············· 2. *Physcomitrium*

属 1. 葫芦藓属 Funaria Hedw.

Sp. Musc. Frond. 172. 1801.

一年生或二年生矮小土生藓类，形小，黄绿色至深绿色，稀疏丛生。茎短，直立，稀分枝。叶卵圆形、倒卵圆形、卵状披针形或舌形；叶边平滑或具齿；中肋强劲，及顶或略突出，稀在叶尖略下部消失。叶细胞多为椭圆状菱形，基部细胞较狭长，有时叶缘细胞呈狭长方形，构成明显的分化边缘。雌雄同株。孢蒴梨形，多不对称，具明显台部。蒴盖圆盘状，平顶或微凸。蒴帽兜形，具长喙。

本属全世界约 80 种。中国有 9 种；山东有 4 种，蒙山有 2 种。

分种检索表

1. 孢蒴倾立；中肋通常突出于叶尖 ··· 1. 狭叶葫芦藓 F. attenuata

1. 孢蒴通常下垂；中肋一般不突出于叶尖 ······································2. 葫芦藓 *F. hygrometrica*

Key to the species

1. Capsules inclined; costa usually excurrent ··1. *F. attenuata*
1. Capsules usually pendent; costa usually percurrent ····································2. *F. hygrometrica*

1. 狭叶葫芦藓　图 50

Funaria attenuata (Dicks.) Lindb., Not. Sällsk. Fauna Fl. Fenn. Förh. 11: 633. 1870.

Bryum attenuata Dicks., Fasc. Pl. Crypt. Brit. Fasc. 4: 10. f. 8. 1801.

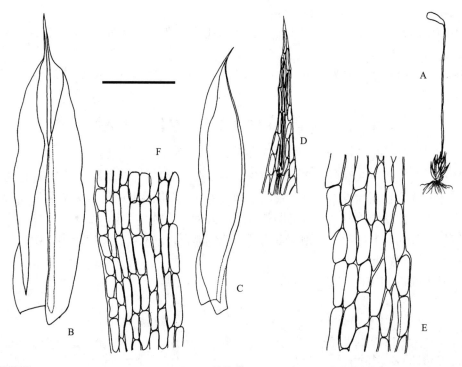

图 50　狭叶葫芦藓 *Funaria attenuata* (Dicks.) Lindb. A. 植物体；B-C. 叶；D. 叶尖部细胞；E. 叶中部边缘细胞；F. 叶
基部细胞（任昭杰 绘）。标尺：A=1.39 cm, B-C=2.08 mm, D, F=417 μm, E=208 μm.

　　植物体形小，绿色，稀疏丛生。茎直立，单一。叶干时卷曲，湿时倾立，卵状披针形或长三角状
披针形，叶边全缘；中肋突出叶尖，呈短尖头。孢蒴倾立，梨形，不对称，台部不明显。

　　生境　石壁下石上薄土生。

　　产地　费县：玉皇宫下，海拔 870 m，任昭杰、田雅娴 R17620-B。

　　分布　中国（黑龙江、吉林、北京、山东、陕西、江苏、浙江、江西、湖北、重庆、贵州、云南、
西藏、福建、海南）；巴基斯坦，欧洲、非洲北部和北美洲。

2. 葫芦藓　图 51　照片 24

Funaria hygrometrica Hedw., Sp. Musc. Frond. 172. 1801.

　　植物体形小，黄绿色至绿色，稀疏丛生。茎直立，单一，稀分枝。叶多簇生茎顶端，阔卵形或卵
状披针形；叶边全缘，或先端具疏齿，明显内卷；中肋及顶。蒴柄细长，上部弯曲。孢蒴梨形，不对
称，多垂倾，台部明显。

生境　多土生。

产地　沂南：沂南二中，赵遵田 96001。费县：天蒙景区门口，任昭杰 R18671–1。

分布　世界广布种。我国各地均有分布。

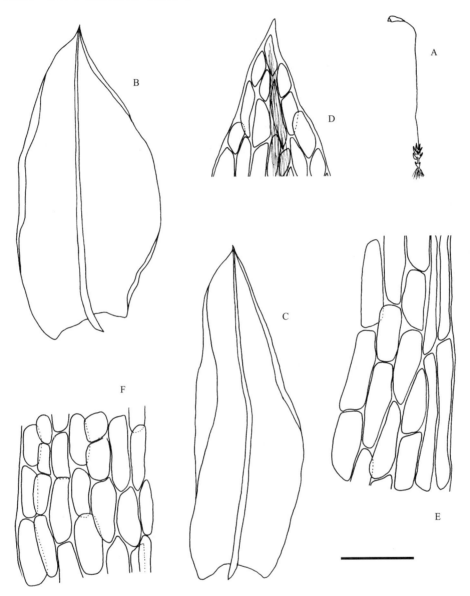

图 51　葫芦藓 *Funaria hygrometrica* Hedw., A. 植物体；B-C. 叶；D. 叶尖部细胞；E. 叶中部细胞；F. 叶基部细胞（任昭杰 绘）。标尺：A=1.6 cm, B-C=1.2 mm, D-E=120 μm; F=240 μm.

属 2. 立碗藓属 **Physcomitrium** (Brid.) Brid.

Bryol. Univ. 2: 815. 1827.

植物体形小，黄绿色至深绿色，稀疏丛生。茎直立，单一。叶干时皱缩，湿时多倾立，卵圆形、倒卵圆形或卵状披针形，先端急尖或渐尖；多数不具分化边缘，或下部具不明显分化边缘；叶边上部多具细齿；中肋强劲，长达叶尖或叶尖略下处；叶细胞不规则方形，基部细胞长方形。雌雄同株。孢蒴顶生，直立，对称，台部短而粗。无蒴齿。蒴盖呈盘形，脱落后孢蒴呈碗状或高脚杯状。

本属全世界约 65 种。中国有 8 种；山东有 5 种，蒙山有 2 种。

分种检索表

1. 叶边有由狭长细胞构成的分化边 ·· 1. 红蒴立碗藓 *P. eurystomum*
1. 叶边几乎不分化 ·· 2. 立碗藓 *P. sphaericum*

Key to the species

1. Leaf margins slightly bordered with elongate cells ································· 1. *P. eurystomum*
1. Leaf margins scarely bordered ·· 2. *P. sphaericum*

1. 红蒴立碗藓　图 52　照片 25

Physcomitrium eurystomum Sendtn., Denkschr. Bayer. Bot. Ges. Regensburg 3: 142. 1841.

　　植物体形小，黄绿色至绿色，丛生。茎直立，单一。叶长椭圆形或长卵圆形，先端渐尖；叶边全缘；中肋及顶。叶细胞长六角形或长椭圆状六角形，平滑。蒴柄细长，黄色至红褐色。孢蒴直立，球形或椭圆状球形，台部短。

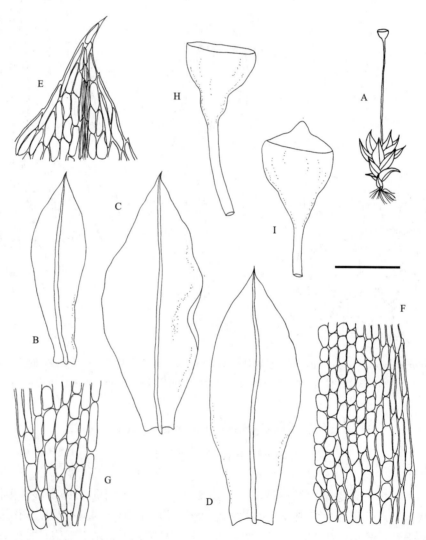

图 52　红蒴立碗藓 *Physcomitrium eurystomum* Sendtn., A. 植物体；B-D. 叶；E. 叶尖部细胞；F. 叶中部边缘细胞；G. 叶基部细胞；H-I. 孢蒴（任昭杰　绘）。标尺：A=1.39 cm, B-D=1.39 mm, E-G=278 μm, H-I=2.08 mm.

生境　生于路边土坡。

产地　费县：天蒙景区入口，任昭杰、田雅娴 R17638。

分布　中国（黑龙江、辽宁、内蒙古、山东、新疆、安徽、江苏、上海、浙江、江西、四川、重庆、云南、西藏、福建、台湾、广东、广西、香港、澳门）；日本、越南、孟加拉国、印度、俄罗斯、秘鲁，欧洲和非洲。

2. 立碗藓

Physcomitrium sphaericum (Ludw.) Fürnr. in Hampe, Flora 20: 285. 1837.

Gymnostomum sphaericum Ludw. in Schkuhr, Deutschl. Krypt. Gew. 2 (1): 26. f. 11b 1810.

植物体黄绿色，稀疏丛生。茎直立，单一。叶椭圆形或倒卵形，叶边全缘，或先端具齿；中肋及顶或突出叶尖成小尖头。叶中上部细胞多边形，叶边不分化或不明显分化，基部细胞长方形。蒴柄红褐色。孢蒴半球形，蒴盖脱落后呈碗状，台部短。

生境　多生于人类活动较多的区域。

产地　沂南：蒙山，海拔 600 m，赵遵田 Zh91432；智胜汤泉，任昭杰 R16540。

分布　中国（吉林、内蒙古、山东、甘肃、江苏、上海、浙江、湖南、四川、重庆、西藏、福建、台湾、香港、澳门）；日本、俄罗斯，欧洲和北美洲。

科 3. 缩叶藓科 PTYCHOMITRIACEAE

植物体小形至较大，多粗壮，暗绿色至黑绿色，多于岩面丛生。茎直立，单一或稀疏分枝。叶干时强烈卷缩，湿时伸展倾立，披针形至长披针形；叶边平直，全缘或上部具粗齿；中肋强劲，达叶尖略下部消失或及顶至突出。叶中上部细胞圆方形，厚壁，平滑，叶基部细胞长方形，薄壁。雌雄同株。孢蒴直立，对称，卵圆柱形或长椭圆柱形。蒴齿单层，表面具细密疣。蒴盖圆锥形，具长喙。蒴帽钟形，基部有裂瓣。孢子球形，表面具细疣或近于平滑。

本科全世界有 5 属。中国有 4 属；山东有 1 属，蒙山有分布。

属 1. 缩叶藓属 Ptychomitrium Fürnr

Flora 12 (Erg.) 2: 19. 1829, *nom. cons.*

植物体小形至较大，多粗壮，暗绿色，基部黑色，丛生。茎直立，单一或稀疏分枝；中轴分化。叶干时强烈卷缩，湿时伸展倾立，卵状披针形；叶全缘或先端具粗齿；中肋单一，强劲，达叶尖略下部消失。叶中上部细胞小，圆方形，厚壁，基部细胞长方形。雌雄同株。孢蒴直立，卵圆柱形或长椭圆柱形。蒴盖圆锥形，具长喙。蒴帽钟形，表面具纵褶，平滑无毛，基部有裂瓣。孢子球形，表面近于平滑或具细疣。

本属世界现有 50 种。我国有 10 种；山东有 1 种，蒙山有分布。

1. 中华缩叶藓　图 53　照片 26

Ptychomitrium sinense (Mitt.) A. Jaeger, Ber. Thätigk. St. Gallischen Naturwiss. Ges. 1872-1873: 104. 1874.

Glyphomitrium sinense Mitt., J. Proc. Linn. Soc., Bot.8: 149. 1865.

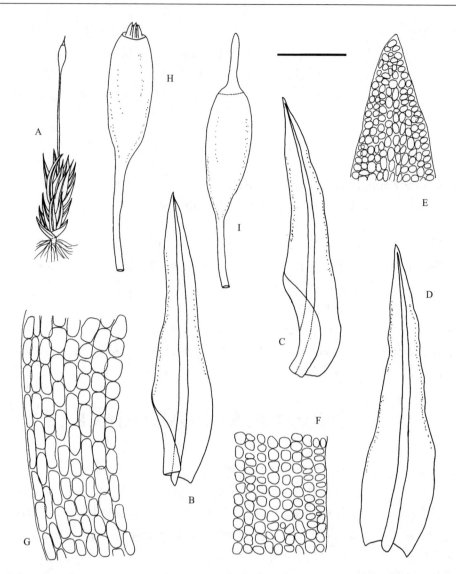

图 53 中华缩叶藓 *Ptychomitrium sinense* (Mitt.) A. Jaeger, A. 植物体；B-D. 叶；E. 叶尖部细胞；F. 叶中部边缘细胞；G. 叶基部细胞；H-I. 孢蒴（任昭杰 绘）。标尺：A=3.7 mm, B-D=1.28 mm, E-G=128 μm, H-I=1.67 mm.

植物体形小，暗绿色，基部常呈黑色，丛生。茎直立，高 0.2–0.7 cm，单一，稀分枝。叶干时强烈卷缩，湿时伸展，先端常内弯，卵状披针形；叶边全缘，平展；中肋强劲，达叶尖略下部消失。叶中上部细胞圆方形，厚壁，基部细胞长方形，薄壁。雌雄同株。孢蒴直立，长圆柱形。蒴齿单层。蒴盖具长喙。蒴帽钟形，表面具纵褶。

生境 多生于裸露岩面或石缝中。

产地 蒙阴：蒙山林场，赵遵田 91237-B；大洼，海拔 700 m，郭萌萌 R123221-A；孟良崮，海拔 480 m，任昭杰、田雅娴 R18361-A。平邑：核桃涧，海拔 600 m，付旭、郭萌萌 R20122013、R123141；明光寺，海拔 580 m，任昭杰、田雅娴 R17607；平邑：龟蒙顶，海拔 1130 m，任昭杰、田雅娴 R17625。费县：三连峪，海拔 500 m，郭萌萌 R123334。

分布 中国（黑龙江、吉林、辽宁、内蒙古、河北、北京、陕西、山东、河南、陕西、江苏、上海、浙江、江西、湖南、湖北、贵州）；朝鲜和日本。

本种植物体较小，在蒙山地区乃至整个山东山区多生于裸露岩面或石缝中，干燥时黑褐色，湿润时多深绿色，常单独或与紫萼藓属 *Grimmia* Hedw.植物混生在岩面形成小群落或斑块状群落。

科 4. 紫萼藓科 GRIMMIACEAE

植物体黄绿色至深绿色，多带黑褐色，通常生于裸岩或沙土上。茎直立或倾立，二叉分枝或具多数分枝。叶干时扭曲，披针形至长披针形，稀卵圆形，先端常具白色透明毛尖；叶边平直或背卷；中肋单一，强劲，达叶尖或在叶尖略下部消失。叶中上部细胞小，不规则方形，厚壁，平滑或具疣，薄壁有时波状加厚；叶基部细胞长方形，薄壁或波状加厚，角细胞多不分化。蒴柄直立或弯曲。孢蒴隐生于雌苞叶内，或高出，直立或倾立，球形或长圆柱形。蒴齿单层，齿片16，披针形或线形。蒴盖多具喙。蒴帽钟形或兜形。孢子表面具疣。

本科全世界10属。中国有7属；山东有4属，蒙山有1属。

属 1. 紫萼藓属 Grimmia Hedw.

Sp. Musc. Frond. 75. 1801.

植物体中等大小，多呈深绿色或黑褐色，垫状或疏松丛生。茎直立，稀疏分枝或具叉状分枝。叶干时多疏松贴生，有时扭曲，湿时伸展，卵形、卵状披针形或长披针形，上部多龙骨状突起，先端多有无色透明毛尖；叶边平直或背卷；中肋单一，强劲，及顶或突出成小尖头或在叶尖略下部消失。叶中上部细胞小，不规则方形，胞壁多加厚，基部细胞多长方形，薄壁或加厚。雌雄同株或异株。孢蒴直立或垂倾，隐生于雌苞叶之内，或高出雌苞叶，近球形或长卵形，表面平滑或具纵褶。蒴齿单层，齿片16。环带多分化。蒴盖具喙。蒴帽钟形或兜形。孢子圆球形，表面多具细疣。

本属全世界约110种。中国有26种；山东有4种，蒙山皆有分布。

分种检索表

1. 孢蒴隐生于雌苞叶之内 ·· 4. 毛尖紫萼藓 G. pilifera
1. 孢蒴高出雌苞叶 ··· 2
2. 叶龙骨状向背面突起；中肋背部突起 ······························· 2. 近缘紫萼藓 G. longirostris
2. 叶内凹；中肋扁平 ··· 3
3. 叶长卵形或长卵状披针形，上部短 ······························· 1. 阔叶紫萼藓 G. laevigata
3. 叶基部卵圆形，向上呈披针形，上部细长 ························· 3. 卵叶紫萼藓 G. ovalis

Key to the species

1. Capsules immersed in perichaetial leaves ·· 4. G. pilifera
1. Capsules exserted above perichaetial leaves ··· 2
2. Leaves keeled; coast terete ··· 2. G. longirostris
2. Leaves concave; coast flattened ·· 3
3. Leaves oblong-ovate or oblong-lanceolate, with short upper part ········· 1. G. laevigata
3. Leaves lanceolate from ovate base, with long upper part ······················ 3. G. ovalis

1. 阔叶紫萼藓

Grimmia laevigata (Brid.) Brid., Bryol. Univ. 1: 183. 1826.

Campylopus laevigatus Brid., Muscol. Recent. Suppl. 4: 76. 1819 [1818].

本种叶形与卵叶紫萼藓 *G. ovalis* 相似，本种植物体较矮小，而后者植物体较粗壮；本种叶上部较短，而后者叶上部细长，以上两点可区别二者。

生境　生于裸岩上。

产地 蒙阴：蒙山，小天麻顶，赵遵田 91251。

分布 中国（内蒙古、河北、山西、山东、陕西、宁夏、甘肃、青海、新疆、江苏、浙江、云南、西藏）；印度、巴基斯坦、斯里兰卡、哈萨克斯坦、蒙古、俄罗斯、智利、澳大利亚、新西兰、坦桑尼亚，欧洲和北美洲。

2. 近缘紫萼藓 照片 27

Grimmia longirostris Hook., Musci Exot. 1: 62. 1818.

本种叶形与毛尖紫萼藓 *G. pilifera* 极为相似，在无孢子体情况下常与后者混淆，但本种叶边一侧背卷且叶基边缘有一列窄长方形细胞，可区别于后者。

生境 生于裸岩上。

产地 蒙阴：砂山，海拔 650 m，任昭杰 R20120026；砂山，海拔 900 m，任昭杰 R20131349。费县：沂蒙山小调博物馆外，任昭杰 R18282-A。

分布 中国（黑龙江、吉林、河北、山东、山西、河南、陕西、新疆、安徽、四川、云南、西藏、台湾、广西）；印度、尼泊尔、蒙古、日本、俄罗斯、巴布亚新几内亚、秘鲁，加那利群岛，非洲北部、欧洲。

3. 卵叶紫萼藓 图 54 A-D

Grimmia ovalis (Hedw.) Lindb., Acta. Soc. Sci. Fenn. 10: 75. 1871.

Dicranum ovale Hedw., Sp. Musc. Frond. 140. 1801.

植物体粗壮，上部黄绿色、绿色，下部黑褐色，稀疏丛生。茎直立，高可达 3 cm。叶基部卵形，向上呈披针形，先端具长而具齿的透明毛尖；叶缘平直；中肋强劲，及顶。叶中上部细胞不规则方形，厚壁，基部细胞长方形，波状加厚。

生境 多生于裸岩上，偶生于岩面薄土上。

产地 费县：望海楼，海拔 1000 m，赵遵田、赵洪东 91476-A、91482-A；花园庄，赵遵田 91163。

分布 中国（黑龙江、吉林、内蒙古、河北、山西、山东、陕西、宁夏、甘肃、新疆、青海、上海、四川、云南、西藏）；斯里兰卡、印度、巴基斯坦、尼泊尔、蒙古、俄罗斯、澳大利亚、秘鲁，欧洲、非洲和北美洲。

4. 毛尖紫萼藓 图 54 E-K 照片 28

Grimmia pilifera P. Beauv., Prodr. 58. 1805.

植物体通常粗壮，上部多深绿色，下部黑色，稀疏丛生。茎直立，单一或叉状分枝。叶基部卵形，向上呈披针形至长披针形，先端具透明毛尖，毛尖具齿突；叶全缘，中下部背卷，上部由 2 层细胞构成；中肋单一，及顶。叶中上部细胞不规则方形，胞壁波状加厚，基部细胞长方形，薄壁。孢子体未见。

生境 多生于裸岩或岩面薄土上。

产地 蒙阴：野店镇梭罗庄，赖桂玉 R17276-E；小天麻顶，赵遵田 91266-A；蒙山林场，赵遵田 91237-C；观峰台，海拔 850 m，赵遵田 20111387-B；小大畦，海拔 500 m，付旭 R123161；大畦，海拔 600 m，李林 R123428；大大畦，海拔 700 m，李超 R123033-B；冷峪，海拔 520 m，郭萌萌 R123415；聚宝崖，海拔 440 m，任昭杰、王春晓 R18373、R18439；老龙潭，海拔 440 m，任昭杰、王春晓 R18447；

老龙潭，海拔 550 m，任昭杰、王春晓 R18473-B。平邑：拜寿台上，海拔 1100 m，任昭杰、田雅娴 R17540；明光寺，海拔 550 m，任昭杰、田雅娴 R17549、R17649-B；龟蒙顶，海拔 1130 m，任昭杰、田雅娴 R17565、R17588-A、R17623。沂南：大青山，海拔 540 m，任昭杰、付结盟 R18336；东五彩山，海拔 550 m，任昭杰、田雅娴 R18342。费县：花园庄，赵遵田 91339；蒙山，海拔 350 m，付旭 R121030；茶蓬峪，海拔 350 m，李林 R120191；三连峪，海拔 400 m，李超 R123104；望海楼，海拔 1000 m，任昭杰、田雅娴、赵遵田 91450、R17512、R17571-B；天蒙景区门口，任昭杰 R17547；天蒙顶，海拔 1001 m，任昭杰、田雅娴 R18266；风门口，海拔 800 m，任昭杰、田雅娴 R18335。

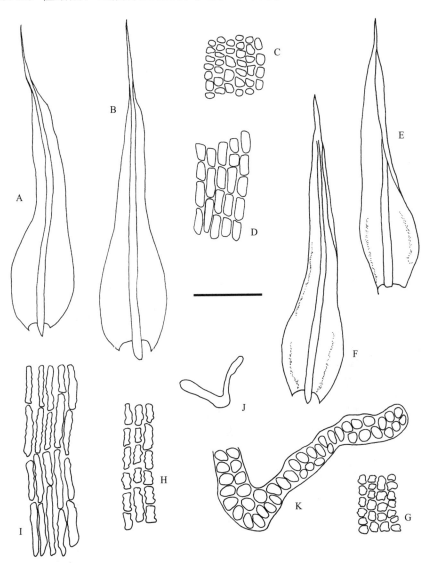

图 54　A-D. 卵叶紫萼藓 *Grimmia ovalis* (Hedw.) Lindb., A-B. 叶；C. 叶中部细胞；D. 叶基部细胞（任昭杰、付旭 绘）。E-K. 毛尖紫萼藓 *Grimmia pilifera* P. Beauv., E-F. 叶；G. 叶中上部细胞；H. 叶中下部细胞；I. 叶基部细胞；J. 叶横切面；K. 叶横切面一部分（任昭杰、李德利 绘）。标尺：A-B, E-F, G=1.1 mm；C-D, H-I, K=110 μm.

分布　中国（黑龙江、吉林、辽宁、内蒙古、河北、北京、山西、山东、河南、陕西、青海、新疆、安徽、江苏、上海、浙江、江西、湖南、四川、重庆、云南、西藏、福建）；巴基斯坦、印度、蒙古、朝鲜、日本、俄罗斯，北美洲。

　　本种在蒙山分布极为广泛，也是该属在山东最为常见的种类，常在朝阳的裸岩上形成片状或垫状群落。叶具透明毛尖，但有时不明显。在蒙山乃至整个山东地区，尚未发现孢子体。

科 5. 无轴藓科 ARCHIDIACEAE

　　植物体矮小，纤细，多年生土生藓类，原丝体匍匐土表。茎直立，单一或分枝；中轴分化。叶片直立或倾立，茎基部叶较小，上部叶较大，披针形或长三角形；叶边平直，全缘；中肋及顶或突出。叶上部细胞长方形至狭长方形，平滑；基部细胞方形或短长方形；角细胞不分化。雌雄同株或异株。雌苞叶较大。蒴柄极短。孢蒴隐生于雌苞叶中，球形，无气孔，无蒴轴。蒴盖和蒴齿均不分化。孢子较大。

　　本科仅 1 属。蒙山有分布。

属 1. 无轴藓属 Archidium Brid.

Bryol. Univ. 1: 747. 1826.

　　属特征同科。

　　本属世界现有 34 种。我国有 3 种；山东有 1 种，蒙山有分布。

1. 中华无轴藓　　图 55

Archidium ochioense Schimp. ex Müll. Hal., Syn. Musc. Frond. 2: 517. 1851.

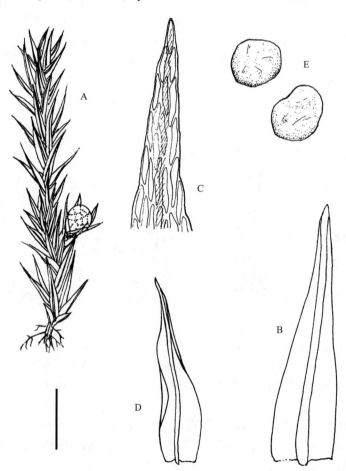

图 55　中华无轴藓 *Archidium ochioense* Schimp. ex Müll. Hal.，A. 植物体；B. 叶；C. 叶尖部细胞；D. 雌苞叶；E. 孢蒴（于宁宁 绘）。标尺：A=1.1 mm, B=390 μm, C=61 μm, D=410 μm, E=204 μm.

植物体矮小，稀疏丛生，黄绿色至绿色。茎直立，单一，稀分枝。叶基部宽，抱茎，向上呈卵状披针形或狭长三角形；叶全缘；中肋及顶至突出。叶中上部细胞菱形，基部细胞短长方形，角细胞不分化。雌雄同株。无蒴柄。孢蒴球形。蒴轴、蒴齿及蒴盖均不分化。

生境　生于岩面薄土上。

产地　沂南：大青山，海拔 540 m，任昭杰、付结盟 R18303。

分布　中国（山东、河南、江苏、浙江、香港）；印度、斯里兰卡、日本、新喀里多尼亚、西印度群岛、智利，非洲和北美洲。

科 6. 牛毛藓科 DITRICHACEAE

植物体多纤细，黄绿色至暗绿色，丛生。茎直立，单一或叉状分枝。叶多列，稀对生，多披针形至长披针形，中肋单一，强劲，及顶或突出。叶细胞多平滑，上部多方形、短长方形至长方形，基部长方形至狭长方形，角细胞不分化。孢蒴多高出雌苞叶，稀隐生于雌苞叶之内，直立，表面多平滑，稀具纵褶。环带多分化。蒴盖圆锥形，稀不分化。蒴帽多兜形。孢子球形。

本科全世界 24 属。中国有 12 属；山东有 3 属，蒙山有 2 属。

分属检索表

1. 叶上部细胞近方形；孢蒴具纵褶 ···························· 1. 角齿藓属 Ceratodon
1. 叶上部细胞长方形；孢蒴平滑 ···························· 2. 牛毛藓属 Ditrichum

Key to the genera

1. Upper leaf cells quadrate; capsules with longitudinally plicate ···················· 1. Ceratodon
1. Upper leaf cells rectangular; capsules smooth ···················· 2. Ditrichum

属 1. 角齿藓属 Ceratodon Brid.

Bryol. Univ. 1: 480. 1826.

植物体矮小，黄绿色至深绿色，密集丛生。茎直立，单一或具分枝。叶干时卷缩，湿时伸展，披针形或卵状披针形；叶边背卷；中肋单一，强劲，及顶或突出。叶中上部细胞近方形，基部细胞长方形。雌雄异株。孢蒴倾立至直立，长圆柱形，具明显纵褶，基部多具小颏突。蒴齿单层，齿片 16。环带分化。蒴盖短圆锥形。蒴帽兜形。孢子球形，黄色。

本属全世界有 5 种。中国有 2 种；山东有 1 种，蒙山有分布。

1. 角齿藓　图 56　照片 29

Ceratodon purpureus (Hedw.) Brid., Bryol. Univ. 1: 480. 1826.

Dicranum purpureum Hedw., Sp. Musc. Frond. 136. 1801.

植物体纤细，黄绿色至深绿色，密集丛生。茎高不及 1 cm，直立，单一，稀分枝。叶通常披针形；叶边背卷，上部具不规则齿；中肋单一，及顶或突出。叶上部细胞近方形，下部细胞长方形。孢蒴平列至倾立，红棕色，表面具明显纵褶，基部具小颏突，有时不明显或无颏突。

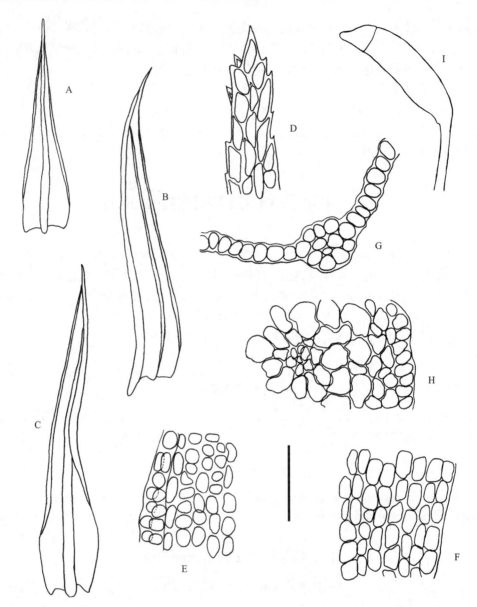

图 56　角齿藓 *Ceratodon purpureus* (Hedw.) Brid., A-C. 叶；D. 叶尖部细胞；E. 叶中部边缘细胞；F. 叶基部细胞；G. 叶横切面；H. 茎横切面一部分；I. 孢蒴（任昭杰 绘）。标尺：A-C=0.8 mm, D-H=80 μm, I=1.7 mm.

　　生境　多生于林间空地或岩面薄土上。
　　产地　蒙阴：冷峪，海拔 400 m，李林、李超、付旭 R120162-B、R123267、R123279；孟良崮，海拔 500 m，任昭杰、田雅娴 R18258、R18259、R18262；聚宝崖，海拔 440 m，任昭杰、王春晓 R18372。平邑：广崮尧，海拔 650 m，任昭杰、田雅娴 R17516；拜寿台上，海拔 1100 m，任昭杰、田雅娴 R17548。沂南：蒙山，赵遵田 91210；东五彩山，海拔 600 m，任昭杰、田雅娴 R18267；东五彩山，海拔 760 m，任昭杰、田雅娴 R18292；大青山，海拔 540 m，任昭杰、付结盟 R18291。费县：玻璃吊桥附近，海拔 900 m，任昭杰、田雅娴 R17573；望海楼，海拔 1000 m，任昭杰、田雅娴 R17606。
　　分布　世界广布种。中国（黑龙江、吉林、辽宁、内蒙古、河北、山东、青海、新疆、江苏、上海、甘肃、湖北、四川、云南、西藏、台湾、广东）。
　　本种多见于林缘土坡等处，较为耐干旱，根据生境的不同，其叶形变化较大。

属 2. 牛毛藓属 **Ditrichum** Hampe

Flora 50: 181. 1867, *nom, cons.*

植物体矮小，黄绿色至深绿色，疏松丛生。茎直立，单一或叉状分枝。叶卵状披针形或披针形至长披针形，先端略向一侧弯曲。叶全缘或先端具齿；中肋粗壮，多突出于叶尖，常占满叶上部。叶中上部细胞长方形，基部细胞长方形至狭长方形，薄壁，角细胞不分化。雌雄同株或异株。孢蒴长卵形或长圆柱形，直立或弯曲。环带分化。蒴齿单层，齿片 16。蒴盖圆锥形，具短喙。蒴帽兜形。孢子小，球形。

本属全世界约 69 种。中国有 12 种；山东有 3 种，蒙山有 2 种。

分种检索表

1. 叶全缘或仅先端具细齿；孢蒴辐射对称，直立 ·· 1. 牛毛藓 *D. heteromallum*
1. 叶中上部具明显齿突；孢蒴不呈辐射对称，倾立 ·· 2. 黄牛毛藓 *D. pallidum*

Key to the species

1. Leaf margins entire or weekly serrulate at apex; capsules radical symmetric, erect ·························· 1. *D. heteromallum*
1. Leaf margins serrate obviously at the upper half ; capsules non radial symmetric, inclined ·············· 2. *D. pallidum*

1. 牛毛藓

Ditrichum heteromallum (Hedw.) E. Britton, N. Amer. Fl. 15: 64. 1913.

Weissia heteromalla Hedw., Sp. Musc. Frond. 71. 1801.

本种叶形与黄牛毛藓 *D. pallidum* 相似，本种叶全缘或先端具细齿，而后者叶先端具明显齿突；本种孢蒴直立，对称，而后者孢蒴倾立，不对称，以上两点可区别二者。

生境　生于岩面薄土上。

产地　费县：三连峪，海拔 400 m，付旭 R123022。

分布　中国（山东、上海、浙江、江西、湖南、湖北、四川、重庆、贵州、云南、西藏、台湾、广东、广西、海南）；印度、日本、朝鲜、美国、哥伦比亚，欧洲。

2. 黄牛毛藓　图 57

Ditrichum pallidum (Hedw.) Hampe, Flora 50: 182. 1867.

Trichostomum pallidum Hedw., Sp. Musc. Frond. 108. 1801.

植物体形小，黄绿色至深绿色，丛生。茎高不及 1 cm，直立，单一，稀分枝。叶基部长卵形，向上呈狭长披针形，多向一侧弯曲，先端具明显齿突；中肋粗壮，占满叶上部。叶细胞长方形至狭长方形，叶基近缘处具 3–5 列狭长细胞。孢蒴长卵形，略向一侧弯曲，不对称，倾立。

生境　生于土上或岩面薄土上。

产地　蒙阴：前梁南沟，海拔 650 m，黄正莉 20111304；大畦，海拔 700 m，李林 R123134；砂山，海拔 650 m，付旭 R18033；冷峪，海拔 500 m，李超、郭萌萌 R123196、R123277、R17477。平邑：蒙山，赵遵田 Zh91289。费县：望海楼，赵遵田 91300-E；花园庄，赵遵田 91156-A；茶蓬峪，海拔 350 m，郭萌萌、李林、付旭 R123212-B、R123256、R123276；索道下站，海拔 500 m，任昭杰、田雅娴 R18354。

分布　中国（内蒙古、河北、山东、河南、安徽、江苏、上海、浙江、江西、湖南、湖北、重庆、贵州、云南、西藏、福建、台湾、广东、香港、澳门）；泰国、日本，欧洲、非洲中部和北美洲。

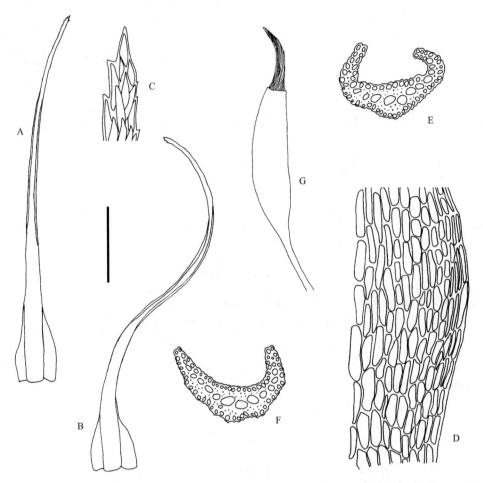

图 57　黄牛毛藓 *Ditrichum pallidum* (Hedw.) Hampe, A-B. 叶；C. 叶尖部细胞；D. 叶基部细胞；E-F. 叶横切面；G. 孢蒴（任昭杰 绘）。标尺：A-B=1.1 mm, C-F=110 μm, G=1.7 mm.

科 7. 小烛藓科 BRUCHIACEAE

　　植物体矮小，黄绿色至深绿色，疏松丛生，原丝体宿存。茎直立，多单一，稀分枝；中轴不分化或略分化。叶披针形或狭披针形；叶边平展或背卷，全缘或先端具微齿；中肋单一，及顶或突出于叶尖。叶上部细胞长方形，平滑，基部细胞长方形至狭长方形，平滑，角细胞不分化。雌雄同株异苞。蒴柄短或长。孢蒴隐生于雌苞叶之内，或高出雌苞叶，气孔显型，多数。环带分化或不分化。蒴齿分化或不分化，若分化，三角形，较短。蒴盖分化或不分化，若分化，具喙。蒴帽钟形。孢子较大，球形，多具疣。

　　本科全世界有 5 属。中国有 4 属；山东有 1 属，蒙山有分布。

属 1. 长蒴藓属 Trematodon Michx.

Fl. Bor. Amer. 2: 289. 1803.

　　植物体矮小，黄绿色，疏松丛生。茎直立，单一，稀分枝。叶基部长卵形，抱茎，向上呈狭披针形；叶全缘；中肋强劲，及顶或突出。叶上部细胞小，近方形，中部细胞较长，基部细胞长方形，薄

壁，平滑，角细胞不分化。雌雄同株。孢蒴直立，上部略弯曲，长柱形，台部与壶部等长或达壶部的
2–4 倍，基部多具颈突。蒴齿单层，齿片 16。蒴盖具喙。蒴帽钟形。孢子表面具疣。

　　本属世界现有 83 种。中国有 2 种；山东有 1 种，蒙山有分布。

1. 长蒴藓　图 58　照片 30

Trematodon longicollis Michx., Fl. Bor.-Amer. 2: 289. 1803.

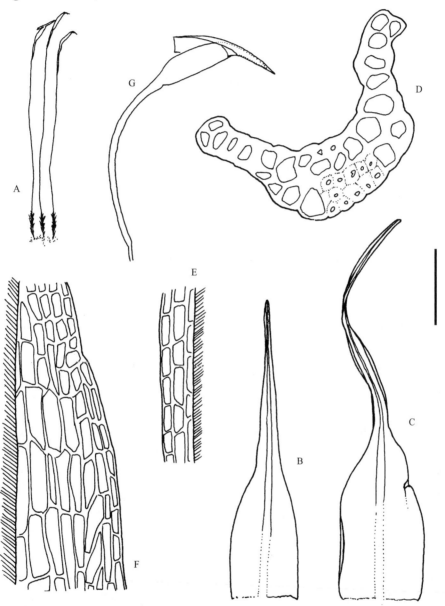

图 58　长蒴藓 *Trematodon longicollis* Michx.，A. 植物体；B-C. 叶；D. 叶上部横切面；E. 叶尖部细胞；F. 叶肩部细胞；
G. 孢蒴（于宁宁 绘）。标尺：A=1.0 cm, B-C=580 μm, D=25 μm, E-F=39 μm, G=2.0 mm.

　　植物体形小，黄绿色至绿色，疏松丛生。茎直立，高约 0.5 mm，单一，未见分枝。叶基部卵形至
长卵形，抱茎，向上呈长披针形；叶边全缘，上部略背卷；中肋单一，强劲，及顶，不充满叶上部。
叶上部细胞短长方形至长方形，基部细胞长方形，薄壁。孢蒴长圆柱形，上部有时弯曲，台部为壶部
长度的 2–4 倍，基部具颈突。

　　生境　生于土表或岩面薄土上。

产地 蒙阴：砂山，海拔 700 m，任昭杰、黄正莉 20120056。费县：玉皇宫货索站，海拔 600 m，任昭杰、田雅娴 R18283。

分布 中国（辽宁、山东、安徽、江苏、上海、浙江、江西、湖南、湖北、四川、重庆、贵州、云南、西藏、福建、台湾、广东、广西、海南、香港、澳门）；孟加拉国、印度、斯里兰卡、缅甸、泰国、柬埔寨、马来西亚、菲律宾、印度尼西亚、日本、朝鲜、俄罗斯（远东地区）、斐济、巴布亚新几内亚、美国（夏威夷）、玻利维亚、巴西、秘鲁、厄瓜多尔、澳大利亚、新西兰、南非，社会群岛，欧洲、中美洲和北美洲。

本种植物体矮小，如果没有孢蒴，野外调查时易被忽略。

科 8. 昂氏藓科 AONGSTROEMIACEAE

植物体形小至中等大小，疏松或密集丛生。茎直立，有时柔荑花序状；中轴分化。叶基部通常较宽，先端较钝，一般不形成长尖；叶边多平展，全缘或具齿；单中肋，及顶或达叶尖下消失。叶细胞形状多变，平滑或具乳突，角细胞不分化或略分化。雌雄异株。蒴柄细长，直立或弯曲。孢蒴形状多变。环带分化或不分化。蒴盖圆锥形或具喙。蒴帽兜形。

本科世界现有 5 属。中国有 3 属；山东有 1 属，为本研究首次发现。

属 1. 裂齿藓属 Dichodontium Schimp.

Coroll. Bryol. Eur. 12. 1856.

植物体形小至中等大小，黄绿色至绿色，丛生。茎直立，单一或叉状分枝。叶腋常生有多细胞无性芽胞。叶干时多卷缩，湿时伸展，基部略宽，似鞘状，上部舌状披针形；叶边多平展，具齿突；中肋粗壮，达叶尖部。叶细胞圆方形或圆六边形，具明显乳突。雌雄异株。雌苞叶与茎叶同形。孢蒴卵圆柱形或圆柱形，有时略背曲，倾立至平列，稀直立。环带不分化。蒴齿基部相连，中部以上 2–3 裂。蒴盖圆锥形。蒴帽兜形。

本属世界现有 4 种。中国有 2 种；山东有 1 种，蒙山有分布。

1. 裂齿藓 图 59

Dichodontium pellucidum (Hedw.) Schimp., Coroll. Bryol. Eur. 12. 1856.

Dicranum pellucidum Hedw., Sp. Musc. Frond. 142. 1801.

植物体形小，黄绿色，丛生。茎直立，多单一，稀在先端分枝；中轴分化。无性芽胞长椭圆形、纺锤形或近球形。叶舌形或披针形至阔披针形，干燥时多扭转，湿时背仰，先端圆钝或急尖；叶边平展，或下部略内卷，上部具不规则的齿突；中肋粗壮，达叶尖部，末端背面具乳突；叶中上部细胞圆方形，具明显乳突，基部细胞长方形，平滑。孢子体未见。

生境 生于林下岩面薄土上。

产地 蒙阴：冷峪，石上土生，海拔 500 m，任昭杰、郭萌萌 R123260。

分布 中国（黑龙江、内蒙古、河北、山东、新疆、云南、台湾）；不丹、日本、巴基斯坦和俄罗斯（西伯利亚），欧洲和北美洲。

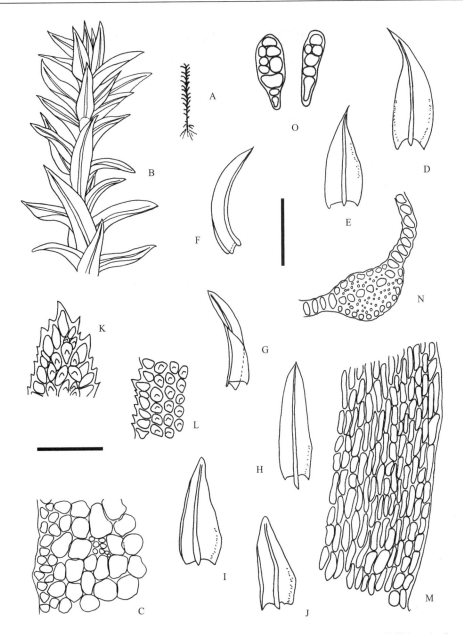

图 59　裂齿藓 *Dichodontium pellucidum* (Hedw.) Schimp., A. 植物体；B. 植物体一段；C. 茎横切一部分；D-J. 叶；K. 叶尖部细胞；L. 叶中部边缘细胞；M. 叶基部细胞；N. 叶横切一部分；O. 无性芽胞（任昭杰 绘）。标尺：A=2 cm，B=1 mm，C=100 μm，D-J=830 μm，K-O=83 μm.

科 9. 小曲尾藓科 DICRANELLACEAE

　　植物体形小，黄绿色至深绿色，疏松丛生。茎直立，单一或分枝，下部具假根；中轴分化。茎基部叶较小，顶部叶较大，直立、偏曲或背仰，披针形至长披针形或阔披针形，常扭曲或呈镰刀状弯曲；叶全缘或具齿；中肋强劲，达叶尖略下部消失、及顶或突出。叶细胞长方形，平滑，无壁孔，角细胞不分化。雌雄异株或雌雄同株异苞。蒴柄长，直立或弯曲。孢蒴直立或平列，卵形或短圆柱形，平滑或具皱褶。蒴盖具长喙。蒴帽兜形。孢子具疣。

　　本科全世界 5 属。中国有 4 属；山东有 2 属，蒙山有 1 属。

属 1. 小曲尾藓属 Dicranella (Müll. Hal.) Schimp.

Coroll. Bryol. Eur. 13. 1856.

植物体矮小，疏松丛生或散生。茎直立，单一，稀分枝。叶直立、偏曲或背仰，基部常呈卵形或宽鞘状，向上呈披针形至长披针形；中肋强劲，达叶尖稍下部消失、及顶或突出。叶细胞长方形，平滑；角细胞不分化。雌雄异株。孢蒴长椭圆形或圆柱形，有时基部有颏突，平滑或具褶皱。蒴齿单层，齿片 16。蒴盖具长喙。蒴帽兜形。孢子球形，多具疣。

本属全世界现有 158 种。中国有 16 种和 1 变种。山东有 6 种，蒙山有 3 种。

分种检索表

1. 中肋达叶尖略下部消失 ·· 3. 变形小曲尾藓 D. varia
1. 中肋及顶或突出叶尖 ··· 2
2. 叶仅先端具细齿 ·· 1. 短柄小曲尾藓 D. gonoi
2. 叶中上部具明显齿突 ··· 2. 多形小曲尾藓 D. heteromalla

Key to the species

1. Costa ending below apex ·· 3. D. varia
1. Costa percurrent or excurrent ·· 2
2. Leaf margins weekly serrulate at apex ·· 1. D. gonoi
2. Leaf margins serrate obviously at the upper half ···························· 2. D. heteromalla

1. 短柄小曲尾藓

Dicranella gonoi Cardot, Bull. Herb. Boissier sér. 2,7: 713. 1907.

植物体矮小，黄绿色，稀疏丛生。茎直立，单一。叶基部长卵形，向上呈长披针形，先端略偏曲；叶边有时背卷，尖部具稀齿；中肋粗壮，占满叶上部。叶细胞长方形，平滑。蒴柄短。孢蒴直立，椭圆柱形。蒴盖具斜长喙。

  生境 生于土上。
  产地 费县：蒙山，花园庄，赵遵田 Zh91159。
  分布 中国（黑龙江、山东、湖南、海南）；日本。

2. 多形小曲尾藓 图 60 照片 31

Dicranella heteromalla (Hedw.) Schimp., Coroll. Bryol. Eur. 13. 1856.
Dicranum heteromallum Hedw., Sp. Musc. Frond. 128. 1801.

植物体矮小，黄绿色至深绿色，有时暗绿色，多具光泽，丛生。茎直立，单一或叉状分枝，高多不及 1 cm。叶基部卵圆形，向上呈披针形；叶中上部具明显齿突；中肋突出于叶尖。叶中上部细胞长方形，基部细胞短长方形，平滑。孢蒴直立或平列，短圆柱形。

  生境 多生于林间空地土表、岩面薄土上，偶见于树基上。
  产地 蒙阴：野店镇梭罗庄，赖桂玉 R17276-D；孟良崮，海拔 400 m，任昭杰、田雅娴 R18301-B；砂山，海拔 600 m，任昭杰、黄正莉、郭萌萌 20110956–1、R20120104、R20121119-D；小大洼，海拔 700 m，李超、付旭 R123207、R123285-A、R17313；小大畦，海拔 600 m，付旭、李林 R123055-A、R123067-B、R123297-B；大牛圈，海拔 600 m，任昭杰、黄正莉、李林 R18030-C、R18032、R18035-B；

大畦，海拔 500 m，李林 R123437；里沟，海拔 700 m，黄正莉 R18047；橛子沟，海拔 900 m，任昭杰 R123171-B；冷峪，海拔 400 m，付旭 R123098；里沟，海拔 700 m，付旭 R18031-A；老龙潭，海拔 500 m，任昭杰、王春晓 R18442-B。聚宝崖，海拔 550 m，任昭杰、王春晓 R18430-B、R18438。平邑：龟蒙顶，海拔 1100 m，任昭杰、田雅娴 R17514、R17593、R17653-A；龟蒙顶至拜寿台途中悬崖栈道，海拔 1100 m，任昭杰、田雅娴 R17536；寿星沟，海拔 1050 m，任昭杰、王春晓 R18383-A；十里松画廊，海拔 1100 m，任昭杰、田雅娴 R17519-A；龟蒙顶索道上站，海拔 1066 m，任昭杰、王春晓 R18400-B、R18401、R18405-B；拜寿台，海拔 1000 m，任昭杰、王春晓 R18534；拜寿台上，海拔 1100 m，任昭杰、田雅娴 R17521-B、R17574-B、R17643；蓝洞口，海拔 566 m，任昭杰、王春晓 R18404-B、R18492-A、R18527；蓝洞，海拔 690 m，付旭、李超、郭萌萌 R120153、R123060-A、R123175-B；天寿大峡谷，海拔 1000 m，任昭杰、田雅娴 R17609；李家石屋，海拔 600 m，任昭杰、田雅娴 R17532；核桃涧，海拔 600 m，任昭杰、王春晓、李超、郭萌萌 R123296-B、R123320、R18497。沂南：东五

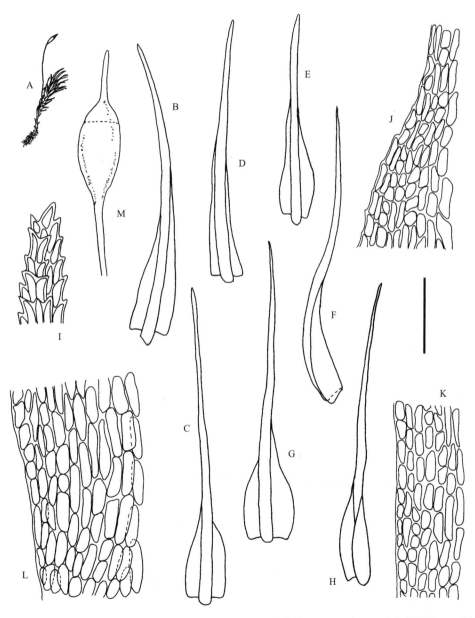

图 60　多形小曲尾藓 *Dicranella heteromalla* (Hedw.) Schimp., A. 植物体；B-H. 叶；I. 叶尖部细胞；J. 叶肩部细胞；K-L. 叶基部细胞；M. 孢蒴（任昭杰 绘）。标尺：A=0.93 cm, B-H=0.83 mm, I-L=104 μm, M=167 μm.

彩山，海拔 550 m，任昭杰、田雅娴 R18237-A、R18284-B、R18313；东五彩山，海拔 700 m，任昭杰、田雅娴 R18326、R18341。费县：三连峪，海拔 400 m，郭萌萌、付旭 R120149、R17482-B；茶蓬峪，海拔 550 m，李林 R123441；玉皇宫下，海拔 570 m，任昭杰、田雅娴 R17543-B、R17627；闻道东蒙，海拔 700 m，任昭杰、田雅娴 R17544；透明玻璃桥下，海拔 750 m，任昭杰、田雅娴 R18199-C、R18230、R18305；望海楼，海拔 950 m，任昭杰、田雅娴 R18221-B；玉皇宫货索站，海拔 600 m，任昭杰、田雅娴 R18222-E。

分布 北半球广布。中国（黑龙江、吉林、山东、新疆、安徽、江苏、上海、浙江、湖南、湖北、四川、重庆、贵州、台湾、海南）。

本种在蒙山分布极为广泛，全山可见，植株矮小，多不足 1 cm，叶形变化较大，但叶中上部具极明显的齿突，易于鉴别。常在林缘土坡、山路边等处与卷叶湿地藓 *Hyophila involuta* (Hook.) A. Jaeger、真藓 *Bryum argenteum* Hedw.以及纤枝短月藓 *Brachymenium exile* (Dozy & Molk.) Bosch & Sande Lac.等习见土生种类混生，形成群落，或单独形成小片群落。

3. 变形小曲尾藓　图 61

Dicranella varia (Hedw.) Schimp., Coroll. Bryol. Eur. 13. 1856.

Dicranum varium Hedw., Sp. Musc. Frond. 133. 1801.

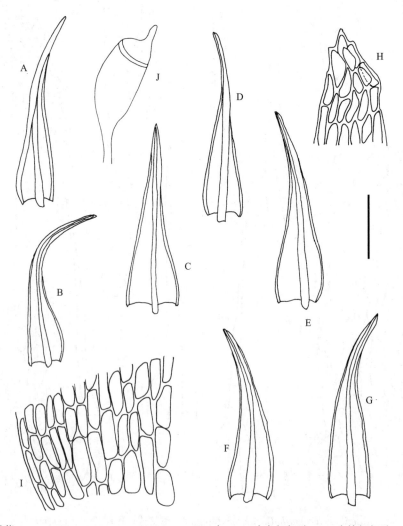

图 61　变形小曲尾藓 *Dicranella varia* (Hedw.) Schimp., A-G. 叶；H. 叶尖部细胞；I. 叶基部细胞；J. 孢蒴（任昭杰、李德利 绘）。标尺：标尺：A-G=0.8 mm, H-I=80 μm, J=1.7 mm.

　　植物体矮小，绿色，丛生。茎单一，高约 0.7 cm，未见分枝。叶卵状披针形至狭披针形，倾立，先端有时镰刀状弯曲；叶全缘或先端具细齿；叶边不规则内卷，有时平展；中肋达叶尖略下部。叶细胞长方形，平滑。蒴柄较短，3–5 mm。孢蒴短卵圆柱形。蒴盖具粗短喙。

　　生境　生于土上。

　　产地　费县：三连峪，海拔 400 m，郭萌萌 R123342。

　　分布　中国（辽宁、内蒙古、山东、河南、新疆、上海、浙江、江西、湖南、湖北、四川、贵州、云南、广东、广西、澳门）；巴基斯坦、日本、俄罗斯，欧洲、非洲和北美洲。

　　本种叶形与短柄小曲尾藓 *D. gonoi* 类似，但本种中肋不及顶，而后者中肋及顶；本种蒴盖具粗短喙，而后者具斜长喙。

科 10. 曲背藓科 ONCOPHORACEAE

　　植物体小形至中等大小，黄绿色至暗绿色，有时带褐色，密集或垫状丛生。茎直立，单一或分枝；中轴分化。叶基部多卵形，向上呈披针形至狭长披针形；叶边平直、内卷或背卷；叶全缘或具微齿；中肋单一，多及顶至突出叶尖。叶中上部细胞近方形，基部细胞长方形，平滑或具乳头状突起，角细胞分化或不分化。多雌雄同株异苞。蒴柄短或长，直立或上部扭曲。孢蒴直立或下垂，对称或不对称，通常具条纹，具气孔。环带细胞小。蒴盖圆锥形。蒴帽兜形。孢子平滑或具疣。

　　本科全世界 13 属。中国有 10 属；山东有 3 属，蒙山有 2 属。

分属检索表

1. 叶基部不呈鞘状 ·· 1. 凯氏藓属 *Kiaeria*
1. 叶基部呈鞘状 ··· 2. 曲背藓属 *Oncophorus*

Key to thc genera

1. Leaf base not sheathing ·· 1. *Kiaeria*
1. Leaf base sheathing ·· 2. *Oncophorus*

属 1. 凯氏藓属 **Kiaeria** I. Hagen

Kongel. Norske Vidensk. Selsk. Skr. (Trondheim) 1914 (1): 109. 1915.

　　植物体矮小，黄绿色至深绿色或褐绿色，基部黑褐色，无光泽或略具光泽，密集丛生。茎直立或倾立，单一或叉状分枝。叶基部卵形，向上呈狭披针形；叶全缘或先端具齿；叶中上部内卷呈半管状；中肋及顶至突出于叶尖。叶中上部细胞方形或长方形，基部细胞长方形至狭长方形，厚壁，有时具壁孔，角细胞明显分化，厚壁，圆方形，红褐色。蒴柄直立。孢蒴卵形或短圆柱形，多背曲，基部多有颏突。蒴盖圆锥形，具喙。

　　本属全世界现有 6 种。中国有 4 种；山东有 1 种，蒙山有分布。

1. 泛生凯氏藓　图 62

Kiaeria starkei (F. Weber & D. Mohr) I. Hagen, Kongel. Norske Vidensk. Selsk. Skr. (Trondheim) 1914 (1): 114. 1915.

Dicranum starkei F. Weber & D. Mohr, Bot. Taschenb. 189. 1807.

植物体形小，黄绿色至深绿色，稀疏或密集丛生。茎多直立，高不及 1 cm，通常单一。叶片直立或镰刀形弯曲，基部卵形，向上呈狭披针形；叶边上部具细齿；中肋突出于叶尖。叶上部细胞长方形，有时粗糙，基部细胞长方形至狭长方形，角细胞明显分化，红褐色。

生境 生于林间土表或岩面薄土上。

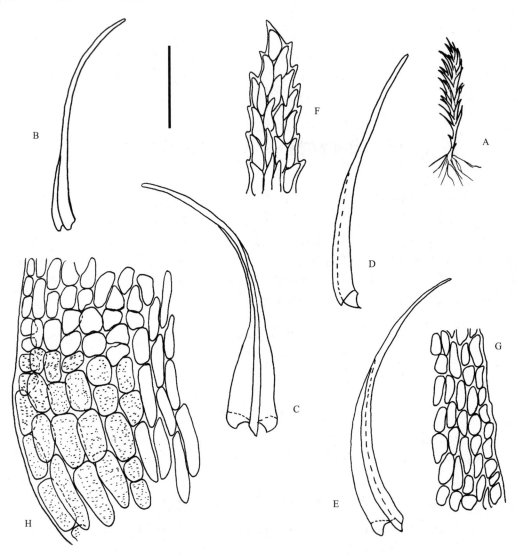

图 62 泛生凯氏藓 *Kiaeria starkei* (F. Weber & D. Mohr) I. Hagen, A. 植物体；B-E. 叶；F. 叶尖部细胞；G. 叶中下部边缘细胞；H. 叶基部细胞（任昭杰、田雅娴 绘）。标尺：A=3.33 mm, B-F=0.83 mm, G-I=83 μm.

产地 蒙阴：刀山沟，海拔 500 m，李林 R11974-A；里沟，海拔 700 m，任昭杰 R20120061-C；冷峪，海拔 500 m，李超、李林 R123005-B、R123025-A、R123214-B；大石门，海拔 650 m，李林 R123442。平邑：核桃涧，海拔 700 m，黄正莉、付旭 R121004-B、R123016、R123030-A；蓝涧，海拔 620 m，李林 R123372-C。费县：望海楼，海拔 1000 m，赵遵田 91302-D；茶蓬峪，海拔 350 m，李林 R123110。

分布 中国（黑龙江、吉林、山东、四川）；日本、俄罗斯（远东地区），欧洲和北美洲。

本种常在岩面形成小群落，植物体与小曲尾藓属 *Dicranella* (Müll. Hal.) Schimp.、牛毛藓属 *Ditrichum* Hampe 及曲柄藓属 *Campylopus* Brid.等类群相似，野外易混淆，但本种叶角细胞分化极为明显，且角区红褐色，易与相似类群区别。

属 2. 曲背藓属 Oncophorus (Brid.) Brid.

Bryol. Univ. 1: 189. 1826.

植物体小形至中等大小，黄绿色至绿色，具光泽，丛生。茎直立，单一或具分枝。叶干时强烈卷缩，湿时背仰，基部呈鞘状，向上呈狭长披针形；叶边中部多内卷或波曲；叶边中上部多具齿；中肋强劲，及顶或突出于叶尖。叶中上部细胞不规则方形或圆形，鞘部细胞长方形，薄壁，透明。雌雄同株。蒴柄直立。孢蒴长卵形，背曲，基部有颏突。环带不分化。蒴盖圆锥形，具喙。蒴帽兜形。

本属全世界有 9 种。中国有 4 种；山东有 1 种，蒙山有分布。

1. 曲背藓 图 63

Oncophorus wahlenbergii Brid., Bryol. Univ. 1: 400. 1826.

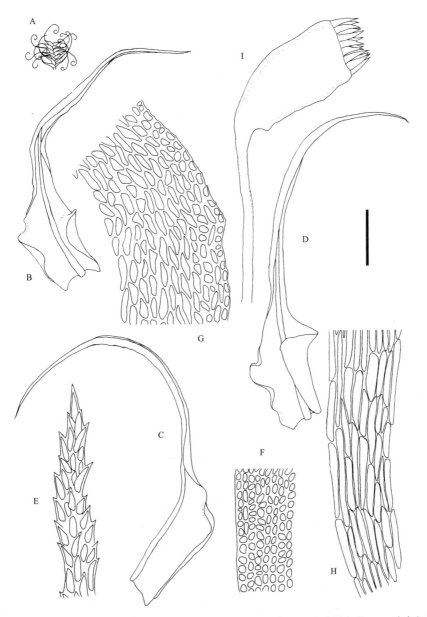

图 63   曲背藓 *Oncophorus wahlenbergii* Brid., A. 植物体一部分；B-D. 叶；E. 叶尖部细胞；F. 叶中部边缘细胞；G. 叶鞘部细胞；H. 叶基部细胞；I. 孢蒴（任昭杰 绘）。标尺：A=0.5 cm, B-D, I=1 mm, E-H=100 μm.

植物体形小，黄绿色，密集丛生。茎直立，高不及 1 cm。叶干时强烈卷缩，湿时背仰，基部阔鞘状，向上成细长毛尖；叶尖部具齿；中肋及顶。孢蒴长椭圆柱形，弯曲，基部有颏突，平列。

生境 生于林下岩面薄土上。

产地 平邑：蒙山，赵遵田 Zh91150。

分布 中国（黑龙江、吉林、辽宁、内蒙古、河北、山西、山东、陕西、甘肃、新疆、江苏、湖南、四川、贵州、云南、西藏、台湾）；巴基斯坦、印度、不丹、朝鲜、日本、俄罗斯，欧洲和北美洲。

本种植物在山东体形较小，高约 1 cm，易与卷叶曲背藓 *O. crispifolius* (Mitt.) Lindb.混淆，但孢蒴平列明显区别于后者。经检视标本发现，李林等（2013）报道的卷叶曲背藓系本种误定。

科 11. 树生藓科 ERPODIACEAE

植物体形小，黄绿色至深绿色，无光泽，匍匐，树生，稀石生或土生。茎不规则分枝或近羽状分枝。叶多异形，常具腹叶与背叶，卵形或卵状披针形，叶边全缘或具微齿；中肋缺失。叶细胞平滑或具疣，角细胞略分化。雌雄同株。孢蒴卵形或圆柱形。蒴齿缺失或仅具外齿层。蒴帽兜形或钟形，多具纵褶。孢子具疣。

本科全世界 5 属。中国有 3 属；山东有 2 属，蒙山有 1 属。

属 1. 钟帽藓属 Venturiella Müll. Hal.

Linnaea 39: 421. 1875.

植物体形小，深绿色，多贴生于树干，偶见于土表和岩石上。茎不规则分枝。腹叶卵状披针形，内凹，多具无色透明毛尖；背叶与腹叶同形，略小；叶边全缘，或尖部具细微齿；无中肋。叶尖部细胞狭长；叶中上部细胞近六边形或菱形，平滑；角细胞分化，多长方形。雌雄同株。蒴柄短。孢蒴卵形，有时隐生于雌苞叶之内。蒴齿单层。蒴盖圆锥形，具喙。蒴帽钟形，具宽纵褶，几乎覆盖整个孢蒴。孢子具疣。

本属全世界仅 1 种。蒙山有分布。

1. 钟帽藓 图 64 照片 32

Venturiella sinensis (Vent.) Müll. Hal., Nuovo Giorn. Bot. Ital., n. s., 4: 262. 1897.

Erpodium sinense Vent., Bryoth. Eur. 25: 1211.1873.

种的特征同属。

生境 多树生。

产地 蒙阴：砂山，海拔 600 m，付旭、李林 R20131347、R18037；蒙山三分区，海拔 550 m，赵遵田 91175、91176、91362；里沟，海拔 750 m，任昭杰 R18046；孟良崮，海拔 500 m，任昭杰、田雅娴 R18257-B。平邑：龟蒙顶，海拔 1100 m，任昭杰、田雅娴 R17654-B；核桃涧，海拔 500 m，任昭杰、王春晓 R18484；明光寺，海拔 590 m，任昭杰、田雅娴 R17517-B、R17659-B；广崮尧，海拔 700 m，任昭杰、田雅娴 R17610。沂南：五彩山，赵遵田 95528-A。费县：三连峪，海拔 500 m，付旭 R123147；茶蓬峪，海拔 350 m，李超、李林 R123235-B、R123381-A、R17328-B；天蒙景区门外，任昭杰 R17583。

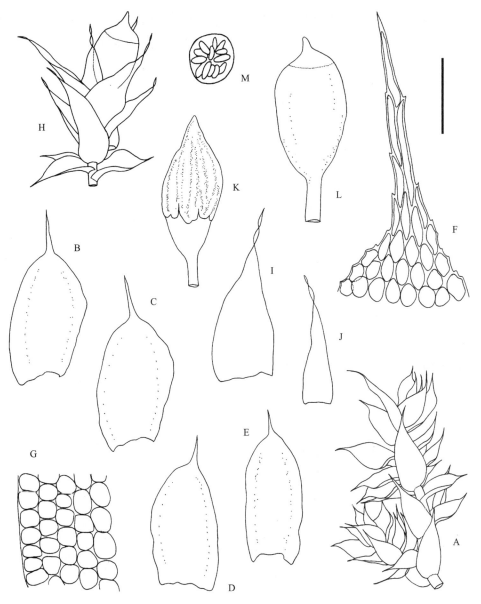

图 64　钟帽藓 *Venturiella sinensis* (Vent.) Müll. Hal., A. 植物体一段；B-E. 叶；F. 叶尖部细胞；G. 叶中下部边缘细胞；H. 具孢蒴植物体；I-J. 雌苞叶；K-L. 孢蒴；M. 孢子（任昭杰　绘）。标尺：A, H=2.08 mm, B-E, I-L= 0.56 mm, F-G=56 μm, M=83 μm.

分布　中国（吉林、辽宁、内蒙古、北京、河北、河南、山西、山东、陕西、甘肃、安徽、江苏、上海、浙江、江西、湖南、湖北、四川、重庆、云南、福建、台湾）；朝鲜、日本，北美洲。

本种是蒙山地区较为常见的树生类群之一，常在柿树 *Diospyros kaki* L. f.、板栗 *Castanea mollissima* Bl.、麻栎 *Quercus acutissima* Carr.和栓皮栎 *Quercus variabilis* Bl.等种类成年大树干枝上形成大片群落。本种在山东地区多生孢蒴，蒴帽钟形，在野外极易辨识。

科 12. 曲尾藓科 DICRANACEAE

植物体小形至大形，黄绿色至深绿色，有时褐绿色，多具光泽，丛生。茎直立至倾立，单一或叉状分枝；中轴分化或不分化。叶干时通常不卷缩，披针形至狭长披针形；叶边具齿；中肋强劲，及顶或突出于叶尖，与叶片细胞有明显界线，中上部背面平滑、具疣或栉片。叶上部细胞等轴形或长轴形，平滑或具乳头状突起，叶中下部细胞长方形至狭长方形，常具壁孔，角细胞分化，大形，薄壁或厚壁，无色或红棕色。多雌雄异株。蒴柄长，直立。孢蒴卵圆柱形或圆柱形，直立、对称，稀下垂、不对称。蒴齿单层，稀缺失。蒴帽兜形。孢子球形。

本科全世界 24 属。中国有 7 属；山东有 2 属，蒙山有 1 属。

属 1. 曲尾藓属 Dicranum Hedw.

Sp. Musc. Frond. 126. 1801.

植物体中等大小至大形，丛生。茎直立或倾立。叶多列，直立或镰刀形一侧弯曲，披针形至长披针形；叶边多具齿；中肋及顶或突出于叶尖，中上部背面平滑、具疣或栉片。中上部细胞长方形、方形，平滑或具乳头状突起，基部细胞长方形或线形，常具壁孔，角细胞分化明显。雌雄异株。孢蒴圆柱形，直立或弯曲。蒴齿单层，稀缺失。蒴盖具喙。

本属全世界有 92 种。中国有 34 种；山东有 3 种，蒙山有 1 种。

1. 多蒴曲尾藓　图 65

Dicranum majus Turner, Muscol. Hibern. Spic. 59. 1804; also Fl. Brit., p. 1202. 1804.

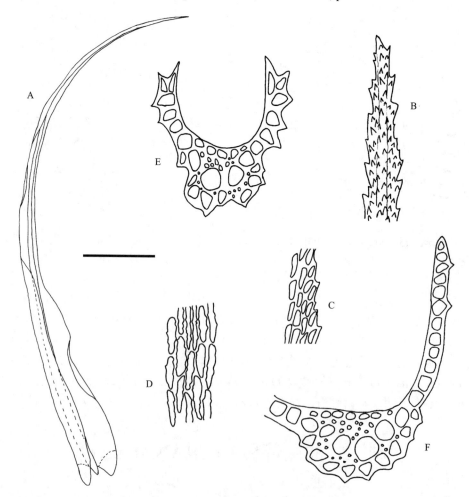

图 65　多蒴曲尾藓 *Dicranum majus* Turner, A. 叶；B. 叶尖部细胞；C. 叶上部细胞；D. 叶中下部细胞；E. 叶上部横切面；F. 叶中部横切面（任昭杰、付旭 绘）。标尺：A=1.7 mm, B-D=170 μm, E-F=83 μm。

　　植物体丛生，具光泽。茎直立，高约 3 cm。叶狭长披针形，镰刀形一侧弯曲；叶边上部具不规则锐齿；中肋突出于叶尖，上部背面具齿。叶中下部细胞狭长卵形，厚壁，具壁孔，角细胞分化明显。

　　生境　生于林下岩面薄土上。

　　产地　费县：蒙山，海拔 1000 m，赵遵田 Zh91176。

　　分布　中国（黑龙江、吉林、内蒙古、山东、新疆、甘肃、江西、湖南、湖北、重庆、贵州、西藏、台湾、广西）；朝鲜、日本、俄罗斯，欧洲和北美洲。

　　本种在蒙山乃至整个山东地区都极为少见，除引证标本（Zh91176，采自于 1991 年）外，未见过其他种群。

科 13. 白发藓科 LEUCOBRYACEAE

　　植物体小形至大形，白发藓型（苍白色至灰绿色）或曲尾藓型（黄绿色至深绿色，或棕褐色），丛生。茎直立，单一或分枝；中轴分化、略分化或不分化。叶披针形至线状披针形，或舌形，先端有透明毛尖，或无，稀基部呈鞘状；叶全缘，或中上部具齿；中肋宽阔，占叶基部宽度 1/3 以上，中上部背面具栉片、齿突，或无。叶细胞形状变化较大，平滑，角细胞分化或不分化。多雌雄异株。蒴柄长，直立或呈鹅颈状。孢蒴直立或弯曲，卵球形至圆柱形，或长椭圆柱形，具气孔。蒴盖通常具喙。蒴帽兜形或钟形。孢子平滑或具疣。

　　本科全世界 14 属。中国有 5 属；山东有 4 属，蒙山有 2 属。

分属检索表

1. 叶上部细胞短于下部细胞；叶横切面有大形薄壁细胞；蒴齿中部以上开裂 ························· 1. 曲柄藓属 Campylopus
1. 叶上部细胞与下部细胞近等长；叶横切面无大形薄壁细胞；蒴齿几乎裂至基部 ········· 2. 青毛藓属 Dicranodontium

Key to the genera

1. Upper laminal cells shorter than basal laminal cells; costa in transverse section with large thin-walled cells; peristome teeth divided only to the middle ··· 1. *Campylopus*
1. Upper laminal cells usually as equal as basal laminal cells in the length; costa in transverse section without large thin-walled cells; peristome teeth divided nearly to the base ··· 2. *Dicranodontium*

属 1. 曲柄藓属 Campylopus Brid.

Muscol. Recent. Suppl. 4: 71. 1819.

　　植物体形小至中等大小，稀大形，黄绿色至暗绿色，或呈棕褐色，有光泽，密集丛生。茎直立，叉状分枝或束状分枝。叶干时贴茎，湿时直立或倾立，多狭长披针形，具长尖，有时一侧偏曲；叶全缘或仅尖部具齿；中肋宽阔，上部常充满整个叶尖，背面常有栉片，横切面有大形主细胞。叶细胞方形至长方形，有时菱形或椭圆形至长椭圆形，多具壁孔，角细胞多分化，无色或红棕色。雌雄异株。蒴柄常呈鹅颈状弯曲，成熟后直立。孢蒴椭圆柱形，对称。环带分化。蒴齿中部以上 2 裂。蒴盖具斜长喙。蒴帽兜形或钟形。孢子常具疣。

　　本属全世界约 150 种。中国有 20 种和 1 亚种及 1 变种；山东有 8 种，蒙山有 1 种。

1. 辛氏曲柄藓　图 66

Campylopus schimperi J. Mild., Bryoth. Eur. 658. 1864.

Campylopus subulatus Schimp. var. *schimperi* (J. Mild.) Husn., Muscol. Gall. 43. 1884.

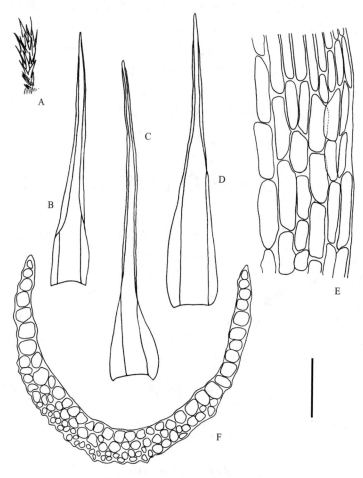

图 66　辛氏曲柄藓 *Campylopus schimperi* J. Mild., A. 植物体；B-D. 叶；E. 叶基部细胞；F. 叶横切面（任昭杰 绘）。
标尺：A=0.56 cm, B-D=0.83 mm, E-F=83 μm.

　　植物体形小，黄绿色，有光泽，密集丛生。茎直立或倾立，单一或叉状分枝，高不过 1 cm。叶狭长披针形，有时上部内卷呈管状，叶尖平滑或具微齿；中肋宽阔，占叶基部 2/3 以上，背面光滑或具矮的肋突，横切面背侧具拟厚壁层。叶上部细胞纺锤形，厚壁，基部细胞狭长方形，角细胞少，方形或六边形，不凸出或不明显凸出。

　　生境　多生于土表或岩面薄土上。

　　产地　蒙阴：蒙山，海拔 800 m，任昭杰 20120100。平邑：拜寿台上，海拔 1100 m，任昭杰、田雅娴 R17559。费县：望海楼，海拔 970 m，任昭杰、田雅娴 R18308-A。

　　分布　中国（山东、青海、新疆、安徽、江西、湖南、四川、重庆、贵州、云南、西藏、广西）；日本、俄罗斯，欧洲和北美洲。

属 2. 青毛藓属 **Dicranodontium** Bruch & Schimp.

Bryol. Eur. 1: 157 (Fasc. 41. Monogr. 1). 1847.

　　植物体形小至大形，多具光泽。茎单一，或具分枝；中轴分化或不分化。叶直立或镰刀形弯曲，基部宽阔，向上呈狭长披针形；中肋宽阔，约占叶基部宽度的 1/3，上部充满叶尖，横切面背腹侧均具厚壁层。叶细胞方形或长方形，平滑，角细胞大，无色或黄褐色，常凸出呈耳状。雌雄异株。孢蒴椭圆柱形或长卵圆柱形。环带不分化。齿片 2 裂至近基部。蒴盖长圆锥形。蒴帽兜形。

本属全世界约 15 种。中国有 9 种；山东有 2 种，蒙山有 1 种。

1. 青毛藓

Dicranodontium denudatum (Brid.) E. Britton ex Williams, N. Amer. Fl. 15: 151. 1913.

Dicranum denudatum Brid., Sp. Muscol. Recent. Suppl. 1: 184. 1806.

植物体矮小，绿色，具光泽。茎直立，单一，高不及 1cm，顶端叶常脱落。叶基部卵形，向上呈狭长披针形；叶边内卷，中上部具齿；中肋宽阔，占叶基部 1/3–1/2，突出叶尖呈毛尖状。叶上部细胞狭长方形至线形，中部细胞长方形或虫形，基部近中肋处细胞短长方形，边缘细胞长虫形，角细胞明显分化，大形，无色或棕色，凸出呈耳状。

生境 生于林下岩面薄土上。

产地 平邑：蒙山，赵遵田 91484-B。

分布 中国（黑龙江、吉林、内蒙古、河北、山东、新疆、江苏、浙江、江西、湖北、四川、重庆、贵州、云南、西藏、福建、台湾、广东、广西）；尼泊尔、不丹、印度、俄罗斯、日本、秘鲁，欧洲和北美洲。

科 14. 凤尾藓科 FISSIDENTACEAE

植物体小形至大形，灰绿色、黄绿色至深绿色，偶带红褐色，成片生长。茎单一或分枝；中轴分化或不分化；腋生透明结节有或无。叶由前翅、背翅、鞘部三部分组成，椭圆状披针形、披针形至狭长披针形，叶尖急尖或钝且具小尖头；叶边分化或不分化，全缘或具齿；中肋及顶至突出，或在叶尖略下部消失。叶细胞多为圆形至多边形，平滑、具乳突或具疣。雌雄同株或异株。孢蒴直立、对称，或倾立、弯曲、不对称。环带缺失。蒴齿单层，齿片 16。蒴盖圆锥形，具喙。蒴帽兜形。孢子平滑或具疣。

本科全世界 1 属。蒙山有分布。

属 1. 凤尾藓属 Fissidens Hedw.

Sp. Musc. Frond. 152. 1801.

属的特征见科。

本属全世界约 440 种。中国有 56 种和 1 亚种及 7 变种；山东有 16 种和 3 变种，蒙山有 10 种。

分种检索表

1. 叶具分化边缘 ···2. 小凤尾藓 *F. bryoides*
1. 叶无分化边缘 ···2
2. 叶上部由数列浅色而平滑的细胞构成一条浅色边缘 ···3
2. 叶无浅色边缘 ···5
3. 鞘部细胞沿角隅有 3–4 个疣 ·······················10. 南京凤尾藓 *F. teysmannianus*
3. 鞘部细胞具乳头状突起，无疣 ···4
4. 浅色边缘宽 1–3 列细胞，蒴柄长不及 2 mm ·················1. 异形凤尾藓 *F. anomalus*
4. 浅色边缘宽 3–5 列细胞，蒴柄长 5–10 mm ·················4. 卷叶凤尾藓 *F. dubius*
5. 叶细胞平滑或略具乳头状突起 ·····················8. 网孔凤尾藓 *F. polypodioides*
5. 叶细胞具疣或明显乳头状突起 ···6

6. 鞘部细胞具多疣 ··· 5. 短肋凤尾藓 *F. gardneri*
6. 鞘部细胞具单疣或乳头状突起 ··· 7
7. 腋生透明结节明显 ·· 3. 黄叶凤尾藓 *F. crispulus*
7. 无腋生透明结节 ·· 8
8. 中肋及顶至略突出于叶尖 ·· 9. 鳞叶凤尾藓 *F. taxifolius*
8. 中肋达叶尖略下部消失 ·· 9
9. 叶先端钝，具短尖 ·· 6. 裸萼凤尾藓 *F. gymnogynus*
9. 叶先端狭急尖 ··· 7. 内卷凤尾藓 *F. involutus*

Key to the species

1. Leaves limbate ·· 2. *F. bryoides*
1. Leaves not limbate ·· 2
2. Several rows of cells at margins of apical laminae lighter in colour and smooth, markedly differentiated from inner cells as a paler band ··· 3
2. Marginal cells not as above ·· 5
3. Cells of vaginant laminae with 3–4 papillae at corners ································ 10. *F. teysmannianus*
3. Cells of vaginant laminae with mammillae, not papillose ······························ 4
4. Paler margins 1–3 cells wide; setae less than 2 mm long ····························· 1. *F. anomalus*
4. Paler margins 3–5 cells wide; setae 5–10 mm long ······································· 4. *F. dubius*
5. Laminal cells smooth or lightly mammillae ··· 8. *F. polypodioides*
5. Laminal cells papillae or visibly mammillae ··· 6
6. Cell of vaginant laminae with several papillae ··· 5. *F. gardneri*
6. Cell of vaginant laminae with single papilla or mamilla ··································· 7
7. Axillary hyaline nodules very prominent ·· 3. *F. crispulus*
7. Without axillary hyaline nodules ··· 8
8. Costa percurrent to excurrent ·· 9. *F. taxifolius*
8. Costa ending below apex ··· 9
9. Apical leaf obtuse, micronate ·· 6. *F. gymnogynus*
9. Apical leaf narrow acute ·· 7. *F. involutus*

1. 异形凤尾藓

Fissidens anomalus Mont., Ann. Sci. Nat. Bot., sér. 2, 17: 252. 1842.

　　本种叶形与卷叶凤尾藓 *F. dubius* 相似，但前者浅色边缘由 1–3 列细胞构成，而后者则由 3–5 列细胞构成，前者蒴柄极短，仅长 1.5–2 mm，而后者蒴柄长 5–8 mm。以上两点可区别二者。

　　生境　多生于潮湿土表、岩面上。

　　产地　蒙阴：冷峪，海拔 700 m，任昭杰、李林 R123075-B。平邑：蓝涧，海拔 650 m，李林、付旭 R12000、R123199、R123353-A。费县：望海楼，海拔 1000 m，土生，赵遵田 20111371-A。

　　分布　中国（山东、河南、陕西、新疆、甘肃、江西、湖南、湖北、四川、重庆、贵州、云南、福建、台湾、广西、香港）；菲律宾、印度尼西亚、越南、泰国、缅甸、尼泊尔、印度和斯里兰卡。

2. 小凤尾藓　图 67

Fissidens bryoides Hedw., Sp. Musc. Frond. 153. 1801.

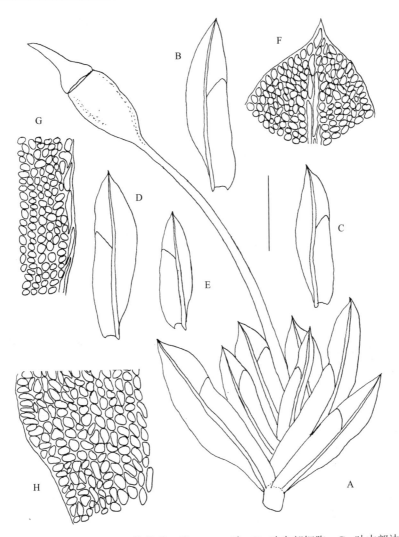

图 67　小凤尾藓 *Fissidens bryoides* Hedw., A. 植物体一段；B-E. 叶；F. 叶尖部细胞；G. 叶中部边缘细胞；H. 叶基部细胞（任昭杰 绘）。标尺：A-E=1 mm, F-H=100 μm.

　　植物体形小，绿色。茎单一，连叶高约 6 mm。叶长椭圆状披针形，叶尖急尖，背翅基部楔形；中肋多在叶尖略下部消失；鞘部为叶长的 1/2–3/5，不对称；叶边分化，鞘部更为明显。叶细胞方形至六边形，平滑。蒴柄长 2–8 mm。孢蒴直立，对称。蒴盖具喙。

　　生境　生于潮湿岩面。

　　产地　蒙阴：砂山，海拔 600 m，任昭杰 20120116。费县：三连峪，海拔 400 m，郭萌萌 R123397-B。

　　分布　中国（黑龙江、吉林、内蒙古、河北、北京、山西、山东、河南、陕西、宁夏、新疆、江苏、上海、浙江、江西、湖北、四川、重庆、贵州、云南、西藏、台湾、广西、海南）；孟加拉国、缅甸、巴基斯坦、秘鲁和巴西。

3. 黄叶凤尾藓　图 68　照片 33

Fissidens crispulus Brid., Muscol. Recent. Suppl. 4: 187. 1819.

Fissidens zippelianus Dozy & Molk. in Zoll., Syst. Verz. 29. 1854.

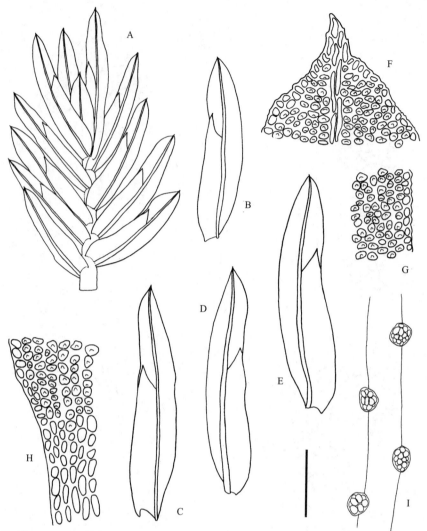

图 68　黄叶凤尾藓 *Fissidens crispulus* Brid., A. 植物体一部分；B-E. 叶；F. 叶尖部细胞；G. 叶中部细胞；H. 叶基部细胞；I. 茎一段，示透明结节（任昭杰 绘）。标尺：A=1.39 mm, B-E=0.83 mm, F-H=69 μm, I=476 μm.

　　植物体形小，黄绿色。茎单一，高不及 1 cm；中轴不分化；腋生透明结节极为明显。叶披针形至狭长披针形，先端急尖，背翅基部圆形至楔形；鞘部为叶全长的 1/2-3/5；叶全缘，仅尖部具细齿；中肋及顶，或于叶尖略下部消失。叶细胞圆方形或圆六边形，具乳突，鞘部基部细胞乳突较少。

　　生境　生于湿石上。

　　产地　费县：三连峪，海拔 450 m，李林 R18011。

　　分布　中国（山东、安徽、浙江、湖南、湖北、重庆、贵州、云南、福建、台湾、广东、海南、香港、澳门）；孟加拉国、缅甸、泰国、越南、柬埔寨、马来西亚、新加坡、菲律宾、印度尼西亚、澳大利亚、斐济、瓦努阿图、智利，非洲。

4. 卷叶凤尾藓　图 69　照片 34

Fissidens dubius P. Beauv., Prodr. Aethéogam. 57. 1805.

Fissidens cristatus Wilson ex Mitt., J. Proc. Linn. Soc., Bot., Suppl. 1: 137. 1859.

　　植物体中等大小，绿色至深绿色。茎单一；中轴分化明显；无腋生透明结节。叶披针形，先端急尖，背翅基部圆形，稍下延；鞘部为叶全长的 3/5-2/3；叶有由 3-5 列平滑的细胞构成的浅色边缘，叶边具细圆齿，先端具不规则齿；中肋粗壮，及顶至略突出。叶细胞圆六边形，具明显乳突，鞘部细胞乳突较少。叶生雌雄异株。蒴柄侧生，长 5–8 mm，平滑。孢蒴倾斜，不对称。

生境　多生于阴湿土表、岩石上，偶见于树干、腐木上。

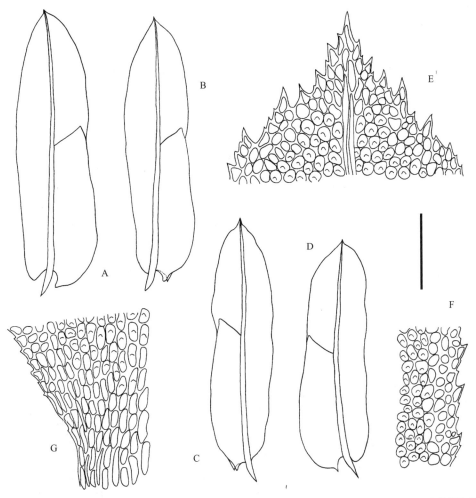

图 69　卷叶凤尾薛 *Fissidens dubius* P. Beauv.，A-D. 叶；E. 叶尖部细胞；F. 叶中部边缘细胞；G. 叶基部细胞（任昭杰、田雅娴　绘）。标尺：A-D=2.08 mm, E-G=139 μm.

产地　蒙阴：百花峪，海拔 500 m，黄正莉 R11973-A；天麻顶，海拔 1000 m，赵遵田 91394；冷峪，海拔 520 m，李林 R120154-A、R123201、R123308-A；聚宝崖，海拔 500 m，任昭杰、王春晓 R18371-A；老龙潭，海拔 440 m，任昭杰、王春晓 R18448-B、R18479-A；蒙山，赵遵田 R20130034。平邑：核桃涧，海拔 700 m，李林、郭萌萌 R120168、R123070、R18544；蓝涧口，海拔 566 m，任昭杰、王春晓 R18485、R18536-A、R18551；蓝涧，海拔 650 m，郭萌萌 R121042-B；龟蒙顶索道上站，海拔 1066 m，任昭杰、王春晓 R18405-A、R18520-C、R18531-C；拜寿台，海拔 1000 m，任昭杰、王春晓 R18481-B；拜寿台上，海拔 1100 m，任昭杰、田雅娴 R17574、R17613。费县：望海楼，海拔 1000 m，赵遵田 20111375；透明玻璃桥下，海拔 750 m，任昭杰、田雅娴 R18199-B；玉皇宫货索站，海拔 600 m，任昭杰、田雅娴 R18223-C、R18240-A。

分布　中国（黑龙江、吉林、辽宁、内蒙古、河北、山东、陕西、甘肃、宁夏、新疆、安徽、江苏、上海、浙江、江西、湖南、湖北、四川、重庆、贵州、云南、西藏、福建、台湾、广东、广西、香港）；孟加拉国、巴基斯坦、尼泊尔、印度、日本、朝鲜、印度尼西亚、菲律宾、巴布亚新几内亚、欧洲、非洲、中美洲和南美洲。

本种在蒙山乃至山东地区较为常见，叶边由 3–5 列平滑的细胞构成的浅色边缘，易与其他种类区别。

5. 短肋凤尾藓 图 70 照片 35

Fissidens gardneri Mitt., J. Linn. Soc., Bot. 12: 593. 1869.

Fissidens microcladus Thwaites & Mitt., J. Linn. Soc., Bot., 13: 324. 1873.

Fissidens brevinervis Broth., Akad. Wiss. Wien Sitzungsber., Math.- Naturwiss. Kl., Abt. 1, 133: 559. 1924.

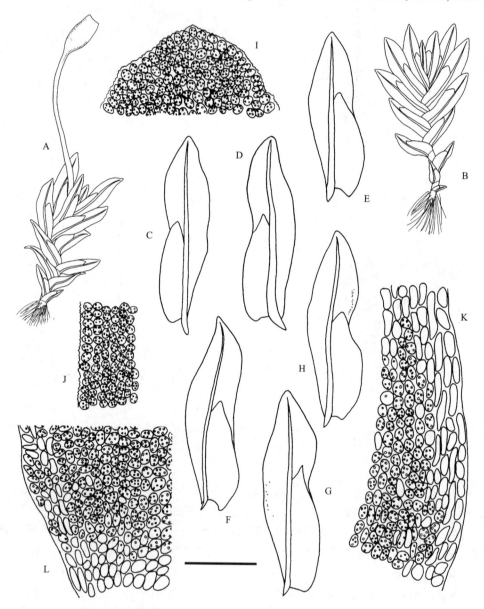

图 70　短肋凤尾藓 *Fissidens gardneri* Mitt., A-B. 植物体；C-H. 叶；I. 叶尖部细胞；J. 叶中部边缘细胞；K. 鞘部中部边缘细胞；L. 鞘部基部细胞（任昭杰 绘）。标尺：A-B=2.08 mm, C-H=0.83 mm, I-L=83 μm.

植物体形小，黄绿色至绿色。茎单一，连叶高 4 mm；中轴不分化；无腋生结节。叶披针形或长椭圆状披针形，先端略圆钝，背翅基部楔形；鞘部为叶长的 1/2–2/3；叶边具细圆齿；中肋于叶尖下部消失；叶边不分化，或仅鞘部中下部略分化。叶细胞方形至六边形，具多个细疣。孢蒴圆柱形，平列至倾立，稀直立。蒴盖具长喙。

生境　生于湿土或湿石上。

产地　蒙阴：冷峪，海拔 500 m，李林、郭萌萌 R17394-A、R17459-A。平邑：核桃涧，海拔 550 m，任昭杰、王春晓 R18399、R18418。费县：玉皇宫货索站，海拔 600 m，任昭杰、田雅娴 R18214。

分布　中国（山东、四川、云南、台湾、广东、广西、香港）；日本、尼泊尔、印度、缅甸、泰国、老挝、斯里兰卡、菲律宾、墨西哥、巴西、中美洲和非洲。

本种植物体形小，中肋在叶尖下部消失，叶细胞具多个细疣，有时仅在鞘部边缘中下部略有分化，以上特点可区别于其他种类。

6. 裸萼凤尾藓　图 71　照片 36

Fissidens gymnogynus Besch., J. Bot. (Morot) 12: 292. 1898.

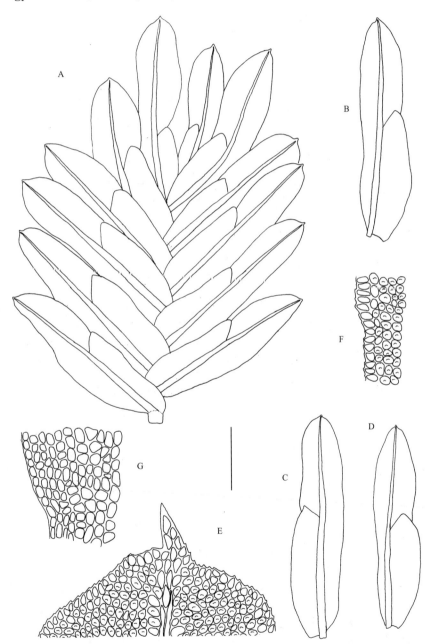

图 71　裸萼凤尾藓 *Fissidens gymnogynus* Besch., A. 植物体一部分；B-D. 叶；E. 叶尖部细胞；F. 叶中部边缘细胞；G. 叶基部细胞（任昭杰 绘）。标尺：A-D=1 mm, E-G=100 μm。

植物体形小，黄绿色至深绿色。茎单一，连叶高多不及 1 cm；中轴分化不明显；无腋生透明结节。叶舌形或披针形，先端钝，具小短尖，背翅基部圆形至楔形；鞘部为叶全长的 1/2–3/5，不对称；叶边具细圆齿；中肋于叶尖略下部消失。叶细胞六边形，具乳突。孢蒴圆柱形，直立，对称。

生境　多生于阴湿土表和岩石上。

产地　蒙阴：老龙潭，海拔 440 m，任昭杰、王春晓 R18459-B；老龙潭，海拔 550 m，任昭杰、王春晓 R18454-A、R18455-A、R18466-A。费县：茶蓬峪，海拔 380 m，李林 R123114-A；望海楼，海拔 950 m，任昭杰、田雅娴 R18217、R18226、R18239。

分布　中国（山东、河南、陕西、安徽、浙江、江西、湖南、湖北、四川、重庆、贵州、云南、福建、台湾、广东、广西、海南、香港）；巴基斯坦、泰国、菲律宾、朝鲜和日本。

7. 内卷凤尾藓

Fissidens involutus Wilson ex Mitt., J. Proc. Linn. Soc., Bot. Suppl. 1: 138. 1859.

Fissidens plagiochiloides Besch., J. Bot. (Morot) 12: 293. 1898.

本种叶形与裸萼凤尾藓 *F. gymnogynus* 类似，但本种植物体形稍大，高 1–3 cm，且叶尖部急尖，而后者植物高多不及 1 cm，叶尖部钝，具小短尖。以上两点可区别二者。

生境　多生于阴湿岩面。

产地　蒙阴：蒙山，小天麻顶，赵遵田 91391。

分布　中国（山东、河南、陕西、浙江、江西、湖南、湖北、四川、重庆、贵州、云南、西藏、福建、台湾、广西）；巴基斯坦、尼泊尔、越南、泰国、缅甸、印度、菲律宾和日本。

8. 网孔凤尾藓　照片 37

Fissidens polypodioides Hedw., Sp. Musc. Frond. 153. 1801.

植物体形较大，绿色至深绿色。茎单一或分枝，连叶高 1.5–4 cm，无腋生透明结节，中轴明显分化。叶长椭圆状披针形，先端钝，具小尖头，背翅基部圆形；鞘部为叶全长的 1/2；叶边具细齿；中肋在叶尖略下部消失。叶细胞方形至六边形，平滑或具不明显乳突。

生境　多生于阴湿土表、岩面上。

产地　蒙阴：老龙潭，海拔 440 m，任昭杰、王春晓 R18376-A、R18379、R18381-A。费县：玉皇宫货索站，海拔 600 m，任昭杰、田雅娴 R18222-C。

分布　中国（山东、江西、湖南、湖北、四川、重庆、贵州、云南、西藏、福建、台湾、广东、广西、海南、香港）；日本、菲律宾、印度尼西亚、马来西亚、新加坡、越南、泰国、缅甸、尼泊尔、印度、巴布亚新几内亚，西印度群岛，美洲。

9. 鳞叶凤尾藓　图 72

Fissidens taxifolius Hedw., Sp. Musc. Frond. 155. 1801.

植物体形小至中等大小，黄绿色至深绿色。茎单一，无腋生透明结节。叶长椭圆状披针形，先端急尖至短尖；鞘部为叶全长的 1/2–3/5；叶边具细齿；中肋略突出叶尖。叶细胞圆六边形，薄壁，具乳突，鞘部细胞乳突更明显。孢蒴平列，弯曲，不对称。

生境　多生于阴湿土表或岩面。

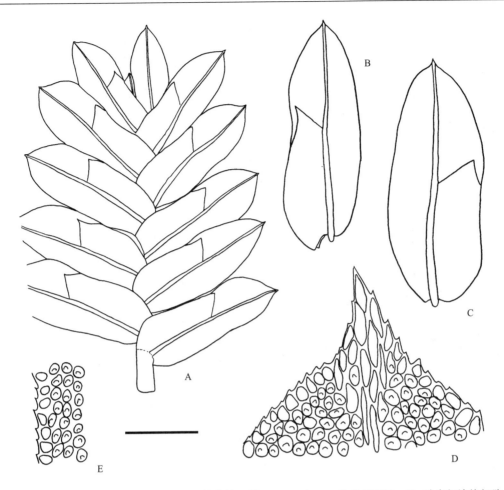

图 72　鳞叶凤尾藓 *Fissidens taxifolius* Hedw., A. 植物体一段；B-C. 叶；D. 叶尖部细胞；E. 叶中部边缘细胞（任昭杰绘）。标尺：A=1.96 mm, B-C=0.83 μm, D-E=83 μm.

产地　蒙阴：蒙山，赵遵田 91234-C、Zh91252；前梁南沟，海拔 600 m，黄正莉 20120004-B；冷峪，海拔 600 m，付旭、李林 R123027-C、R123324-B、R123324–1-B；大石门，海拔 650 m，李超、付旭 R121027、R123094。平邑：蓝涧口，海拔 566 m，任昭杰、王春晓 R18492-C、R18499-A、R18501-A；蓝涧，海拔 600 m，李超、李林、郭萌萌 R123335、R17109、R17441-A；核桃涧，海拔 600 m，李林、李超 R18005-A。费县：茶蓬峪，海拔 350 m，郭萌萌 R123258-A；玉皇宫下，海拔 870 m，任昭杰、田雅娴 R17608；望海楼，海拔 970 m，任昭杰、田雅娴 R18308-C。

分布　世界广布种。中国（黑龙江、吉林、山东、河南、甘肃、江苏、上海、浙江、江西、湖南、湖北、四川、重庆、贵州、云南、台湾、广西、香港）。

10. 南京凤尾藓

Fissidens teysmannianus Dozy & Molk., Pl. Jungh. 317. 1854.

Fissidens adelphinus Besch., Ann. Sci. Bot. sér. 7, 17: 335. 1893.

植物体形小，稀中等大小。茎单一，无腋生透明结节；中轴不分化。叶长椭圆状披针形，先端急尖；鞘部为叶全长的 1/2；叶边具细齿；中肋及顶。叶细胞具乳突，角隅处各具单疣，鞘部细胞乳突不明显，但角隅处的疣更为明显。

生境　多生于阴湿土表或岩面上。

产地 蒙阴：天麻顶，海拔 1000 m，赵遵田 91218-A、91226；冷峪，海拔 500 m，黄正莉、郭萌萌 R20133006-A、R17399-B、R17494-B；小大洼，海拔 650 m，李林 R17498；大洼，海拔 500 m，李超 R17446-A。平邑：蓝涧，海拔 650 m，郭萌萌 R17476-A。

分布 中国（山东、河南、江苏、浙江、江西、湖南、湖北、四川、重庆、贵州、云南、福建、台湾、广东、海南、香港）；朝鲜、日本、越南、印度尼西亚、马来西亚和俄罗斯（远东地区）。

本种叶细胞角隅处各具单疣，易于鉴别，但有时疣不明显。

科 15. 丛藓科 POTTIACEAE

植物体通常矮小，颜色多变，密集或稀疏丛生，常呈垫状。茎直立，单一，稀叉状分枝或成束状分枝；中轴多分化。叶多列，密生，干燥时多皱缩，稀紧贴茎上，潮湿时伸展或背仰，形状多变，多呈卵形、三角形或线状披针形，稀呈阔披针形、椭圆形、舌形或剑头形，先端多渐尖或急尖，稀圆钝；叶边全缘，稀具细齿，平展，背卷或内卷；中肋多粗壮，长达叶尖或略突出，稀在叶尖略下处消失，中央具厚壁层。叶细胞呈多角状圆形、方形或五至六角形，具疣或乳状突起，稀平滑无疣，基部细胞常膨大，呈长圆形或长方形，平滑透明。雌雄异株或同株。蒴柄细长，多直立，稀倾立或下垂。孢蒴多呈卵圆形、长卵形圆柱状，稀球形，蒴壁平滑。蒴齿单层，稀缺失，常具基膜。环带多分化。蒴盖呈锥形，具长喙。蒴帽多兜形。孢子球形，细小，平滑或具疣。

本科全世界有 83 属。中国有 38 属；山东有 24 属，蒙山有 18 属。

分属检索表

胞 ·· 2. 扭口藓属 *Barbula*

13. 叶上部细胞圆方形或菱形，平滑或具粗疣，透明；中肋腹面厚壁细胞束发育不良；叶腋毛高 3–4 个细胞 ··········
　·· 4. 对齿藓属 *Didymodon*

14. 中肋通常不及顶 ·· 15
14. 中肋通常及顶至略突出于叶尖 ·· 16
15. 叶细胞具密疣 ·· 5. 净口藓属 *Gymnostomum*
15. 叶细胞具单一乳突 ·· 8. 芦氏藓属 *Luisierella*
16. 孢蒴顶生 ·· 6. 立膜藓属 *Hymenostylium*
16. 孢蒴侧生 ·· 17
17. 叶基部细胞无明显分化 ·· 1. 丛本藓属 *Anoectangium*
17. 叶基部细胞有明显分化 ·· 9. 大丛藓属 *Molendoa*

Key to the genera

1. Leaves usually broader, lingulate or spathulate ·· 2
1. Leaves usually longer, lanceolate to elongate lanceolate ·· 6
2. Laminal cells usually papillose ·· 3
2. Laminal cells smooth or mammillate, rarely papillose ·· 4
3. Plants usually larger; costa usually long-excurrent; peristome with high basal membrane ·················· 12. *Syntrichia*
3. Plants usually smaller; costa usually percurrent to short-excurrent; peristome with low basal membrane ·········· 15. *Tortula*
4. Leaf apex usually acute; costa usually percurrent to short-excurrent, rarely ending below the apex ·········· 7. *Hyophila*
4. Leaf apex usually obtuse; costa usually ending below the apex or percurrent ·· 5
5. Laminal cells smooth; peristome absent ·· 11. *Scopelophila*
5. Laminal cells usually mammillate; peristome present ·· 17. *Weisiopsis*
6. Leaves usually lanceolate to elongate lanceolate ·· 7
6. Leaves usually lanceolate to ovate-lanceolate, spathulate or ligulate ·· 11
7. Laminal cells smooth, or sometimes mammillate ·· 13. *Timmiella*
7. Laminal cells papillose ·· 8
8. Basal laminal cells forming a V-shaped region ·· 14. *Tortella*
8. Basal laminal cells not forming a V-shaped region ·· 9
9. Leaves strongly sheating at the base; leaf margins usually plane ·· 10. *Pseudosymblepharis*
9. Leaves not sheating at the base; leaf margins usually recurved ·· 10
10. Laminal cells with round papillae; peristome with basal membrane ·· 16. *Trichostomum*
10. Laminal cells with U-shaped papillae; peristome without basal membrane ·· 18. *Weissia*
11. Leaf margins usually recurved ·· 12
11. Leaf margins usually plane or lightly recurved ·· 14
12. Leaf margins usually serrate ·· 3. *Bryoerythrophyllum*
12. Leaf margins entire, or serrulate at apex ·· 13
13. Upper leaf cells short-rectangular to rounded rectangular, usually densely papillose, cells less pellucid; costa dorsal and ventral stereid bands well developed; axillary hairs 4–10 cells high ·· 2. *Barbula*
13. Upper leaf cells rounded quadrate or rhombic, smooth or bluntly papillose, cells pellucid; costa ventral stereid band weakly developed; axillary hairs 3–4 cells high ·· 4. *Didymodon*
14. Costa usually ending below the apex ·· 15
14. Costa usually percurrent to short-excurrent ·· 16
15. Laminal cells papillose ·· 5. *Gymnostomum*
15. Laminal cells mammillate ·· 8. *Luisierella*
16. Capsules terminal ·· 6. *Hymenostylium*
16. Capsules lateral ·· 17
17. Basal laminal cells weakly differentiated ·· 1. *Anoectangium*
17. Basal laminal cells obviously differentiated ·· 9. *Molendoa*

属 1. 丛本藓属 Anoectangium Schwägr.

Sp. Musc. Frond., Suppl. 1, 1: 33. 1811, *nom. cons.*

植物体通常形小至中等大小，多纤细，黄绿色至绿色，有时暗绿色，密集丛生。茎直立，单一，稀分枝，中轴不分化或略分化。叶披针形至狭长披针形，先端常旋扭；叶边平展或背卷，多全缘；中肋单一，强劲，及顶、突出于叶尖或在叶尖下部消失。叶细胞圆形或多边形，具多个圆疣，基部细胞分化，长方形。雌雄异株。雌苞叶基部鞘状。孢蒴长倒卵形。蒴盖具长喙。蒴帽兜形。孢子平滑。

本属全世界约 47 种。中国有 5 种，山东有 3 种，蒙山有 2 种。

分种检索表

1. 中肋通常达叶尖下部消失 ·· 1. 丛本藓 A. aestivum
1. 中肋及顶或略突出于叶尖 ····················· 2. 扭叶丛本藓 A. stracheyanum

Key to the species

1. Costa usually ending below the apex ·································· 1. *A. aestivum*
1. Costa percurrent or shortly excurrent ···················· 2. *A. stracheyanum*

1. 丛本藓 图 73 照片 38

Anoectangium aestivum (Hedw.) Mitt., J. Linn. Soc., Bot. 12: 175. 1869.

Gymnostomum aestivum Hedw., Sp. Musc. Frond. 32 f. 2. 1801.

Anoectangium euchloron (Schwägr.) Mitt., J. Linn. Soc., Bot. 12: 176. 1869.

Gymnostomum euchloron Schwägr., Sp. Musc. Frond., Suppl. 2, 2 (2): 83. 1827.

植物体形小，黄绿色至暗绿色，常具光泽，密集丛生。茎直立，高多不及 1 cm，叉状分枝或单一。叶披针形，先端渐尖，常龙骨状；叶边平展或背卷，全缘，或中上部具微齿；中肋单一，粗壮，达叶尖稍下部消失或及顶。叶细胞圆方形，密被圆疣，基部细胞长方形，多平滑。蒴柄黄色。孢蒴长圆筒形或倒卵圆柱形。

生境 多生于岩面或岩面薄土上。

产地 蒙阴：蒙山，海拔 600 m，黄正莉 20111262。沂南：东五彩山，海拔 700 m，任昭杰、田雅娴 R18204-A；东五彩山神龙洞，海拔 700 m，任昭杰、田雅娴 R18241-A。

分布 中国（黑龙江、吉林、辽宁、内蒙古、山西、山东、河南、陕西、宁夏、青海、安徽、江苏、浙江、四川、重庆、贵州、云南、福建、台湾）；日本、巴基斯坦、印度、斯里兰卡、菲律宾、印度尼西亚、新西兰、秘鲁、欧洲和北美洲。

2. 扭叶丛本藓 图 74

Anoectangium stracheyanum Mitt., J. Proc. Linn. Soc., Bot., Suppl. 1: 31. 1859.

植物体形小，较纤细，黄绿色至暗绿色，密集丛生。茎直立，高不及 1 cm，不分枝或仅在顶端分枝。叶干时卷曲，狭长披针形，先端渐尖；叶边平展或略背卷，全缘。中肋粗壮，略突出于叶尖。叶细胞不规则方形或圆方形，密被圆疣。

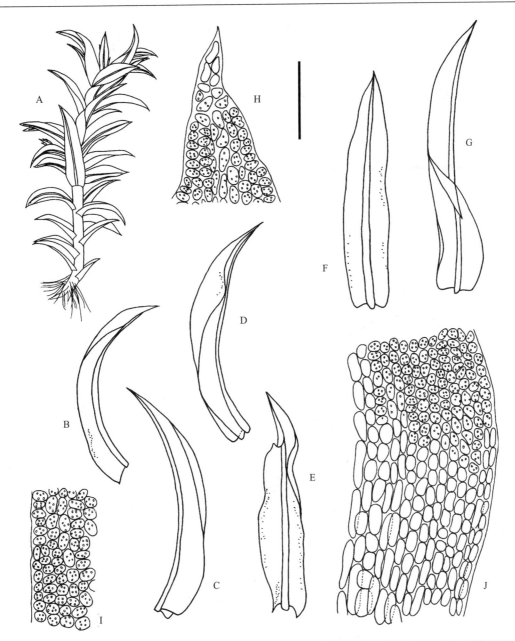

图 73　丛本藓 *Anoectangium aestivum* (Hedw.) Mitt., A. 植物体；B-G. 叶；H. 叶尖部细胞；I. 叶中部边缘细胞；J. 叶基部细胞（任昭杰 绘）。标尺：A =2.08 mm, B-G=0.83 mm, H-J=104 μm.

生境　生于岩面或土表。

产地　蒙阴：蒙山，天麻村，赵遵田 91398；小天麻顶，赵遵田 91266-B。平邑：蒙山，赵遵田 90363-1；龟蒙顶，张艳敏 66（PE）；龟蒙顶索道上站，海拔 1066 m，任昭杰、王春晓 R18387。

分布　中国（吉林、内蒙古、河北、北京、山西、山东、河南、陕西、安徽、浙江、江西、湖南、四川、重庆、贵州、云南、西藏、福建、台湾、广东）；巴基斯坦、斯里兰卡、尼泊尔、缅甸、印度、泰国、越南和日本。

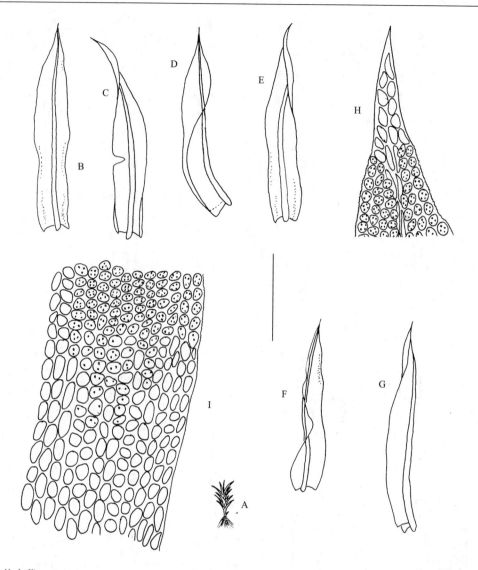

图 74　扭叶丛本藓 *Anoectangium stracheyanum* Mitt., A. 植物体；B-G. 叶；H. 叶尖部细胞；I. 叶基部细胞（任昭杰 绘）。标尺：A=1 cm, B-G=1 mm, H-I=100 μm.

属 2.　扭口藓属 **Barbula** Hedw.

Sp. Musc. Frond. 115. 1801, *nom. cons.*

植株体通常形小至中等大小，纤细至粗壮，黄绿色至暗绿色，有时带棕色或红棕色，常密集丛生，或呈紧密的垫状。茎直立或倾立，单一或叉状分枝，基部密生假根。叶干时紧贴，湿时倾立，有时背仰，呈卵形、卵状披针形、三角状披针形或舌形，先端急尖或渐尖，或钝且具小尖头；叶边平展或背卷，全缘或中上部具细齿；中肋单一，强劲，达叶尖下部消失，或及顶至突出于叶尖。叶上部细胞小，圆方形或圆多边形，壁略增厚，多不透明，细胞轮廓多不清晰，具单疣或多疣，或平滑，稀具乳头，基部细胞较大，短长方形至长方形，平滑无疣。雌雄异株，雌苞叶多与茎叶同形，稀较大而具高的鞘部。蒴柄直立，稀倾立。孢蒴呈圆柱形至卵状圆柱形，稀略弯曲。环带多分化。蒴齿单层，齿片呈狭长线形，多呈螺形左旋，稀直立。蒴盖圆锥形，先端具短喙。蒴帽兜形。孢子小，多平滑，稀具细疣。

本属全世界约 350 种。我国有 23 种；《山东苔藓志》（任昭杰和赵遵田，2016）记载山东有细叶扭口藓 *B. gracilenta* Mitt.分布，经检视标本发现实为小扭口藓 *B. indica* (Hook.) Spreng.误定，因将细叶扭口藓从山东苔藓植物区系中剔除，故山东现有该属植物 9 种，蒙山有 7 种。

分种检索表

1. 中肋达叶尖下部消失 ··· 2
1. 中肋及顶 ··· 3
2. 叶舌形至卵状舌形 ··· 1. 宽叶扭口藓 B. ehrenbergii
2. 叶披针形至长披针形 ··· 7. 威氏扭口藓 B. willamsii
3. 叶细胞平滑 ·· 3. 爪哇扭口藓 B. javanica
3. 叶细胞具疣 ··· 4
4. 叶先端圆钝或具小尖头 ··· 2. 小扭口藓 B. indica
4. 叶先端急尖至渐尖 ·· 5
5. 叶边强烈背卷 ·· 6. 扭口藓 B. unguiculata
5. 叶边平展或略背卷 ·· 6
6. 无性芽胞缺失 ·· 4. 拟扭口藓 B. pseudo-ehrenbergii
6. 无性芽胞存在 ·· 5. 暗色扭口藓 B. sordida

Key to the species

1. Costa ending below the apex ··· 2
1. Costa percurrent ··· 3
2. Leaves ligulate to ovate ligulate ·· 1. B. ehrenbergii
2. Leaves lanceolate to elongate lanceolate ··· 7. B. willamsii
3. Laminal cells smooth ··· 3. B. javanica
3. Laminal cells papillose ··· 4
4. Leaf apices rounded-obtuse or mucronate ··· 2. B. indica
4. Leaf apices acute to acuminate ··· 5
5. Leaf margins distinctly recurved ·· 6. B. unguiculata
5. Leaf margins plane or weakly recurved ··· 6
6. Gemmae absent ··· 4. B. pseudo-ehrenbergii
6. Gemmae present ··· 5. B. sordida

1. 宽叶扭口藓　图 75

Barbula ehrenbergii (Lorentz) M. Fleisch., Musci Frond. Archip. Ind. Exsic. 4: n. 161. 1901.

Trichostomum ehrenbergii Lorentz, Abh. Köngl. Akad. Wiss. Berlin 1867: 25. 1868.

Hydrogonium ehrenbergii (Lorentz.) A. Jaeger, Ber. Thätigk. St. Gallischen Naturwiss. Ges. 1877–1878: 405. 1880.

植物体中等大小，柔软，鲜绿色。叶舌形至卵状舌形，先端圆钝；叶边平展，全缘；中肋粗壮，达叶尖下部消失。叶中上部细胞多边形至圆多边形，薄壁，平滑，基部细胞椭圆状长方形至长方形，平滑，透明。

生境　生于岩面薄土上。

产地　蒙阴：蒙山三分区，赵遵田 91169-B。

分布　中国（山西、山东、河南、陕西、四川、云南、西藏、福建）；尼泊尔、巴基斯坦、印度，西亚、欧洲、北美洲和非洲北部。

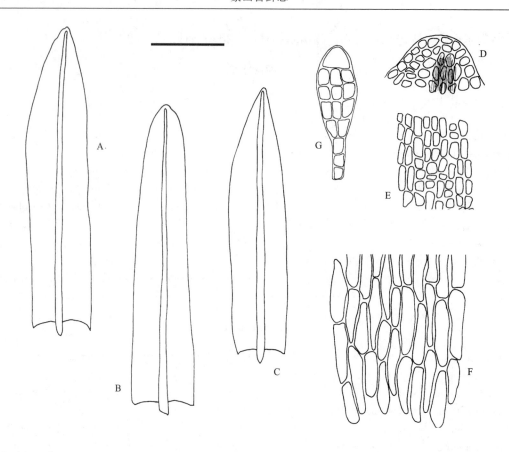

图 75　宽叶扭口藓 *Barbula ehrenbergii* (Lorentz) M. Fleisch., A-C. 叶；D. 叶尖部细胞；E. 叶中部细胞；F. 叶基部细胞；
G. 芽胞（任昭杰 绘）。标尺：A-C=1.7 mm, D-G=170 μm.

2. 小扭口藓　图 76　照片 39

Barbula indica (Hook.) Spreng. in Steud., Nomencl. Bot. 2: 72. 1824.

Tortula indica Hook., Musci Exot. 2: 135. 1819.

Semibarbula orientalis (F. Weber) Wijk & Marg., Taxon 8: 75. 1959.

Trichostomum orientale F. Weber, Arch. Syst. Naturgesch. 1 (1): 129. 1804.

　　植物体矮小，黄绿色至暗绿色，丛生。茎直立，不分枝。无性芽胞梨形或球形，生于叶腋。叶卵状舌形至长卵状舌形，先端圆钝或具小尖头；叶边多平展，全缘；中肋粗壮，及顶或略突出，背面具粗疣。叶细胞多边形至圆多边形，密被细疣，基部细胞呈长方形，平滑。雌雄异株。蒴柄细长。孢蒴直立，长卵状圆柱形。蒴齿细长，直立，密被细疣。蒴盖圆锥形，具斜长喙。

　　生境　生于岩面薄土上。

　　产地　蒙阴：聚宝崖，海拔 400 m，任昭杰、王春晓 R18436-B。费县：沂蒙山小调博物馆外，海拔 450 m，任昭杰 R18359-B。

　　分布　中国（内蒙古、北京、山东、河南、宁夏、江苏、浙江、重庆、贵州、云南、西藏、福建、台湾、广东、香港、澳门）；日本、巴基斯坦、斯里兰卡、印度、尼泊尔、缅甸、越南、泰国、马来西亚、新加坡、印度尼西亚、菲律宾、巴布亚新几内亚、澳大利亚、美国（夏威夷）、墨西哥、洪都拉斯、巴西、厄瓜多尔、秘鲁，西印度群岛，北美洲。

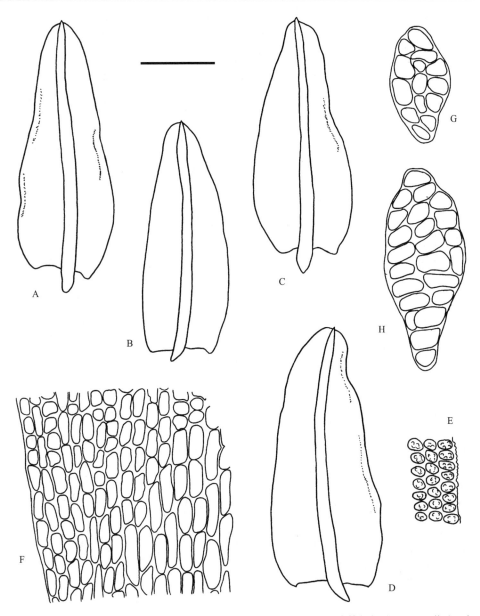

图 76　小扭口藓 *Barbula indica* (Hook.) Spreng., A-D. 叶；E. 叶中部细胞；F. 叶基部细胞；G-H. 芽胞（任昭杰　绘）。
标尺：A-D=0.69 mm, E-F=83 μm, G-H=104 μm.

3. 爪哇扭口藓　图 77

Barbula javanica Dozy & Molk., Ann. Sci. Nat., Bot., sér. 3, 2: 300. 1844.

Hydrogonium javanicum (Dozy & Molk.) Hilp.,Beih. Bot. Centralbl. 50 (2) : 632. 1933.

Hydrogonium consanguineum (Thwaites & Mitt.) Hilp., Beih. Bot. Centralbl. 50 (2): 626. 1933.

Tortula consanguinea Thwaites & Mitt., J. Linn. Soc., Bot. 13: 300. 1873.

　　植株形小，绿色，丛生。茎直立，多具叉状分枝。无性芽胞通常棒状，生于叶腋。叶卵状舌形，先端圆钝；叶边中下部平展，先端略内凹或呈兜状，具微齿；中肋粗壮，及顶；叶细胞方形至多边形，或圆方形至圆多边形，壁厚，多平滑，稀具不明显的细疣，基部细胞长大，平滑。

　　生境　生于土表或岩面。

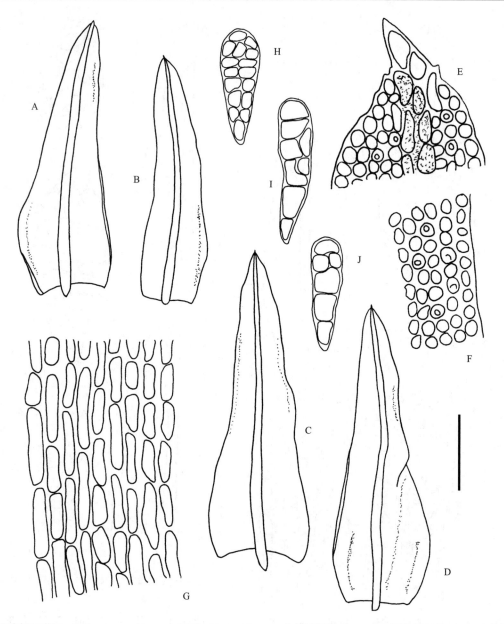

图 77　爪哇扭口藓 *Barbula javanica* Dozy & Molk., A-D. 叶；E. 叶尖部细胞；F. 叶中部边缘细胞；G. 叶基部细胞；
　　　　H-J. 无性芽胞（任昭杰 绘）。标尺：A-D=0.83 mm, E-G=56 μm, H-J=128 μm.

　　产地　蒙阴：天麻村，海拔 370 m，赵遵田 91398；蒙山三分区，赵遵田 91334。
　　分布　中国（山西、山东、河南、安徽、江苏、上海、四川、贵州、云南、西藏、福建、台湾、
海南、香港、澳门）；日本、印度、巴基斯坦、尼泊尔、斯里兰卡、缅甸、越南、泰国、柬埔寨、马
来西亚、新加坡、印度尼西亚、菲律宾和巴布亚新几内亚。

4. 拟扭口藓　图 78

Barbula pseudo-ehrenbergii M. Fleisch., Musci Buitenzorg 1: 356. 1904.

Hydrogonium pseudo-ehrenbergii (M. Fleisch.) P. C. Chen, Hedwigia 80: 242. 1941.

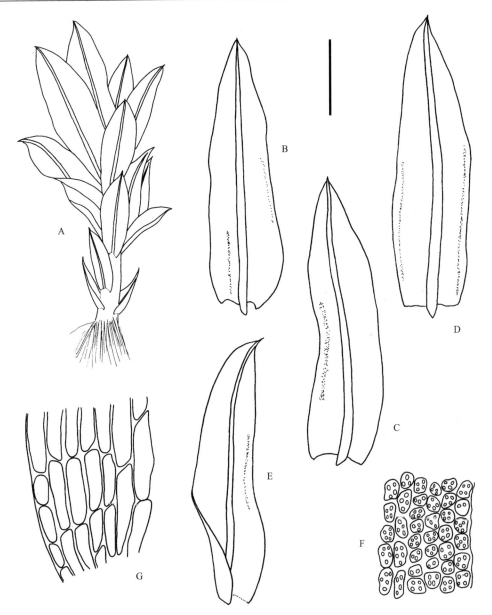

图 78　拟扭口藓 *Barbula pseudo-ehrenbergii* M.Fleisch., A. 植物体；B-E. 叶；F. 叶中部细胞；G. 叶基部细胞（任昭杰绘）。标尺：A=1.39 mm, B-E=0.83 mm, F-G=83 μm.

　　植物体形小，绿色，丛生。茎直立，无性芽胞缺失。叶狭卵状披针形或三角状披针形，先端渐狭，顶圆钝；叶边先端多背卷，全缘；中肋粗壮，及顶。叶细胞呈多边形至圆多边形，薄壁，具一至多个细疣，基部细胞长大，不规则长方形，平滑，透明。

　　生境　生于土坡上。

　　产地　蒙阴：蒙山，小天麻顶，赵遵田 91409、91430-B。

　　分布　中国（北京、山东、陕西、四川、重庆、贵州、云南、西藏、福建、台湾、广东）；尼泊尔、印度、斯里兰卡、菲律宾和印度尼西亚。

5. 暗色扭口藓　图 79　照片 40

Barbula sordida Besch., Bull. Soc. Bot. France 1: 80. 1894.

Hydrogonium sordidum (Besch.) P. C. Chen, Hedwigia 80: 239. 1941.

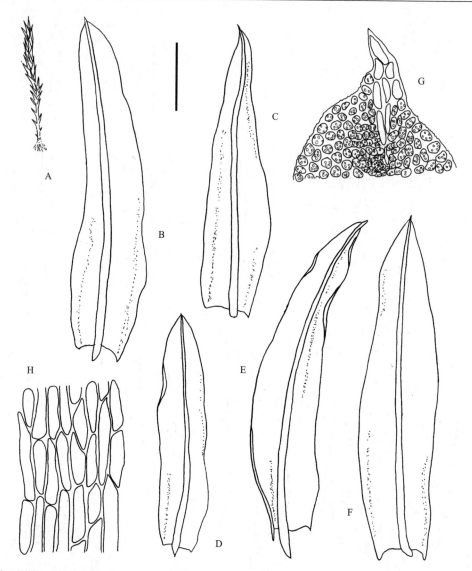

图 79 暗色扭口藓 *Barbula sordida* Besch., A. 植物体；B-F. 叶；G. 叶尖部细胞；H. 叶基部细胞（任昭杰 绘）。标尺：
A=0.56 cm, B-F=830 μm, G-H=83 μm.

　　植物体形小，多暗绿色，密集或疏松丛生。茎直立，多单一。叶卵状披针形，先端略钝，具小尖头，基部每侧各具一条纵褶，有时不明显；叶边全缘，平展或略背卷；中肋及顶，背面具疣。叶中上部细胞多边形，具多个细疣，基部细胞长大，平滑。

　　生境　生于岩面、土表或岩面薄土上。

　　产地　蒙阴：野店镇梭罗庄，赖桂玉 R17276-C。平邑：圣贤居度假村（原大洼林场场部），海拔 240 m，任昭杰 R18390。费县：三连峪，海拔 400 m，李林 R123200-A；玉皇宫货索站下，海拔 500 m，任昭杰、田雅娴 R18210。

　　分布　中国（山东、浙江、四川、贵州、云南、福建、广东）；越南。

6. 扭口藓　图 80　照片 41

Barbula unguiculata Hedw., Sp. Musc. Frond. 118. 1801.

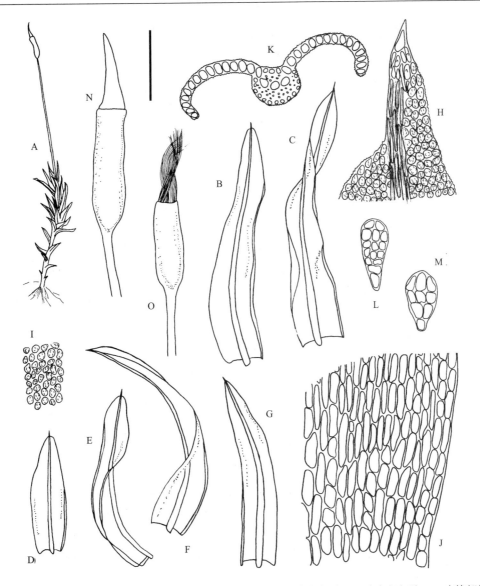

图 80　扭口藓 *Barbula unguiculata* Hedw., A. 植物体；B-G. 叶；H. 叶尖部细胞；I. 叶中部细胞；J. 叶基部细胞；K. 叶横切面；L-M. 无性芽胞；N-O. 孢蒴（任昭杰　绘）。标尺：A=4.2 mm, B-G=1.04 mm, H-J=104 μm, K=167 μm, L-M=139 μm, N-O=1.67 mm.

　　植株形小，黄绿色至暗绿色，密集丛生。茎直立，单一或分枝，高多不及 1 cm。叶卵状披针形或卵状舌形，先端急尖，或先端钝而具小尖头；叶边中下部背卷，全缘；中肋粗壮，多突出于叶尖成小尖头。叶中上部细胞多边形至圆多边形，具多个小马蹄形疣，基部细胞椭圆状长方形，平滑。蒴柄细长。孢蒴直立，圆柱形。蒴齿细长，向左旋扭。

　　生境　生于土表或岩面薄土上。

　　产地　蒙阴：蒙山三分区，赵遵田 91169-A、91172-B；砂山，海拔 600 m，任昭杰 R20120100。

　　分布　中国（吉林、辽宁、内蒙古、河北、北京、山西、山东、河南、陕西、宁夏、甘肃、新疆、安徽、江苏、上海、浙江、江西、湖南、湖北、四川、重庆、云南、西藏、福建、台湾、广西、香港、澳门）；日本、巴基斯坦、印度、俄罗斯、秘鲁、智利、澳大利亚、欧洲、北美洲和非洲北部。

7. 威氏扭口藓　图 81

Barbula willamsii (P. C. Chen) Z. Iwats. & B. C. Tan, Kalikasan 8: 186. 1979.

Hydrogonium williamsii P. C. Chen, Hedwigia 80: 239. 1941.

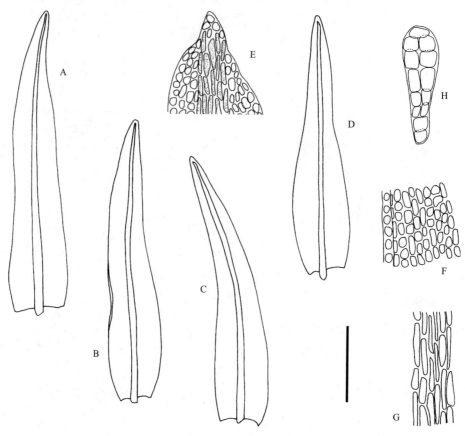

图 81　威氏扭口藓 *Barbula willamsii* (P. C. Chen) Z. Iwats. & B. C. Tan, A-D. 叶；E. 叶尖部细胞；F. 叶中部细胞；G. 叶基部细胞；H. 芽胞（任昭杰 绘）。标尺：A-D=1.1 mm, E-G=140 μm, H=170 μm.

　　本种与宽叶扭口藓 *B. ehrenbergii* 类似，但本种叶长披针形至卵状披针形，而后者舌形至卵状舌形。

生境　生于岩面薄土上。

产地　费县：望海楼，赵遵田 91300-B。

分布　中国（山西、山东、贵州、云南、西藏）；菲律宾。

属 3. 红叶藓属 **Bryoerythrophyllum** P. C. Chen

Hedwigia 80: 4. 1941.

　　植株通常较粗壮，黄绿色至红褐色，散生或稀疏丛生。茎直立，单一或具分枝。叶腋多生有球形芽胞。叶干时紧贴，卷缩，湿时直立或背仰，长卵形、长椭圆形或狭长披针形，先端急尖、渐尖或圆钝，稀剑头形；叶边平展或中下部背卷，上部多具不规则粗齿，稀全缘；中肋粗壮，在叶尖部消失、及顶或突出于叶尖呈小尖头状。叶中上部细胞圆方形或不规则多边形，具数个圆形、马蹄形或环状细疣，基部细胞较长大，不规则长方形，平滑，常带红色。多雌雄异株。蒴柄直立，成熟时紫红色。孢蒴短圆柱形，黄褐色，老时红色。环带分化；蒴齿短，直立，齿片线形，密被细疣。蒴盖圆锥形，具斜长喙。蒴帽兜形。孢子表面平滑或具疣。

　　本属全世界现有 23 种。中国有 9 种和 1 变种；山东有 3 种，蒙山皆有分布。

分种检索表

Key to the species

1. 无齿红叶藓　图 82　照片 42

Bryoerythrophyllum gymnostomum (Broth.) P. C. Chen, Hedwigia 80: 255. 1941.

Didymodon gymnostomus Broth. in Handel-Mazzetti, Symb. Sin. 4: 39. 1929.

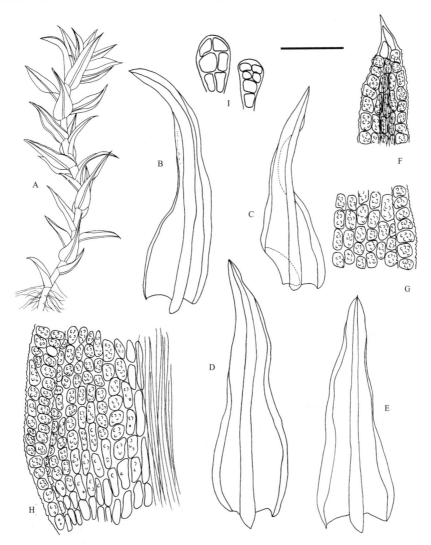

图 82　无齿红叶藓 *Bryoerythrophyllum gymnostomum* (Broth.) P. C. Chen, A. 植物体；B-E. 叶；F. 叶尖部细胞；G. 叶中部边缘细胞；H. 叶基部细胞；I. 芽胞（任昭杰 绘）。标尺：A=1.67 mm, B-E=417 μm, F-H=104 μm, I=83 μm.

植物体矮小，黄绿色至暗绿色，老时呈红色，丛生。茎直立，单一或具分枝。叶卵状披针形，先端渐尖或急尖；叶边背卷，全缘；中肋及顶。叶中上部细胞方形或多边形，胞壁薄，密被圆形或马蹄形细疣，尖部少许细胞平滑，基细胞不规则长方形，平滑。

生境　生于土表或岩面。

产地　蒙阴：砂山，海拔 700 m，任昭杰 R20131344。平邑：龟蒙顶至拜寿台途中悬崖栈道，海拔 1100 m，任昭杰、田雅娴 R17550；龟蒙顶索道上站，海拔 1066 m，任昭杰、王春晓 R18374、R18386、R18410-A；寿星沟，海拔 1050 m，任昭杰、王春晓 R18543-A、R18547-A。费县：玉皇宫货索站，海拔 600 m，任昭杰、田雅娴 R18222-D；望海楼，海拔 1000 m，任昭杰、田雅娴 R18233、R18235-A。

分布　中国（吉林、内蒙古、河北、山东、河南、宁夏、江苏、上海、四川、云南、西藏）；印度和日本。

2. 单胞红叶藓

Bryoerythrophyllum inaequalifolium (Taylor.) R. H. Zander, Bryologist 83: 232. 1980.

Barbula inaequalifolia Taylor, London J. Bot. 5: 49. 1846.

Barbula tenii Herzog, Hedwigia 65: 155. 1925.

本种与无齿红叶藓 *B. gymnostomum* 类似，但本种叶尖部较钝，呈兜状，而后者急尖至渐尖，不呈兜状。

生境　生于岩面。

产地　蒙阴：蒙山，凌云寺西门，海拔 800 m，黄正莉 20111044。

分布　中国（内蒙古、山东、河南、新疆、浙江、重庆、云南、西藏、福建）；密克罗尼西亚、印度尼西亚、菲律宾、巴布亚新几内亚，喜马拉雅地区，欧洲南部和美洲。

3. 红叶藓　图 83

Bryoerythrophyllum recurvirostrum (Hedw.) P. C. Chen, Hedwigia 80: 255. 1941.

Weissia recurvirostris Hedw., Sp. Musc. Frond. 71. 1801.

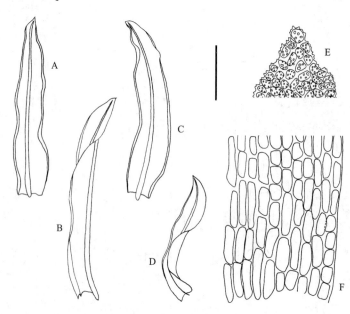

图 83　红叶藓 *Bryoerythrophyllum recurvirostrum* (Hedw.) P. C. Chen, A-D. 叶；E. 叶尖部细胞；F. 叶基部细胞（任昭杰绘）。标尺：A-D=0.8 mm, E-F=110 μm。

　　植物体形小，绿色至深绿色，有时带红褐色。叶狭卵状披针形至线状披针形，先端渐尖；叶边中部常背卷，中下部全缘，尖部具细齿；中肋粗壮，及顶。叶中上部细胞方形至多边形，具多数马蹄形或圆形细疣，基部细胞短距形，平滑，无色或带红色。

　　生境　生于岩面薄土上。

　　产地　蒙阴：小天麻顶，海拔 800 m，赵遵田 91264-C。

　　分布　中国（黑龙江、吉林、内蒙古、河北、山西、山东、陕西、宁夏、甘肃、青海、新疆、浙江、江西、湖南、四川、云南、西藏、福建、台湾）；日本、俄罗斯（西伯利亚）、巴基斯坦、印度尼西亚、巴布亚新几内亚、坦桑尼亚，中亚、西亚、欧洲、北美洲和大洋洲。

属 4. 对齿藓属 **Didymodon** Hedw.

Sp. Musc. Frond. 104. 1801.

　　植物体形小至粗壮，黄绿色至暗绿色，有时红棕色，疏松或紧密丛生。茎直立，单一或分枝；中轴分化，稀不分化。假根或叶腋内有时生有无性芽胞。叶干燥时贴茎或扭转，湿时直立或倾立，卵状披针形或阔披针形；叶边平展或背卷，全缘，有时具细圆齿；中肋强劲，达叶尖略下部消失、及顶或突出于叶尖，腹面细胞狭椭圆形或圆方形，横切面具 2 列厚壁细胞束。叶中上部细胞圆方形、方形、菱形或多边形，厚壁，具多疣或单疣或平滑，细胞轮廓明显，基部细胞短矩形、长卵形或圆方形，排列紧密。雌雄异株。雌苞叶与茎叶类似，或略分化。蒴柄长，直立，基部红棕色，上部黄棕色。孢蒴长卵形或圆柱形，直立。环带分化或不分化。蒴齿细长，逆时针扭转或直立，有时缺失，具矮基膜，具疣。蒴盖具短喙。蒴帽兜形，平滑。

　　本属全世界约有 126 种。中国有 26 种和 3 变种；山东有 13 种和 1 变种，蒙山有 7 种。本属植物在蒙山乃至整个山东地区分布零星，种类虽然不少，但是生物量有限，随着调查的深入，应该会有更多相关发现。

分种检索表

1. 叶细胞平滑，稀具疣 ⋯⋯⋯⋯⋯⋯⋯⋯⋯⋯⋯⋯⋯⋯⋯⋯⋯⋯⋯⋯⋯ 4. 密执安对齿藓 *D. michiganensis*
1. 叶细胞具疣 ⋯⋯⋯⋯⋯⋯⋯⋯⋯⋯⋯⋯⋯⋯⋯⋯⋯⋯⋯⋯⋯⋯⋯⋯⋯⋯⋯⋯⋯⋯⋯⋯⋯⋯⋯⋯⋯⋯ 2
2. 叶细胞壁不明显加厚 ⋯⋯⋯⋯⋯⋯⋯⋯⋯⋯⋯⋯⋯⋯⋯⋯⋯⋯⋯⋯⋯⋯⋯⋯⋯⋯⋯⋯⋯⋯⋯⋯⋯⋯ 3
2. 叶细胞壁不规则强烈加厚 ⋯⋯⋯⋯⋯⋯⋯⋯⋯⋯⋯⋯⋯⋯⋯⋯⋯⋯⋯⋯⋯⋯⋯⋯⋯⋯⋯⋯⋯⋯⋯⋯ 4
3. 叶先端宽急尖至渐尖，边缘不明显背卷 ⋯⋯⋯⋯⋯⋯⋯⋯⋯⋯⋯⋯⋯ 6. 短叶对齿藓 *D. tectorus*
3. 叶先端狭长呈线形，边缘强烈背卷 ⋯⋯⋯⋯⋯⋯⋯⋯⋯⋯⋯⋯⋯⋯ 2. 尖叶对齿藓 *D. constrictus*
4. 叶细胞具单疣，稀 2 疣 ⋯⋯⋯⋯⋯⋯⋯⋯⋯⋯⋯⋯⋯⋯⋯⋯⋯⋯⋯⋯⋯ 1. 红对齿藓 *D. asperifolius*
4. 叶细胞具多疣，稀单疣 ⋯⋯⋯⋯⋯⋯⋯⋯⋯⋯⋯⋯⋯⋯⋯⋯⋯⋯⋯⋯⋯⋯⋯⋯⋯⋯⋯⋯⋯⋯⋯⋯⋯ 5
5. 叶三角状披针形，边缘上部由双层细胞组成 ⋯⋯⋯⋯⋯⋯⋯⋯⋯⋯ 5. 硬叶对齿藓 *D. rigidulus*
5. 叶阔卵状披针形，边缘上部由单层细胞组成 ⋯⋯⋯⋯⋯⋯⋯⋯⋯⋯⋯⋯⋯⋯⋯⋯⋯⋯⋯⋯⋯⋯⋯ 6
6. 叶基部细胞不明显分化，短长方形；蒴齿细长，逆时针扭转三次 ⋯⋯⋯⋯ 3. 北地对齿藓 *D. fallax*
6. 叶基部细胞明显分化，狭长方形；蒴齿较短，逆时针扭转一次，或缺失 ⋯⋯⋯⋯ 7. 土生对齿藓 *D. vinealis*

Key to the species

1. Laminal cells smooth, scarcely papillose ⋯⋯⋯⋯⋯⋯⋯⋯⋯⋯⋯⋯⋯⋯⋯⋯⋯⋯ 4. *D. michiganensis*
1. Laminal cells papillose ⋯⋯⋯⋯⋯⋯⋯⋯⋯⋯⋯⋯⋯⋯⋯⋯⋯⋯⋯⋯⋯⋯⋯⋯⋯⋯⋯⋯⋯⋯⋯ 2
2. Laminal cell walls not particularly thicken ⋯⋯⋯⋯⋯⋯⋯⋯⋯⋯⋯⋯⋯⋯⋯⋯⋯⋯⋯⋯⋯⋯⋯⋯ 3
2. Laminal cell walls strongly and irregularly thicken ⋯⋯⋯⋯⋯⋯⋯⋯⋯⋯⋯⋯⋯⋯⋯⋯⋯⋯⋯⋯ 4
3. Leaves broadly acute to acuminate at the apex, margins indistinctly revolute ⋯⋯⋯⋯⋯⋯ 6. *D. tectorus*
3. Leaves linear at the apex, margins distinctly revolute ⋯⋯⋯⋯⋯⋯⋯⋯⋯⋯⋯⋯⋯ 2. *D. constrictus*

1. 红对齿藓　图 84

Didymodon asperifolius (Mitt.) H. A. Crum, Steere & L. E. Anderson, Bryologist 67: 163. 1964.

Barbula asperifolia Mitt., J. Proc. Linn. Soc., Bot., Suppl. 1: 34. 1859.

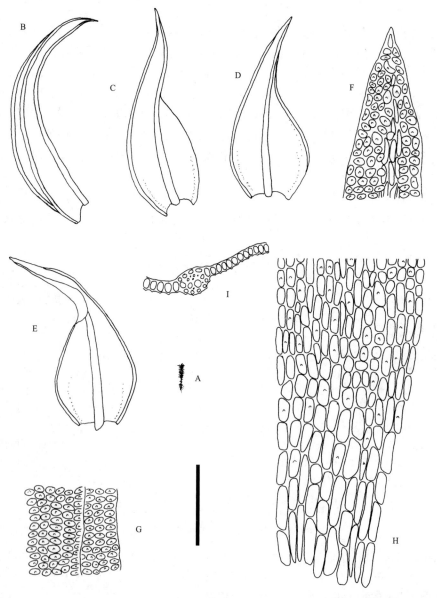

图 84　红对齿藓 *Didymodon asperifolius* (Mitt.) H. A. Crum, Steere & L. E. Anderson, A. 植物体；B-E. 叶；F. 叶尖部细胞；G. 叶中部边缘细胞；H. 叶基部细胞；I. 叶横切面一部分（任昭杰 绘）。标尺：A=4 cm, B-E=1 mm, F-I=100 μm。

　　植物体形小，绿色，密集丛生。茎直立或倾立，多叉状分枝；中轴不分化。叶基部卵形，向上呈披针形；叶边背卷，全缘；中肋及顶或达叶尖略下部消失。叶上部细胞圆形、圆方形或菱形，胞壁不规则增厚，具 1 个至多个疣，基部细胞不规则椭圆形，平滑，薄壁，透明。

　　生境　生于土表。

　　产地　费县：望海楼，海拔 1000 m，赵遵田 20111394-B。

　　分布　中国（黑龙江、内蒙古、河北、山东、陕西、宁夏、甘肃、新疆、重庆、云南、西藏）。印度、日本、俄罗斯（西伯利亚），中亚、欧洲和北美洲。

2. 尖叶对齿藓　照片 43

Didymodon constrictus (Mitt.) Saito, J. Hattori Bot. Lab. 39: 514. 1975.

Barbula constricta Mitt., J. Proc. Linn. Soc., Bot., Suppl. 1: 33. 1859.

　　植物体形小，绿色，密集丛生。茎直立，单一，稀分枝。叶卵状披针形，先端狭长线形；叶边背卷，全缘；中肋及顶。叶中上部细胞三角形或五边形至圆五边形，胞壁不规则加厚，具 1 个至多个细疣，稀平滑，基部细胞长方形，平滑，薄壁，透明。

　　生境　生于土表。

　　产地　平邑：拜寿台，海拔 1000 m，任昭杰、王春晓 R18412-B。

　　分布　中国（吉林、辽宁、内蒙古、河北、北京、山西、山东、陕西、宁夏、新疆、安徽、上海、江西、湖北、四川、重庆、云南、西藏、福建、台湾、广西）；尼泊尔、印度、巴基斯坦、缅甸、印度尼西亚、菲律宾和日本。

3. 北地对齿藓

Didymodon fallax (Hedw.) R. H. Zander, Phytologia 41: 28. 1978.

Barbula fallax Hedw., Sp. Musc. Frond. 120. 1801.

　　植物体形小，暗绿色，密集丛生。茎直立，多分枝。叶阔卵状披针形或三角状披针形，先端渐尖；叶边背卷，全缘；中肋粗壮，及顶。叶细胞圆多边形，厚壁，具 1 个至多个圆疣，基部细胞短长方形，平滑。

　　生境　生于岩面薄土上。

　　产地　费县：蒙山，赵遵田 91524。

　　分布　中国（内蒙古、河北、山东、河南、陕西、甘肃、宁夏、新疆、上海、湖北、四川、重庆、贵州、云南、西藏、台湾）；秘鲁，中亚、南亚、东北亚、欧洲、北美洲和非洲北部。

4. 密执安对齿藓　图 85

Didymodon michiganensis (Steere) Saito, J. Hattori Bot. Lab. 39: 517. 1975.

Barbula michiganensis Steere, Moss Fl. N. Amer. 1: 180. 1938.

　　植物体形小，暗绿色，密集丛生。叶腋内生有多数无性芽胞，圆形或卵形，由 2–6 个细胞组成。叶卵形至阔卵形或卵状披针形，常内凹，先端渐尖；叶边全缘，背卷；中肋及顶，棕色。叶中部细胞圆形或圆六边形，厚壁，平滑，稀具不明显疣，基部细胞矩形，平滑。

　　生境　生于土表。

　　产地　平邑：天宝乡，张艳敏 902548、902550（SDFS）。

　　分布　中国（内蒙古、山东、云南）；印度、日本，北美洲。

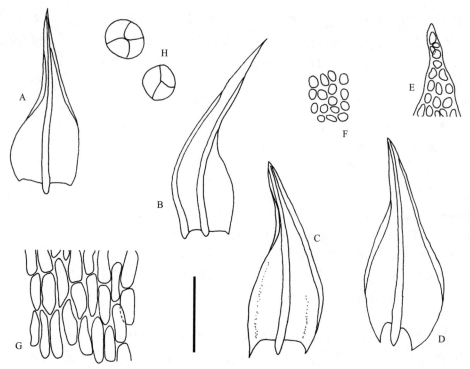

图 85　密执安对齿藓 *Didymodon michiganensis* (Steere) Saito, A-D. 叶；E. 叶尖部细胞；F. 叶中部细胞；G. 叶基部细胞；H. 芽胞（任昭杰、李德利 绘）。标尺：A-D=0.8 mm, E-H=80 μm.

5. 硬叶对齿藓

Didymodon rigidulus Hedw. Sp. Musc. Frond. 104. 1801.

Barbula rigidula (Hedw.) Mild., Bryol. Siles. 118. 1969, *hom. illeg.*

　　植物体形小，绿色，密集丛生。茎直立，多叉状分枝。常具多细胞无性芽胞。叶三角状披针形或卵状披针形，先端渐尖；叶边背卷，全缘；中肋粗壮，及顶。叶中上部细胞圆多边形，厚壁，被密疣，基部细胞短长方形至长方形，平滑。

　　生境　生于土表。

　　产地　蒙阴：天麻村，赵遵田 91242-D。

　　分布　中国（内蒙古、河北、山西、山东、陕西、宁夏、甘肃、青海、新疆、江苏、四川、重庆、云南、西藏）；俄罗斯（西伯利亚）、秘鲁、巴西、智利，中亚、西亚、欧洲、北美洲和非洲北部。

6. 短叶对齿藓　　图 86

Didymodon tectorus (Müll. Hal.) Saito, J. Hattori Bot. Lab. 39: 517. 1957.

Barbula tectorum Müll. Hal., Nuovo Giorn. Bot. Ital., n. s., 3: 101. 1896.

　　植物体中等大小，暗绿色，密集丛生。茎直立，单一，稀分枝。芽胞生于茎上部叶叶腋内。叶阔卵形，向上突然变狭成渐尖。叶边全缘，背卷；中肋粗壮，长达叶尖；叶上部细胞圆形或多角圆形，壁稍加厚，每细胞具单一钝圆疣，基部细胞增大，圆方形或短长圆形，壁薄，平滑，透明带黄棕色。

　　生境　生于土表。

　　产地　费县：玉皇宫下，海拔 950 m，任昭杰、田雅娴 R18268。

　　分布　中国（辽宁、内蒙古、河北、北京、山西、山东、河南、陕西、甘肃、新疆、安徽、江苏、上海、浙江、江西、四川、贵州、云南、西藏、广西）；越南。

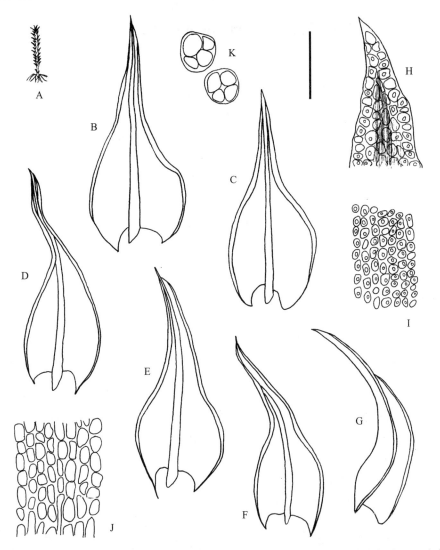

图 86　短叶对齿藓 *Didymodon tectorus* (Müll. Hal.) Saito, A. 植物体；B-G. 叶；H. 叶尖部细胞；I. 叶中部细胞；J. 叶基部细胞；K. 芽胞（任昭杰 绘）。标尺：A=1.67 cm, B-G=0.83 mm, H-K=83 μm.

7. 土生对齿藓

Didymodon vinealis (Brid.) R. H. Zander, Phytologia 41: 25. 1978.

Barbula vinealis Brid., Bryol. Univ. 1: 830. 1872.

本种与北地对齿藓 *D. fallax* 相似，但本种叶基部细胞明显分化，长方形，而后者叶基部细胞不明显分化，短长方形；本种蒴齿较短，逆时针扭转一次，有时缺失，而后者蒴齿细长，逆时针扭转三次。

　　生境　生于土表。

　　产地　平邑：龟蒙顶，张艳敏 46（SDAU）。

　　分布　中国（辽宁、内蒙古、河北、山西、山东、陕西、宁夏、甘肃、新疆、江苏、上海、湖南、重庆、贵州、云南、西藏、福建、台湾）；尼泊尔、印度、缅甸、越南、印度尼西亚、俄罗斯（西伯利亚）、高加索地区、秘鲁、智利，欧洲、北美洲和非洲北部。

属 5. 净口藓属 Gymnostomum Nees & Hornsch.

Bryol. Germ. 1: 153. 1823, *nom. cons.*

植物体形小至中等大小，黄绿色至绿色，有时带黄棕色或黑褐色，密集丛生。茎直立，单一，稀分枝。叶干时卷曲，湿时倾立，披针形至卵状披针形或长椭圆形或舌形，先端圆钝、急尖或渐尖；叶边平展，全缘；中肋粗壮，多达叶尖略下部消失。叶中上部细胞较小，方形、圆方形或圆多边形，被密疣，基部细胞不规则长方形，平滑，无色透明或略带黄色。雌雄异株。雌苞叶基部略呈鞘状。蒴柄细长。孢蒴长卵圆柱形，直立。蒴齿缺失。蒴盖有时与蒴轴相连。蒴帽兜形，具长斜喙。孢子黄棕色，平滑或具细密疣。

本属全世界约 21 种。中国有 3 种；山东有 2 种，蒙山有 1 种。

1. 净口藓　图 87

Gymnostomum calcareum Nees & Hornsch., Bryol. Germ. 1: 153. 1823.

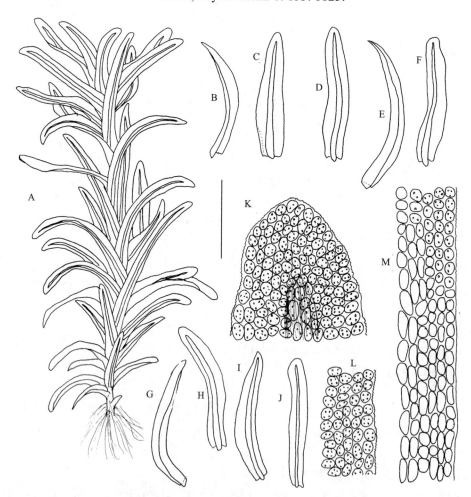

图 87　净口藓 *Gymnostomum calcareum* Nees & Hornsch., A. 植物体；B-J. 叶；K. 叶尖部细胞；L. 叶中部边缘细胞；M. 叶基部细胞（任昭杰 绘）。标尺：A-J=1 mm, K-M=100 μm.

植物体形小，暗绿色，密集丛生。茎直立，多单一。叶舌形至阔舌形或椭圆状披针形，先端圆钝；叶边平展，全缘；中肋粗壮，多在叶尖略下部消失。叶细胞圆方形，密被细疣，基部细胞长方形，平滑。

生境　生于岩面薄土上。

产地　蒙阴：小大洼，海拔 500 m，郭萌萌 R120163。

分布　中国（内蒙古、河北、北京、山东、陕西、宁夏、甘肃、新疆、江苏、上海、四川、重庆、贵州、云南、西藏、广东、广西）；印度、智利、澳大利亚，西亚、欧洲、北美洲和非洲北部。

属 6. 立膜藓属 Hymenostylium Brid.

Bryol. Univ. 2: 181. 1827.

植物体多中等大小，绿色至暗绿色，有时棕褐色，密集或垫状丛生。茎直立，常分枝，基部多生假根；中轴通常不分化。叶干时贴茎或卷曲，湿时伸展至背仰，舌形、披针形至线状披针形，上部常呈龙骨状，先端急尖或圆钝；叶边平展或背卷，全缘；中肋及顶或略突出于叶尖，有时达叶尖略下部消失，横切面具两列厚壁细胞束。叶中上部细胞方形、菱形或短矩形，具密疣，基部细胞分化，长方形，通常薄壁。雌雄异株。雌苞叶略分化，基部略呈鞘状。蒴柄细长，棕黄色至红色。孢蒴卵圆柱形或短圆柱形。环带略分化。蒴齿缺失。蒴盖圆锥形，具斜喙。蒴帽兜形，平滑。孢子棕色，具疣。

本属全世界现有 15 种。中国有 2 种和 2 变种；山东有 1 种和 1 变种，蒙山有 1 种。

1. 立膜藓

Hymenostylium recurvirostrum (Hedw.) Dixon, Rev. Bryol. Lichenol. 6: 96. 1934.

Gymnostomum recurvirostrum Hedw., Sp. Musc. Frond. 33: 1801.

Gymnostomum curvirostrum Hedw. ex Brid., J. Bot. (Schrad.) 1800 (1): 273. 1801, *nom. illeg.*

植物体中等大小，绿色，丛生。茎直立，多具分枝，高不及 2 cm。叶披针形，先端渐尖；叶边多平展，全缘；中肋及顶。叶中上部细胞圆方形或圆多边形，被密疣，基部细胞长方形，平滑。

生境　生于土表或岩面薄土上。

产地　蒙阴：刀山沟，海拔 650 m，黄正莉 20111001-A。平邑：蓝涧，海拔 650 m，郭萌萌 R120160-A。

分布　中国（吉林、内蒙古、河北、山西、山东、河南、陕西、宁夏、甘肃、江苏、浙江、湖南、湖北、四川、重庆、贵州、云南、西藏、福建、台湾）；印度、尼泊尔、巴基斯坦、日本、俄罗斯、欧洲、北美洲和非洲北部。

属 7. 湿地藓属 Hyophila Brid. Bryol.

Univ. 1: 760. 1827.

植物体形小，黄绿色至暗绿色，密集丛生。茎直立，多单一，稀分枝。叶干燥时强烈内卷，湿时伸展，呈椭圆形、舌形或匙形，先端圆钝，具小尖头；叶边全缘或先端具微齿；中肋粗壮，长达叶尖或略突出于叶尖。叶中上部细胞小，方形、多边形或圆多边形，具疣、乳头状突起或平滑，基部细胞长方形，平滑透明。雌雄异株。苞叶与茎叶同形。蒴柄细长，直立。孢蒴圆柱形，直立。环带分化，成熟后自行卷落。蒴齿缺失。蒴盖圆锥形，具斜长喙。蒴帽兜形。孢子平滑。

本属全世界现有 86 种。中国有 7 种，山东有 6 种，蒙山有 4 种。

分种检索表

1. 叶边上部具细齿或粗齿 ·· 2
1. 叶边全缘 ·· 3

2. 叶椭圆形至椭圆状匙形，边缘上部具粗齿；叶细胞光滑，或仅在腹面具不明显乳头状突起 ⋯⋯⋯⋯
⋯⋯⋯⋯⋯⋯⋯⋯⋯⋯⋯⋯⋯⋯⋯⋯⋯⋯⋯⋯⋯⋯⋯⋯⋯⋯⋯⋯⋯⋯⋯⋯ 1. 卷叶湿地藓 *H. involuta*

2. 叶卵状舌形，边缘上部具细齿；叶细胞背腹面均具乳头状突起或疣 ⋯⋯⋯⋯⋯⋯ 3. 芽胞湿地藓 *H. propagulifera*

3. 叶细胞具明显乳头状突起或疣 ⋯⋯⋯⋯⋯⋯⋯⋯⋯⋯⋯⋯⋯⋯⋯⋯⋯ 2. 花状湿地藓 *H. nymaniana*

3. 叶细胞平滑 ⋯⋯⋯⋯⋯⋯⋯⋯⋯⋯⋯⋯⋯⋯⋯⋯⋯⋯⋯⋯⋯⋯⋯ 4. 匙叶湿地藓 *H. spathulata*

Key to the species

1. Upper leaf margins serrulate to serrate ⋯⋯⋯⋯⋯⋯⋯⋯⋯⋯⋯⋯⋯⋯⋯⋯⋯⋯⋯⋯⋯⋯⋯⋯ 2

1. Leaf margins entire ⋯⋯⋯⋯⋯⋯⋯⋯⋯⋯⋯⋯⋯⋯⋯⋯⋯⋯⋯⋯⋯⋯⋯⋯⋯⋯⋯⋯⋯⋯⋯⋯ 3

2. Leaves oblong to oblong-spathulate, upper margins serrate; laminal cells smooth, or slightly mammillose on the ventral surface ⋯⋯⋯⋯⋯⋯⋯⋯⋯⋯⋯⋯⋯⋯⋯⋯⋯⋯⋯⋯⋯⋯⋯⋯ 1. *H. involuta*

2. Leaves ovate-ligulate, upper margins serrulate; laminal cells mammillose on both surfaces ⋯⋯⋯⋯⋯ 3. *H. propagulifera*

3. Upper laminal cells highly mammillose or papillose ⋯⋯⋯⋯⋯⋯⋯⋯⋯⋯⋯⋯⋯⋯ 2. *H. nymaniana*

3. Upper laminal cells smooth ⋯⋯⋯⋯⋯⋯⋯⋯⋯⋯⋯⋯⋯⋯⋯⋯⋯⋯⋯⋯⋯ 4. *H. spathulata*

1. 卷叶湿地藓 图 88 照片 44

Hyophila involuta (Hook.) A. Jaeger, Ber. Thätigk. St. Gallischen Naturwiss. Ges. 1871–72: 354 (Gen. Sp. Musc. 1: 208.). 1873.

Gymnostomum involutum Hook., Musci Exot. 2: 154. 1819.

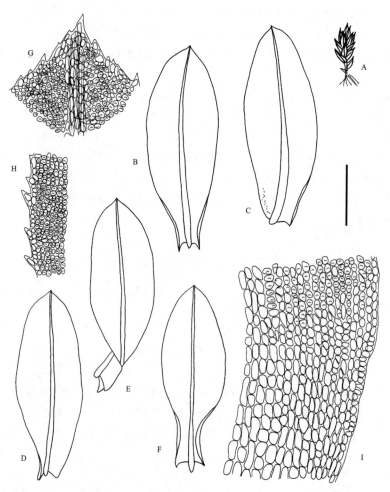

图 88 卷叶湿地藓 *Hyophila involuta* (Hook.) A. Jaeger, A. 植物体；B-F. 叶；G. 叶尖部细胞；H. 叶中部边缘细胞；I. 叶基部细胞（任昭杰、田雅娴 绘）。标尺：A=1.11 cm, B-F=1.94 mm, G-I=139 μm.

植物体形小，黄绿色至暗绿色，稀疏或密集丛生。茎直立，单一或分枝。叶椭圆状舌形至长椭圆状舌形，先端圆钝，具小尖头；叶边平展，上部具齿，下部有时内卷；中肋粗壮，及顶。叶中上部细胞圆多边形，较小，腹面具乳头状突起，基部细胞较大，长方形，平滑。蒴柄细长。孢蒴圆柱形，直立。

生境　生于土表、岩面或岩面薄土上。

产地　蒙阴：砂山，海拔 600 m，任昭杰 R20131344；前梁南沟，海拔 600 m，黄正莉 20111318；大牛圈，海拔 650 m，李林 R20120108；冷峪，海拔 420 m，李超、李林 R123025-B、R123341-A、R123363；孟良崮，海拔 550 m，任昭杰、田雅娴 R18256。平邑：核桃涧，海拔 580 m，付旭 R123064-B、R123240-B、R17460；蓝涧，海拔 200 m，付旭 R123265-B；蓝涧，海拔 700 m，郭萌萌、李林 R123314-A、R123372-A。沂南：竹泉村，任昭杰 R16707-B、R16708-C。费县：三连峪，海拔 400 m，郭萌萌、付旭 R123210-B、R123397-A、R17469；茶蓬峪，海拔 350 m，李超 R123402-C；沂蒙山小调博物馆，任昭杰、田雅娴 R18322。

分布　中国（吉林、内蒙古、山西、山东、河南、上海、浙江、江西、湖南、湖北、四川、重庆、贵州、云南、西藏、福建、台湾、广东、广西、海南、香港、澳门）；巴基斯坦、尼泊尔、印度、斯里兰卡、缅甸、泰国、越南、柬埔寨、印度尼西亚、日本、俄罗斯、玻利维亚、巴西、厄瓜多尔、欧洲、北美洲和大洋洲。

本种在蒙山分布极为广泛，全山可见，山下村庄乃至城区亦常见，常与其他土生种类混生，叶干燥时先端内卷，叶形变化较大，叶边上部锯齿有时不明显，叶细胞有时无乳头状突起。

2. 花状湿地藓　图 89

Hyophila nymaniana (M. Fleisch.) Menzel, Willdenowia 22: 198. 1992.

Glyphomitrium nymanianum M. Fleisch., Musci Buitenzorg 1: 372 f. 69. 1904.

Hyophila rosea R. S. Williams, Bull. New York Bot. Gard. 8: 341. 1914.

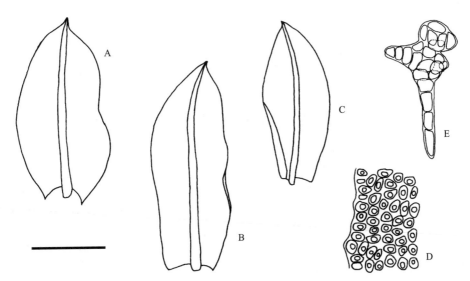

图 89　花状湿地藓 *Hyophila nymaniana* (M. Fleisch.) Menzel, A-C. 叶；D. 叶中部细胞；E. 芽胞（任昭杰、李德利　绘）。
标尺：A-C=0.8 mm, D=80 μm, E=170 μm.

植物体形小，绿色，丛生。茎直立，多具分枝。叶腋生星状无性芽胞。叶舌形或长椭圆形，先端较圆钝，具小尖头；叶边平展，有时下部反卷，全缘；中肋及顶或略突出于叶尖。叶中上部叶细胞圆多边形，背腹两面均稍具乳头，同时具明显细疣，叶基细胞较长大，平滑。

生境 生于岩面薄土上。

产地 沂南：张庄镇张庄村，赵遵田 93027。

分布 中国（吉林、河北、北京、山东、陕西、安徽、江苏、浙江、江西、湖南、重庆、贵州、云南、西藏、福建、台湾、广东、海南）；印度、泰国、菲律宾，马来半岛和喜马拉雅地区。

3. 芽胞湿地藓

Hyophila propagulifera Broth., Hedwigia 38: 212. 1899.

植物体形小，黄绿色，丛生。茎直立，单一。叶腋密生球形或卵形无性芽胞，有时较少。叶卵状舌形，先端急尖，或圆钝而具小尖头；叶边多平展，上部具细齿；中肋及顶。叶中上部细胞圆多边形，具乳头状突起，有时具圆环形或半月形密疣，基部细胞较大，长方形，平滑。

生境 生于土表。

产地 费县：蒙山，赵遵田 91487。

分布 中国（北京、山东、江苏、浙江、湖北、重庆、贵州、云南、台湾、广东、澳门）；日本。

4. 匙叶湿地藓

Hyophila spathulata (Harv.) A. Jaeger, Ber. Thätigk. St. Gallischen Naturwiss. Ges.1871– 1872: 353 (Gen. Sp. Musc. 1: 201). 1873.

Gymnostomum spathulatum Harv. in Hook., Icon. Pl.1: pl. 17. 1836.

植物体形小，黄绿色，丛生。茎直立，单一或分枝。叶多呈匙形，先端急狭，具小尖头；叶边平展，多全缘；中肋及顶。叶中上部细胞小，多边形至圆多边形，薄壁，平滑，基部细胞短长方形至长方形，平滑。

生境 生于土表。

产地 蒙阴：蒙山，赵遵田 91157。

分布 中国（山东、江苏、浙江、湖南、贵州、云南、福建、广西）；尼泊尔、孟加拉国、斯里兰卡和印度尼西亚。

属 8. 芦氏藓属 Luisierella Thér. & P. de la Varde

Bull. Soc. Bot. France 83: 73. 1936.

植物体形小，黄绿色至暗绿色，密集丛生。茎直立，单一；中轴不分化。叶舌形或椭圆形至长椭圆形，先端圆钝；叶边平展或略背卷；中肋宽，达叶尖下部消失。叶中上部细胞圆六边形，厚壁，具乳头状突起，基部细胞明显分化，长方形，平滑透明。雌雄异株。蒴柄橘红色，长 4–5 mm。孢蒴圆柱形，直立，对称。环带分化。蒴齿单层，发育不全或缺失。蒴盖圆锥形，具长喙。蒴帽兜形，平滑。孢子小，亮棕色，平滑。

本属全世界现知 1 种。蒙山有分布。

1. 短茎芦氏藓 图 90 照片 45

Luisierella barbula (Schwägr.) Steere, Bryologist 48: 84. 1945.

Gymnostomum barbula Schwägr., Sp. Musc. Frond., Suppl. 2, 2 (1): 77. 1826.

Gyroweisia brevicaulis (Müll. Hal.) Broth., Nat. Pflanzenfam. I (3): 389. 1902.

Trichostomum brevicaule Hampe ex Müll. Hal., Syn. Musc. Frond. 1: 567. 1849.

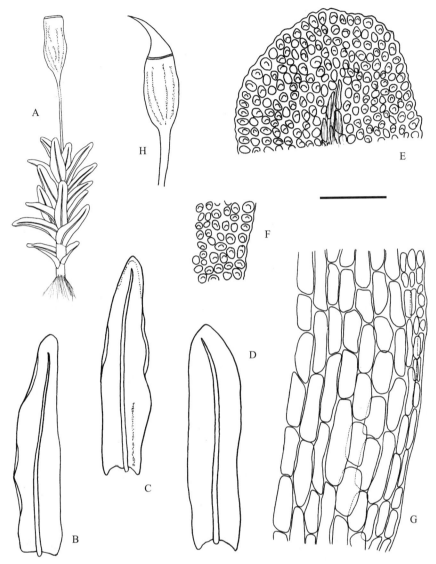

图 90　短茎芦氏藓 *Luisierella barbula* (Schwägr.) Steere, A. 植物体；B-D. 叶；E. 叶尖部细胞；F. 叶中部边缘细胞；G. 叶基部细胞；H. 孢蒴（任昭杰 绘）。标尺：A=1.67 mm, B-D=0.69 mm, E-F=69 μm, G=98 μm, H=1.1 mm.

种特征同属。

生境　生于土表、岩面或岩面薄土上。

产地　蒙阴：小大洼，海拔 750 m，付旭 R123284-B；小大畦，海拔 500 m，付旭 R123297-A；百花峪，海拔 600 m，付旭 R18048-A；平台，海拔 550 m，土生，黄正莉 20111055-A。平邑：十里松画廊，海拔 1036 m，任昭杰、田雅娴 R17614；寿星沟，海拔 1050 m，任昭杰、王春晓 R18403、R18543-B；蓝涧口，海拔 566 m，任昭杰、王春晓 R18414、R18563。费县：三连峪，海拔 400 m，郭萌萌 R123288、R123395；望海楼，海拔 1000 m，任昭杰、田雅娴 R18235-B。

分布　中国（山东、四川、贵州、云南、西藏、香港）；印度尼西亚、日本、巴西、洪都拉斯、牙买加、波多黎各、海地、古巴和美国。

蒙山地区，本种蒴齿多缺失。

属 9. 大丛藓属 **Molendoa** Lindb.

Utkast. Eur. Bladmoss. 29. 1878.

植物体形小至粗壮，黄绿色至鲜绿色，疏松丛生。茎直立，易折断，多单一，稀分枝，横切面三角形；中轴分化。叶干时卷缩，湿时倾立，基部阔大，呈鞘状，上部狭长呈披针形；叶边多平展，通常全缘；中肋强劲，达叶下部消失、及顶或突出于叶尖。叶中上部细胞近方形或不规则六边形，厚壁，绿色，具多个圆疣，基部细胞长方形，平滑，多透明。雌雄异株。蒴柄细长。孢蒴倒卵形。蒴齿缺失。蒴盖圆锥形，具长斜喙，常与蒴轴相连。蒴帽兜形，平滑。孢子棕黄色，平滑或具密疣。

本属全世界现有 14 种。中国有 3 种和 1 变种；山东有 2 种和 1 变种，蒙山有 1 变种。

1. 高山大丛藓云南变种

Molendoa sendtneriana (Bruch & Schimp.) Limpr. var. **yuennaensis** (Broth.) Györffy in Thér., Bull. Soc. Sci. Nancy 2: 704. 1926.

Molendoa yuennanensis Broth., Akad. Wiss. Wien Sitzungsber., Math.-Naturwiss. Kl., Abt. 1, 131: 209. 1922.

植株形小，黄绿色，疏松丛生。茎直立，多分枝；中轴分化。叶长披针形至披针形，先端急尖；叶边全缘，平展；中肋及顶。叶中上部细胞不规则圆多边形，具不明显细疣，或平滑，基部细胞长方形，较透明，多平滑。

生境　生于土表。

产地　蒙阴：小天麻顶，赵遵田 91260。

分布　中国特有种（吉林、内蒙古、河北、山西、山东、河南、陕西、新疆、安徽、江西、四川、云南、西藏）。

属 10. 拟合睫藓属 **Pseudosymblepharis** Broth.

Nat. Pflanzenfam. (ed. 2), 10: 261. 1924.

植株通常较粗壮，多呈黄绿色，疏松丛生呈垫状群落。茎直立，单一或分枝；中轴分化或不分化。叶干时皱缩，湿时四散扭曲，龙骨状背凸，基部较宽，呈鞘状，向上渐狭呈狭长披针形，先端渐尖；叶边平直，全缘；中肋粗壮，长达叶尖或突出于叶尖。叶中上部细胞绿色，不规则多角形，具数个粗疣，基部细胞方形至长方形，平滑，无色透明，沿叶缘向上延伸，呈明显分化的边缘。雌雄异株。蒴柄细长。孢蒴圆柱形，直立。蒴齿单层，齿片短披针形，直立，黄色，具细疣。

本属全世界现有 9 种。中国有 2 种；山东有 2 种，蒙山皆有分布。

分种检索表

1. 叶基部明显呈鞘状；中轴分化 ·· 1. 狭叶拟合睫藓 *P. angustata*
1. 叶基部不呈鞘状至略呈鞘状；中轴不分化 ·· 2. 细拟合睫藓 *P. duriuscula*

Key to the species

1. Leaves obviously sheating at the base; stem central strand present ··············1. *P. angustata*
1. Leaves not sheating or weakly sheating at the base; stem central strand present··············2. *P. duriuscula*

1. 狭叶拟合睫藓　图 91 A-E　照片 46

Pseudosymblepharis angustata (Mitt.) Hilp., Beih. Bot. Centralbl. 50 (2): 670. 1933.

Tortula angustata Mitt., J. Proc. Linn. Soc., Bot., Suppl. 1: 28. 1859.

Pseudosymblepharis papillosula (Cardot & Thér.) Broth., Nat. Pflanzenfam. (ed. 2), 10: 261. 1924.

Symblepharis papillosula Cardot & Thér., Bull. Acad. Int. Géogr. Bot. 19: 17. 1909.

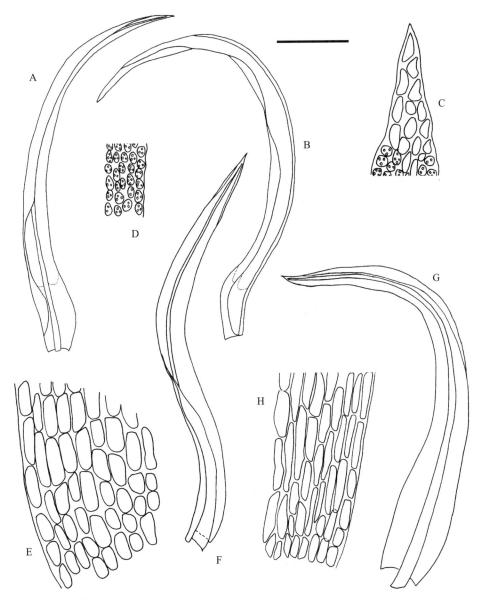

图 91　A-E. 狭叶拟合睫藓 *Pseudosymblepharis angustata* (Mitt.) Hilp., A-B. 叶；C. 叶尖部细胞；D. 叶中部细胞；E. 叶基部细胞。F-H. 细拟合睫藓 *Pseudosymblepharis duriuscula* (Mitt.) P. C. Chen, F-G. 叶；H. 叶基部细胞（任昭杰　绘）。
标尺：A-B, F-G=1.1 mm, C-E=80 μm, H=170 μm.

　　植物体形小至中等大小，通常较粗壮，黄绿色至暗绿色，丛生。茎直立，高多不及 2 cm；中轴分化。叶干时强烈卷缩，湿时上部扭曲，基部呈鞘状抱茎，渐上呈狭长披针形，先端渐尖；叶边平展，全缘；中肋及顶或突出于叶尖。叶中上部细胞圆方形或圆六边形，被密疣，基部细胞长方形，平滑透明。

　　生境　生于土表、岩面或岩面薄土上。

　　产地　蒙阴：小天麻顶，赵遵田 91287-B；小大畦，海拔 700 m，李林 R123197-B；大畦，海拔

700 m，李林 R123011；冷峪，海拔 520 m，李林 R120154-B、R123131-B、R123290-B；大洼，海拔 700 m，李林 R123305；大大洼，海拔 700 m，郭萌萌 R123354-A；蒙山，海拔 620 m，付旭 R121038-B；橛子沟，海拔 900 m，任昭杰、郭萌萌 R123079-B。平邑：蓝涧，海拔 650 m，李超 R120148-A。

　　分布　中国（吉林、内蒙古、河北、山西、山东、河南、陕西、宁夏、甘肃、新疆、安徽、江苏、浙江、江西、湖北、四川、重庆、贵州、云南、西藏、福建、台湾、广东、广西）；日本、印度、不丹、缅甸、泰国、印度尼西亚和巴布亚新几内亚。

2. 细拟合睫藓　图 91 F-H

Pseudosymblepharis duriuscula (Mitt.) P. C. Chen, Hedwigia 80: 153. 1941.

Tortula duriuscula Mitt., J. Proc. Linn. Soc., Bot., Suppl. 1: 27. 1859.

　　本种与狭叶拟合睫藓 *P. angustata* 类似，但本种叶基部略呈鞘状或不呈鞘状，而后者叶基多明显呈鞘状；本种茎中轴不分化，而后者分化。

　　生境　生于土表、岩面或岩面薄土上。

　　产地　蒙阴：冷峪，海拔 420 m，李超 R123025-C；冷峪，海拔 520 m，李林、郭萌萌 R123057-B、R123099。

　　分布　中国（山东、陕西、浙江、湖南、四川、重庆、贵州）；斯里兰卡。

属 11. 舌叶藓属 Scopelophila (Mitt.) Lindb.
Acta Soc. Sci. Fenn. 10: 269. 1872.

　　植物体形小至中等大小，有时较大，黄绿色至棕色，疏松或密集丛生。茎直立，单一，稀分枝；中轴不分化。叶干时扭转或卷曲，湿时伸展，舌形、舌状披针形或椭圆状披针形，基部狭缩，先端钝，或具小尖头，或阔急尖；叶边多平展，有时基部略背卷，全缘或先端具细圆齿，有时边缘有几列厚壁细胞组成的边；中肋细弱，达叶尖略下部消失或及顶，横切面具 1 列厚壁细胞束。叶中上部细胞圆方形或不规则多边形，薄壁或略加厚，平滑，基部细胞较大，长方形，薄壁，平滑。雌雄异株。雌苞叶不明显分化。蒴柄细长，直立。孢蒴椭圆状卵形或短圆柱形，直立。环带分化。蒴齿缺失。蒴盖圆锥形，具喙。蒴帽兜形，平滑。孢子棕色，平滑或具疣。

　　本属全世界有 4 种。中国有 2 种；山东有 2 种，蒙山有 1 种。

1. 剑叶舌叶藓　图 92　照片 47

Scopelophila cataractae (Mitt.) Broth., Nat. Pflanzenfam. I (3) : 436. 1902.

Weissia cataractae Mitt., J. Linn. Soc., Bot. 12: 135. 1869.

Merceyopsis sikkimensis (Müll. Hal.) Broth. & Dixon, J. Bot., 48: 301 f. 7. 1910.

Scopelophila sikkimensis Müll. Hal. in Renauld & Cardot, Bull. Soc. Roy. Bot. Belgique 41 (1): 53. 1905.

　　植物体形小，多柔弱，紧密丛生。茎直立，多单一。叶长椭圆状披针形，基部狭缩，先端急尖至阔急尖；叶边全缘，平展，有时基部略背卷；中肋达叶尖略下部消失，或及顶。叶中上部细胞不规则多边形，平滑，薄壁或略加厚，基部细胞较大，长方形。孢蒴长椭圆柱形，直立。蒴盖具长喙。

　　生境　生于土表、岩面或岩面薄土上。

　　产地　蒙阴：冷峪，海拔 600 m，郭萌萌、李超 R123241、R17451。平邑：拜寿台，海拔 1000 m，任昭杰、王春晓 R18412-A。沂南：东五彩山，海拔 650 m，任昭杰、田雅娴 R18246-A；东五彩山神龙洞，海拔 700 m，任昭杰、田雅娴 R18241-B。费县：三连峪，海拔 400 m，郭萌萌 R123225。

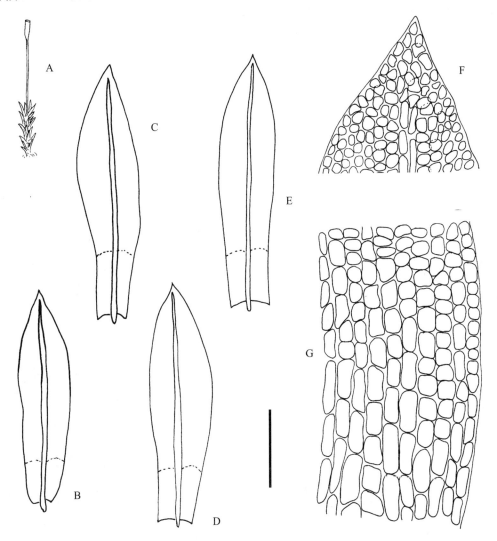

图 92 剑叶舌叶藓 *Scopelophila cataractae* (Mitt.) Broth., A. 植物体；B-E. 叶；F. 叶尖部细胞；G. 叶基部细胞（任昭杰 绘）。标尺：A=6.67 mm, B-E=0.83 mm, F=83 μm, G=111 μm.

分布 中国（辽宁、山东、河南、陕西、甘肃、安徽、江苏、江西、湖南、四川、云南、西藏、福建、台湾、广西、香港）；朝鲜、日本、尼泊尔、印度、不丹、印度尼西亚、菲律宾、巴布亚新几内亚、墨西哥、秘鲁、危地马拉、厄瓜多尔，北美洲。

属 12. 赤藓属 Syntrichia Brid.

J. Bot. (Schrad.) 1 (2): 299. 1801.

植物体通常较粗壮，黄绿色至红棕色，紧密或疏松丛生。茎直立，单一，或分枝；中轴多分化，稀不分化。叶干时扭转，有时卷曲，湿时伸展或背仰，卵状舌形至匙形，或狭披针形，先端圆钝、阔急尖，或具小尖头，上部多呈龙骨状，基部略抱茎；叶边多背卷，常具由疣突出形成的圆齿，多具由数列厚壁细胞组成的边，黄色至棕色，稀无分化边。中肋多突出于叶尖，呈短或长芒状，常具齿，稀及顶或达叶尖下部消失。叶中上部细胞近方形至圆多边形，密被马蹄形疣，基部细胞明显分化，长方形，薄壁，平滑。雌雄异株或雌雄同株。蒴柄细长，直立，黄棕色。孢蒴圆柱形，直立或略倾立。环带分化。蒴齿齿片 32，线形或丝状，扭转，稀直立，具疣，基膜较高。蒴盖圆锥形，具长斜喙。蒴帽兜形，平滑。孢子黄绿色或红棕色，平滑，或具疣。

本属全世界约 90 种。中国有 12 种；山东有 2 种，蒙山有 1 种。

1. 高山赤藓 图93

Syntrichia sinensis (Müll. Hal.) Ochyra, Fragm. Florist. Geobot. 37: 213. 1992.

Barbula sinensis Müll. Hal., Nuovo Giorn. Bot. Ital., n. s. 3: 100. 1896.

Tortula sinensis (Müll. Hal.) Broth. Nuovo Giorn. Bot. Ital., n. s. 13: 279. 1906.

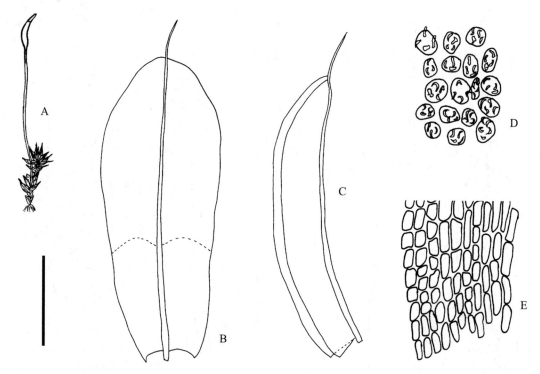

图93　高山赤藓 *Syntrichia sinensis* (Müll. Hal.) Ochyra, A. 植物体；B-C. 叶；D. 叶中部细胞；E. 叶基部细胞（任昭杰绘）。标尺：A=1.1 cm, B-C=1.7 mm, D-E= 80 μm.

植物体中等大小，暗绿色，带红棕色。茎直立，高不及 2 cm，多单一，稀叉状分枝。叶长倒卵圆形；叶边全缘；中肋突出于叶尖，呈毛尖状。叶中上部细胞圆多边形，密被马蹄形和圆形细疣，基部细胞长大，长方形，多平滑。

生境　生于岩面薄土上。

产地　蒙阴：蒙山，赵遵田 91254、91298。

分布　中国（内蒙古、河北、山西、山东、陕西、宁夏、甘肃、青海、新疆、江苏、浙江、江西、湖北、四川、云南、西藏、福建）；巴基斯坦，亚洲中部及西部、欧洲、北美洲和非洲北部。

属 13. 反纽藓属 **Timmiella** (De Not.) Limpr.

Laubm. Dentschl. 1: 590. 1888.

植物体多形小，黄绿色至暗绿色，疏松丛生。茎直立，单一，稀分枝。叶多丛生茎顶，干时旋扭或卷曲，湿时伸展，长披针形或舌状披针形，先端急尖；叶边多平展，或略有不规则背卷，中上部具齿；中肋达叶尖略下部消失。叶中上部细胞圆多边形，除叶边外均为 2 层细胞，腹面一层具明显乳头状突起，基部细胞单层，长方形，平滑。雌雄同株或雌雄异株。蒴柄细长。孢蒴长圆柱形，直立至略倾立。蒴齿直立或右旋，具矮基膜。蒴盖圆锥形，具长喙。蒴帽兜形。孢子具密疣。

　　本属全世界有 13 种。中国有 2 种；山东有 2 种，蒙山皆有分布。

分种检索表

1. 叶边中上部具齿；蒴齿较长，旋扭 ···1. 反纽藓 T. anomala
1. 叶边仅先端具齿；蒴齿较短，直立 ···2. 小反纽藓 T. diminuta

Key to the species

1. Upper leaf margins dentate; peristome teeth longer, dextrorse ·······················1. *T. anomala*
1. Leaf margins dentate only near apex ; peristome teeth shorter, erect ················2. *T. diminuta*

1. 反纽藓

Timmiella anomala (Bruch & Schimp.) Limpr., Laubm. Deutschl.1: 592. 1888.

Barbula anomala Bruch & Schimp. in B. S. G., Bryol. Eur. 2: 107 pl. 169. 1842.

Rhamphidium crassicostatum X. J. Li, Acta Bot. Yunnan. 3 (1): 101. 1981.

　　植物体形小，黄绿色至暗绿色，疏松丛生。茎直立，高不及 1 cm。叶长披针形或舌状披针形，先端急尖；叶边平展，有时不规则背卷，中上部具齿；中肋达叶尖稍下部消失。叶中上部细胞圆多边形，腹面具乳头状突起，基部细胞长方形，平滑。蒴柄细长。孢蒴长圆柱形，直立或略倾立。蒴盖圆锥形，具长喙。

　　生境　生于土表。

　　产地　平邑：龟蒙顶索道上站，海拔 1066 m，任昭杰、王春晓 R18495-A。

　　分布　中国（吉林、辽宁、内蒙古、河北、北京、山西、山东、河南、陕西、宁夏、甘肃，青海、新疆、安徽、浙江、江西、湖南、湖北、四川、重庆、贵州、云南、西藏、福建、台湾、广东）；日本、印度、巴基斯坦、缅甸、泰国、越南、菲律宾，欧洲、北美洲和非洲北部。

2. 小反纽藓　图 94　照片 48

Timmiella diminuta (Müll. Hal.) P. C. Chen, Hedwigia 80: 176. 1941.

Trichostomum diminuta Müll. Hal., Nuovo Giorn. Bot. Ital., n. s., 5: 177. 1898.

　　本种与反纽藓 *T. anomala* 类似，但本种叶边仅先端具齿，而后者叶边中上部均具齿；本种蒴齿较短，直立，而后者蒴齿较长，旋扭。

　　生境　生于土表或岩面。

　　产地　蒙阴：小天麻顶，赵遵田 91278；孟良崮，海拔 480 m，任昭杰、田雅娴 R18361-B。沂南：张庄镇张庄村，任昭杰 R16705。

　　分布　中国（黑龙江、吉林、辽宁、内蒙古、河北、北京、山东、河南、陕西、甘肃、安徽、江苏、湖南、四川、重庆、贵州、云南、西藏）；印度。

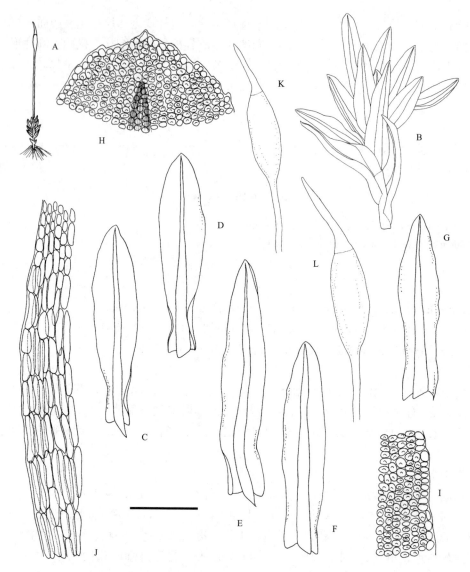

图94 小反纽藓 *Timmiella diminuta* (Müll. Hal.) P. C. Chen, A. 植物体；B. 植物体一部分；C-G.叶；H. 叶尖部细胞；I. 叶中部边缘细胞；J. 叶基部细胞；K-L. 孢蒴（任昭杰 绘）。标尺：A=0.67 cm, B, K-L=2.08 mm, C-G=1.39 mm, H-J=139 μm.

属 14. 纽藓属 Tortella (Lindb.) Limpr. in Rab.

Laubm. Deutsch. 1: 520. 1888.

　　植物体多粗壮，黄绿色至深绿色，往往大片垫状丛生。茎直立，多具分枝。叶在枝端常密集成丛，叶倾立或背仰，狭长披针形或线形，先端狭长，渐尖，叶边平展或略呈波状，全缘或先端具微齿，叶干时强烈卷缩；中肋下部粗壮，渐向尖部渐细，长达叶尖或略突出；叶上部细胞绿色，多边形或圆多边形，两面皆具密疣，基部细胞明显分化呈狭长方形，平滑无疣，且无色透明，与上部绿色细胞分界明显，且沿叶边上延形成分化的角部及边缘。雌雄异株。蒴柄细长，孢蒴直立或倾立，长卵状圆柱形，红棕色；蒴齿单层，基膜低，齿片32，细长线形，具疣，常向左螺旋状扭曲；蒴盖长圆锥形。孢子黄褐色，外壁平滑或具疣。

　　本属植物叶基部细胞与上部细胞具有明显界限，形成一个明显的"V"形，可与拟合睫藓属 *Pseudosymblepharis* Broth.等区别。

本属全世界约 51 种。中国有 4 种；山东有 3 种，蒙山皆有分布。

分种检索表

1. 叶干燥时直立，贴生，易折断，上部由双层细胞组成 ·· 1. 折叶纽藓 T. fragilis
1. 叶干燥时扭转或卷曲，不易折断，由单层细胞组成 ··· 2
2. 叶舌形、椭圆形或狭卵状椭圆形，先端较钝；中肋达叶尖下部消失至及顶；雌雄同株 ············ 2. 纽藓 T. humilis
2.叶狭披针形至线状披针形，先端刚毛状；中肋突出于叶尖；雌雄异株 ·············· 3. 长叶纽藓 T. tortuosa

Key to the species

1. Leaves very fragile, erect and appressed when dry, upper portion of lamina bistratose ····························· 1. T. fragilis
1. Leaves not fragile, contorted curved or crisped when dry, lamina unistratose throughout ······························· 2
2. Leaves ligulate to oblong or narrowly ovate-oblong, obtuse at apex; costa ending below apex to percurrent; autoicous ·········
 ··· 2. T. humilis
2. Leaves narrowly lanceolate to linear-lanceolate, setaceous at apex; costa excurrent; dioicous ···················· 3. T. tortuosa

1. 折叶纽藓　图 95

Tortella fragilis (Hook. & Wilson) Limpr., Laubm. Deutschl. 1: 606. 1888.

Didymodon fragilis Hook. & Wilson in Drumm., Musci Amer., Brit. N. Amer. 127. 1828.

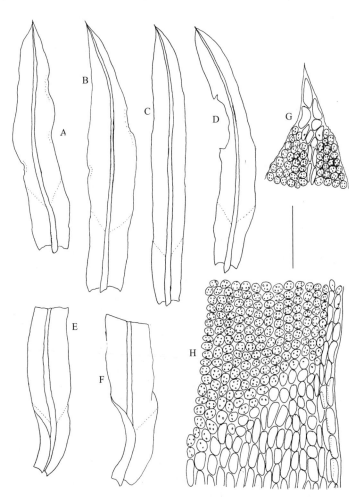

图 95　折叶纽藓 *Tortella fragilis* (Hook. & Wilson) Limpr., A-F. 叶；G. 叶尖部细胞；H. 叶近基部细胞（任昭杰　绘）。
标尺：A-F=1 mm, G-H=100 μm.

植物体形小至中等大小，黄绿色至绿色，有时带棕色，密集丛生。茎直立，单一或分枝。叶披针形，长渐尖，多由 2 层细胞构成，叶尖硬而易折断，折断的叶尖可进行营养繁殖；叶边全缘；中肋粗壮，及顶至突出于叶尖。叶中上部细胞四至六角形，壁薄，被数个圆疣，基部细胞狭长方形，平滑，与上部细胞形成明显界限，形成一个"V"形基部。

生境 生于岩面、土表或岩面薄土上。

产地 蒙阴：老龙潭，海拔 500 m，任昭杰、王春晓 R18442-A。平邑：蒙山，大洼林场，海拔 400 m，张艳敏 133（PE）；核桃涧，海拔 650 m，付旭 R123156-B；龟蒙顶索道上站，海拔 1066 m，任昭杰、王春晓 R18516-B、R18531-C。费县：望海楼，海拔 1000 m，赵遵田 20111371-B。

分布 中国（内蒙古、河北、山西、山东、河南、陕西、宁夏、甘肃、青海、新疆、湖南、湖北、四川、重庆、贵州、云南、西藏、福建、广西）；巴基斯坦、日本、俄罗斯，欧洲和北美洲。

本种叶先端常折断，易与属内其他种类区别。

2. 纽藓 图 96 照片 49

Tortella humilis (Hedw.) Jenn., Man. Mosses W. Pennsylvania 96: 13. 1913.

Barbula humilis Hedw., Sp. Musc. Frond. 116. 1801.

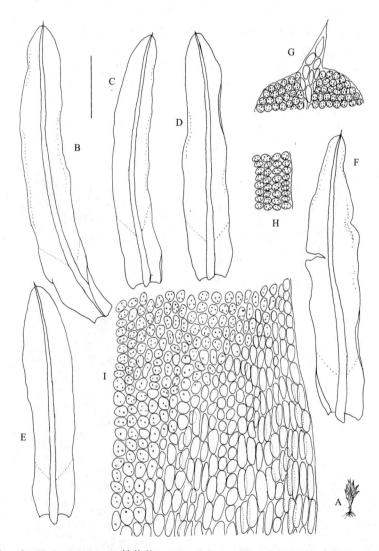

图 96 纽藓 *Tortella humilis* (Hedw.) Jenn., A. 植物体；B-F. 叶；G. 叶尖部细胞；H. 叶中部边缘细胞；I. 叶近基部细胞（任昭杰 绘）。标尺：A=1 cm, B-F=1 mm, G-I=100 μm.

　　植物体绿色，稀疏丛生。茎直立，多分枝。叶干时强烈卷缩，湿时伸展或背仰，舌形或狭椭圆形，先端略钝，具小尖头；叶边平展或不规则狭背卷，全缘；中肋达叶尖稍下部消失至及顶。叶中上部细胞方形至六边形，被多个圆疣，基部细胞长方形，平滑，与上部细胞形成明显界限，形成一个"V"形基部。

　　生境　生于土表。

　　产地　平邑：龟蒙顶索道上站，海拔 1066 m，任昭杰、王春晓 R18407-A。

　　分布　中国（山东、陕西、安徽、湖南、重庆、云南、西藏）。日本、俄罗斯、巴西、坦桑尼亚，太平洋岛屿，欧洲、北美洲和亚洲西部。

　　本种在蒙山乃至山东地区较为少见。

3. 长叶纽藓　图 97　照片 50

Tortella tortuosa (Hedw.) Limpr., Laubm. Deutschl. 1: 604. 1888.

Tortula tortuosa Ehrh. ex Hedw., Sp. Musc. Frond. 124. 1801.

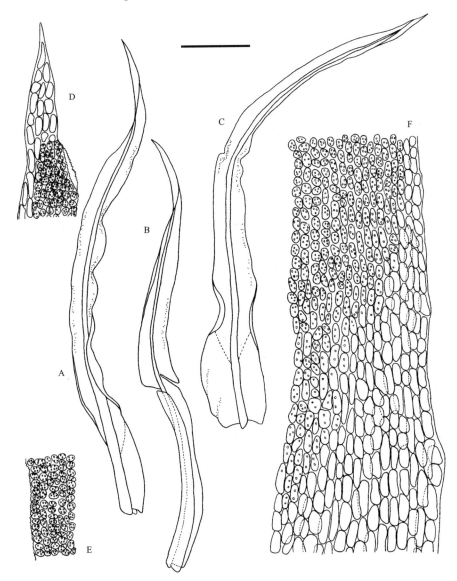

图 97　长叶纽藓 *Tortella tortuosa* (Hedw.) Limpr., A-C. 叶；D. 叶尖部细胞；E. 叶中部边缘细胞；F. 叶近基部细胞（任昭杰　绘）。标尺：A-C=1.04 mm, D-F=104 μm.

植物体形小至中等大小，黄绿色至绿色，密集丛生。茎直立，通常分枝。叶狭长披针形至线状披针形；叶边平展或不规则背卷，全缘；中肋突出于叶尖。叶中上部细胞方形至六边形，被多个圆疣，基部细胞长方形，平滑，与上部细胞形成明显界限，形成一个"V"形基部。

生境　生于土表、岩面或岩面薄土上。

产地　蒙阴：小天麻顶，赵遵田 91283-1-A；前梁南沟，海拔 600 m，黄正莉 20120004-A；冷峪，海拔 550 m，李林 R120181-B。平邑：蓝涧口，海拔 566 m，任昭杰、王春晓 R18515-B；蓝涧，海拔 620 m，李超 R123361-A；龟蒙顶索道上站，海拔 1066 m，任昭杰、王春晓 R18516-A、R18523-B。沂南：东五彩山，海拔 650 m，任昭杰、田雅娴 R18236-B。费县：闻道东蒙，海拔 600 m，任昭杰、田雅娴 R17617；玉皇宫货索站，海拔 600 m，任昭杰、田雅娴 R18222-B。

分布　中国（内蒙古、山西、山东、河南、陕西、宁夏、甘肃、青海、新疆、安徽、江苏、浙江、江西、湖北、四川、重庆、云南、西藏、福建、台湾、广东）；巴基斯坦、尼泊尔、印度、日本、俄罗斯、秘鲁、智利，欧洲、北美洲和非洲北部。

本种叶狭长，易与属内其他种类区别。

属 15. 墙藓属 Tortula Hedw.

Sp. Musc. Frond. 122. 1801.

植物体多小形，粗壮，上部亮绿色至暗绿色，基部红棕色，疏松或密集丛生。茎直立，单一，稀不规则分枝；中轴多分化。叶干时旋扭或皱缩，湿时伸展或倾立，卵形、倒卵形或舌形，先端圆钝，具小尖头或渐尖，基部有时呈鞘状；叶边背卷或平展，多全缘；中肋粗壮，多突出于叶尖呈短刺状或长毛尖，先端及背面有时具刺状齿，稀达叶尖下部消失。叶中上部细胞圆多边形，密被新月形、马蹄形或圆环状疣，稀平滑，叶边有时具厚壁细胞组成的黄色分化边，基部细胞长方形，无色，透明，平滑。雌雄同株或雌雄异株。蒴柄细长，直立。孢蒴圆柱形或卵状圆柱形，直立或倾立。环带分化。蒴齿旋扭或直立。蒴帽圆锥形，具长斜喙。蒴帽兜形，平滑。孢子小，黄绿色或黄棕色，平滑或疏生细疣。

本属全世界约 195 种。中国有 20 种和 1 变种；经过检视标本，我们发现《山东苔藓植物志》（1998年）、《山东苔藓志》（2016 年）和《昆嵛山苔藓志》（2017 年）等文献报道的平叶墙藓 *Tortula planifolia* X. J. Li，系高山赤藓 *Syntrichia sinensis* (Müll. Hal.) Ochyra 误定，因此将平叶墙藓从山东苔藓植物区系中剔除。山东有 5 种，蒙山有 2 种。

分种检索表

1. 叶无分化边或具由短的厚壁细胞组成的分化边 ··· 1. 泛生墙藓 *T. muralis*
1. 叶具由狭长细胞组成的分化边 ·· 2. 墙藓 *T. subulata*

Key to the species

1. Leaf margins not bordered or bordered by short thick-walled cells ··· 1. *T. muralis*
1. Leaf margins bordered by elongate thick-walled cells ··· 2. *T. subulata*

1. 泛生墙藓　图 98

Tortula muralis Hedw., Sp. Musc. Frond. 123. 1801.

植物体形小，黄绿色，密集丛生。茎直立，高不及 1 cm。叶长椭圆状舌形，先端急尖，具小尖头；叶边背卷，全缘或先端具微齿；中肋突出于叶尖，呈毛尖状。叶中上部细胞多边形至圆多边形，密被马蹄形疣，无分化边，或具有短厚壁细胞组成的分化边，基部细胞长方形，平滑。

　　生境　生于岩面薄土上。

　　产地　蒙阴：小天麻岭，海拔 500 m，赵遵田 91243-C。

　　分布　中国（吉林、辽宁、内蒙古、河北、山东、河南、陕西、甘肃、宁夏、青海、新疆、江苏、上海、浙江、江西、湖南、湖北、四川、重庆、贵州、云南、西藏、福建、台湾）；巴基斯坦、日本、俄罗斯、秘鲁、智利，欧洲、北美洲和非洲。

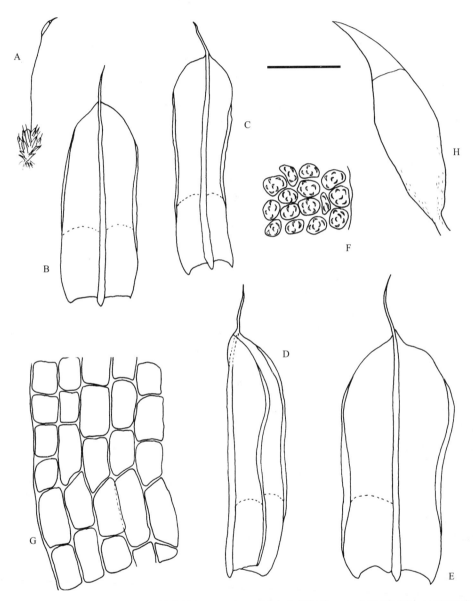

图 98　泛生墙藓 *Tortula muralis* Hedw., A. 植物体；B-E. 叶；F. 叶中上部细胞；G. 叶基部细胞；H. 孢蒴（任昭杰　绘）。
标尺：A=1.1 cm, B-E=1.0 mm, F-G=100 μm, H=1.7 mm.

2. 墙藓

Tortula subulata Hedw., Sp. Musc. Frond. 122. 1801.

　　本种与泛生墙藓 *T. muralis* 类似，但本种叶边具由狭长厚壁细胞组成的黄色分化边，而后者无分化边，若有则由短厚壁细胞组成。

生境　生于岩面。

产地　费县：望海楼，赵遵田 91308-C、91310-B；望海楼，海拔 1000 m，赵洪东 91314-D。

分布　中国（河北、山东、河南、甘肃、新疆）；土耳其、俄罗斯，欧洲、北美洲和非洲。

属 16. 毛口藓属 **Trichostomum** Bruch

Flora 12: 396. 1929.

植物体形小，黄绿色至暗绿色，密集丛生。茎直立，单一或分枝。叶形多变，舌形、卵状披针形、长披针形或线状披针形，先端渐尖、急尖，或圆钝而具小尖头；叶边平展或背卷，多全缘；中肋粗壮，达叶尖下部消失、及顶或突出于叶尖。叶中上部细胞圆多边形，密被圆疣或马蹄形疣，基部细胞长大，不规则长方形，平滑，透明。雌雄异株。蒴柄细长。孢蒴长圆锥形，台部较短，直立。环带分化。蒴齿无基膜或具短基膜，齿片直立，狭长披针形，平滑或具疣。蒴盖圆锥形，先端具短喙。蒴帽兜形。孢子具粗疣。

本属全世界约 106 种。中国有 9 种；山东有 7 种，蒙山有 5 种。

分种检索表

1. 中肋通常达叶尖略下部消失 ·· 5. 波边毛口藓 *T. tenuirostre*
1. 中肋及顶或突出于叶尖 ··· 2
2. 叶边背卷 ··· 3
2. 叶边平展 ··· 4
3. 叶先端不呈兜状 ·· 1. 毛口藓 *T. brachydontium*
3. 叶先端呈兜状 ·· 2. 皱叶毛口藓 *T. crispulum*
4. 叶基部不明显狭缩，上部有时龙骨状，先端圆钝 ···························· 3. 平叶毛口藓 *T. planifolium*
4. 叶基部明显狭缩，上部平展，先端急尖 ································· 4. 阔叶毛口藓 *T. platyphyllum*

Key to the species

1. Costa usually ending below the leaf apex ····································· 5. *T. tenuirostre*
1. Costa percurrent or excurrent ·· 2
2. Leaf margins recurved ·· 3
2. Leaf margins plane ·· 4
3. Leaves apex not cucullate ·· 1. *T. brachydontium*
3. Leaves apex often cucullate ··· 2. *T. crispulum*
4. Leaves not clearly narrowed at base, upper lamina sometimes keeled, rounded-obtuse at apex ············· 3. *T. planifolium*
4. Leaves distinctly narrowed at base, upper lamina plane, acute at apex ················· 4. *T. platyphyllum*

1. 毛口藓　图 99

Trichostomum brachydontium Bruch in F. A. Müll., Flora 12: 393. 1829.

植物体形小，黄绿色，疏松丛生。茎直立，高不及 1 cm。叶干时卷缩，湿时伸展，狭长披针形或长卵状披针形，先端钝具短尖头；叶边背卷，全缘；中肋粗壮，突出叶尖。叶中上部细胞圆多边形，密被圆疣，基部细胞长方形，平滑。孢蒴圆柱形，直立。

生境　生于土表。

产地　蒙阴：蒙山三分区，海拔 500 m，赵遵田 91168。平邑：蓝涧，海拔 350 m，李林 R123068。

分布　中国（黑龙江、吉林、辽宁、河北、山西、山东、河南、陕西、安徽、江苏、上海、浙江、江西、四川、重庆、贵州、云南、西藏、福建、台湾、广东）；日本、巴基斯坦、马来西亚、印度尼西亚、俄罗斯、秘鲁、巴西、智利，欧洲、北美洲、非洲北部和西亚。

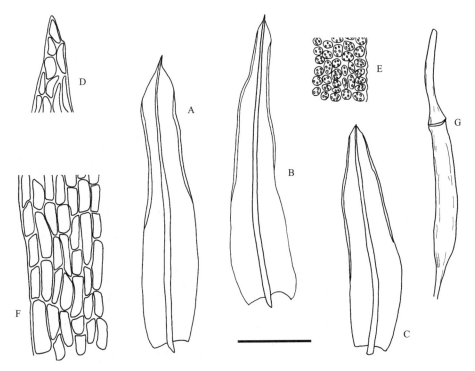

图 99　毛口藓 *Trichostomum brachydontium* Bruch, A-C. 叶；D. 叶尖部细胞；E. 叶中部细胞；F. 叶基部细胞；G. 孢蒴（任昭杰 绘）。标尺：A-C, G=1.1 mm, D-F=110 μm.

2. 皱叶毛口藓　图 100　照片 51

Trichostomum crispulum Bruch in F. A. Müll., Flora 12: 395. 1829.

植物体形小，黄绿色至暗绿色，密集丛生。茎直立，高不及 1 cm，多单一。叶干时卷缩，长披针形，先端急尖，上部兜状，基部略呈鞘状；叶边背卷，全缘；中肋略突出于叶尖。叶中上部细胞圆多边形，密被圆疣，基部细胞长大，长方形，平滑。孢蒴多直立，孢蒴圆柱形至短圆柱形。

生境　生于土表。

产地　蒙阴：冷峪，海拔 550 m，李林、郭萌萌 R123290-C、R17331-C。平邑：核桃涧，海拔 700 m，李林 R123416-D；龟蒙顶索道上站，海拔 1066 m，任昭杰、王春晓 R18402。费县：望海楼，海拔 1000 m，任昭杰、田雅娴 R18347。

分布　中国（吉林、辽宁、内蒙古、山东、陕西、宁夏、江苏、上海、浙江、江西、湖南、四川、贵州、云南、福建、广西）；朝鲜、日本、俄罗斯、阿尔及利亚、突尼斯，欧洲和北美洲。

本种叶上部强烈内凹，呈兜状，易与其他种类区别。

3. 平叶毛口藓　图 101　照片 52

Trichostomum planifolium (Dixon) R. H. Zander, Bull. Buffalo Soc. Nat. Sci. 32: 92: 1993.

Weissia planifolium Dixon, Rev. Bryol., n. S., 1: 179. 1928.

植物体形小，黄绿色至暗绿色，无光泽，稀疏或密集丛生。茎直立，单一或叉状分枝。叶长卵状舌形，上部多呈龙骨状，先端钝；叶边平展，全缘；中肋粗壮，及顶或略突出于叶尖。叶中上部细胞圆多边形至多边形，密被细疣，基部细胞短长方形至长方形，平滑。孢蒴长卵圆柱形，直立。

生境　生于土表、岩面或岩面薄土上。

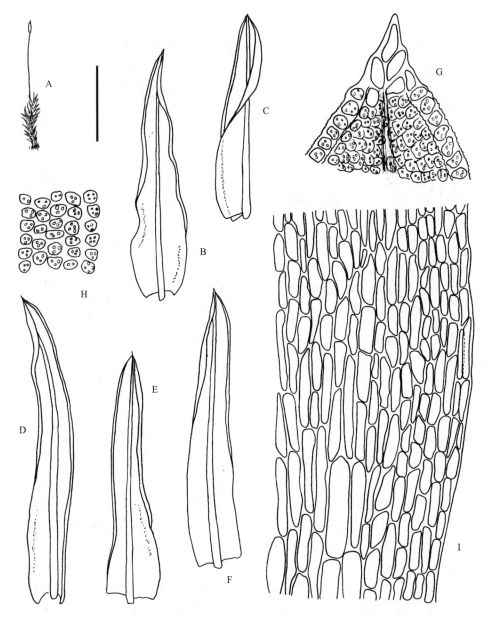

图 100　　皱叶毛口藓 *Trichostomum crispulum* Bruch，A. 植物体；B-F. 叶；G. 叶尖部细胞；H. 叶中部细胞；I. 叶基部
　　　　　细胞（任昭杰 绘）。标尺：A=1.67 cm，B-F=0.83 mm，G-H=56 μm，I=83 μm.

　　产地　蒙阴：小天麻顶，海拔 500 m，赵遵田 91243-A；平台，海拔 550 m，土生，黄正莉 20111055-A。
平邑：核桃涧，海拔 600 m，黄正莉、付旭、李林 R123040-B、R123387-B、R17461-B；十里松画廊，
海拔 1030 m，任昭杰、田雅娴 R17603。费县：望海楼，海拔 1000 m，赵遵田 91319-B、20111370-D；
闻道东蒙下，海拔 660 m，任昭杰、田雅娴 R17646-A。

　　分布　中国（黑龙江、吉林、辽宁、内蒙古、河北、北京、山西、山东、河南、宁夏、安徽、江
苏、上海、浙江、江西、湖南、湖北、四川、重庆、贵州、云南、福建、台湾）；日本和俄罗斯。

　　本种在蒙山地区较常见，多在路边土坡或岩缝里形成小群落。

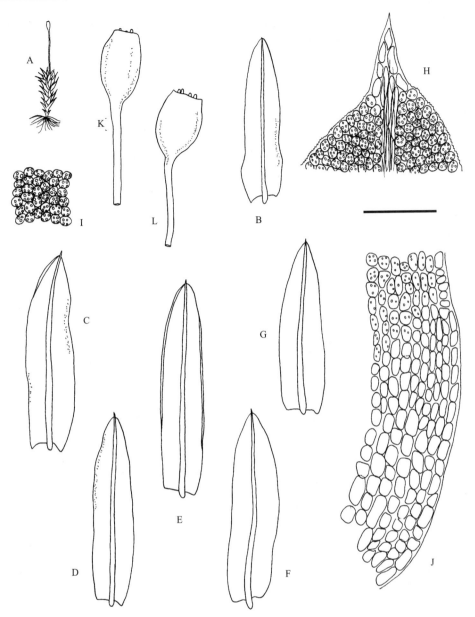

图 101　平叶毛口藓 *Trichostomum planifolium* (Dixon) R. H. Zander, A. 植物体；B-G. 叶；H. 叶尖部细胞；I. 叶中部细胞；J. 叶基部细胞；K-L. 孢蒴（任昭杰 绘）。标尺：A=0.83 mm, B-G=1.04 mm, H-J=104 μm, K-L=1.67 mm.

4. 阔叶毛口藓

Trichostomum platyphyllum (Ihsiba.) P. C. Chen, Hedwigia 80: 166. 1941.

Tortella platyphylla Broth. ex Ihsiba, Cat. Mosses Japan 65. 1929.

　　植物体形小，暗绿色，丛生。茎直立，高不及 1 cm，多单一。叶长椭圆形至匙形，先端急尖或略钝，基部狭窄；叶边平展，稀略背卷，全缘；中肋粗壮，长达叶尖。叶中上部细胞多边形，具多个圆疣，基部细胞短长方形，平滑透明。

　　生境　生于岩面。

　　产地　平邑：大洼林场洼店，海拔 400 m，张艳敏 133（SDAU）。

　　分布　中国（黑龙江、辽宁、山东、江苏、浙江、江西、湖南、湖北、四川、贵州、西藏、台湾、广西）；越南和日本。

　　本种与平叶毛口藓 *T. planifolium* 类似，本种叶基部明显狭缩，上部不呈龙骨状，先端急尖，后者叶基部不明显狭缩，上部多呈龙骨状；本种与毛口藓 *T. brachydontium* 类似，本种叶最宽处在中部，叶边多平展，稀略背卷，后者叶最宽处在基部，叶边多背卷，稀平展。

5. 波边毛口藓　图 102　照片 53

Trichostomum tenuirostre (Hook. f. & Taylor) Lindb., Öfvers. Förh. Kongl. Svenska Vetensk.-Akad. 21 (4): 225. 1864.

Weissia tenuirostris Hook. f. & Taylor, Muscol. Brit. (ed. 2), 2: 83. 1827.

Oxystegus cylindricus (Brid.) Hilp., Beih. Bot. Centralbl. 50 (2): 620. 1933.

Weissia cylindrica Brid. ex Brid., Bryol. Univ. 1: 806. 1827.

Oxystegus cuspidatus (Dozy & Molk.) P. C. Chen, Hedwigia 80: 143. 1941.

Didymodon cuspidatus Dozy & Molk. in Zoll., Syst. Verz. 31. 1854.

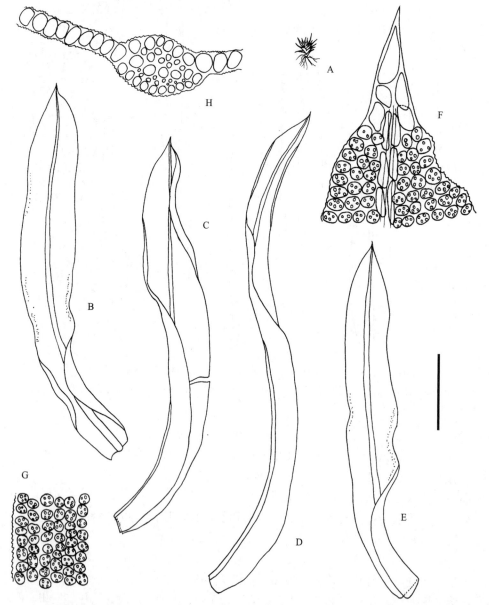

图 102　波边毛口藓 *Trichostomum tenuirostre* (Hook. f. & Taylor) Lindb., A. 植物体；B-E. 叶；F. 叶尖部细胞；G. 叶中部边缘细胞；H. 叶横切面一部分（任昭杰、田雅娴 绘）。标尺：A=1.67 cm, B-E=0.83 mm, F-G=83 μm, H=104 μm.

植物体形小，黄绿色至暗绿色，密集丛生。茎直立，高约 1 cm。叶干时强烈卷缩，长披针形至线状披针形，先端渐尖或具小尖头，基部略抱茎；叶边波曲，有时不规则背卷，全缘；中肋达叶尖下部消失。叶中上部细胞方形至多边形，或圆方形至圆多边形，密被圆疣，基部细胞长方形，平滑。

生境　生于土表。

产地　平邑：龟蒙顶，海拔 1045 m，任昭杰、田雅娴 R17658-B；龟蒙顶索道上站，海拔 1066 m，任昭杰、王春晓 R18384；拜寿台，海拔 1000 m，任昭杰、王春晓 R18481-C。费县：三连峪，海拔 500 m，李超 R123115-A；玉皇宫下，海拔 870 m，任昭杰、田雅娴 R17618；玉皇宫货索站，海拔 600 m，任昭杰、田雅娴 R18240-C。

分布　中国（黑龙江、吉林、辽宁、内蒙古、河北、北京、山西、山东、河南、陕西、宁夏、新疆、江苏、浙江、江西、湖南、湖北、四川、重庆、贵州、云南、西藏、福建、台湾、广东、广西、海南）；印度、缅甸、老挝、日本、俄罗斯、巴西，欧洲、北美洲和非洲。

本种叶狭长，与长叶纽藓 *Tortella tortuosa* (Hedw.) Limpr. 类似，但后者叶近基部有明显的"V"形，易与本种区别。

属 17.　小墙藓属 **Weisiopsis** Broth.

Öfvers. Förh. Finska Vetensk.-Soc. 62 A (9): 7. 1921.

植物体形小，黄绿色至暗绿色，密集丛生。茎直立，多单一。叶干时卷缩，湿时伸展或倾立，椭圆状舌形至卵状舌形，上部平展，先端圆钝，或具小尖头，基部两侧多具皱褶；叶边平展，全缘；中肋达叶尖略下部消失。叶上部细胞较小，多边形，平滑或具疣，有时具乳头状突起，基部细胞较长大，平滑。雌雄同株。蒴柄黄色，细长。孢蒴长圆柱形，直立。环带分化，成熟后自行脱落。蒴齿短，直立，平滑或具疣。蒴盖圆锥形，具长喙。蒴帽兜形。

本属全世界现有 7 种。中国有 2 种；山东有 2 种，蒙山有 1 种。

1.　褶叶小墙藓　　图 103

Weisiopsis anomala (Broth. & Paris) Broth., Öfvers. Förh. Finska Vetensk.-Soc. 62 A (9): 9. 1921.

Hyophila anomala Broth. & Paris in Cardot, Bull. Herb. Boissier, sér. 2, 7: 717. 1907.

植物体形小，深绿色，密集丛生。茎直立，多单一。叶长椭圆状舌形，先端具小尖头，基部两侧常具深纵褶；叶边平展，全缘；中肋达叶尖下部消失。叶中上部细胞不规则多边形，具乳头状突起，基部细胞长方形，平滑。蒴柄长约 7 mm。孢蒴卵圆柱形，直立。蒴齿线形，直立。

生境　生于土表。

产地　蒙阴：小天麻岭，海拔 460 m，赵遵田 91312。

分布　中国（吉林、辽宁、河北、北京、山东、安徽、江苏、上海、浙江、贵州、云南、西藏、福建、广东、广西）；朝鲜和日本。

属 18.　小石藓属 **Weissia** Hedw.

Sp. Musc. Frond. 64. 1801.

植物体形小至中等大小，黄绿色至暗绿色，密集丛生或疏松丛生。茎直立，单一或分枝。叶形多变，长卵形、披针形或狭长披针形，先端细长渐尖或急尖或具小尖头；叶缘平展或内卷，多全缘；中肋粗壮，及顶或突出于叶尖。叶中上部细胞较小，圆多边形，密被细疣，基部细胞明显分化呈长方形，薄壁，平滑透明。雌雄同株或雌雄杂株。雌苞叶基部略呈鞘状。孢蒴圆柱形、卵圆柱形或球形，隐生于雌苞叶之内或高出雌苞叶。蒴齿常存或缺失，齿片多呈长披针形，具横脊且具疣。蒴盖分化或不分化。蒴帽兜形。孢子球形，黄色或棕红色，表面具细疣。

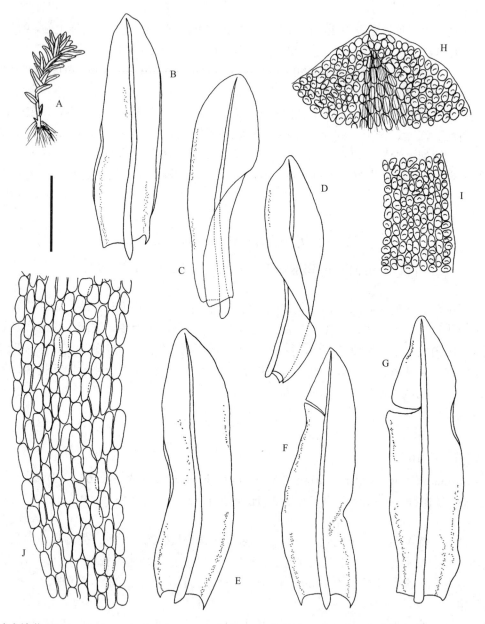

图 103 褶叶小墙藓 *Weisiopsis anomala* (Broth. & Paris) Broth., A. 植物体；B-G. 叶；H. 叶尖部细胞；I. 叶中部边缘细胞；J. 叶基部细胞（任昭杰 绘）。标尺：A=1.33 cm, B-G=1.04 mm, H-J=104 μm.

本属植物在蒙山乃至整个山东地区都较为常见，植株矮小，常生于路边土坡或石缝中，孢子体常见，本属部分种类易与毛口藓属 *Trichostomum* Bruch 部分种类混淆，尤其在没有孢子体的情况下鉴定区分难度更大。

本属全世界约 119 种。中国有 8 种；山东有 6 种，蒙山有 5 种。

分种检索表

1. 叶边通常平展 ·· 1. 短柄小石藓 *W. breviseta*

1. 叶边背卷 ·· 2
2. 叶狭长披针形 ··· 4. 东亚小石藓 *W. exserta*
2. 叶多披针形、阔披针形至长披针形 ·· 3
3. 叶多簇生于茎顶；孢蒴隐生于雌苞叶之内，蒴盖不分化 ················· 5. 皱叶小石藓 *W. longifolia*
3. 叶多散生于茎上；孢蒴高出于雌苞叶之外，蒴盖分化 ··· 4
4. 叶披针形、阔披针形至长披针形；蒴齿常存 ·································· 2. 小石藓 *W. controversa*
4. 叶多长披针形；蒴齿缺失 ··· 3. 缺齿小石藓 *W. edentula*

Key to the species

1. Leaf margins usually plane ·· 1. *W. breviseta*
1. Leaf margins recurved ·· 2
2. Leaves narrowly elongate lanceolate ·· 4. *W. exserta*
2. Leaves lanceolate, wide lanceolate to elongate lanceolate ··· 3
3. Leaves usually crowded at stem tips; capsules immersed in perichaetial leaves, opercula not differentiated ···· 5. *W. longifolia*
3. Leaves scattered throughout stems; capsules exserted above perichaetial leaves, opercula differentiated ························· 4
4. Leaves lanceolate, wide lanceolate to elongate lanceolate; peristome teeth present ··············· 2. *W. controversa*
4. Leaves usually elongate lanceolate; peristome teeth absent ························· 3. *W. edentula*

1. 短柄小石藓

Weissia breviseta (Thér.) P. C. Chen, Hedwigia 80: 165. 1941.

Trichostomum brevisetum Thér., Ann. Crypt. Exot. 5: 171. 1932.

　　植物体形小，黄绿色，密集丛生。茎直立，叶干时皱缩，湿时伸展，长匙形；叶边平展，全缘；中肋粗壮，及顶至略突出于叶尖。叶中上部细胞圆形至多边形，密被疣，基部细胞较大，长方形，平滑。蒴柄直立，长约 5 mm。孢蒴长圆柱形。蒴齿直立。

　　生境　生于岩面薄土上。

　　产地　蒙阴：小天麻顶，赵遵田 91264-B。

　　分布　中国特有种（黑龙江、河北、山东、江西、福建）。

2. 小石藓

Weissia controversa Hedw., Sp. Musc. Frond. 67. 1801.

　　植物体形小，黄绿色至绿色，密集丛生。茎直立，单一或分枝。叶长披针形至披针形，有时阔披针形，先端渐尖；叶边强烈背卷，全缘；中肋粗壮，突出于叶尖呈芒状。叶中上部细胞圆多边形，薄壁，密被粗疣，基部细胞长方形，平滑。孢蒴卵圆柱形，直立。

　　生境　生于土表、岩面或岩面薄土上。

　　产地　蒙阴：蒙山花园庄，赵遵田 91156-B；天麻村，赵遵田 91242-A。

　　分布　世界广布种。中国（黑龙江、吉林、辽宁、内蒙古、北京、山西、山东、河南、陕西、宁夏、甘肃、新疆、安徽、江苏、上海、浙江、江西、湖南、湖北、四川、重庆、贵州、云南、西藏、福建、台湾、广东、广西、海南、香港、澳门）。

3. 缺齿小石藓　图 104　照片 54

Weissia edentula Mitt., J. Proc. Linn. Soc., Bot., Suppl. 1: 27. 1859.

Weissia semipallida Müll. Hal., Nuovo Giorn. Bot. Ital., n. s., 5: 185. 1898.

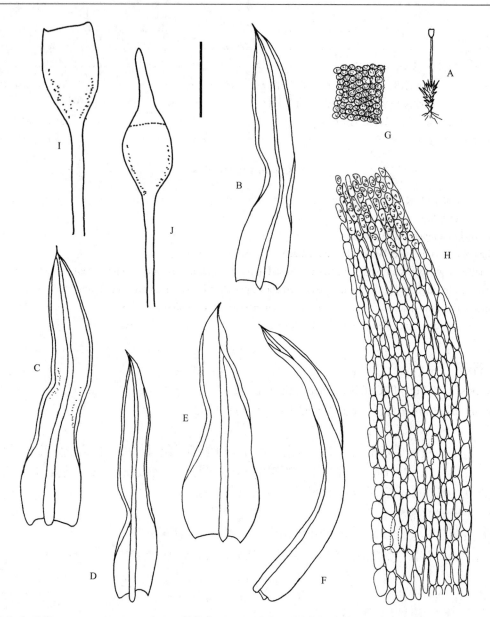

图104 缺齿小石藓 *Weissia edentula* Mitt., A. 植物体；B-F. 叶；G. 叶中部边缘细胞；H. 叶基部细胞；I-J. 孢蒴（任昭杰 绘）。标尺：A=1.11 cm, B-F=0.93 mm, G-H=119 μm, I-J=1.19 mm.

　　植物体形小，黄绿色至暗绿色，密集丛生。茎直立，高不及 1 cm，单一或分枝。叶干时卷曲，湿时伸展，长披针形，先端渐尖；叶边全缘，平展或背卷；中肋略突出于叶尖。叶中上部细胞多边形或圆多边形，密被细疣，基部细胞不规则长方形，平滑。孢蒴卵圆柱形。蒴齿缺如。

　　生境　生于土表、岩面或岩面薄土上。

　　产地　蒙阴：蒙山，赵遵田 91151-B；蒙山，海拔 620 m，付旭 R121038-A。 平邑：蓝涧，海拔 600 m，李林 R120169-A；核桃涧，海拔 620 m，李林、付旭 R123093、R17106；龟蒙顶索道上站，海拔 1066 m，任昭杰、王春晓 R18523-C。

　　分布　中国（黑龙江、吉林、辽宁、内蒙古、北京、山东、河南、陕西、宁夏、新疆、安徽、江苏、上海、浙江、湖南、四川、重庆、贵州、云南、西藏、福建、台湾、广东、香港）；印度、斯里兰卡、泰国、越南、柬埔寨、马来西亚、印度尼西亚、菲律宾、巴布亚新几内亚、澳大利亚，非洲。

　　本种常在山路边石缝或土表形成小群落，蒴齿缺如，因此在有孢蒴的情况下易与其他种类区别。

4. 东亚小石藓　图 105

Weissia exserta (Broth.) P. C. Chen, Hedwigia 80: 158. 1941.

Astomum exsertum Broth., Hedwigia 38: 212. 1899.

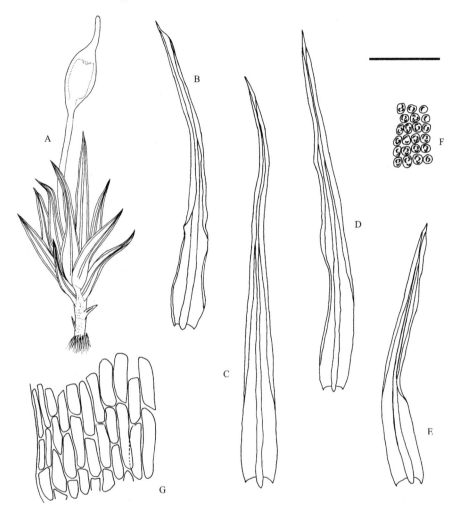

图 105　东亚小石藓 *Weissia exserta* (Broth.) P. C. Chen, A. 植物体；B-E. 叶；F. 叶中部细胞；G. 叶基部细胞（任昭杰、
　　　　李德利 绘）。标尺：A =1.7 mm, B-E=1.1 mm, F-G=110 μm.

　　植物体形小，黄绿色至深绿色，密集丛生。茎直立，高不及 1 cm。叶多簇生于茎顶，干时皱缩，
湿时伸展，狭长披针形；叶边全缘，背卷；中肋及顶至略突出于叶尖。叶中上部细胞圆多边形，密被
马蹄形细疣，基部细胞短距形，平滑。蒴柄长 1–2 cm。孢蒴长椭圆状卵圆柱形，直立。蒴盖略分化。

　　生境　生于岩面薄土上。

　　产地　平邑：拜寿台，海拔 1000 m，任昭杰、王春晓 R18526。

　　分布　中国（黑龙江、吉林、辽宁、河北、山西、山东、陕西、安徽、江苏、上海、浙江、湖南、
湖北、四川、贵州、云南、西藏、福建、台湾、广东、广西、海南）；印度和日本。

5. 皱叶小石藓　图 106　照片 55

Weissia longifolia Mitt., Ann. Mag. Nat. Hist., Ser. 2, 8: 317. 1851.

Weissia crispa (Hedw.) Mitt., Ann. Mag. Nat. Hist., ser. 2, 8: 316. 1851, *hom. illeg.*

Phascum crispum Hedw., Sp. Musc. Frond. 21. 1801.

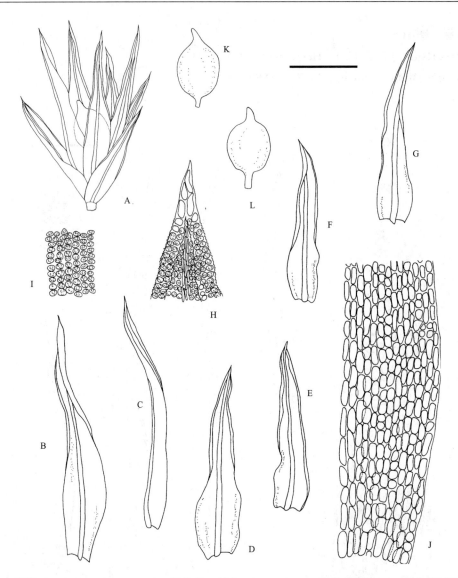

图 106 皱叶小石藓 *Weissia longifolia* Mitt., A. 植物体一部分；B-G. 叶；H. 叶尖部细胞；I. 叶中部细胞；J. 叶基部细胞；K-L. 孢蒴（任昭杰 绘）。标尺：A=1.67 mm, B-G=0.83 mm, H-J=119 μm, K-L=1.39 mm.

植物体形小，黄绿色至暗绿色，密集丛生。茎直立，单一，高多不及 1 cm。叶多簇生于茎顶，长卵形或卵状披针形；叶边背卷，全缘；中肋及顶或略突出于叶尖。叶中上部细胞圆多边形，密被马蹄形细疣，基部细胞较大，长方形，平滑。蒴柄极短。孢蒴圆球形，隐生于雌苞叶之内。

生境 生于土表、岩面或岩面薄土上。

产地 蒙阴：蒙山三分区，赵遵田 91332-A。沂南：智胜汤泉，任昭杰 R16539。费县：小黑洞，海拔 500 m，任昭杰、田雅娴 R18208。

分布 中国（黑龙江、吉林、辽宁、山西、山东、河南、宁夏、安徽、江苏、上海、浙江、湖南、四川、贵州、云南、西藏、福建、台湾、海南、香港）；日本、印度、巴基斯坦、俄罗斯（远东地区），欧洲、北美洲和非洲北部。

本种常在山坡、路边及石缝里形成小群落，叶形与缺齿小石藓 *W. edentula* 相似，但本种蒴柄极短，孢蒴隐生于雌苞叶之内，可区别于蒙山地区本属其他种类，在山东地区孢蒴成熟季节为冬季。

科 16. 珠藓科 BARTRAMIACEAE

植物体小形至大形，黄绿色至暗绿色，多具光泽，密集丛生。茎直立，单一或分枝，茎中轴分化。叶 5-8 列，卵状披针形、披针形至狭长披针形，基部通常不下延；叶边平展或背卷，中上部具齿；中肋强劲，达叶尖略下部消失、及顶或突出于叶尖，背面多具齿。叶细胞圆方形、长方形，稀狭长方形，无壁孔，背腹面均具疣突，稀平滑，基部细胞多平滑，透明，角细胞不分化至略分化。雌雄同株或异株。蒴柄较长。孢蒴通常球形，直立或倾立，稀下垂，具长纵褶，气孔显型，位于台部。环带多不分化。蒴齿双层，稀单层，或部分退化。蒴盖小，圆锥形。蒴帽小，兜形，平滑，易脱落。孢子球形、椭圆球形或肾形，具疣。

本科全世界 10 属。中国有 6 属；山东有 1 属，蒙山有分布。

属 1. 泽藓属 Philonotis Brid.

Bryol. Univ. 2: 15. 1827.

植物体形小至中等大小，黄绿色至暗绿色，多具光泽，密集丛生。茎直立，单一或叉状分枝；中轴分化。叶倾立或一侧偏斜，长卵形、卵状披针形或披针形至长披针形，先端渐尖，或圆钝；叶边具齿；中肋单一，强劲，达叶尖略下部消失、及顶或突出于叶尖。叶中上部细胞菱形、方形或长方形，具疣突，多位于细胞前角，叶基部细胞大形，排列疏松。雌雄异株，稀同株。蒴柄长，直立。孢蒴近于球形，台部短，具皱纹，不对称。蒴齿双层。蒴盖多平凸，或短圆锥形。蒴帽兜形。

本属全世界约 185 种。中国有 19 种；山东有 9 种，蒙山有 6 种。

本属植物喜生于阴湿环境，常在流水岩面形成群落，密集丛生，颜色鲜亮，具有较高的观赏价值。

分种检索表

Key to the species

5. Leaf apices narrowly acuminate, not keeled; leaves plicate; costa percurrent or excurrent ·························· 2. *P. fontana*

1. 偏叶泽藓

Philonotis falcata (Hook.) Mitt., J. Proc. Linn. Soc., Bot., Suppl. 1: 62. 1859.

Bartramia falcata Hook., Trans. Linn. Soc. London 9: 317. 1808.

　　植物体形小至中等大小，纤细，黄绿色至绿色，密集丛生。叶卵状披针形至卵状三角形，龙骨状内凹，基部阔，先端渐尖，偏曲；叶边背卷，具细齿；中肋粗壮，及顶或略突出于叶尖。叶中上部细胞方形至长方形，疣突位于细胞上部，基部细胞较短而宽。

　　生境　生于土表或岩面薄土上。

　　产地　蒙阴：砂山，海拔 650 m，任昭杰 R20120102；小天麻顶，赵遵田 91445-A。

　　分布　中国（内蒙古、山东、河南、宁夏、江苏、湖北、四川、重庆、贵州、云南、西藏、福建、台湾、广东）；孟加拉国、巴基斯坦、不丹、缅甸、越南、朝鲜、日本、菲律宾、尼泊尔、印度、美国（夏威夷），非洲。

2. 泽藓　图 107

Philonotis fontana (Hedw.) Brid., Bryol. Univ. 2: 18. 1872.

Mnium fontanum Hedw., Sp. Musc. Frond. 195. 1801.

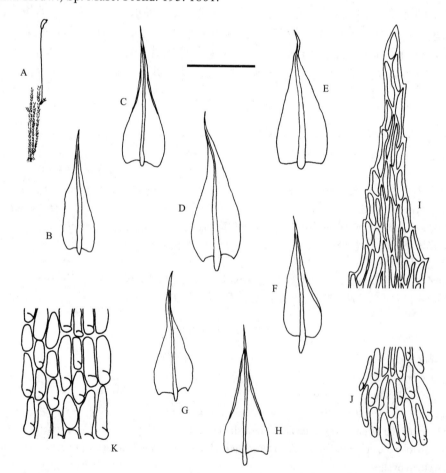

图 107　泽藓 *Philonotis fontana* (Hedw.) Brid., A. 植物体；B-H. 叶；I. 叶尖部细胞；J. 叶中部细胞；K. 叶基部细胞（任昭杰 绘）。标尺：A=3.3 cm, B-H=0.8 mm, I-K=80 μm.

　　植物体中等大小，黄绿色至绿色，具光泽，密集丛生。叶卵形或披针形，先端渐尖，多一侧偏曲；叶边平展或略背卷，中上部具细齿；中肋粗壮，及顶或突出于叶尖。叶中部细胞多边形、长方形至近线形，腹面观疣突位于细胞的上端，背面观疣突位于细胞的下端。

　　生境　生于岩面、土表或岩面薄土上。

　　产地　蒙阴：蒙山三分区，赵遵田 91182；小天麻顶，赵遵田 91223-A。费县：沂蒙山小调博物馆外，海拔 450 m，任昭杰 R18344-A。

　　分布　中国（吉林、内蒙古、河北、山东、河南、陕西、甘肃、新疆、安徽、浙江、江西、湖南、湖北、四川、贵州、云南、西藏、福建、台湾）；巴基斯坦、日本、蒙古、俄罗斯、坦桑尼亚，欧洲和美洲。

3. 毛叶泽藓　图 108　照片 56

Philonotis lancifolia Mitt., J. Linn. Soc., Bot. 8: 151. 1865.

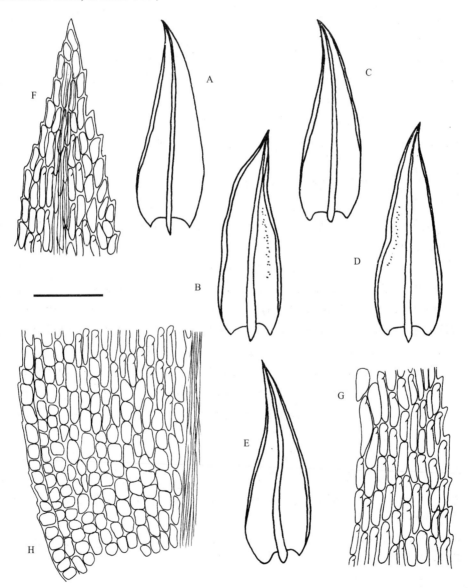

图 108　毛叶泽藓 *Philonotis lancifolia* Mitt., A-E. 叶；F. 叶尖部细胞；G. 叶中部边缘细胞；H. 叶基部细胞（任昭杰、田雅娴 绘）。标尺：A-E=0.56 cm, F-H=83 μm.

植物体中等大小，黄绿色至绿色，密集丛生。叶椭圆状披针形或卵状披针形，先端渐尖；叶边背卷，上部具齿；中肋粗壮，及顶。叶上部细胞长方形或狭菱形，中下部细胞方形至长方形，腹面观疣突位于细胞上端，背面观疣突位于细胞下端。

生境 生于岩面或岩面薄土上。

产地 蒙阴：蒙山，天麻顶，赵遵田 91227。平邑：李家石屋，海拔 600 m，任昭杰、田雅娴 R17554-A。

分布 中国（吉林、辽宁、内蒙古、山东、安徽、江苏、浙江、湖南、四川、重庆、贵州、云南、福建、广东、广西、海南）；朝鲜、日本、印度、泰国和印度尼西亚。

4. 直叶泽藓

Philonotis marchica (Hedw.) Brid., Bryol. Univ. 2: 23. 1827.

Mnium marchicum Hedw., Sp. Musc. Frond. 196. 1801.

植物体中等大小，疏松丛生。叶阔卵圆形、卵圆形、三角形或披针形，上部呈龙骨状，先端渐尖；叶边略背卷，上部具齿；中肋及顶或突出于叶尖。叶细胞长方形至近线形，疣突位于细胞上端。

生境 生于土表或岩面。

产地 蒙阴：蒙山，小天麻顶，赵遵田 91254-A、91289–1-A。

分布 中国（吉林、山东、浙江、云南）；巴基斯坦、俄罗斯，欧洲和北美洲。

5. 细叶泽藓　图 109　照片 57

Philonotis thwaitesii Mitt., J. Proc. Linn. Soc., Bot., Suppl. 1: 60. 1859.

植物体形小，黄绿色至绿色，具光泽，密集丛生。茎直立，单一，高多不及 1 cm。叶披针形或长三角形，基部多平截，先端渐尖；叶边背卷，明显具齿；中肋突出于叶尖。叶上部细胞长方形至近线形，中下部细胞方形至长方形，腹面观疣突位于细胞上端，背面观无疣突。

生境 生于阴湿土表、岩面或岩面薄土上。

产地 蒙阴：蒙山三分区，海拔 610 m，赵遵田 91357-C；小天麻顶，海拔 500 m，赵遵田 91243-B；冷峪，海拔 500 m，李林 R120197-B、R121016、R121041；老龙潭，海拔 500 m，任昭杰、王春晓 R18446；大畦，海拔 550 m，李林，R20122012、R123166；小大畦，海拔 500 m，李林 R123346-B。平邑：蒙山，赵遵田 91330-B；蓝涧，海拔 650 m，郭萌萌 R120160-B、R123150、R123396；核桃涧，海拔 650 m，任昭杰、王春晓 R18486-A；寿星沟，海拔 1050 m，任昭杰、王春晓 R18491-C。沂南：大青山，海拔 480 m，任昭杰、付结盟 R18300-C。费县：望海楼，海拔 1000 m，赵遵田 91302-C、R18308-D；望海楼，海拔 700 m，赵遵田 91456-B；茶蓬峪，海拔 350 m，李超、李林 R123146、R123402-D；三连峪，海拔 400 m，李林、郭萌萌 R123200-B、R123333-A、R123375；三连峪，海拔 700 m，郭萌萌 R123282。

分布 中国（辽宁、山西、山东、河南、陕西、安徽、江苏、上海、浙江、江西、湖南、湖北、四川、重庆、贵州、云南、西藏、福建、台湾、广东、广西、海南、香港、澳门）；朝鲜、日本、孟加拉国、印度、尼泊尔、不丹、斯里兰卡、缅甸、泰国、马来西亚、印度尼西亚、菲律宾、美国（夏威夷）和瓦努阿图。

本种与东亚泽藓 *P. turneriana* 在蒙山乃至山东地区较为常见，植株及叶形均相似，但本种叶边明显背卷，而后者叶边平展或偶有背卷。

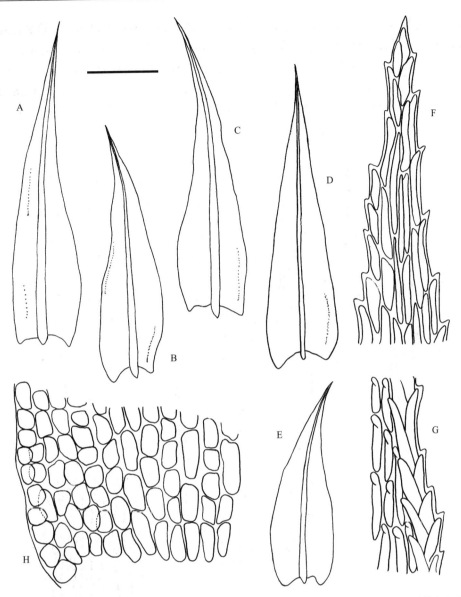

图 109　细叶泽藓 Philonotis thwaitesii Mitt., A-E. 叶；F. 叶尖部细胞；G. 叶中部边缘细胞；H. 叶基部细胞（任昭杰）。
标尺：A-E=0.83 mm, F-H=83 μm.

6. 东亚泽藓　图 110　照片 58

Philonotis turneriana (Schwägr.) Mitt., J. Proc. Linn. Soc., Bot. Suppl. 1: 62. 1859.

Bartramia turneriana Schwägr., Sp. Musc. Frond. Suppl. 3, 1 (2): 238. 1828.

Philonotis nitida Mitt., J. Proc. Linn. Soc., Bot,. Suppl. 1: 62. 1859.

Philonotis setschuanica (Müll. Hal.) Paris, Index Bryol. Suppl. 268. 1900.

Bartramia setschuanica Müll. Hal., Nuovo Giorn. Bot. Ital., n. s., 4: 250. 1897.

植物体形小，黄绿色至绿色，具光泽，密集丛生。叶三角状披针形至狭披针形，基部多平截，先端渐尖；叶边平展，偶背卷，具齿；中肋粗壮，及顶或突出于叶尖，先端背面具齿，有时不明显。叶中上部细胞长方形至近线形，腹面观疣突位于细胞上端，背面观疣突不明显。

生境　生于阴湿土表、岩面或岩面薄土上。

产地　蒙阴：大牛圈，海拔 600 m，黄正莉、李林 R18030-B、R18041-B；天麻顶，赵遵田 91223-A、

91229-B；砂山，海拔 650 m，黄正莉、付旭 R18050-B；小大洼，海拔 500 m，李超 R123285-B；百花峪，海拔 600 m，付旭 R18048-B；老龙潭，海拔 500 m，任昭杰、王春晓 R18397-B；聚宝崖，海拔 400 m，任昭杰、王春晓 R18436-A。平邑：蓝涧，海拔 650 m，郭萌萌 R123202-A；核桃涧，海拔 650 m，任昭杰、王春晓 R18389。沂南：东五彩山，海拔 650 m，任昭杰、田雅娴 R18236-D、R18288、R18338；大青山，海拔 400 m，任昭杰、付结盟 R18294。费县：望海楼，赵遵田 91300-D；沂蒙山小调博物馆外，海拔 450 m，任昭杰 R18359-A。

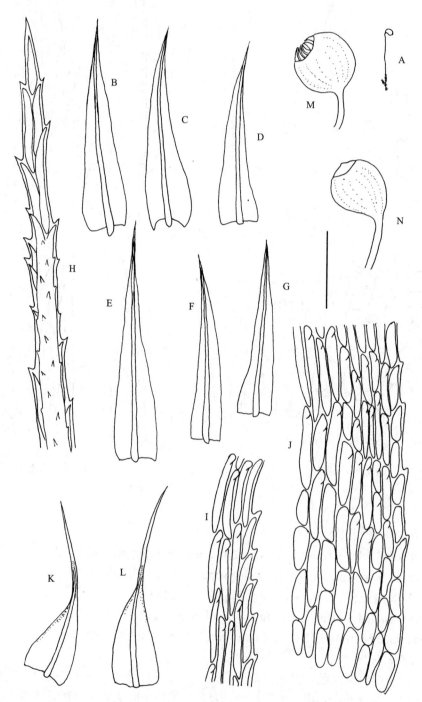

图 110 东亚泽藓 Philonotis turneriana (Schwägr.) Mitt., A.植物体；B-G. 叶；H. 叶尖部细胞；I. 叶中部边缘细胞；J. 叶基部细胞；K-L. 内雌苞叶；M-N. 孢蒴（任昭杰 绘）。标尺：A=4 cm, B-G, K-L=1 mm, H-J=100 μm, M-N=4 mm.

分布　中国（吉林、山东、新疆、宁夏、江苏、江西、湖南、湖北、四川、重庆、贵州、云南、西藏、福建、台湾、广东、香港、澳门）；朝鲜、日本、巴基斯坦、缅甸、越南、菲律宾、印度尼西亚和美国（夏威夷）。

科 17. 壶藓科 SPLACHNACEAE

植物体形小至中等大小，黄绿色至绿色，多密集丛生。茎柔弱，直立；中轴分化。叶阔卵形，先端钝或具长尖；叶边平展或内卷，平滑或具齿；中肋多远离叶尖消失。叶细胞大，薄壁，长方形或六边形，平滑，排列比较疏松。多雌雄同株，稀雌雄异株。蒴柄直立。孢蒴多具膨大具色的台部，气孔多数，大形。环带不分化。蒴齿单层，齿片 16。蒴轴长存。蒴盖凸出。

本科全世界 6 属。中国有 4 属；山东有 1 属，蒙山有分布。

属 1. 小壶藓属 Tayloria Hook.

J. Sci. Arts (London) 2 (3): 144. 1816.

植物体形小至中等大小，黄绿色至绿色，密集丛生。茎直立，不分枝或分枝。叶卵形、舌形或剑形，先端钝或具长尖；叶边多平展，全缘或具齿；中肋多远离叶尖消失，或突出叶尖成刺状尖。叶细胞矩形或多边形，平滑，排列疏松。雌雄同株，稀异株。孢蒴多具明显台部。蒴齿单层，齿片 16。蒴盖多圆锥形。蒴帽基部多成瓣裂。

本属世界现有 47 种。中国有 11 种；山东有 1 种，蒙山有分布。

1. 尖叶小壶藓

Tayloria acuminata Hornsch., Flora 8: 78. 1825.

植物体形小，黄绿色，丛生。茎直立，高不及 1 cm。叶卵状披针形，具剑形叶尖，龙骨状内凹；叶边全缘，先端具不规则齿。中肋远离叶尖消失。叶细胞圆六边形，薄壁，平滑，基部细胞长方形。

生境　生于岩石上。

产地　平邑：蒙山，龟蒙顶，海拔 1100 m，任昭杰 R09303。

分布　中国（内蒙古、山西、山东、新疆、四川、西藏）；欧洲和北美洲。

科 18. 真藓科 BRYACEAE

植物体小形至大形，颜色丰富，通常密集丛生。茎直立，单一或分叉，稀呈莲座状，中轴分化。叶卵形或披针形；叶边平展或背卷，全缘或具齿，分化或不分化；中肋单一，强劲，多达叶中部以上，及顶或突出。叶中上部细胞菱形至狭菱形等，基部细胞多长方形。雌雄异株或雌雄同序混生或雌雄同株异苞。蒴柄通常较长，直立或弯曲，平滑。孢蒴高出雌苞叶之上，圆球形至卵圆球形或梨形，直立、倾立、平列或下垂，台部通常明显，具显型气孔。环带发育或缺失。蒴齿双层。蒴盖圆锥形。蒴帽兜形，平滑。孢子平滑或具疣。

本科全世界 10 属。中国有 5 属；山东有 5 属，蒙山有 3 属。

分属检索表

1. 茎呈柔荑花序状 ·· 1. 银藓属 *Anomobryum*
1. 茎多不呈柔荑花序状 ·· 2
2. 孢蒴直立或倾立 ·· 2. 短月藓属 *Brachymenium*
2. 孢蒴平列或下垂 ·· 3. 真藓属 *Bryum*

Key to the genera

1. Stem julaceous ·· 1. *Anomobryum*
1. Stem usually not julaceous ·· 2
2. Capsules erect or inclined ·· 2. *Brachymenium*
2. Capsules horizontal or pendulous ·· 3. *Bryum*

属 1. 银藓属 Anomobryum Schimp.

Syn. Musc. Eur. 382. 1860.

植物体中等大小，细长，黄绿色至深绿色，具明显光泽，丛生。茎直立，单一，呈柔荑花序状；中轴分化。叶紧密贴茎，呈覆瓦状，长椭圆形，内凹，先端钝或急尖；叶边平展，全缘；中肋强劲，达叶尖略下部消失或及顶。叶中上部细胞线形或狭菱形，基部细胞方形至短长方形。

本属全世界约 47 种。中国有 4 种；山东有 2 种，蒙山皆有分布。

分种检索表

1. 腋生大量芽胞 ·· 1. 芽胞银藓 *A. gemmigerum*
1. 腋生芽胞少数或无 ·· 2. 银藓 *A. julaceum*

Key to the species

1. Gemmae much ·· 1. *A. gemmigerum*
1. Gemmae few or absent ·· 2. *A. julaceum*

1. 芽胞银藓

Anomobryum gemmigerum Broth., Philipp. J. Sci. 5 (2C): 146. 1910.

本种植物体和叶形与银藓 *A. julaceum* 极为相似，较难辨识，本种叶腋生有大量无性芽胞，而后者仅生有少量芽胞或没有芽胞。

    生境 生于土表。

    产地 费县：塔山林场，赵遵田 91828。

    分布 中国（吉林、辽宁、河北、山东、陕西、甘肃、安徽、江西、湖南、湖北、四川、重庆、贵州、云南、西藏、广西）；尼泊尔和菲律宾。

2. 银藓 图 111 照片 59

Anomobryum julaceum (Gärtn., Meyer & Scherb.) Schimp., Syn. Musc. Eur. 382. 1860.

Bryum julaceum Schrad. ex P. Gaertn., B. Mey. & Scherb., Oekon. Fl. Wetterau 3 (2): 97. 1802.

Bryum filiforme Dicks., Fasc. Pl. Crypt. Brit. 4: 16. 1801.

Anomobryum filiforme (Dicks.) Husn., Muscol. Gall. 222. 1888, *hom. illeg.*

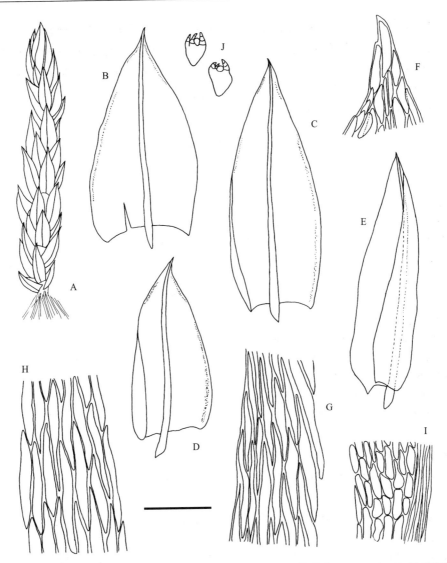

图 111　银藓 *Anomobryum julaceum* (Gärtn., Meyer & Scherb.) Schimp., A. 植物体；B-E. 叶；F. 叶尖部细胞；G. 叶中部边缘细胞；H. 叶中部细胞；I. 叶基近中肋处细胞；J. 无性芽胞（任昭杰　绘）。标尺：A=1.67 mm, B-E=0.56 mm, F-H=104 μm, I=167 μm, J=330 μm.

植物体黄绿色至深绿色，具明显光泽，丛生。茎直立，柔荑花序状，高约 1 cm，有时略高。叶椭圆形至长椭圆形，内凹，先端急尖或钝；叶边平展，全缘；中肋及顶或在叶尖略下部消失。

生境　生于阴湿土表。

产地　蒙阴：蒙山，海拔 400 m，任昭杰 20111274。平邑：核桃涧，海拔 550 m，任昭杰、王春晓 R18525-B。费县：玻璃桥下，海拔 750 m，任昭杰、田雅娴 R18310。

分布　世界广布种。中国（吉林、辽宁、内蒙古、山西、山东、陕西、宁夏、新疆、湖北、四川、重庆、贵州、云南、台湾、广东、海南）。

本种植物体呈柔荑花序状，具明显光泽，在野外易于识别。

属 2. 短月藓属 **Brachymenium** Schwägr.

Sp. Musc. Frond., Suppl. 2, 2: 131. 1824.

植物体小形至中等大小，黄绿色至暗绿色，或褐色，疏松或密集丛生。茎直立，单一或分枝。叶形多变，卵圆形、心形、披针形、卵状披针形、三角状披针形或匙形，渐尖或具狭长尖；叶边背卷或平展，中上部多具细齿；中肋强劲，多突出叶尖呈毛尖状，少数达叶尖或短突出。叶细胞六边形或菱形至长菱形，基部细胞长方形。雌雄异株或同株。蒴柄长，直立或略弯曲。孢蒴多直立至倾立，梨形或卵圆柱形，台部多明显。环带分化。蒴齿双层。蒴盖圆锥形。孢子具疣。

本属全世界约 96 种。中国有 15 种；山东有 5 种，蒙山有 4 种。

分种检索表

1. 叶较大，长匙形 ·· 3. 短月藓 B. nepalense
1. 叶较小，卵状披针形或三角状披针形 ·· 2
2. 植物体密集覆瓦状 ··································· 1. 尖叶短月藓 B. acuminatum
2. 植物体不呈密集覆瓦状 ·· 3
3. 叶三角状披针形，叶边背卷 ····················· 4. 丛生短月藓 B. pendulum
3. 叶卵状披针形，叶边平展 ························· 2. 纤枝短月藓 B. exile

Key to the species

1. Leaves larger, long spathulate ······································ 3. B. nepalense
1. Leaves minor, ovate lanceolate or triangle lanceolate ························· 2
2. Plants with imbricate leaves appressed ···························· 1. B. acuminatum
2. Plants with separate leaves not so appressed ····························· 3
3. Leaves triangle lanceolate, leaf margins recurved ···················· 4. B. pendulum
3. Leaves ovate lanceolate, leaf margins plane ························· 2. B. exile

1. 尖叶短月藓

Brachymenium acuminatum Harv., Icon. Pl. 1: pl. 19, f. 3. 1836.

该种叶形与纤枝短月藓 B. exile 相似，本种植物体呈覆瓦状，可区别于后者。

生境 生于土表。

产地 蒙阴：天麻村，赵遵田 91242-F；冷峪，海拔 500 m，李林 R17333-C。

分布 中国（北京、山东、云南、西藏）；巴基斯坦、斯里兰卡、缅甸、泰国、印度尼西亚、澳大利亚、秘鲁、智利、南非，中美洲。

2. 纤枝短月藓　图 112　照片 60

Brachymenium exile (Dozy & Molk) Bosch & Sande Lac., Bryol. Jav. 1 : 139. 1860.

Brynm exile Dozy & Molk., Ann. Sci. Nat., Bot., sér. 3, 2: 300. 1844.

植物体形小，黄绿色至褐绿色，密集丛生。茎直立，单一。叶腋处常生有大量无性芽胞。叶卵状披针形至披针形，多平展，偶略呈龙骨状；叶边平展，全缘；中肋粗壮，突出叶尖呈芒状。叶中上部细胞菱形至长菱形或六边形，上部边缘有一列不明显长形细胞，基部细胞长方形。

生境 生于林缘土坡、路边或岩面薄土上。

产地 蒙阴：野店镇梭罗庄，赖桂玉 R12276-B；前梁南沟，海拔 600 m，黄正莉 20120004-C；刀山沟，海拔 500 m，黄正莉 20111054-B；冷峪，海拔 500 m，李超 R123234；孟良崮，海拔 550 m，任昭杰、田雅娴 R18328、R18332、R18334。平邑：龟蒙顶索道上站，海拔 1066 m，任昭杰、王春晓 R18410-B；拜寿台，海拔 1000 m，任昭杰、王春晓 R18412-C、R18535；核桃涧，海拔 600 m，付旭、郭萌萌 R121006-B、R123064-C、R17444-C；蓝涧口，海拔 550 m，任昭杰、王春晓 R18554；蓝涧，

海拔 600 m，李林 R120169-B。沂南：竹泉村，任昭杰 R16707-C、R16708-B；东五彩山，海拔 560 m，任昭杰、田雅娴 R18337；东五彩山，海拔 700 m，任昭杰、田雅娴 R18204-A、R18280-A；大青山，海拔 480 m，任昭杰、付结盟 R18300-A。费县：花园庄，赵遵田 91344-B；望海楼，海拔 1000 m，赵遵田、任昭杰、田雅娴 91473-1-A、R18327；茶蓬峪，海拔 350 m，付旭 R123087。

　　分布　中国（河北、山东、新疆、安徽、江苏、上海、湖北、四川、贵州、云南、西藏、福建、台湾、广东、广西、海南、香港、澳门）；巴基斯坦、印度、缅甸、泰国、越南、马来西亚、印度尼西亚、菲律宾、日本、朝鲜、秘鲁、智利、南非、马达加斯加，中美洲。

　　本种在蒙山乃至整个山东地区分布极为广泛，在山区、村庄以及城市中都有分布，常与其他土生藓类混生，形成群落。

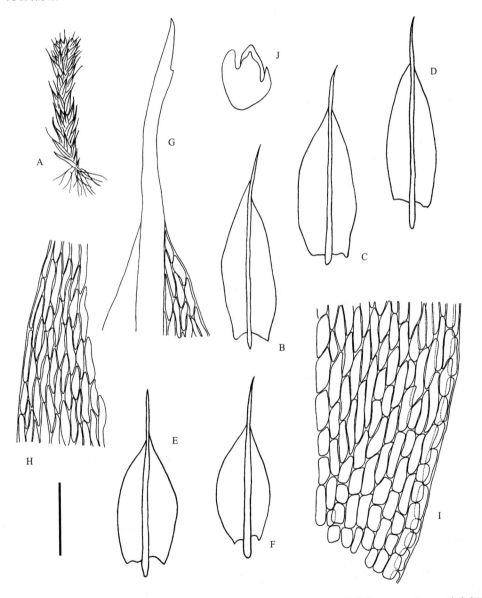

图 112　纤枝短月藓 *Brachymenium exile* (Dozy & Molk) Bosch & Sande Lac., A. 植物体；B-F. 叶；G. 叶尖部细胞；H. 叶中上部边缘细胞；I. 叶基部细胞；J. 芽胞（任昭杰　绘）。标尺：A=2.22 mm, B-F=0.69 mm, G-I=139 μm, J=333 μm。

3. 短月藓　照片 61

Brachymenium nepalense Hook., Sp. Musc. Frond., Suppl. 2, 2: 131. 1824.

植物体形小至中等大小，黄绿色至深绿色，丛生。茎直立，多单一。叶丛集于枝端呈莲座状，长匙形，渐尖；叶边背卷，上部具齿；中肋粗壮，突出叶尖呈芒状，基部多呈红色。叶中上部细胞菱形或六边形，基部细胞长方形，上部边缘分化 1–3 列狭长细胞。

生境 多生于树干上，亦见于土表或岩面薄土上。

产地 平邑：龟蒙顶，海拔 1100 m，任昭杰、田雅娴 R17654-A。费县：望海楼，海拔 1000 m，任昭杰、田雅娴 R17541-A、R17632-B。

分布 中国（黑龙江、吉林、辽宁、内蒙古、河北、山东、河南、陕西、甘肃、安徽、江苏、上海、浙江、湖北、四川、重庆、贵州、云南、西藏、福建、台湾、广东、广西）；尼泊尔、不丹、斯里兰卡、缅甸、泰国、越南、印度尼西亚、日本、巴布亚新几内亚、毛里求斯和马达加斯加。

本种在蒙山分布较少，分布范围狭小，主要见于龟蒙顶、望海楼等海拔千米以上的峰顶附近，常在树干上形成群落，有时与盔瓣耳叶苔 *Frullania muscicola* Steph.伴生。

4. 丛生短月藓

Brachymenium pendulum Mont., Ann. Sci. Nat., sér. 2, 17: 254. 1842.

植物体形小至中等大小，绿色，丛生。茎直立，多单一。叶三角状披针形；叶边背卷，上部具细齿；中肋突出呈毛尖状。叶细胞菱形至长六边形，基部细胞短长方形，叶边不明显分化 1–2 列狭长细胞。

生境 生于土表。

产地 费县：望海楼，赵遵田 91325-B。

分布 中国（山东、陕西、湖南、云南）；印度。

属 3. 真藓属 Bryum Hedw.

Sp. Musc. Frond. 178. 1801.

植物体小形至中等大小。茎直立，单一或分枝。叶形多变，卵圆形、椭圆形或披针形，先端钝、急尖或渐尖；叶边全缘或具齿，平展或背卷，多具分化边缘；中肋单一，粗壮，消失于叶尖略下部、及顶或突出，呈或不呈毛尖状。叶细胞多数菱形或六边形，薄壁，平滑，近边缘细胞较狭，叶基部细胞多长方形，较大。雌雄异株、雌雄同株异序或雌雄同株混生。蒴柄长。孢蒴倾斜或下垂，多具明显台部。蒴齿双层。蒴盖圆锥形。蒴帽兜形。孢子球形。

本属全世界约 440 种。中国有 49 种和 3 变种；山东有 34 种，蒙山有 28 种。

分种检索表

1. 植物体银白色（叶上部透明） ··· 5. 真藓 B. argenteum
1. 植物体非银白色 ··· 2
2. 植物体具根生无性芽胞 ··· 3
2. 植物体无根生无性芽胞 ··· 5
3. 无性芽胞梨形 ··· 25. 沙氏真藓 B. sauteri
3. 无性芽胞球形 ··· 4
4. 叶边平展或略背卷 ··· 9. 瘤根真藓 B. bornholmense
4. 叶边明显背卷 ··· 22. 球根真藓 B. radiculosum
5. 雌雄同株异序 ··· 6
5. 雌雄异株或同序混生 ··· 7
6. 内齿层发育良好 ··· 19. 黄色真藓 B. pallescens

6. 齿毛不发育 …………………………………………………………………… 28. 垂蒴真藓 *B. uliginosum*
7. 中肋达叶尖略下部消失、及顶或略突出，但不呈芒状 …………………………………… 8
7. 中肋突出叶尖呈芒状 ……………………………………………………………………… 17
8. 叶先端圆钝 ………………………………………………………………………………… 9
8. 叶先端渐尖或急尖 ………………………………………………………………………… 11
9. 叶分化边缘不明显 …………………………………………………… 13. 圆叶真藓 *B. cyclophyllum*
9. 叶具明显分化边缘 ………………………………………………………………………… 10
10. 叶细胞狭菱形；叶尖受压后易开裂呈丫状 ……………………………… 15. 韩氏真藓 *B. handelii*
10. 叶细胞宽菱形；叶尖受压多不开裂 ……………………………………… 18. 卷尖真藓 *B. neodamense*
11. 叶具明显分化边缘 ………………………………………………………………………… 12
11. 叶无分化边缘或分化边缘不明显 ………………………………………………………… 14
12. 叶边自基部至中上部具分化边缘 ………………………………………… 24. 橙色真藓 *B. rutilans*
12. 叶边全部具分化边缘 ……………………………………………………………………… 13
13. 叶基部细胞与中上部细胞颜色相同 ……………………………………… 6. 红蒴真藓 *B. atrovirens*
13. 叶基部具膨大、红褐色细胞 ……………………………………………… 27. 球蒴真藓 *B. turbinatum*
14. 中肋在叶尖稍下部消失或及顶 …………………………………………… 16. 沼生真藓 *B. knowltonii*
14. 中肋略突出叶尖 …………………………………………………………………………… 15
15. 叶边平展或略背卷 …………………………………………………………… 8. 卵蒴真藓 *B. blindii*
15. 叶边明显背卷 ……………………………………………………………………………… 16
16. 假根无根生芽胞 …………………………………………………………… 2. 高山真藓 *B. alpinum*
16. 假根偶见梨形无性芽胞 …………………………………………………… 3. 毛状真藓 *B. apiculatum*
17. 叶明显具齿；叶在枝顶排列成莲座状 …………………………………… 7. 比拉真藓 *B. billarderi*
17. 叶全缘或先端具细齿；叶在枝顶排列无明显莲座状 ……………………………………… 18
18. 叶具明显分化边缘 ………………………………………………………………………… 19
18. 叶无分化边缘或分化边缘不明显 ………………………………………………………… 23
19. 孢蒴台部粗 ………………………………………………………………………………… 20
19. 孢蒴台部细长 ……………………………………………………………………………… 21
20. 孢蒴长圆柱形，台部粗于壶部 …………………………………………… 12. 蕊形真藓 *B. coronatum*
20. 孢蒴广椭圆柱形，台部与壶部等粗或略细于壶部 ……………………… 14. 双色真藓 *B. dichotomum*
21. 叶三角状披针形 …………………………………………………………… 26. 卷叶真藓 *B. thomsonii*
21. 叶披针形或卵状披针形 …………………………………………………………………… 22
22. 叶细胞狭菱形至线形 ……………………………………………………… 20. 近高山真藓 *B. paradoxum*
22. 叶细胞菱形 ………………………………………………………………… 23. 弯叶真藓 *B. recurvulum*
23. 蒴口小；蒴盖小；内齿层附着于外齿层下部 …………………………………………… 24
23. 蒴口大；蒴盖大；内齿层发育完全 ……………………………………………………… 25
24. 叶边单层细胞 ……………………………………………………………… 1. 狭网真藓 *B. algovicum*
24. 叶边常两层细胞 …………………………………………………………… 4. 极地真藓 *B. arcticum*
25. 雌雄同序混生 ……………………………………………………………… 17. 刺叶真藓 *B. lonchocaulon*
25. 雌雄异株 …………………………………………………………………………………… 26
26. 植物体粗壮；叶边明显背卷 ……………………………………………… 21. 拟三列真藓 *B. pseudotriquetrum*
26. 植物体不粗壮；叶边略背卷 ……………………………………………………………… 27
27. 叶披针形或卵状披针形 …………………………………………………… 10. 丛生真藓 *B. caespiticium*
27. 叶倒卵圆形或舌形 ………………………………………………………… 11. 细叶真藓 *B. capillare*

Key to the species

1. Plants whitish to silvery green (leaves hyaline above) ……………………………………… 5. *B. argenteum*
1. Plants not whitish to silvery ……………………………………………………………………… 2
2. Gemmae on rhizoids ……………………………………………………………………………… 3
2. Without gemmae on rhizoids ……………………………………………………………………… 5

3. Gemmae pyriform ···25. *B. sauteri*

3. Gemmae globose ··· 4

4. Leaf margins plane or recurved lightly ···9. *B. bornholmense*

4. Leaf margins recurved obviously ···22. *B. radiculosum*

5. Autoicous ·· 6

5. Dioicous or heteroicous··· 7

6. Endostome developed well···19. *B. pallescens*

6. Endostome and cilium undeveloped ··28. *B. uliginosum*

7. Costa ending below apex, percurrent to short-excurrent, not aristate ································ 8

7. Costa excurrent, aristate ·· 17

8. Leaves apex obtuse··· 9

8. Leaves apex acuminate or acute ·· 11

9. Leaf margins differentiated weekly or not differentiated ······················13. *B. cyclophyllum*

9. Leaf margins differentiated obviously···10

10. Laminal cells narrow rhombic, apex often divulse ···························15. *B. handelii*

10. Laminal cells broad rhombic, apex not divulse ·····························18. *B. neodamense*

11. Leaf margins differentiated obviously ···12

11. Leaf margins differentiated weekly or not diierentiated ·····························14

12. Leaf margins differentiated from middle to base ··························24. *B. rutilans*

12. Leaf margins differentiated from top to base································13

13. Cells of leaf apex to base always same colour ································6. *B. atrovirens*

13. Cells of leaf base reddish brown ·······································27. *B. turbinatum*

14. Costa ending below apex, percurrent·····································16. *B. knowltonii*

14. Costa short-excurren··15

15. Leaves plane or weekly plicate···8. *B. blindii*

15. Leaves plicate obviously ··16

16. Without gemmae on rhizoids ·······································2. *B. alpinum*

16. Gemmae occurs on rhizoids ·····································3. *B. apiculatum*

17. Leaf margins serrate; usually with rosette leaves on base ·······7. *B. billarderi*

17. Leaf margins near entire; without rosette leaves on base ·······················18

18. Laminal margins differentiated obviously ·······························19

18. Laminal margins differentiated weekly or not differentiated ·······················23

19. Apophysis short and thick ·······································20

19. Apophysis long and slender ·······································21

20. Capsules oblong, apophysis thick, more broad than urn·······················12. *B. coronatum*

20. Capsules short elliptical, apophysis almost same size with urn ·······················14. *B. dichotomum*

21. Leaves triangle lanceolate ·······································26. *B. thomsonii*

21. Leaves lanceolate or ovate lanceolate ·······································22

22. Laminal cells narrow rhombic to linear·······································20. *B. paradoxum*

22. Laminal cells rhombic·······································23. *B. recurvulum*

23. Mouth and operculum of capsules small size; endostome teeth attached in the outer surface of base ·······················24

23. Mouth and operculum of capsules big size; endostome developed well ·······················25

24. Leaf margins composited by single row cells ·······························1. *B. algovicum*

24. Leaf margins often composited by 2 row cells ·······························4. *B. arcticum*

25. Heteroicous ·······································17. *B. lonchocaulon*

25. Dioicous ·······································26

26. Plants strong; leaf margins recurved obviously ·······························21. *B. pseudotriquetrum*

26. Plants not strong; leaf margins weekly recurved ·······························27

27. Leaves lanceolate or ovate lanceolate ·······································10. *B. caespiticium*

1. 狭网真藓

Bryum algovicum Sendt. ex Müll. Hal., Syn. Musc. Frond. 2: 569. 1851.

植物体形小，黄绿色至绿色，丛生。茎直立，多单一。叶长椭圆形至卵圆形，渐尖或急尖；叶边全缘，仅先端具细齿，中下部多背卷；中肋强劲，突出于叶尖，呈芒状，多具齿。叶中上部细胞长椭圆状六边形。孢蒴长卵圆柱形，下垂。

　　生境　多生于土表、岩面薄土上。

　　产地　沂南：蒙山，赵遵田 91204-A。费县：望海楼，赵遵田 91482-B。

　　分布　中国（内蒙古、山东、陕西、青海、新疆、宁夏、安徽、四川、贵州）；秘鲁、智利，大洋洲、亚洲、欧洲、北美洲和非洲。

2. 高山真藓

Bryum alpinum Huds. ex With., Syst. Arr. Brit. Pl. (ed. 4), 3: 824. 1801.

植物体形小，绿色，丛生。茎直立，多单一。叶卵状披针形，明显龙骨状；叶边全缘，仅先端具细齿，背卷；中肋略突出叶尖，不呈芒状。叶细胞狭菱形。孢蒴长梨形，下垂。

　　生境　多生于土表或岩面薄土上。

　　产地　蒙阴：蒙山，小天麻顶，赵遵田 91223-D、91264-A。

　　分布　中国（黑龙江、吉林、辽宁、内蒙古、山西、山东、陕西、宁夏、新疆、江西、四川、贵州、云南、西藏）；缅甸、越南、柬埔寨、印度尼西亚、波多黎各，南亚、欧洲和非洲。

3. 毛状真藓　图 113

Bryum apiculatum Schwägr., Sp. Musc. Frond., Suppl. 1, 2: 102 f. 72. 1816.

Bryum porphyroneuron Müll. Hal., Bot. Zeitung (Berlin) 11: 22. 1853.

植物体中等大小，丛生。茎直立，多单一。叶披针形至椭圆状披针形，先端渐尖，明显龙骨状；叶边全缘，仅先端具细齿，叶边平展或背卷；中肋及顶或略突出于叶尖，不呈芒状。叶细胞狭菱形，叶边不明显分化。假根偶见梨形芽胞。

　　生境　多生于潮湿的岩石上或岩面薄土上。

　　产地　蒙阴：蒙山，小天麻顶，赵遵田 91285、91290。

　　分布　中国（山西、山东、四川、贵州、云南、西藏、台湾、广东）；斯里兰卡、印度尼西亚、玻利维亚、巴西和厄瓜多尔。

　　本种在蒙山乃至整个山东较为少见，外形与弯叶真藓 *B. recurvulum* 类似，在野外容易被误认为是后者；本种中肋及顶或略突出，但不呈芒状，叶先端一般不偏曲，叶边平展或略背卷，而后者中肋明显突出于叶尖，叶先端常一侧偏曲，叶边明显背卷，以上特点可区别二者。

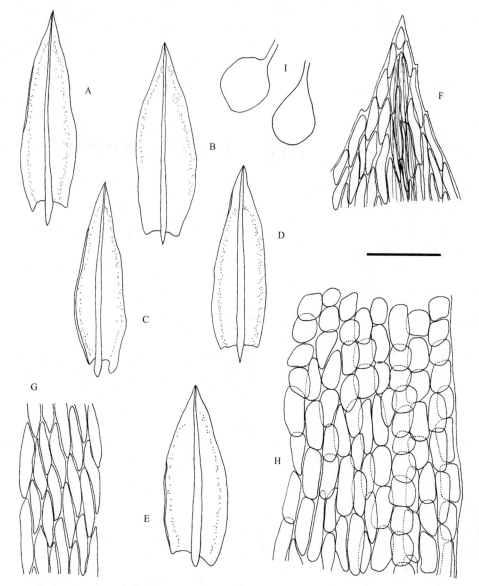

图 113　毛状真藓 *Bryum apiculatum* Schwägr., A-E. 叶；F. 叶尖部细胞；G. 叶中部细胞；H. 叶基部细胞；I. 芽胞（任昭杰 绘）。标尺：A-E=1.19 mm, F-H=119 μm, I =0.67 mm.

4. 极地真藓　图 114

Bryum arcticum (R. Br.) Bruch & Schimp., Bryol. Eur. 4: 154 pl. 335. 1846.

Pohlia arctica R. Br. bis, Chlor. Melvill. 38. 1823.

　　植物体形小，绿色，丛生。茎直立，多单一。叶卵圆形、披针形或卵状披针形，急尖；叶边全缘，仅先端具细齿，背卷；中肋粗壮，突出于叶尖，呈芒状，具齿。孢蒴棒槌形至长梨形，下垂。

　　生境　生于土表或岩面薄土上。

　　产地　蒙阴：蒙山三分区，赵遵田 91172-A、91186。

　　分布　中国（黑龙江、吉林、辽宁、内蒙古、河北、山西、山东、新疆、安徽、四川、贵州、西藏）；日本，北极及附近地区。

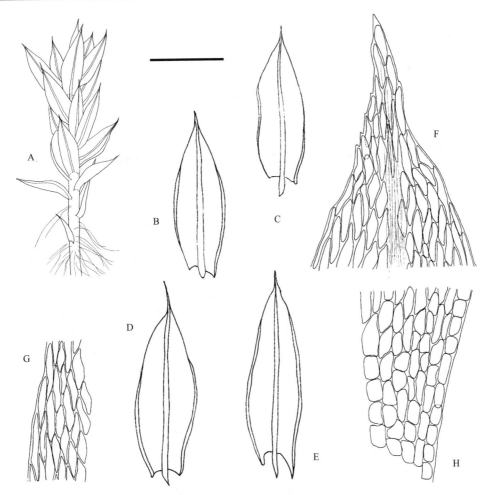

图 114　极地真藓 *Bryum arcticum* (R Br.) Bruch & Schimp., A. 植物体；B-E. 叶；F. 叶尖部细胞；G. 叶中部边缘细胞；H. 叶基部细胞（任昭杰　绘）。标尺：A=2.08 mm, B-E=0.83 mm, F-H-278 μm.

5. 真藓　图 115　照片 62
Bryum argenteum Hedw., Sp. Musc. Frond. 181. 1801.

植物体形小，银白色至淡绿色，丛生。茎直立，高不及 1 cm。叶覆瓦状排列，宽卵圆形或近圆形，先端具长尖或短渐尖或钝尖，上部无色透明，下部淡绿色；叶边全缘，平展；中肋多在叶尖稍下部消失。叶中上部细胞长圆形或圆六边形，薄壁，基部细胞六边形或长方形。孢蒴卵圆柱形或长椭圆柱形，下垂。

生境　多生于土表。

产地　蒙阴：野店镇梭罗庄，赖桂玉 R17276-A；孙膑洞，海拔 600 m，赵遵田 R20131381；蒙山三分区，赵遵田 91359-B；孟良崮，海拔 500 m，任昭杰、田雅娴 R18263-B。平邑：李家石屋，海拔 600 m，任昭杰、田雅娴 R17554-B；明光寺，海拔 550 m，赵遵田、任昭杰 R17648-A；龟蒙顶，海拔 1100 m，任昭杰、田雅娴 R17651-A；拜寿台，海拔 1000 m，任昭杰、王春晓 R18412-D。费县：茶蓬峪，海拔 350 m，付旭 R123135；三连峪，海拔 400 m，郭萌萌 R123210-A、R17502；沂蒙山小调博物馆外，海拔 450 m，任昭杰 R18344-B。。

分布　世界广布种。中国南北各省皆有分布。

本种在蒙山地区分布较为广泛，植物体上部多银白色，野外易于识别。

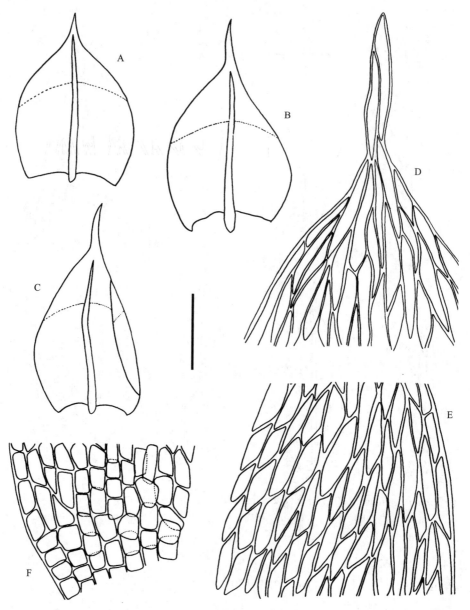

图 115　真藓 *Bryum argenteum* Hedw., A-C. 叶；D. 叶尖部细胞；E. 叶中部细胞；F. 叶基部细胞（燕丽梅 绘）。标尺：
A-C=2.2 mm, D=278 μm, E=220 μm, F=440 μm.

6. 红蒴真藓

Bryum atrovirens Brid., Muscol. Recent. 2 (3): 48 1803.

　　植物体矮小，黄绿色，丛生。叶卵圆形至卵状披针形，先端渐尖；叶先端具微齿，下部背卷；中肋及顶或略突出于叶尖，不呈芒状。叶中部细胞长六边形，边缘分化 2–3 列狭长细胞。孢蒴棒状或梨形，下垂，台部与壶部等长或略短。

　　生境　生于土表。

　　产地　蒙阴：冷峪，海拔 600 m，黄正莉 R120147-C。

　　分布　中国（山东、新疆、江苏、浙江、江西、贵州、西藏、台湾、香港、澳门）；巴基斯坦、缅甸和越南。

7. 比拉真藓　图 116

Bryum billarderi Schwägr., Sp. Musc. Frond., Suppl. 1, 2: 115. 1816.

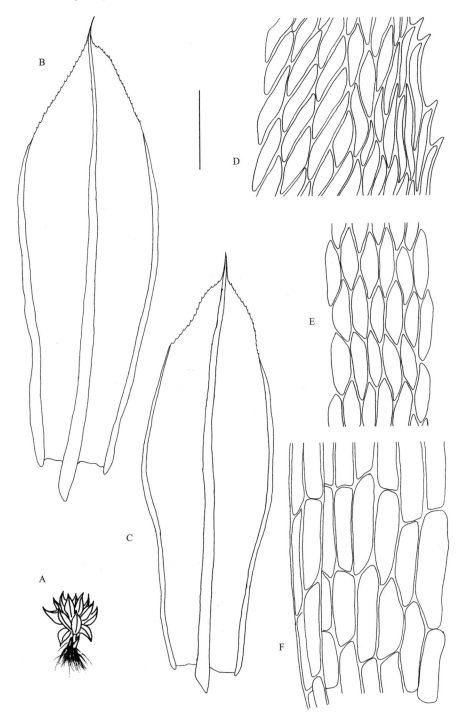

图 116　比拉真藓 *Bryum billarderi* Schwägr., A. 植物体；B-C. 叶；D. 近叶尖边缘细胞；E. 叶中部细胞；F. 叶基部细胞（任昭杰 绘）。标尺：A=1.5 cm, B-C=1 mm, D-F=100 μm.

植物体形小至中等大小，黄绿色至绿色，具光泽，稀疏丛生。茎直立。叶在茎顶端密集排列，呈莲座状，长椭圆形至倒卵圆形，先端急尖或短渐尖；叶中下部背卷，先端具齿；中肋突出于叶尖，呈芒状。叶中部细胞长六边形，边缘分化 3–5 列狭长细胞，基部细胞长方形。

生境 多生于土表或岩面薄土上。

产地 蒙阴：凌云寺，海拔 730 m，黄正莉 20111237；冷峪，海拔 620 m，郭萌萌 R123108-B、R123182；橛子沟，海拔 800 m，黄正莉 R18029。平邑：蓝涧，海拔 620 m，郭萌萌 R17448。

分布 中国（山东、陕西、新疆、安徽、江苏、浙江、江西、湖南、湖北、四川、重庆、贵州、云南、西藏、福建、台湾、广西、香港）；斯里兰卡、印度、尼泊尔、不丹、缅甸、泰国、越南、印度尼西亚、菲律宾、日本、巴布亚新几内亚、澳大利亚、新西兰、秘鲁、巴西、智利，北美洲、中美洲和非洲。

本种叶多密生于茎顶，呈莲座状，野外易于观察。

8. 卵蒴真藓　图 117　照片 63

Bryum blindii Bruch & Schimp., Bryol. Eur. 4: 163. 1846.

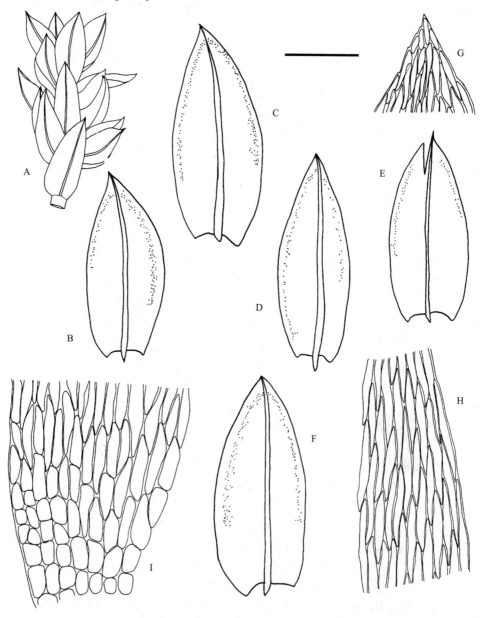

图 117　卵蒴真藓 *Bryum blindii* Bruch & Schimp., A. 植物体一段；B-F. 叶；G. 叶尖部细胞；H. 叶中部边缘细胞；I. 叶基部细胞（任昭杰 绘）。标尺：A=2.08 mm, B-F=0.83 mm, G-I=139 μm。

植物体矮小，稀疏丛生。茎单一，略呈柔荑花序状。叶明显覆瓦状排列，卵状披针形，多具短尖；叶边平展或略背卷，全缘；中肋及顶或略突出于叶尖，不呈芒状。叶中部细胞狭长菱形。孢蒴近球形，下垂，蒴台短。

生境　多生于土表。

产地　平邑：核桃涧，海拔 700 m，李林 R17397；景区入口，任昭杰、田雅娴 R17545。

分布　中国（山东、新疆、宁夏、贵州、云南）；巴基斯坦，欧洲和北美洲。

本种植物体较细小，多与其他土生藓类混生，带叶茎呈柔荑花序状，易与其他种类区别。

9. 瘤根真藓　图 118　照片 64

Bryum bornholmense Winkelm. & Ruthe, Hedwigia 38 (Beibl. 3): 120. 1899.

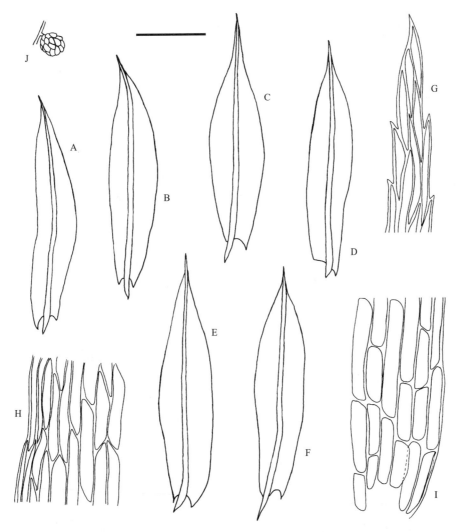

图 118　瘤根真藓 *Bryum bornholmense* Winkelm. & Ruthe, A-F. 叶；G. 叶尖部细胞；H. 叶中部细胞；I. 叶基部细胞；J. 芽胞（任昭杰 绘）。标尺：A-F=1.1 mm, G-I=140 μm, J=80 μm.

植物体形小至中等大小，多柔软，稀疏丛生。茎高可达 1.5 cm，多单一。叶卵状披针形至长披针形，渐尖；叶边多平展，稀略背卷，先端具齿，稀全缘；中肋突出于叶尖，呈短芒状。叶中部细胞长菱形，薄壁，边缘分化 1-3 列狭长细胞。无性芽胞着生于假根上，球形，具短柄，红褐色，表面细胞凸起。

　　生境　多生于土表或岩面薄土上。

　　产地　蒙阴：蒙山三分区，赵遵田 91359-A；小大畦，海拔 600 m，李林 R17422；小天麻顶，赵遵田 91428-A。平邑：十里松画廊，海拔 1036 m，任昭杰、田雅娴 R17556；核桃涧，海拔 650 m，任昭杰、王春晓 R18519-C、R18540-C；蓝涧，海拔 700 m，李林、郭萌萌 R123281-B、R17428。沂南：竹泉村，任昭杰 R16706-A；东五彩山，海拔 600 m，任昭杰、田雅娴 R18194-B、R18285、R18312；大青山，海拔 600 m，任昭杰、付结盟 R18346。费县：望海楼，海拔 1000 m，任昭杰、田雅娴 R17619。

　　分布　中国（山东、江苏）；欧洲。

　　本种在蒙山乃至山东地区分布较为广泛，叶形变化幅度较大，但叶边中上部多具齿，且具球形根生无性芽胞，易与其他种类区别。

10. 丛生真藓　图 119

Bryum caespiticium Hedw., Sp. Musc. Frond. 180. 1801.

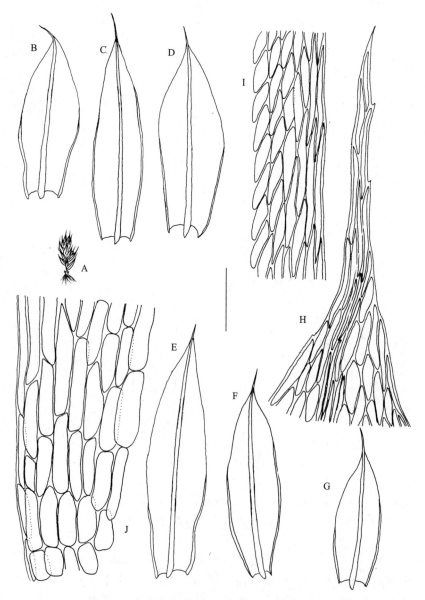

图 119　丛生真藓 *Bryum caespiticium* Hedw., A. 植物体；B-G. 叶；H. 叶尖部细胞；I. 叶中部边缘细胞；J. 叶基部细胞（任昭杰 绘）。标尺：A=1 cm, B-G=1 mm, H-J=100 μm.

　　植物体形小，绿色，密集丛生。叶披针形至长披针形，或椭圆状披针形，渐尖；叶边背卷，先端具微齿；中肋强劲，突出叶尖，呈长芒状。叶中部细胞长六边形，近边缘细胞趋狭，叶边分化狭长细胞。孢蒴长椭圆形或梨形，平列至下垂，台部明显，粗壮。

　　生境　生于土表或岩面薄土上。

　　产地　蒙阴：蒙山三分区，赵遵田 91185-B；刀山沟，海拔 500 m，黄正莉 20111054-A。

　　分布　世界广布种。中国（黑龙江、吉林、辽宁、内蒙古、河北、山西、山东、河南、陕西、甘肃、新疆、安徽、江苏、上海、浙江、江西、湖北、四川、重庆、贵州、云南、台湾、广东、香港）。

11. 细叶真藓　图 120　照片 65
Bryum capillare Hedw., Sp. Musc. Frond. 182. 1801.

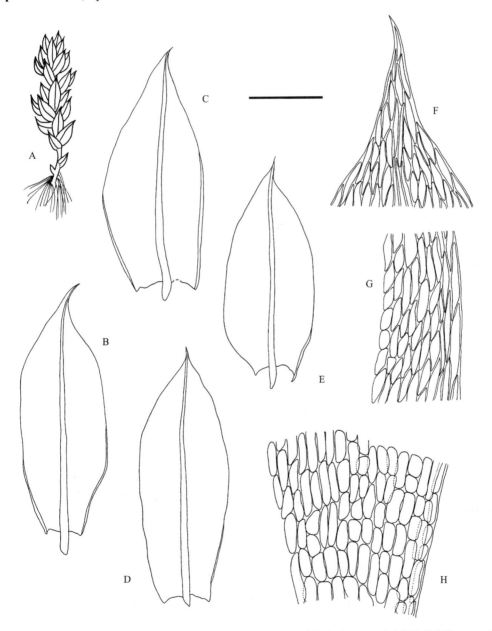

图 120　细叶真藓 *Bryum capillare* Hedw., A. 植物体；B-E. 叶；F. 叶尖部细胞；G. 叶中部边缘细胞；H. 叶基部细胞（任昭杰、田雅娴　绘）。标尺：A=4.17 mm, B-E=1.67 mm, F-H=333 μm.

植物体形小至中等大小，黄绿色至深绿色，丛生。叶卵圆形、长椭圆形、舌形或倒卵形，最宽处在叶中部，具短尖；叶边平展或略背卷，先端具细齿；中肋突出于叶尖，呈芒状。叶中上部细胞六边形或菱形，边缘分化 1–2 列狭长细胞，基部细胞较大，长方形或长六边形。孢蒴长椭圆柱形或棒槌形，平列至下垂，台部明显，短于壶部。

  生境 多生于土表或岩面薄土上，偶见于石壁上或树基部。

  产地 蒙阴：天麻顶，赵遵田 91229-A；蒙山三分区，赵遵田 91183-B；冷峪，海拔 700 m，李林 R123313-B。沂南：东五彩山，海拔 600 m，任昭杰、田雅娴 R18280-B；东五彩山山顶，海拔 750 m，任昭杰、田雅娴 R18311。费县：闻道东蒙，海拔 660 m，任昭杰、田雅娴 R17646-B；风门口，海拔 800 m，任昭杰、田雅娴 R18243；望海楼，海拔 1000 m，任昭杰、田雅娴 R18339。

  分布 世界广布种。中国（吉林、辽宁、内蒙古、山西、山东、陕西、宁夏、新疆、安徽、江苏、上海、浙江、湖北、四川、重庆、贵州、云南、西藏、福建、台湾、广东、广西、香港、澳门）。

12. 蕊形真藓

Bryum coronatum Schwägr., Syn. Musc. Frond., Suppl. 1, 2: 103 pl. 71. 1816.

  植物体形小，密集丛生。叶披针形、卵状披针形或三角状披针形，渐尖，叶尖多向一侧偏曲；叶边背卷，全缘；中肋粗壮，突出于叶尖，呈芒状。叶中上部细胞菱形或长六边形，薄壁，边缘不明显分化 1–2 列狭长细胞，基部细胞长方形。孢蒴长椭圆形，下垂，红褐色，台部膨大，明显粗于壶部。

  生境 多生于土表或岩面薄土上。

  产地 蒙阴：小天麻顶，赵遵田 91239、91246；冷峪，海拔 500 m，李林 R120197-A。

  分布 中国（山东、陕西、宁夏、江苏、湖南、贵州、云南、西藏、台湾、广东、香港、澳门）；巴基斯坦、不丹、缅甸、泰国、柬埔寨、越南、马来西亚、新加坡、印度尼西亚、日本、澳大利亚、秘鲁、智利、巴西、哥伦比亚、厄瓜多尔，非洲。

13. 圆叶真藓 图 121 照片 66

Bryum cyclophyllum (Schwägr.) Bruch & Schimp., Bryol. Eur. 4: 133. 1839.

Mnium cyclophyllum Schwägr., Sp. Musc. Frond., Suppl. 2, 2 (2): 160 pl. 194. 1827.

  植物体形小至中等大小，黄绿色至亮绿色，稀疏丛生。茎单一，或叉状分枝。叶卵形、长椭圆状卵形至椭圆形，先端圆钝，基部较狭；叶边平展，全缘，或先端具不明显齿；中肋达叶尖略下部消失。叶中上部细胞长椭圆状菱形，边缘部分明显分化 1–2 列虫形细胞。

  生境 喜生于阴湿环境。

  产地 蒙阴：里沟，海拔 700 m，任昭杰 R20120061-D；冷峪，海拔 450 m，郭萌萌 R123103、R123370-A。平邑：核桃涧，海拔 600 m，付旭、李林 R123017、R123042-B、R123088；蓝涧口，海拔 566 m，任昭杰、王春晓 R18524-B；蓝涧，海拔 680 m，李林、郭萌萌 R123028、R123159。费县：茶蓬峪，海拔 300 m，李林 R123274；三连峪，郭萌萌 R123419。

  分布 北半球广布。中国（吉林、辽宁、内蒙古、山东、河南、陕西、新疆、安徽、江苏、四川、贵州、云南、西藏、广西）。

  本种喜生于阴湿环境，多在溪流边形成群落，叶先端圆钝，中肋不及顶，可明显区别于其他种类。

图 121　圆叶真藓 *Bryum cyclophyllum* (Schwägr.) Bruch & Schimp., A. 植物体一段；B-E. 叶；F. 叶尖部细胞；G. 叶中部边缘细胞；H. 叶基部细胞（任昭杰　绘）。标尺：A-E=1 mm, F-H=100 μm.

14. 双色真藓

Bryum dichotomum Hedw., Sp. Musc. Frond. 183. 1801.

植物体形小，黄绿色密集丛生。茎直立。叶腋常有具叶原基的无性芽胞。叶卵状披针形或长椭圆状披针形，渐尖；叶边平展，仅下部略背卷，全缘，或仅先端具细齿；中肋粗壮，突出于叶尖，呈芒状。叶中上部细胞六边形或菱形，近缘趋狭，但不形成明显分化边缘，基部细胞方形至长方形。

  生境 生于土表。

  产地 平邑：龟蒙顶，海拔 1100 m，任昭杰、田雅娴 R17651-B。

  分布 世界广布种。中国（内蒙古、北京、山东、陕西、宁夏、甘肃、新疆、安徽、江苏、湖北、四川、重庆、贵州、云南、西藏、台湾、广东、澳门）。

15. 韩氏真藓 图 122

Bryum handelii Broth., Symb. Sin. 4: 58. 1929.

Bryum blandum Hook. f. & Wilson subsp. *handelii* (Broth.) Ochi, J. Jap. Bot. 43: 484. 1968.

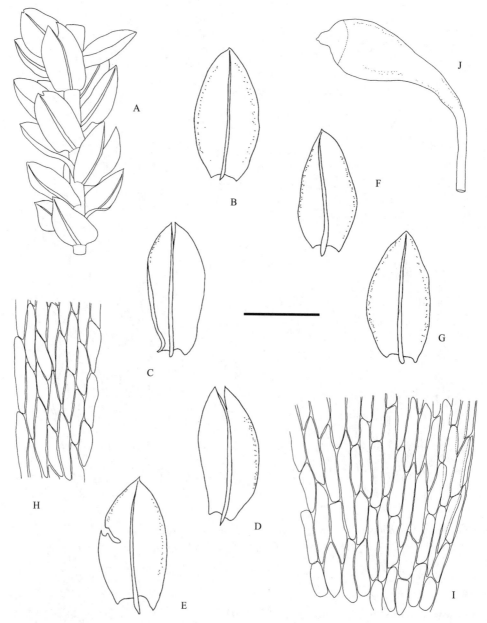

图 122 韩氏真藓 *Bryum handelii* Broth., A. 植物体一部分；B-G. 叶；H. 叶中部细胞；I. 叶基部细胞；J. 孢蒴（任昭杰 绘）。标尺：A, J=1.67 mm, B-G=1.39 mm, H-I=208 μm.

　　植物体形小至中等大小，黄绿色或亮绿色，丛生。茎直立，多单一。叶舌形或长卵圆形，先端钝，明显呈龙骨状，受压后尖部易呈"丫"状开裂；叶边平展，全缘，仅先端具细齿；中肋达叶尖略下部消失。叶中部细胞线状菱形，薄壁，渐边趋狭，但无明显分化边缘。孢蒴长椭圆形，台部较明显，平列至下垂。

　　生境　生于阴湿土表或岩面。

　　产地　蒙阴：天麻村，赵遵田 91242-C。费县：茶蓬峪，海拔 350 m，李林 R123179。

　　分布　中国（山东、陕西、湖南、湖北、四川、重庆、贵州、云南、西藏、台湾、广西）；日本，喜马拉雅地区。

　　本种喜生于常年流水的阴湿环境，常在流水石壁形成群落，颜色鲜亮，具有一定的观赏价值。

16. 沼生真藓　图 123

Bryum knowltonii Barnes, Bot Gaz. 14: 44. 1889.

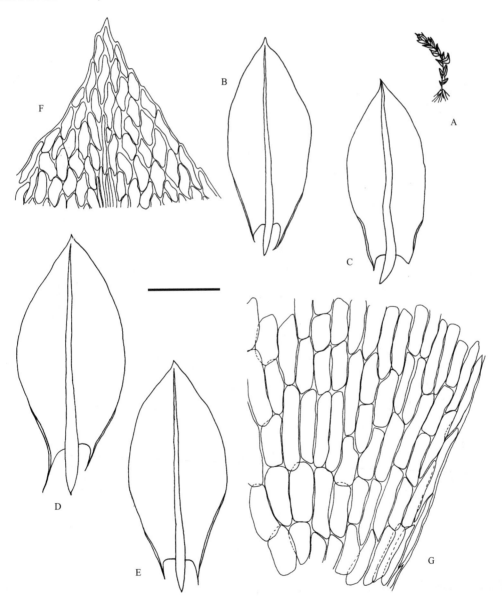

图 123　沼生真藓 *Bryum knowltonii* Barnes, A. 植物体；B-E. 叶；F. 叶尖部细胞；G. 叶基部细胞（任昭杰　绘）。标尺：
A=1.67 cm, B-E=1.04 mm, F-G=139 μm.

植物体形小，绿色，密集丛生。叶卵圆形或椭圆形，急尖或短渐尖；叶边平展，基部略背卷，全缘；中肋粗壮，及顶或达叶尖略下处消失。叶中上部细胞长椭圆状菱形，渐边趋狭，但无明显分化边缘。

生境 生于阴湿土表。

产地 蒙阴：大畦，海拔 700 m，李林 R123125。平邑：蓝涧，海拔 700 m，李林 R123404。

分布 中国（黑龙江、山东、陕西、新疆、浙江、贵州、西藏）；亚洲、欧洲和北美洲。

17. 刺叶真藓 图 124

Bryum lonchocaulon Müll. Hal., Flora 58: 93. 1875.

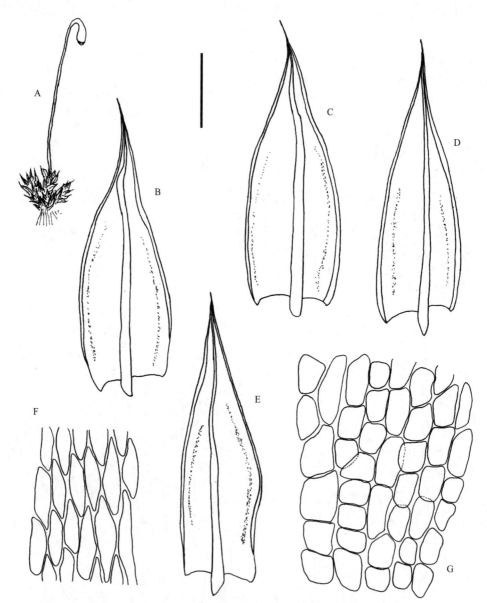

图 124 刺叶真藓 *Bryum lonchocaulon* Müll. Hal., A. 植物体；B-E. 叶；F. 叶中部细胞；G. 叶基部细胞（任昭杰 绘）。标尺：A =3.03 mm, B-E=0.83 mm, F-G=83 mm。

植物体形小，绿色，密集丛生。茎直立，未见分枝。叶卵状披针形或椭圆状披针形，渐尖；叶边背卷，先端具细齿；中肋突出于叶尖，呈芒状。叶中部细胞长菱形，边缘明显分化，基部细胞长方形。孢蒴长梨形或棒槌形，下垂。

生境　生于土表或岩面薄土上。

产地　蒙阴：蒙山三分区，赵遵田 91171；冷峪，海拔 400 m，李林 R120162-A。

分布　中国（黑龙江、吉林、辽宁、内蒙古、山西、山东、河南、陕西、宁夏、新疆、江苏、浙江、江西、四川、贵州、云南、西藏）；北极地区及北半球高地。

18. 卷尖真藓　图 125

Bryum neodamense Itzigs., Sp. Musc. Frond. 1: 286. 1848.

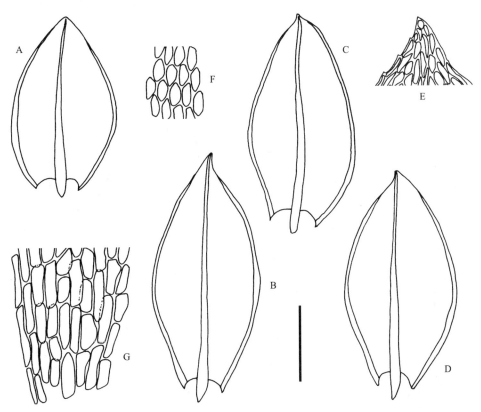

图 125　卷尖真藓 *Bryum neodamense* Itzigs., A-D. 叶；E. 叶尖部细胞；F. 叶中部细胞；G. 叶基部细胞（任昭杰、付旭绘）。标尺：A-D=1.1 mm, E-G=220 μm.

植物体较粗壮，疏松丛生。叶卵圆形、披针形至卵状披针形，钝尖或急尖，多少平截；叶边背卷，全缘；中肋及顶或达叶尖略下部消失。叶中上部细胞菱形、六边形，边缘分化 2-5 列狭长细胞，基部细胞方形至短长方形。

生境　生于土表或岩面薄土上。

产地　蒙阴：蒙山，海拔 650 m，郭萌萌 R121037-B。平邑：核桃涧，海拔 600 m，李超 R121036-A。

分布　中国（黑龙江、内蒙古、山东、河南、新疆、贵州、西藏）；亚洲北部、欧洲和美洲。

19. 黄色真藓

Bryum pallescens Schleich. ex Schwägr., Sp. Musc. Frond., Suppl. 1, 2: 107. 1816.

本种叶形与垂蒴真藓 *B. uliginosum* 类似，本种内齿层发育良好，而后者齿毛多不发育；本种孢子较小，直径约 20 μm，而后者孢子直径在 25 μm 以上。因此，二者在没有孢子体的情况下易混淆。

生境　多生于土表、岩面或岩面薄土上。

　　产地　蒙阴：大牛圈，海拔 600 m，任昭杰 R20131350；天麻顶，赵遵田 91221；小天麻顶，赵遵田 91428-B。

　　分布　中国（黑龙江、吉林、辽宁、内蒙古、河北、山西、山东、河南、陕西、新疆、安徽、上海、浙江、江西、四川、重庆、贵州、云南、西藏、福建、台湾、广东）；巴基斯坦、秘鲁、智利、新西兰，南美洲高山区。

20. 近高山真藓　图 126

Bryum paradoxum Schwägr., Sp. Musc. Frond., Suppl. 3, 1 (1): 244. 1827.

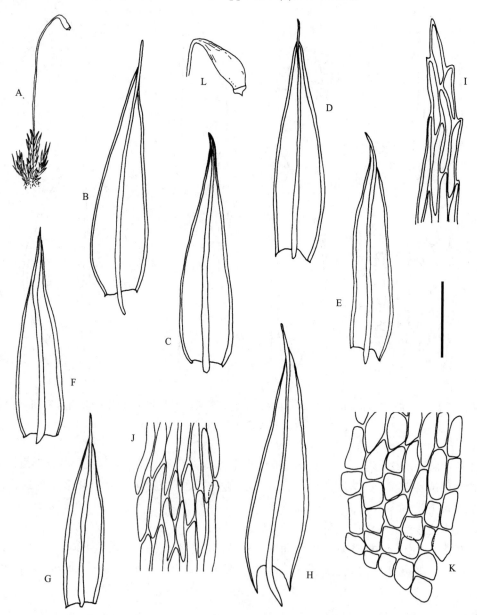

图 126　近高山真藓 *Bryum paradoxum* Schwägr., A. 植物体；B-H. 叶；I. 叶尖部细胞；J. 叶中部细胞；K. 叶基部细胞；L. 孢蒴（任昭杰 绘）。标尺：A=8.9 mm，B-H=0.8 mm，I-K=110 μm，L=3.4 mm.

　　植物体形小，绿色，密集丛生。叶披针形、卵状披针形至长椭圆状披针形，渐尖；叶边背卷，上部具细齿；中肋突出于叶尖，呈芒状，基部多呈红褐色。叶中上部细胞狭六边形至狭菱形，叶边不明显分化。孢蒴长梨形，下垂。

　　生境　生于岩面薄土上。

　　产地　蒙阴：刀山沟，海拔 600 m，黄正莉 20111001-B。

　　分布　中国（辽宁、山东、河南、陕西、甘肃、安徽、湖南、贵州、云南、西藏、台湾、广东、广西）；斯里兰卡、印度、尼泊尔、日本、韩国、秘鲁和智利。

21. 拟三列真藓　图 127　照片 67

Bryum pseudotriquetrum (Hedw.) Gaertn., Meyer & Scherb., Oek. Fl. Wetterau 3: 102. 1802.

Mnium pseudotriquetrum Hedw., Sp. Musc. Frond. 191. 1801.

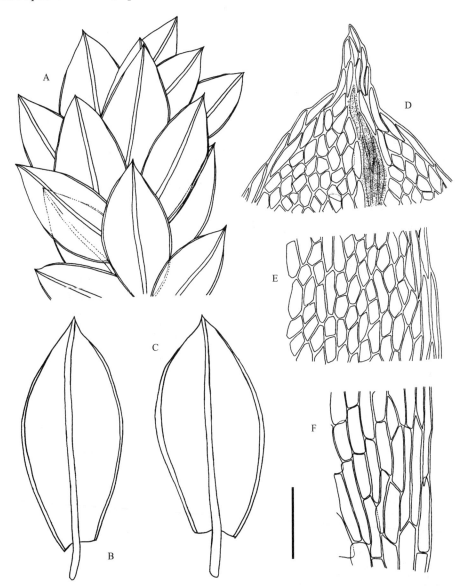

图 127　拟三列真藓 *Bryum pseudotriquetrum* (Hedw.) Gaertn., A. 植物体；B-C. 叶；D. 叶尖部细胞；E. 叶中部细胞；F. 叶基部细胞（任昭杰、燕丽梅 绘）。标尺：A=1.2 mm, B-C=1.04 mm, D-F=167 μm。

　　植物体粗壮，中等大小，通常黄绿色或淡绿色，丛生。茎直立，多单一。叶卵圆形、卵状披针形或长椭圆状披针形，基部多为红色；叶边背卷，全缘，或仅先端具细齿；中肋粗壮，略突出于叶尖。叶中部细胞菱形或六边形，薄壁，中上部边缘分化 1-3 列狭长细胞，下部 4-5 列，基部细胞长方形或长六边形。孢蒴棒状，平列至下垂。

　　生境　多生于土表或岩面薄土上。

　　产地　蒙阴：砂山，海拔 600 m，任昭杰 20120005-A、20120142-A；凌云寺西门，海拔 800 m，黄正莉 20111044；里沟，海拔 650 m，黄正莉 20100141、20120150-B；石门，海拔 620 m，付旭 R123231；大牛圈，海拔 600 m，任昭杰、李林 20120021-A、20131351-B；冷峪，海拔 550 m，李林、郭萌萌 R120181-A、R123074、R123160；聚宝崖，海拔 480 m，任昭杰、王春晓 R18435-C。平邑：核桃涧，海拔 600 m，李林、郭萌萌 R120152、R121006-A、R121013；蓝涧口，海拔 566 m，任昭杰、王春晓 R18524-B；蓝涧，海拔 650 m，郭萌萌 R121042-A、R123109、R123318。费县：茶蓬峪，海拔 350 m，李林、郭萌萌 R120177、R123073、R17417-A；三连峪，海拔 500 m，李超、李林 R123175-A、R123211-B；玉皇宫货索站，海拔 600 m，任昭杰、田雅娴 R18205、R18206-A、R18324-B。

　　分布　中国（黑龙江、吉林、辽宁、内蒙古、河北、山西、山东、河南、陕西、新疆、安徽、江苏、浙江、湖南、湖北、四川、重庆、贵州、云南、西藏、福建、台湾、广东）；巴基斯坦、不丹、越南、秘鲁、智利和巴西。

　　本种在蒙山乃至山东山区都较为常见，通常较为粗壮，喜生于阴湿环境，常在山涧溪流等处形成群落。

22. 球根真藓　图 128

Bryum radiculosum Brid., Muscol. Recent. Suppl. 3: 18. 1817.

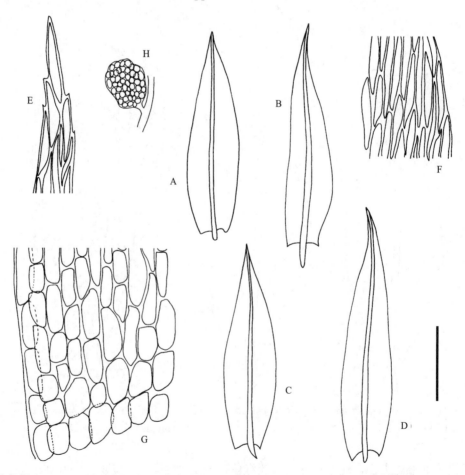

图 128　球根真藓 *Bryum radiculosum* Brid., A-D. 叶；E. 叶尖部细胞；F. 叶中部细胞；G. 叶基部细胞；H. 芽胞（任昭杰 绘）。标尺：A-D=1.1 mm, E-G=110 μm, H=340 μm。

　　本种叶形与瘤根真藓 *B. bornholmense* 类似，但本种叶边强烈背卷，后者叶边平展；此外，本种根生无性芽胞无柄或近无柄，表面细胞不突起，而后者，根生无性芽胞具短柄，且表面细胞突出。

　　生境　生于土表。

　　产地　蒙阴：蒙山，天麻村，赵遵田 91242-E。

　　分布　中国（山东、江苏、福建）；日本、新西兰、秘鲁、埃及，欧洲和北美洲。

23. 弯叶真藓　图 129　照片 68

Bryum recurvulum Mitt., J. Linn. Soc., Bot., Suppl. 1: 74. 1859.

　　植物体形小至中等大小，黄绿色至暗绿色，密集丛生。茎直立，多单一，高可达 2 cm。叶椭圆状披针形、椭圆形或长圆形，内凹，先端渐尖，多向一侧偏曲；叶边背卷，全缘或先端具细齿；中肋略突出于叶尖。叶中部细胞菱形至长菱形，边缘由 2–3 列狭长细胞组成，基部细胞长方形。蒴柄细长。孢蒴梨形，下垂至平列。蒴盖圆形，具小尖头。

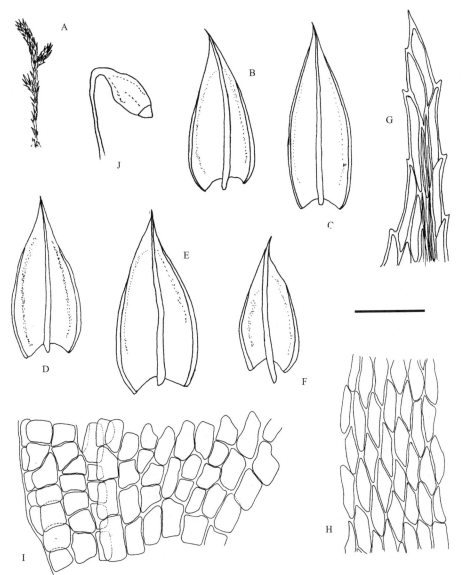

图 129　弯叶真藓 *Bryum recurvulum* Mitt., A. 植物体；B-F. 叶；G. 叶尖部细胞；H. 叶中部细胞；I. 叶基部细胞；J. 孢蒴（任昭杰 绘）。标尺：A=8.3 mm, B-F=0.83 mm, G=83 μm, H-I=119 μm, J=2.78 mm.

生境 生于土表、岩石或岩面薄土上。

产地 蒙阴：砂山，海拔 650 m，任昭杰 R20120103；林场三分区，海拔 610 m，赵遵田 91186、91357-A；里沟，海拔 700 m，任昭杰 20120014；大石门，海拔 650 m，李林、付旭 R123338；大牛圈，海拔 650 m，任昭杰 R20131351-A；小大畦，海拔 600 m，李林 R123121；天麻岭，海拔 760 m，赵遵田 91223-A；前梁南沟，海拔 650 m，黄正莉 20111034-B、20111318-B；刀山沟，海拔 560 m，黄正莉 20111219；聚宝崖，海拔 480 m，任昭杰、王春晓 R18368-C、R18369-B、R18421-B；孟良崮，海拔 500 m，任昭杰、田雅娴 R18263-A；孟良崮山顶，海拔 680 m，任昭杰、田雅娴 R18302；老龙潭，海拔 500 m，任昭杰、王春晓 R183970-B。平邑：蓝涧，海拔 680 m，李林、付旭 R123204、R123314-B；核桃涧，海拔 600 m，李超、郭萌萌 R123303、R123407、R17322-C；李家石屋，海拔 600 m，任昭杰、田雅娴 R17554-C；龟蒙顶索道上站，海拔 1066 m，任昭杰、王春晓 R18419-B；拜寿台，海拔 1100 m，任昭杰、田雅娴 R17599；寿星沟，海拔 1050 m，任昭杰、王春晓 R18547-B；龟蒙顶，海拔 1150 m，任昭杰、田雅娴 R17568；孔子小鲁处，海拔 1150 m，任昭杰、田雅娴 R17600。沂南：大青山，海拔 480 m，任昭杰、付结盟 R18300-B、R18309；东五彩山，海拔 550 m，任昭杰、田雅娴 R18314。费县：三连峪，海拔 710 m，李林 R120172、R123248-B；三连峪，海拔 410 m，付旭 R123007；玉皇宫下，海拔 950 m，任昭杰、田雅娴 R1321。

分布 中国（吉林、山西、山东、陕西、新疆、安徽、湖南、湖北、四川、贵州、云南、西藏、台湾）；不丹、泰国、印度尼西亚和日本。

本种在蒙山乃至山东地区分布极为广泛，叶形与近高山真藓 *B. paradoxum* 类似，本种叶尖多一侧偏曲，且叶中部细胞较之后者更宽。

24. 橙色真藓

Bryum rutilans Brid., Bryol. Univ. 1: 684. 1826.

植物体密集丛生。叶阔卵圆形，渐尖或具小尖头；叶边略背卷，全缘；中肋达叶尖略下部消失或及顶。叶中部细胞六边形，基部细胞较大，长方形，中下部边缘分化 1–3 列狭长细胞。孢蒴长梨形，下垂。

生境 生于土表。

产地 蒙阴：蒙山天麻村，赵遵田 91242-B；蒙山三分区，赵遵田 91181；小天麻顶，赵遵田 91262。

分布 中国（内蒙古、山东、新疆、西藏）；俄罗斯（西伯利亚），中亚、欧洲和北美洲。

25. 沙氏真藓　图 130

Bryum sauteri Bruch & Schimp., Bryol. Eur. 4: 162. 1846.

植物体矮小，绿色，丛生。茎直立，多单一。叶卵状披针形或三角状披针形；叶边平展或略背卷，先端具微齿；中肋略突出于叶尖，但不呈芒状。根生无性芽胞多数，红褐色，梨形。

生境 生于土表。

产地 费县：三连峪，海拔 450 m，李超 R123209；玉皇宫下，海拔 870 m，任昭杰、田雅娴 R17620-A。

分布 中国（山东、宁夏、新疆、湖南、湖北、重庆、贵州、西藏）；欧洲。

本种具梨形根生无性芽胞，易与其他种类区别。

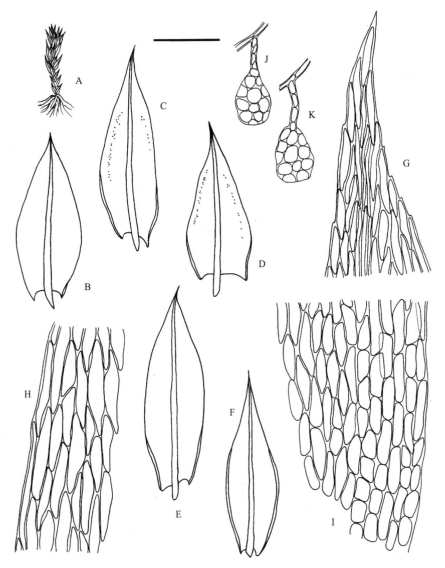

图 130　沙氏真藓 *Bryum sauteri* Bruch & Schimp., A. 植物体；B-F. 叶；G. 叶尖部细胞；H. 叶中部边缘细胞；I. 叶基部细胞；J-K. 根生无性芽胞（任昭杰 绘）。标尺：A=1.11 cm, B-F=0.83 mm, G-I=104 μm, J-K=208 μm.

26. 卷叶真藓　图 131

Bryum thomsonii Mitt., J. Linn. Soc., Bot., Suppl. 1: 73. 1859.

植物体矮小，绿色，丛生。茎直立，未见分枝。叶三角状披针形至长三角状披针形，渐尖；叶边背卷，先端具细齿；中肋突出于叶尖，呈芒状。叶细胞长菱形，壁稍加厚，边缘分化 2–4 列狭长细胞，基部细胞长方形。

生境　生于岩面薄土上。

产地　蒙阴：蒙山，赵遵田 Zh91204。

分布　中国（内蒙古、山东、贵州、西藏）；巴基斯坦、斯里兰卡和印度尼西亚。

本种叶三角状披针形至长三角状披针形，叶边自上至下强烈背卷，易与其他种类区别。

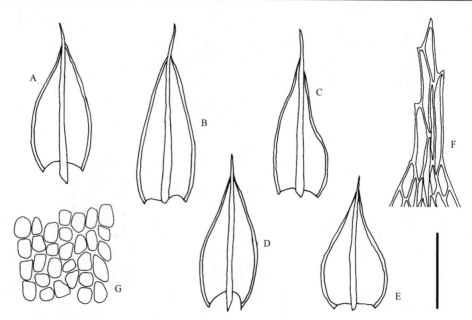

图 131 卷叶真藓 *Bryum thomsonii* Mitt., A-E. 叶；F. 叶尖部细胞；G. 叶基部细胞（任昭杰、付旭 绘）。标尺：A-E=0.8 mm, F-G=110 μm.

27. 球蒴真藓　图 132

Bryum turbinatum (Hedw.) Turn, Musc. Hib. Spic. 127. 1804.

Mnium turbinatum Hedw., Sp. Musc. Frond. 191. 1801.

植物体形小，绿色，密集丛生。叶阔椭圆状披针形、阔卵状披针形至卵圆状三角形，渐尖，基部略下延；叶边平展或略背卷，全缘；中肋及顶至略突出，但不呈芒状。叶中部细胞六边形，边缘分化 2–4 列狭长细胞，基部细胞明显膨大，红褐色，与上部细胞形成明显界限。孢蒴长梨形，下垂，壶部明显膨大呈球形。

生境　生于岩面薄土上。

产地　蒙阴：砂山，海拔 600 m，任昭杰 20120005-B；橛子沟，海拔 800 m，付旭 20120024。

分布　中国（内蒙古、河北、山东、山西、河南、陕西、新疆、江苏、浙江、湖南、贵州、云南、西藏）；巴基斯坦、智利，北半球广布，也见于南半球高山区。

28. 垂蒴真藓

Bryum uliginosum (Brid.) Bruch & Schimp., Bryol. Eur. 4: 88. 1839.

Cladodium uliginosum Brid., Bryol. Univ. 1: 841. 1827.

植物体多中等大小，黄绿色至深绿色，丛生。茎直立，单一或具叉状分枝。叶披针形至长卵状披针形；叶边背卷，全缘；中肋粗壮，突出于叶尖，呈芒状。叶中部细胞六边形或菱形，边缘明显分化 2–4 列线形细胞。孢蒴长棒状至梨形，平列至下垂。

生境　生于土表、岩石、岩面薄土或树基上。

产地　蒙阴：砂山，海拔 600 m，任昭杰、李林 R20120029-B、R20120039、20120142-B；里沟，海拔 700 m，黄正莉 R20120027；大牛圈，海拔 650 m，任昭杰 R20131350。

分布　中国（内蒙古、河北、山西、山东、河南、陕西、宁夏、新疆、江苏、浙江、江西、四川、重庆、贵州、云南、西藏）；新西兰、智利，北极地区和北半球高山区。

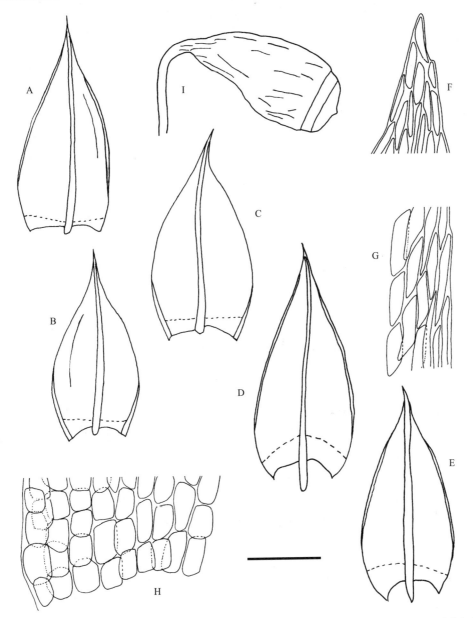

图 132　球蒴真藓 *Bryum turbinatum* (Hedw.) Turn, A-E. 叶；F. 叶尖部细胞；G. 叶中部细胞；H. 叶基部细胞；I. 孢蒴
（任昭杰、付旭 绘）。标尺：A-E=0.8 mm，F-H=110 μm，I=1.9 mm.

科 19. 提灯藓科 MNIACEAE

　　植物体通常小形至中等大小，稀大形，黄绿色至深绿色，稀疏或密集丛生，或呈垫状。茎单一，或分枝，偶见树形分枝，多具假根；中轴分化。叶形多变，圆形至披针形，基部下延或不下延；叶边多平展，全缘、具细齿或粗齿，多分化；中肋达叶尖略下部消失、及顶或突出于叶尖。叶细胞圆方形、六边形或线形，多薄壁，平滑或少数具乳头状突起或疣。雌雄异株、同株异苞、同序异苞、同序混生或雌雄杂株。蒴柄长，单生或簇生。孢蒴卵圆柱形至圆柱形或梨形，平列至下垂，对称或不对称，台部通常明显，显型气孔或隐型气孔。环带通常分化。蒴齿双层、单层，稀退化。蒴盖圆锥形，多具长喙。蒴帽兜状，平滑。孢子通常具疣。

　　本科全世界 15 属。中国有 12 属；山东有 5 属，蒙山有 4 属。

分属检索表

1. 叶细胞多具乳头状突起 ·· 4. 疣灯藓属 *Trachycystis*
1. 叶细胞平滑 ·· 2
2. 叶无分化边缘或分化边缘不明显 ··· 3. 丝瓜藓属 *Pohlia*
2. 叶具明显分化边缘 ·· 3
3. 叶边具双列齿 ··· 1. 提灯藓属 *Mnium*
3. 叶边具单列齿 ·· 2. 匐灯藓属 *Plagiomnium*

Key to the genera

1. Laminal cells mamillse ··· 4. *Trachycystis*
1. Laminal cells smooth ··· 2
2. Leaf margins unbordered or bordered weekly ································· 3. *Pohlia*
2. Leaf margins bordered obviously ······································· 3
3. Leaf margins with double teeth ··· 1. *Mnium*
3. Leaf margins with single teeth ··································· 2. *Plagiomnium*

属 1. 提灯藓属 Mnium Hedw.

Sp. Musc. Frond. 188. 1801.

植物体形较小，直立丛生，绿色，有时带红色。茎直立，单一，稀分枝。叶在茎基部多呈鳞片状，在茎顶端多呈莲座状，卵圆形、披针形、卵状披针形至长披针形，干时多皱缩或卷曲；叶边多平展，多具双列锯齿，稀单列锯齿；中肋单一，强劲，达叶尖略下部消失或及顶。叶细胞多五至六边形，叶边明显分化数列狭长细胞。雌雄异株，稀同株。蒴柄粗壮，橙色。孢蒴多长卵形，倾立或下垂。蒴齿双层。蒴盖圆锥形，具喙。

本属全世界有 19 种。中国有 10 种；山东有 6 种，蒙山有 4 种。

分种检索表

1. 中肋背面先端具刺状齿 ··· 4. 偏叶提灯藓 *M. thomsonii*
1. 中肋背面平滑 ··· 2
2. 叶片干燥时不皱缩 ·· 1. 异叶提灯藓 *M. heterophyllum*
2. 叶片干燥时皱缩 ·· 3
3. 叶细胞较大，直径 20–25 μm ··· 2. 平肋提灯藓 *M. laevinerve*
3. 叶细胞较小，直径约 17 μm ·· 3. 具缘提灯藓 *M. marginatum*

Key to the species

1. Dorsal surface of costa with numerous sharp teeth ······················· 4. *M. thomsonii*
1. Dorsal surface of costa smooth ·· 2
2. Leaves scarecely crisped when dry ·································· 1. *M. heterophyllum*
2. Leaves distinctly crisped when dry ··· 3
3. Laminal cells larger, about 20–25 μm in diameter ························· 2. *M. laevinerve*
3. Laminal cells smaller, about 17 μm in diameter ······················· 3. *M. marginatum*

1. 异叶提灯藓 图 133　照片 69

Mnium heterophyllum (Hook.) Schwägr., Sp. Musc. Frond., Suppl. 2, 2 (1): 22. 1826.

Bryum heterophyllun Hook., Trans. Linn. Soc. London 9: 318. 1808.

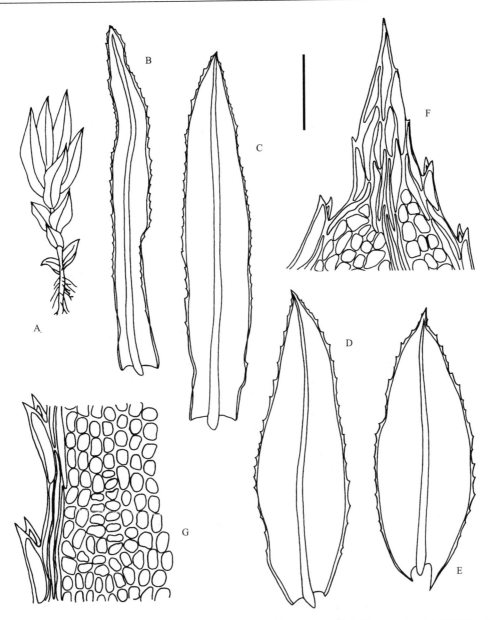

图 133　异叶提灯藓 *Mnium heterophyllum* (Hook.) Schwägr., A. 植物体；B-C. 枝上部叶；D-E. 枝中下部叶；F. 叶尖部细胞；G. 叶中部边缘细胞（任昭杰、朱馨芳 绘）。标尺：A=3.3 mm, B-E=1.39 mm, F-G=119 μm.

植物体中等大小，绿色至深绿色，丛生。叶异形，茎下部叶卵圆形，先端渐尖，叶边全缘，分化边不明显；茎中上部叶长卵圆状披针形，渐尖；叶边具双列锯齿；中肋达叶尖略下部消失或及顶，背面光滑，无刺状突起。叶细胞不规则多边形，或稍带圆形，叶边分化 1–3 列狭菱形细胞。

生境　多生于土表、岩面或岩面薄土上。

产地　蒙阴：蒙山，赵遵田 Zh91215；大大洼，海拔 700 m，郭萌萌 R123248；里沟，海拔 700 m，付旭 R18031-C；冷峪，海拔 450 m，付旭 R123021-B、R123307-B、R17317。平邑：核桃涧，海拔 600 m，郭萌萌 R123143-C；蓝涧，海拔 680 m，李林、李超 R123379-A、R17426。费县：玉皇宫货索站，海拔 600 m，任昭杰、田雅娴 R18209、R18223-B；玻璃桥下，海拔 750 m，任昭杰、田雅娴 R18318-A。

分布　中国（黑龙江、吉林、内蒙古、河北、山东、陕西、宁夏、甘肃、江苏、浙江、江西、四川、贵州、西藏、台湾）；巴基斯坦、印度、尼泊尔、不丹、日本、朝鲜、俄罗斯（远东地区），欧洲和北美洲。

2. 平肋提灯藓　图 134

Mnium laevinerve Cardot, Bull. Soc. Bot. Genève, sér. 2, 1: 128. 1909.

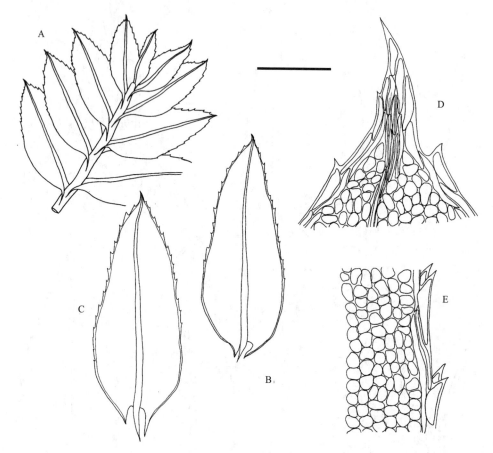

图 134　平肋提灯藓 *Mnium laevinerve* Cardot, A. 植物体一段；B-C. 叶；D. 叶尖部细胞；E. 叶中部边缘细胞（任昭杰、田雅娴　绘）。标尺：A=2.08 mm, B-C=1.39 mm, D-E=139 μm.

植物体形小至中等大小，绿色至深绿色，疏松丛生。叶卵圆形至卵圆状披针形，渐尖；叶边具双列锯齿；中肋及顶，背面无刺状突起。叶细胞不规则多边形，或圆多边形，叶边分化 2–3 列狭菱形至斜长方形细胞。

生境　多生于土表、岩面或岩面薄土上。

产地　蒙阴：百花峪，海拔 500 m，黄正莉 R11973-B；核桃涧，海拔 600 m，郭萌萌 R120185-B；里沟，海拔 650 m，任昭杰 R20120042；橛子沟，海拔 800 m，任昭杰 R20120025、R123432-B；蒙山，赵遵田 R20130034-C；冷峪，海拔 500 m，李林、郭萌萌 R123005-C、R123307-C、R17437-A。平邑：核桃涧，海拔 650 m，李林、郭萌萌 R20123003-B、R123143-D、R123242-A；蓝涧，海拔 620 m，李林、郭萌萌 R12202-B、R120170、R123361-B；明光寺，赵遵田、任昭杰 R17663-B。沂南：东五彩山，海拔 650 m，任昭杰、田雅娴 R18236-C。费县：茶蓬峪，海拔 350 m，郭萌萌 R120150-B；望海楼，海拔 1000 m，赵遵田 91302-B。

分布　遍及我国南北各省；巴基斯坦、印度、不丹、菲律宾、朝鲜、日本和俄罗斯（远东地区）。

3. 具缘提灯藓

Mnium marginatum (With.) P. Beauv., Prodr. Aethéogam. 75. 1805.

Bryum marginatum Dick. ex. With., Syst. Arr. Brit. Pl. (ed. 4), 3: 824. 1801.

本种叶形与平肋提灯藓 *M. laevinerve* 类似，但本种叶仅中上部具齿，而后者叶边上下均具齿；本种叶细胞较小，而后者叶细胞较大。以上两点可区别二者。

生境　多生于土表、岩面或岩面薄土上。

产地　蒙阴：冷峪，海拔 450 m，李林、郭萌萌 R123237-C、R123439、R17331-D；里沟，海拔 700 m，任昭杰、李林 R123078-B；橛子沟，海拔 900 m，李林 R123429-A；聚宝崖，海拔 500 m，任昭杰、王春晓 R18371-D；老龙潭，海拔 540 m，任昭杰、王春晓 R18460、R18476-C。平邑：大洼，海拔 700 m，郭萌萌 R18006-B；大大洼，海拔 500 m，付旭 R123191-A；龟蒙顶索道上站，海拔 1066 m，任昭杰、王春晓 R18494、R18520-D；寿星沟，海拔 1050 m，任昭杰、王春晓 R18383-C；蒙山，赵遵田 91212、Zh91271；核桃涧，海拔 400 m，付旭 R123019、R18012-A；核桃涧，海拔 600 m，黄正莉、李林 R123040-A、R123047、R123049-A；蓝涧口，海拔 566 m，任昭杰、王春晓 R18536-B；蓝涧：海拔 680 m，黄正莉、付旭、李林 R123023、R123036、R123060-B。沂南：蒙山，海拔 790 m，赵遵田 R121003-A。费县：茶蓬峪，海拔 300 m，李林、郭萌萌 R121002、R123212-C；茶蓬峪，海拔 300 m，李林、郭萌萌 R123337-B、R123359-B。

分布　中国（内蒙古、河北、山西、山东、陕西、宁夏、甘肃、青海、新疆、安徽、浙江、江西、湖北、四川、贵州、西藏、台湾）；巴基斯坦、蒙古、阿富汗、印度、俄罗斯（远东地区），中亚地区、欧洲、中美洲、北美洲、大洋洲和非洲北部。

4. 偏叶提灯藓

Mnium thomsonii Schimp., Syn. Musc. Eur. (ed. 2), 485. 1876.

植物体疏松丛生。茎直立，无分枝。叶多卵圆形或卵状披针形，稀长卵状披针形，先端渐尖，多一侧偏曲；叶边具双列锯齿；中肋及顶，先端背面具刺状齿。叶细胞不规则多边形或圆多边形，边缘分化 2–4 列狭菱形至线形细胞。

生境　生于岩面薄土上。

产地　平邑：龟蒙顶，张艳敏 190（SDAU）。

分布　中国（黑龙江、吉林、辽宁、内蒙古、河北、山东、河南、陕西、宁夏、甘肃、青海、新疆、安徽、浙江、江西、湖南、湖北、四川、贵州、云南、西藏、福建、台湾、广西）；蒙古、尼泊尔、印度、不丹、日本、朝鲜、俄罗斯，中亚、北美洲和非洲北部。

属 2. 匐灯藓属 Plagiomnium T. J. Kop.

Ann. Bot. Fenn. 5: 145. 1968.

植物体多粗壮，黄绿色至深绿色，常形成大面积群落。茎平展，基部簇生匍匐枝，或茎顶端生鞭状枝。叶形多变，卵圆形、倒卵圆形、长椭圆形、舌形或卵状披针形，先端钝、平截、急尖、渐尖，多具小尖头，干燥时多皱缩，湿时平展；叶边具单列齿，稀全缘；中肋及顶，或在叶尖略下部消失。叶细胞不规则多边形，有时因角部增厚而近圆形，叶边多分化数列狭长细胞，稀不分化或分化不明显。多雌雄同株，稀异株。孢蒴倾立或下垂，多长卵圆形。蒴齿双层。蒴盖圆锥形。

本属全世界约 25 种。中国有 17 种；山东有 13 种，蒙山有 8 种。

分种检索表

1. 叶边锯齿多由 2 个细胞构成 ···8. 瘤柄匐灯藓 *P. venustum*
1. 叶边锯齿为单个细胞 ··2
2. 叶先端近急尖、急尖或渐尖 ···3

2. 叶先端圆钝，呈截形或具小尖头 ⋯⋯⋯⋯⋯⋯⋯⋯⋯⋯⋯⋯⋯⋯⋯⋯⋯⋯⋯⋯⋯⋯⋯⋯⋯⋯⋯ 5

3. 叶边近于全缘 ⋯⋯⋯⋯⋯⋯⋯⋯⋯⋯⋯⋯⋯⋯⋯⋯⋯⋯⋯⋯⋯⋯⋯ 3. 全缘匐灯藓 P. integrum

3. 叶边明显具齿 ⋯⋯⋯⋯⋯⋯⋯⋯⋯⋯⋯⋯⋯⋯⋯⋯⋯⋯⋯⋯⋯⋯⋯⋯⋯⋯⋯⋯⋯⋯⋯⋯⋯⋯⋯ 4

4. 叶细胞角部不增厚 ⋯⋯⋯⋯⋯⋯⋯⋯⋯⋯⋯⋯⋯⋯⋯⋯⋯⋯⋯⋯⋯ 1. 尖叶匐灯藓 P. acutum

4. 叶细胞角部明显增厚 ⋯⋯⋯⋯⋯⋯⋯⋯⋯⋯⋯⋯⋯⋯⋯⋯⋯⋯⋯ 2. 匐灯藓 P. cuspidatum

5. 近中肋的一列细胞明显大于相邻细胞，透明 ⋯⋯⋯⋯⋯⋯⋯⋯ 4. 侧枝匐灯藓 P. maximoviczii

5. 近中肋的一列细胞不明显增大 ⋯⋯⋯⋯⋯⋯⋯⋯⋯⋯⋯⋯⋯⋯⋯⋯⋯⋯⋯⋯⋯⋯⋯⋯⋯⋯⋯⋯ 6

6. 叶边分化较强，由 4–6 列狭长细胞构成 ⋯⋯⋯⋯⋯⋯⋯⋯⋯⋯ 7. 圆叶匐灯藓 P. vesicatum

6. 叶边分化较弱，由 2–4 列狭长细胞构成 ⋯⋯⋯⋯⋯⋯⋯⋯⋯⋯⋯⋯⋯⋯⋯⋯⋯⋯⋯⋯⋯⋯⋯⋯ 7

7. 叶基下延；叶细胞较小，直径 10–25 μm ⋯⋯⋯⋯⋯⋯⋯⋯⋯ 5. 具喙匐灯藓 P. rhynchophorum

7. 叶基不下延；叶细胞较大，直径 30–50 μm ⋯⋯⋯⋯⋯⋯⋯⋯ 6. 钝叶匐灯藓 P. rostratum

Key to the species

1. Marginal teeth of leaves formed by bicells ⋯⋯⋯⋯⋯⋯⋯⋯⋯⋯⋯⋯⋯⋯⋯⋯⋯⋯ 8. *P. venustum*

1. Marginal teeth of leaves formed by uni-cell ⋯⋯⋯⋯⋯⋯⋯⋯⋯⋯⋯⋯⋯⋯⋯⋯⋯⋯⋯⋯⋯⋯⋯ 2

2. Leaf apex acute or cuspidate ⋯⋯⋯⋯⋯⋯⋯⋯⋯⋯⋯⋯⋯⋯⋯⋯⋯⋯⋯⋯⋯⋯⋯⋯⋯⋯⋯⋯⋯⋯ 3

2. Leaf apex obtuse, truncate or apiculate ⋯⋯⋯⋯⋯⋯⋯⋯⋯⋯⋯⋯⋯⋯⋯⋯⋯⋯⋯⋯⋯⋯⋯⋯⋯⋯ 5

3. Leaf margins nearly entire ⋯⋯⋯⋯⋯⋯⋯⋯⋯⋯⋯⋯⋯⋯⋯⋯⋯⋯⋯⋯⋯⋯⋯⋯ 3. *P. integrum*

3. Leaf margins serrate ⋯⋯⋯⋯⋯⋯⋯⋯⋯⋯⋯⋯⋯⋯⋯⋯⋯⋯⋯⋯⋯⋯⋯⋯⋯⋯⋯⋯⋯⋯⋯⋯⋯⋯ 4

4. Laminal cells without corner thickenings ⋯⋯⋯⋯⋯⋯⋯⋯⋯⋯⋯⋯⋯⋯⋯⋯⋯⋯⋯⋯ 1. *P. acutum*

4. Laminal cells with corner thickenings ⋯⋯⋯⋯⋯⋯⋯⋯⋯⋯⋯⋯⋯⋯⋯⋯⋯⋯⋯ 2. *P. cuspidatum*

5. A single row of juxtacostal cells distinctly larger than the other cells, hyaline ⋯⋯⋯⋯⋯ 4. *P. maximoviczii*

5. Juxtacostal cells not distinctly larger than the other cells, not hyaline ⋯⋯⋯⋯⋯⋯⋯⋯⋯⋯⋯ 6

6. Leaf margin broader, consisting of 4–6 row narrow elongate cells ⋯⋯⋯⋯⋯⋯⋯ 7. *P. vesicatum*

6. Leaf margin narrow, consisting of 2–4 row narrow elongate cells ⋯⋯⋯⋯⋯⋯⋯⋯⋯⋯⋯⋯⋯ 7

7. Leaves decurrent; laminal cells smaller, about 10–25 μm in diameter ⋯⋯⋯⋯⋯⋯ 5. *P. rhynchophorum*

7. Leaves not decurrent; laminal cells larger, about 30–50 μm in diameter ⋯⋯⋯⋯⋯ 6. *P. rostratum*

1. 尖叶匐灯藓　照片 70

Plagiomnium acutum (Lindb.) T. J. Kop., Ann. Bot. Fenn. 12: 57. 1975.

Mnium acutum Lindb., Contr. Fl. Crypt. As.10: 227. 1873.

植物体中等大小，黄绿色至深绿色，多具光泽。茎匍匐。叶疏生，卵状披针形至披针形，先端渐尖，基部狭缩；叶边中上部具单列齿；中肋及顶。叶细胞不规则多边形，薄壁，边缘分化 2–4 列狭长细胞。

生境　多生于土表、岩面或岩面薄土上。

产地　蒙阴：小天麻顶，赵遵田 91441；天麻顶，赵遵田 91218-B；冷峪，海拔 500 m，李林 R17321-B。平邑：核桃涧，海拔 600 m，李林、付旭 R123427、R17318；寿星沟，海拔 1066 m，任昭杰、王春晓 R18415-A。

分布　广布于我国南北各省；蒙古、印度、尼泊尔、不丹、缅甸、老挝、越南、柬埔寨、朝鲜、日本、俄罗斯（伯力地区及萨哈林岛），中亚。

2. 匐灯藓　图 135

Plagiomnium cuspidatum (Hedw.) T. J. Kop., Ann. Bot. Fenn. 5: 146. 1968.

Mnium cuspidatum Hedw., Sp. Musc. Frond. 192 pl. 45. 1801.

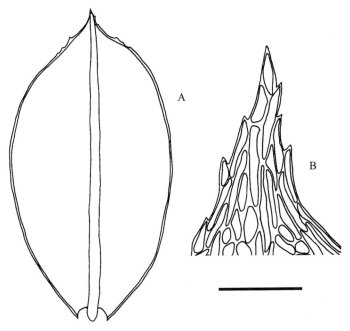

图 135　匍灯藓 *Plagiomnium cuspidatum* (Hedw.) T. J. Kop., A. 叶；B. 叶尖部细胞（任昭杰、付旭 绘）。
标尺：A=1.7 mm, B=170 μm.

本种与尖叶匍灯藓 *P. acutum* 叶形极类似，但本种叶细胞角部明显增厚，而后者细胞薄壁，角部不增厚。

生境　生于土表、石上或岩面薄土上。

产地　蒙阴：里沟，海拔 700 m，付旭 R18031-B。平邑：核桃涧，海拔 600 m，李林 R121029-A、R123051-A、R17455-A；核桃涧，海拔 700 m，李林、郭萌萌 R123049-B、R16009-B。沂南：东五彩山，海拔 550 m，任昭杰、田雅娴 R18260。费县：三连峪，海拔 380 m，付旭 R123226。

分布　中国（黑龙江、吉林、辽宁、内蒙古、山西、山东、甘肃、新疆、江苏、上海、浙江、江西、湖南、湖北、四川、重庆、贵州、云南、西藏、香港）；巴基斯坦、不丹、朝鲜、蒙古、泰国、印度、日本、俄罗斯、墨西哥、古巴，西亚、欧洲、北美洲、非洲中部和北部。

3. 全缘匍灯藓　图 136

Plagiomnium integrum (Bosch & Sande Lac.) T. J. Kop., Hikobia 6: 57. 1972.

Mnium integrum Bosch & Sande Lac. in Dozy & Molk., Bryol. Jav. 1: 153 pl. 122. 1861.

植物体形小至中等大小，绿色。主茎匍匐，次生茎直立。叶疏生，阔椭圆形或阔卵圆形，先端急尖，具小尖头，基部狭缩；叶边全缘，或上部疏具微齿；中肋粗壮，及顶。叶细胞椭圆状六边形，角部增厚，叶边分化 1–3 列狭长细胞。

生境　生于岩面薄土上。

产地　蒙阴：蒙山，小天麻岭，赵遵田 91281。

分布　中国（黑龙江、吉林、河北、山西、山东、陕西、甘肃、新疆、安徽、浙江、湖南、四川、重庆、贵州、云南、西藏、福建、台湾）；印度、尼泊尔、不丹、缅甸、泰国、老挝、马来西亚、印度尼西亚和菲律宾。

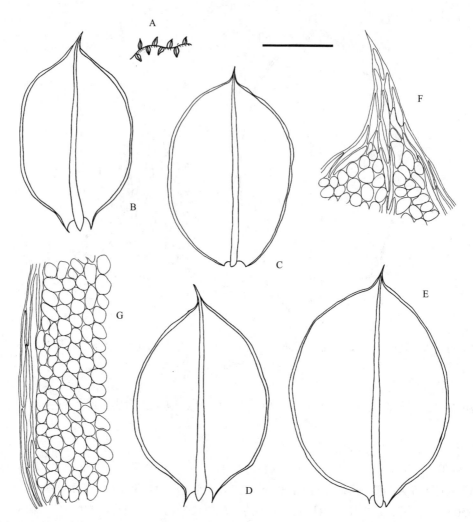

图 136　全缘匍灯藓 *Plagiomnium integrum* (Bosch & Sande Lac.) T. J. Kop., A. 植物体一段；B-E. 叶；F. 叶尖部细胞；
G. 叶中部边缘细胞（任昭杰、田雅娴 绘）。标尺：A=3.33 cm, B-E=1.04 mm,
F-G=1.67 μm.

4. 侧枝匍灯藓　图 137

Plagiomnium maximoviczii (Lindb.) T. J. Kop., Ann. Bot. Fenn. 5: 147. 1986.

Mnium maximoviczii Lindb., Contr. Fl. Crypt. As. 224. 1872.

Mnium micro-ovale Müll. Hal., Nuovo Giorn. Bot. Ital., n. s.,4: 246. 1897.

Mnium rostratum Schrad. var. *micro-ovale* (Müll. Hal.) Kabiersch, Hedwigia. 76: 46. 1936.

植物体中等大小至大形，黄绿色至暗绿色。主茎匍匐，支茎直立。叶长卵状或长椭圆状舌形，先端急尖，圆钝或呈截形，具小尖头，基部狭缩，下延，具明显横波纹；叶边具齿；中肋粗壮，及顶。叶细胞不规则圆形，角部增厚，中肋两侧各有一列大形整齐细胞，呈长方形或五边形，且较透明，叶边中下部分化 2–4 列狭长细胞，上部分化不明显。

　　生境　生于土表或岩面。

　　产地　蒙阴：冷峪，海拔 500 m，付旭、郭萌萌 R123131-B、R123094、R17440-B。平邑：明光寺，海拔 450 m，赵遵田、任昭杰、田雅娴 R17567、R17605-B、R17641。

　　分布　中国（黑龙江、吉林、内蒙古、河北、山西、山东、河南、陕西、甘肃、安徽、江苏、浙江、江西、湖南、湖北、四川、重庆、贵州、云南、西藏、福建、台湾、广东、广西）；泰国、巴基斯坦、印度、朝鲜、日本和俄罗斯（伯力地区）。

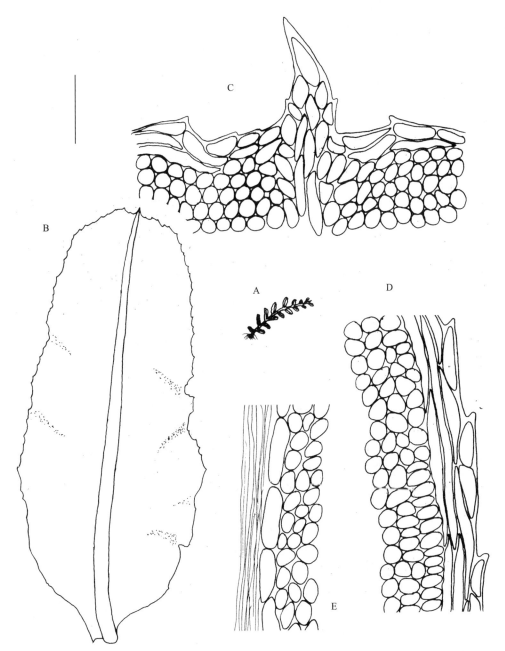

图 137　侧枝匐灯藓 *Plagiomnium maximoviczii* (Lindb.) T. J. Kop., A. 植物体一段；B. 叶；C. 叶尖部细胞；D. 叶中部
边缘细胞；E. 叶中部近中肋处细胞（任昭杰　绘）。标尺：A=4 cm, B=1 mm,
C-E=100 μm.

5. 具喙匐灯藓

Plagiomnium rhynchophorum (Hook.) T. J. Kop., Hikobia 6: 57. 1927.

Mnium rhynchophorum Hook., Icon. Pl. 1: pl. 20, f. 3. 1836.

　　本种叶形与钝叶匐灯藓 *P. rostratum* 类似，本种叶细胞较小，直径 10–25 μm，而后者叶细胞较大，
直径 30–50 μm。

　　生境　生于土表、岩面或岩面薄土上。

　　产地　蒙阴：冷峪，海拔 500 m，李林 R123132。平邑：蓝涧，海拔 680 m，郭萌萌 R123390-A。费县：茶蓬峪，海拔 350 m，李林 R123401-A。

　　分布　中国（山东、陕西、江苏、江西、湖南、湖北、四川、重庆、云南、西藏、台湾、广东、海南）；印度、不丹、尼泊尔、斯里兰卡、缅甸、泰国、越南、马来西亚、印度尼西亚、菲律宾，大洋洲、南美洲、北美洲和非洲。

6. 钝叶匐灯藓　图 138　照片 71

Plagiomnium rostratum (Schrad.) T. J. Kop., Ann. Bot. Fenn. 5: 147. 1968.

Mnium rostratum Schrad., Bot. Zeitung (Regensburg) 1: 79. 1802.

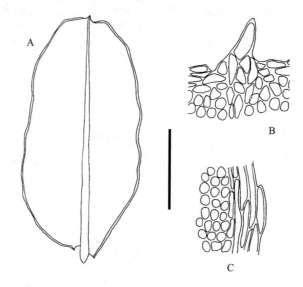

图 138　钝叶匐灯藓 *Plagiomnium rostratum* (Schrad.) T. J. Kop., A. 叶；B. 叶尖部细胞；C. 叶中部边缘细胞（任昭杰　绘）。标尺：A=1.7 mm, B-C=170 μm.

　　植物体中等大小至较大，绿色至深绿色。叶疏生，椭圆形或倒卵圆状舌形，先端圆钝，具小尖头，基部狭缩，不下延至略下延，具横波纹；叶边中上部具钝齿；中肋及顶。叶细胞较大，不规则椭圆形，角部略增厚，边缘分化 2–4 列狭长细胞。

　　生境　生于土表、岩面或岩面薄土上。

　　产地　平邑：明光寺，海拔 550 m，赵遵田、任昭杰 R17649-C、R17661-C。费县：玉皇宫货索站，海拔 600 m，任昭杰、田雅娴 R18218-A。

　　分布　中国（黑龙江、吉林、辽宁、内蒙古、河北、北京、山西、山东、河南、陕西、宁夏、甘肃、青海、新疆、安徽、江苏、上海、浙江、江西、湖南、湖北、四川、重庆、贵州、云南、西藏、福建、台湾、广东）；巴基斯坦、阿富汗、印度、缅甸、老挝、越南、俄罗斯（远东地区）、澳大利亚、智利，欧洲、中美洲、北美洲和非洲北部。

7. 圆叶匐灯藓　图 139　照片 72

Plagiomnium vesicatum (Besch.) T. J. Kop., Ann. Bot. Fenn. 5: 147. 1968.

Mnium vesicatum Besch. Ann. Sci. Nat., Bot., sér. 7, 17: 345. 1893.

　　植物体中等大小至较大，黄绿色至暗绿色。茎及分枝均匍匐。叶疏生，阔卵状椭圆形，先端圆钝，具小尖头，基部狭缩；叶边上部具齿，有时齿不明显，中下部全缘；中肋及顶；叶细胞较大，不规则多边形，薄壁，边缘分化 2–4 列狭长细胞。

生境　生于土表、岩面或岩面薄土上。

产地　蒙阴：冷峪，海拔 600 m，付旭、李林 R123027-B、R123044-B、R123198-C。平邑：核桃涧，海拔 700 m，黄正莉 R121004-C；蓝涧，海拔 620 m，李林 R123250、R123281-A。

分布　中国（黑龙江、吉林、辽宁、内蒙古、河北、山西、山东、河南、陕西、甘肃、新疆、安徽、江苏、浙江、江西、湖南、湖北、四川、重庆、贵州、云南、福建、台湾、广东、香港、澳门）；日本、朝鲜、俄罗斯（伯力地区及萨哈林岛），欧洲。

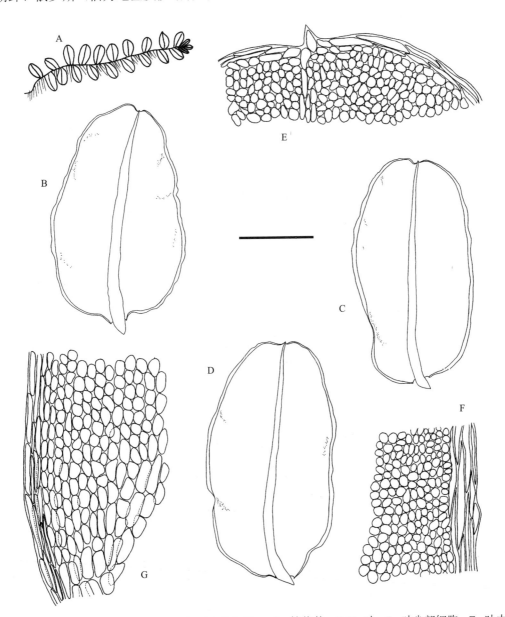

图 139　圆叶匐灯藓 *Plagiomnium vesicatum* (Besch.) T. J. Kop., A. 植物体；B-D. 叶；E. 叶尖部细胞；F. 叶中部边缘细胞；G. 叶基部细胞（任昭杰、田雅娴　绘）。标尺：A=3.33 cm, B-D=2.08 mm, E-G=139 μm.

8. 瘤柄匐灯藓　图 140　照片 73

Plagiomnium venustum (Mitt.) T. J. Kop., Ann. Bot. Fenn. 5: 146. 1968.

Mnium venustum Mitt., Hooker's J. Bot. Kew Gard. Misc. 8: 231. pl. 12. 1856.

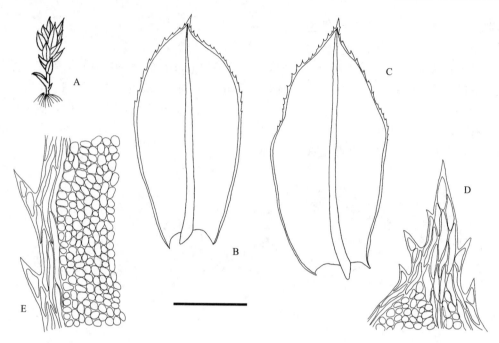

图 140 瘤柄匐灯藓 *Plagiomnium venustum* (Mitt.) T. J. Kop., A. 植物体；B-C. 叶；D. 叶尖部细胞；E. 叶中部边缘细胞（任昭杰、田雅娴 绘）。标尺：A=1.11 cm, B-C=1.67 mm, D-E=208 μm.

植物体中等大小，较粗壮，绿色。叶疏生，狭椭圆形或狭长倒卵状矩圆形，先端急尖，基部下延，略狭；叶边中上部具齿，齿由 1-2 个细胞构成；中肋及顶。叶细胞不规则多边形，边缘分化 2-4 列狭长细胞。

生境 生于土表。

产地 沂南：东五彩山，海拔 550 m，任昭杰、田雅娴 R18228-A。

分布 中国（黑龙江、吉林、辽宁、内蒙古、山西、山东、河南、陕西、甘肃、新疆、安徽、上海、浙江、江西、湖南、湖北、四川、贵州、云南、西藏）；北美洲。

本种叶边齿由 1-2 个细胞构成，在蒙山地区可明显区别于属内其他种类。

属 3. 丝瓜藓属 **Pohlia** Hedw.

Sp. Musc. Frond. 171. 1801.

植物体形小至中等大小，黄绿色至暗绿色，有时带褐色或红色，丛生。茎直立，多单一。叶形多变，通常在茎顶较密集，长圆形、披针形、卵状披针形或近线形，急尖或渐尖；叶边平展或背卷，上部具细齿；中肋粗壮，达叶尖下部消失，或达叶尖部。叶中部细胞狭长菱形至近线形，薄壁，基部细胞较短宽。蒴柄较长，干时弯曲。孢蒴梨形或长棒状，具明显台部，倾立、平列至下垂。蒴齿双层，等长。

本属全世界有 138 种。中国有 29 种及 1 变种；山东有 7 种，蒙山有 3 种。

分种检索表

1. 不育枝常具叶腋生无性芽胞 ·· 3. 卵蒴丝瓜藓 *P. proligera*
1. 不育枝无叶腋生无性芽胞 ·· 2
2. 植物体通常明显具光泽；中肋达叶尖下部消失 ························ 1. 泛生丝瓜藓 *P. cruda*
2. 植物体通常无光泽；中肋达叶尖部 ·································· 2. 丝瓜藓 *P. elongata*

Key to the species

1. Unfertile branch usually with gemmae in leaf axils ·· 3. *P. proligera*
1. Unfertile branch usually with gemmae in leaf axils ·· 2
2. Plants glossy obviously; costa ending below leaf apex ··· 1. *P. cruda*
2. Plants usually not glossy; costa extending to leaf apex ·· 2. *P. elongata*

1. 泛生丝瓜藓　图 141

Pohlia cruda (Hedw.) Lindb., Musci. Scand. 18. 1879.

Mnium crudum Hedw., Sp. Musc. Frond. 189. 1801.

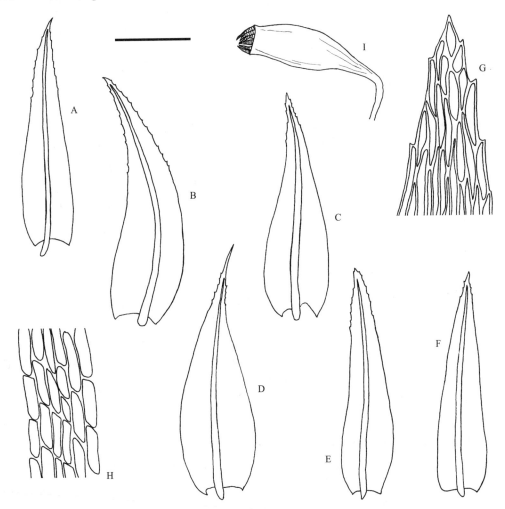

图 141　泛生丝瓜藓 *Pohlia cruda* (Hedw.) Lindb., A-F. 叶；G. 叶尖部细胞；H. 叶基部细胞；I. 孢蒴（任昭杰、付旭　绘）。标尺：A-F=1.7 mm, G-H=170 μm, I=3.7 mm.

　　植物体形小至中等大小，黄绿色至绿色，明显具光泽，丛生。茎直立，单一。叶卵状披针形、披针形至狭披针形，急尖或渐尖；叶边平展，中上部具齿；中肋达叶尖下部消失。叶中上部细胞线形或近蠕虫形，边缘不分化，基部细胞短。孢蒴平列至下垂，稀倾立，长椭圆状梨形或棒状，台部不明显。

　　生境　生于土表或岩面薄土上。

　　产地　蒙阴：蒙山，赵遵田 Zh91204。平邑：蓝涧，海拔 620 m，郭萌萌 R123069。

　　分布　世界广布种。中国（黑龙江、吉林、辽宁、内蒙古、河北、山西、山东、陕西、甘肃、新疆、安徽、江苏、浙江、湖北、四川、贵州、云南、西藏、台湾、广东）。

2. 丝瓜藓 图 142

Pohlia elongata Hedw., Sp. Musc. Frond. 171. 1801.

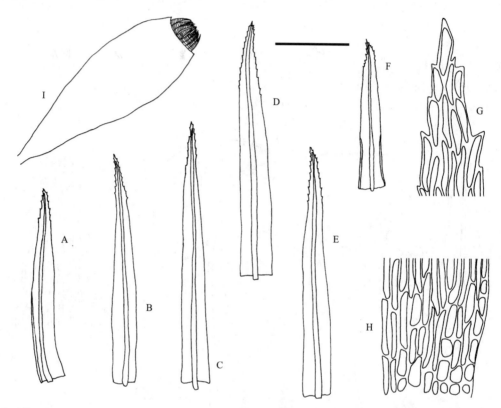

图 142 丝瓜藓 *Pohlia elongata* Hedw., A-F. 叶；G. 叶尖部细胞；H. 叶基部细胞；I. 孢蒴（任昭杰、付旭 绘）。标尺：A-F, I=1.7 mm, G-H=170 μm.

植物体形小至中等大小，暗绿色，无光泽，丛生。叶披针形至狭披针形，渐尖；叶边中下部背卷，先端具细齿；中肋达叶尖部。叶中上部细胞近线形，边缘不分化，基部细胞长方形。孢蒴倾立至平列，棒槌形或长梨形，台部明显，与壶部等长或略长于壶部。

生境 生于岩面薄土上。

产地 平邑：核桃涧，海拔 580 m，李超 R120174-A。

分布 中国（黑龙江、吉林、内蒙古、河北、山西、山东、陕西、甘肃、青海、新疆、安徽、上海、江西、湖北、四川、重庆、贵州、云南、西藏、福建、台湾、广西、香港）；巴基斯坦、不丹、印度尼西亚、日本、巴布亚新几内亚、巴西、坦桑尼亚，欧洲和北美洲。

3. 卵蒴丝瓜藓 图 143

Pohlia proligera (Kindb.) Lindb. ex Arnell, Bot. Not. 1894: 54. 1894.

Webera proligera Kindb., Förh. Vidensk. Sellsk. Kristiania 1888 (6): 30. 1888.

植物体形小至中等大小，绿色，丛生。无性芽胞线形或蠕虫形，宽两个细胞，顶部具 1–3 个叶原基，多见于新生枝中上部叶叶腋。叶卵状披针形至长披针形，先端急尖至渐尖，多一侧偏曲，基部略狭；叶边平展，先端具细齿；中肋达于叶尖略下部消失。叶中部细胞长卵形至近线形，薄壁，上部和基部细胞短。孢蒴长梨形，平列至下垂。

生境　生于土表。

产地　蒙阴：蒙山三分区，海拔 610 m，赵遵田 91357-B；小天麻顶，赵遵田 91244-A。

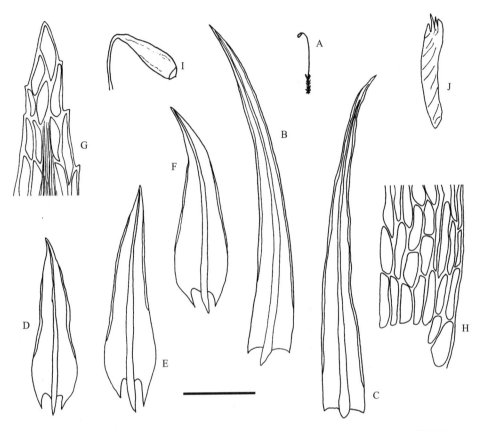

图 143　卵蒴丝瓜藓 *Pohlia proligera* (Kindb.) Lindb. ex Arnell, A. 植物体；B-F. 叶；G. 叶尖部细胞；H. 叶基部细胞；
　　　I. 孢蒴；J. 芽胞（任昭杰、付旭 绘）。标尺：A=6.7 cm, B-F=1.7 mm, G-H=170 μm, I=9.5 mm, J=110 μm.

分布　中国（黑龙江、吉林、辽宁、内蒙古、山东、陕西、新疆、安徽、江苏、浙江、江西、湖南、四川、贵州、云南、福建、广东、广西、香港）；俄罗斯，北美洲。

《山东苔藓志》（任昭杰和赵遵田，2016）报道疣齿丝瓜藓 *P. flexuosa* Harv.在蒙山有分布，引证标本号为 91244-A，经重新鉴定，发现该标本实为卵蒴丝瓜藓，故而将疣齿丝瓜藓从蒙山苔藓植物区系中剔除。

属 4. 疣灯藓属 Trachycystis Lindb.

Not. Sällsk. Fauna Fl. Fenn. Förh. 9: 80. 1868.

植物体中等大小，绿色至暗绿色，纤细至粗壮，丛生。茎直立，顶部有时丛生多数鞭状枝。茎下部叶小，疏生，上部叶较大，密集，干燥时多皱缩，湿时伸展，卵状披针形至披针形或长椭圆形，先端渐尖；叶边多平展，中上部多具粗齿；中肋强劲，及顶，先端背面多具刺状齿；鞭状枝上的叶鳞片状，较小。叶细胞圆方形或圆多边形，具疣或乳头状突起，或平滑，叶边细胞多狭长，平滑。雌雄异株。孢蒴卵圆柱形，顶生。蒴齿两层，外齿层红棕色，齿片披针形，内齿层橙红色，齿条披针形。蒴盖圆盘状，具短喙。

张艳敏等（2002）报道，树形疣灯藓 *Trachycystis ussuriensis* (Maack & Regel) T. J. Kop.在蒙山顶

有分布，我们未能见到引证标本，在调查采集中，在蒙山仅见到了疣灯藓 *Trachycystis microphylla* (Dozy & Molk.) Lindb.，因此将树形疣灯藓存疑。

本属全世界有 3 种。中国有 3 种；山东有 2 种，蒙山有 1 种。

1. 疣灯藓　图 144　照片 74

Trachycystis microphylla (Dozy & Molk.) Lindb., Not. Sällsk. Fauna Fl. Fenn. Förh. 9: 80. 1868.

Mnium microphyllum Dozy & Molk., Musci. Frond. Ined. Archip. Ind. 2: 26. 1846.

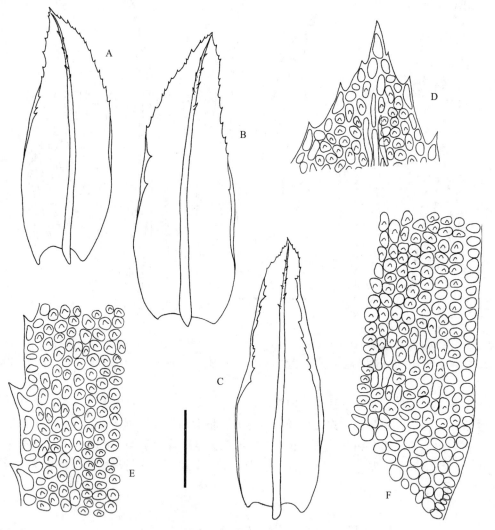

图 144　疣灯藓 *Trachycystis microphylla* (Dozy & Molk.) Lindb., A-C. 叶；D. 叶尖部细胞；E. 叶中部边缘细胞；F. 叶基部细胞（任昭杰 绘）。标尺：A-C=1.19 mm, D-F=119 μm.

植物体中等大小，粗壮，黄绿色至暗绿色。茎单一，或从顶端丛生多数细枝。叶卵状披针形至长卵状披针形，渐尖；叶边平展或略不规则内卷，中上部具粗齿；中肋及顶，先端背面具刺状齿。叶细胞多角状圆形，两面均具单一乳头状突起，叶边细胞短矩形，平滑。

生境　生于土表或岩面薄土上。

产地　平邑：蒙山，赵遵田 Zh91206；龟蒙顶至拜寿台途中悬崖栈道，海拔 1100 m，任昭杰、田雅娴 R17581。

分布　中国（黑龙江、吉林、辽宁、河北、山东、河南、陕西、新疆、安徽、江苏、上海、浙江、江西、湖北、湖南、四川、重庆、贵州、云南、福建、台湾、广东、广西、香港）；朝鲜、日本和俄罗斯（伯力地区）。

本种干燥时枝、叶扭曲，形状类似羊角藓 *Herpetineuron toccoae* (Sull. & Lesq.) Cardot，野外不注意观察的情况下，易混淆。

科 20. 木灵藓科 ORTHOTRICHACEAE

植物体形小至大形，垫状或成片附生于树上或岩石上。主茎直立或匍匐，无中轴分化，单一或分枝，密被假根。叶干时贴茎或扭曲，湿时倾立或背仰，卵状披针形或阔披针形，稀舌形；叶边背卷或平展，多全缘；中肋单一，及顶或略突出，或达叶尖略下部消失。叶中上部细胞圆多边形，平滑或多疣，基部细胞多长方形至近线形。雌雄同株或异株。雌苞叶多略分化。孢蒴卵形或圆柱形，稀梨形，直立，对称，隐生于雌苞叶内，或高出雌苞叶。环带分化。蒴齿多双层。蒴盖圆锥形或平凸，具喙。蒴帽兜形、钟形、平滑或具纵褶，或具黄棕色毛。

本科全世界 19 属。中国有 8 属；山东有 2 属，蒙山有 1 属。

属 1. 蓑藓属 Macromitrium Brid.

Muscol. Recent. 4: 132. 1819 [1818].

植物体中等大小至大形，通常暗绿色或棕褐色，多大片生于树干或岩面。主茎匍匐，多生假根，具多数分枝。叶干时贴茎或皱缩，或向一侧卷扭，基部微凹或具纵褶，披针形、卵状披针形至狭披针形或长椭圆形，先端渐尖或钝；叶边平展或背卷，多全缘；中肋粗壮，及顶或达叶尖略下部消失，稀突出于叶尖。叶中上部细胞圆多边形，平滑或具疣，多厚壁，基部细胞长方形、近线形，多厚壁，排列较松散。雌雄同株或异株。雌苞叶与营养叶同形或分化。蒴柄长，稀甚短。孢蒴近球形或长卵圆柱形，具气孔。蒴齿双层或单层或缺失。蒴盖圆锥形，具喙。蒴帽兜形或钟形，多有毛。孢子具疣。

本属全世界约 365 种。中国有 28 种和 1 变种；山东有 4 种，蒙山有 2 种。

分种检索表

1. 叶先端渐尖或急尖；外齿层缺失 ·· 1. 缺齿蓑藓 *M. gymnostomum*
1. 叶先端钝；外齿层存在 ·· 2. 钝叶蓑藓 *M. japonicum*

Key to the species

1. Leaf apex acuminate or acute; exostome teeth absent ·································· 1. *M. gymnostomum*
1. Leaf apex obtuse; exostome teeth present ·· 2. *M. japonicum*

1. 缺齿蓑藓　图 145

Macromitrium gymnostomum Sull. & Lesq., Proc. Amer. Acad. Arts. Sci. 4: 78. 1859.

植物体中等大小至大形，红褐色。茎匍匐，分枝直立，单一。茎叶基部椭圆形，向上呈长披针形，龙骨状；中肋及顶；叶边全缘。叶中部细胞长方形，平滑，上部细胞圆形，具不明显疣。枝叶长披针形或卵状披针形。

生境　生于岩面。
产地　蒙阴：冷峪，海拔 500 m，李林 R120188-A。平邑：大洼林场，海拔 700 m，张艳敏 223a

（SDAU）。

分布　中国（吉林、山东、安徽、江苏、浙江、江西、湖南、四川、贵州、云南、福建、台湾、广西、海南、香港）；朝鲜、日本和越南。

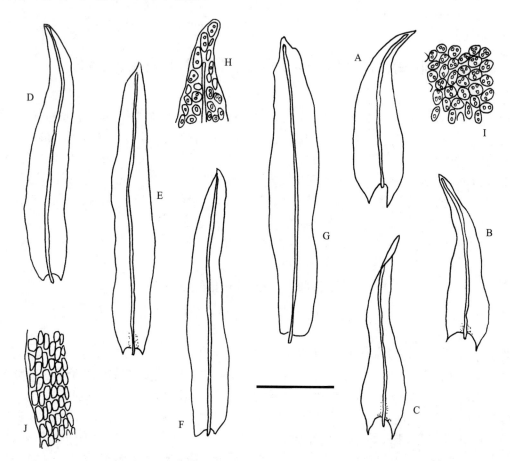

图 145　缺齿蓑藓 *Macromitrium gymnostomum* Sull. & Lesq., A-C. 茎叶；D-G. 枝叶；H. 叶尖部细胞；I. 叶中部细胞；J. 叶基部细胞（任昭杰、付旭 绘）。标尺：A-G=0.8 mm, H-J=80 μm.

2. 钝叶蓑藓　图 146

Macromitrium japonicum Dozy & Molk., Ann. Sci. Nat., Bot., Sér. 3, 2: 311. 1844.

植物体中等大小至大形，多黄褐色。茎匍匐，分枝直立，末端圆钝，单一。茎叶稀疏，多干枯，三角状披针形、卵状披针形或椭圆状披针形，先端圆钝，有小尖，或急尖，呈明显龙骨状；叶边全缘；中肋粗壮，至叶尖下部消失。叶中部、上部细胞圆多边形，壁极度加厚，具 2–4 个疣，偶平滑，下部细胞长方形，厚壁，平滑。枝叶舌形、椭圆状披针形至线形，先端锐尖，或钝，内凹，明显龙骨状，基部具纵褶，叶边背卷。

生境　多生于树干或岩面上。

产地　蒙阴：天麻岭，海拔 750 m，赵遵田 91230。费县：望海楼，海拔 1000 m，赵洪东 91476-B。

分布　中国（内蒙古、山东、河南、陕西、甘肃、江苏、上海、浙江、湖南、湖北、重庆、云南、福建、台湾、广东、广西、香港）；泰国、越南、日本、朝鲜和俄罗斯（远东地区）。

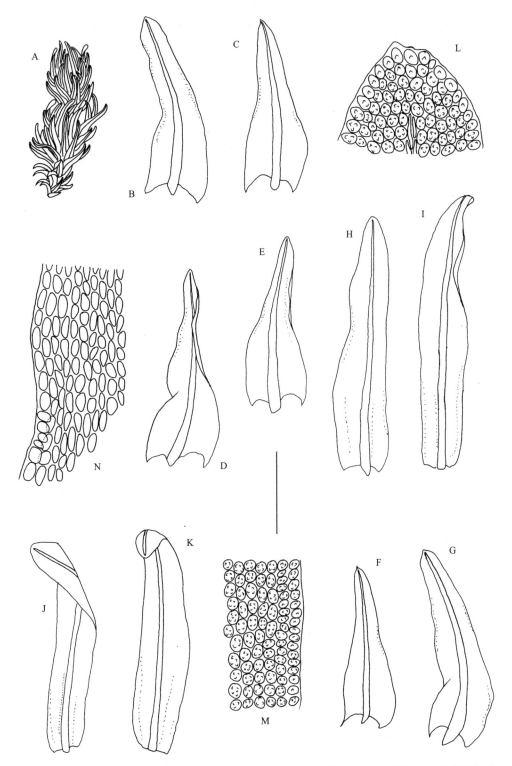

图 146　钝叶蓑藓 *Macromitrium japonicum* Dozy & Molk., A. 小枝；B-G. 茎叶；H-K. 枝叶；L. 叶尖部细胞；M. 叶中部边缘细胞；N. 叶基部细胞（任昭杰 绘）。标尺：A=4 mm, B-K=1 mm, L-N=100 μm.

科 21. 棉藓科 PLAGIOTHECIACEAE

植物体小形至大形，黄绿色至深绿色。茎匍匐，稀少分枝或不规则分枝，中轴分化。假鳞毛多缺失。叶腋毛由 2–6 个成列细胞组成，基部细胞常透明。叶两侧对称或不对称，椭圆形、卵形、披针形至卵状披针形，先端渐尖或急尖；叶边全缘或具齿；中肋单一，或分叉，或双中肋，或缺失。叶细胞线状菱形或蠕虫形，平滑，角细胞分化或不分化。雌雄异株或同株异苞。蒴柄长，直立，平滑。孢蒴多圆柱形，有时略弯曲，对称或不对称，直立、平列至下垂。环带发育。蒴齿双层。蒴盖圆锥形，具喙。蒴帽兜形。

本科全世界 7 属。中国有 7 属；山东有 3 属，蒙山皆有分布。

分属检索表

1. 茎具假鳞毛 ··· 3. 细柳藓属 Platydictya
1. 茎不具假鳞毛 ··· 2
2. 叶基不下延 ·· 1. 拟同叶藓属 Isopterygiopsis
2. 叶基下延 ··· 2. 棉藓属 Plagiothecium

Key to the genera

1. Stem wth pseudoparaphyllia ·· 3. Platydictya
1. Stem without pseudoparaphyllia ·· 2
2. Leaves not decurrent ·· 1. Isopterygiopsis
2. Leaves decurrent ··· 2. Plagiothecium

属 1. 拟同叶藓属 Isopterygiopsis Z. Iwats.

J. Hattori Bot. Lab. 33: 379. 1970.

植物体形小，黄绿色至深绿色，具光泽。茎匍匐，近羽状分枝。假鳞毛缺失。茎叶内凹，长椭圆状披针形，先端渐尖或急尖，基部不下延；叶边全缘；中肋 2 条，短弱或缺失。枝叶与茎叶近同形。叶细胞狭长菱形，平滑，角细胞不分化。雌雄异株。蒴柄长，红色或橘黄色。孢蒴长圆柱形，直立或近直立，辐射对称，具短的台部，有气孔。环带分化。蒴齿双层。蒴盖圆锥形，具喙。蒴帽兜形，平滑。

本属全世界有 3 种。中国有 2 种；山东 2 种，蒙山皆有分布。

分种检索表

1. 叶长椭圆形或长卵形，先端骤成小尖头 ································· 1. 北地拟同叶藓 I. muelleriana
1. 叶长卵状披针形，先端渐尖成长尖 ······································· 2. 美丽拟同叶藓 I. pulchella

Key to the species

1. Leaves oblong or oblong-oval, acute ··· 1. I. muelleriana
1. Leaves linear-lanceolate, acuminate ··· 2. I. pulchella

1. 北地拟同叶藓 图 147 照片 75

Isopterygiopsis muelleriana (Schimp.) Z. Iwats., J. Hattori Bot. Lab. 33: 379. 1970.

Plagiothecium muellerianum Schimp., Syn. Musc. Eur. 1: 584. 1860.

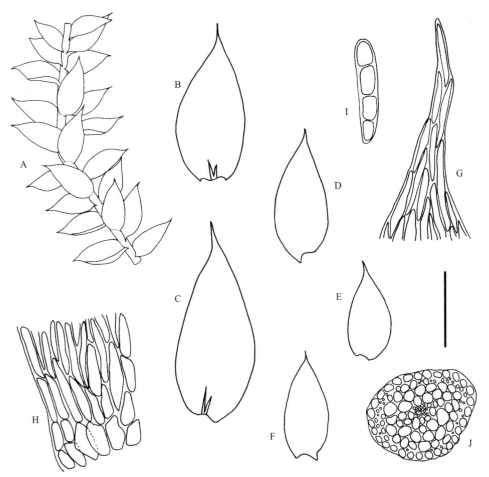

图 147　北地拟同叶藓 *Isopterygiopsis muelleriana* (Schimp.) Z. Iwats., A. 植物体一段；B-C. 茎叶；D-F. 枝叶；G. 叶尖部细胞；H. 叶基部细胞；I. 无性芽胞；J. 茎横切面（任昭杰　绘）。标尺：A=1.7 mm, B-F=0.8 mm, G-H, I=1.1 mm, J=110 μm.

　　植物体形小，深绿色，具光泽。茎匍匐，单一；中轴分化。无性芽胞棒状，呈束状生长，透明。茎叶长卵形至长椭圆形，先端具细短尖，两侧对称至略不对称，内凹；叶边平展，全缘；中肋极短或缺失。枝叶与茎叶同形，略小。叶中部细胞线形，薄壁，上部和基部细胞短，角细胞不分化。

　　生境　生于岩面或土表上。

　　产地　蒙阴：老龙潭，海拔 550 m，任昭杰、王春晓 R18476-A。平邑：龟蒙顶，海拔 1045 m，任昭杰、田雅娴 R17658-A；龟蒙顶索道上站，海拔 1066 m，任昭杰、王春晓 R18483；寿星沟，海拔 1066 m，任昭杰、王春晓 R18417。费县：望海楼，海拔 1000 m，任昭杰、田雅娴 R18298。

　　分布　中国（吉林、山东、四川、重庆）；巴基斯坦、不丹、日本、俄罗斯（西伯利亚和远东地区），欧洲和北美洲。

2. 美丽拟同叶藓　图 148

Isopterygiopsis pulchella (Hedw.) Z. Iwats., J. Hattori Bot. Lab. 63: 450. 1987.

Leskea pulchella Hedw., Sp. Musc. Frond. 220: 1801.

　　植物体形小，黄绿色，具金属光泽。茎匍匐，不规则稀疏分枝，中轴分化。叶平展，披针形至长卵状披针形，先端渐尖，具长尖；叶边平展，全缘或先端具细齿；中肋 2，短弱或缺失。叶细胞线形，薄壁，平滑，角细胞略分化。

　　生境　生于岩面上。

　　产地　蒙阴：小大畦，海拔 700 m，李林 R123137-A。

　　分布　中国（吉林、内蒙古、河北、山东、宁夏、新疆、贵州、西藏）；巴基斯坦、蒙古、俄罗斯（远东地区和西伯利亚）、新西兰，欧洲、非洲和北美洲。

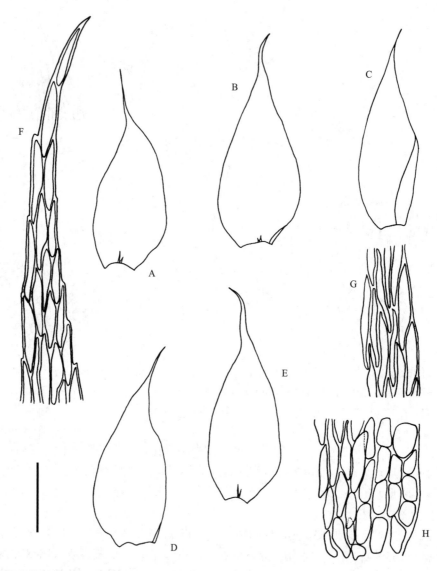

图 148　美丽拟同叶藓 *Isopterygiopsis pulchella* (Hedw.) Z. Iwats., A-E. 叶；F. 叶尖部细胞；G. 叶中部边缘细胞；H. 叶基部细胞（任昭杰　绘）。标尺：A-E=1.0 mm, F-H=83 μm.

属 2. 棉藓属 Plagiothecium Bruch & Schimp.

Bryol. Eur. 5: 179. 1851.

　　植物体小形至中等大小，多扁平，黄绿色至深绿色，具光泽。茎匍匐，不规则分枝。无鳞毛。植物体多生芽胞，圆柱形或纺锤形，由单列细胞组成。叶卵圆形、披针形、卵状披针形或椭圆形，多平展，稀具横波纹，先端急尖或渐尖，基部多下延；叶边全缘或先端具稀齿；中肋 2 条，不等长。叶中部细胞线形、长菱形或长六边形，薄壁，平滑，基部细胞短，角细胞明显分化。蒴柄细长。孢蒴多圆柱形，直立至下垂，对称或不对称。环带分化。薛齿双层。薛盖圆锥形，具斜喙。薛帽兜形，无毛。孢子球形。

本属全世界约 90 种。中国有 17 种、6 变种和 1 变型；山东有 2 种，蒙山皆有分布。

<h3 style="text-align:center">分种检索表</h3>

1. 叶细胞线形 ·· 1. 圆条棉薛 *P. cavifolium*
1. 叶细胞长六边形至长菱形 ··· 2. 垂薛棉薛 *P. nemorale*

<h3 style="text-align:center">Key to the species</h3>

1. Laminal cells linear ·· 1. *P. cavifolium*
1. Laminal cells elongate hexagonal or elongate rhomboid ············· 2. *P. nemorale*

1. 圆条棉薛　图 149　照片 76

Plagiothecium cavifolium (Brid.) Z. Iwats., J. Hattori. Bot. Lab. 33: 260. 1970.

Hypnum cavifolium Brid., Bryol. Univ. 2: 556. 1827.

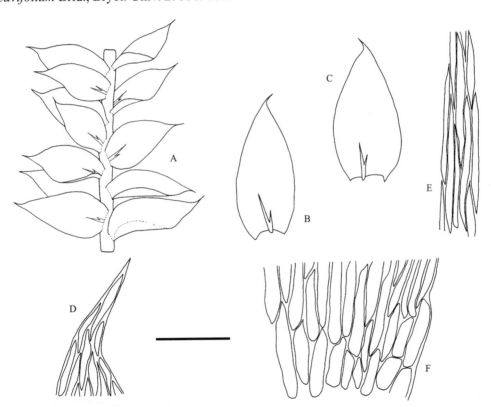

图 149　圆条棉薛 *Plagiothecium cavifolium* (Brid.) Z. Iwats., A. 植物体一段；B-C. 叶；D. 叶尖部细胞；E. 叶中部细胞；F. 叶基部细胞（任昭杰 绘）。标尺：A-C=1.2 mm, D-F=120 μm.

植物体小形至中等大小，黄绿色至深绿色，具光泽。茎不规则分枝，多少呈圆条状；中轴分化。叶覆瓦状排列，卵圆形、椭圆形，或略呈卵状披针形，急尖或略渐尖，基部略下延或不下延，两侧近对称至略不对称，内凹；叶边平展，先端具细齿；中肋 2 条，较短。叶中部细胞线形，先端和基部细胞略短。

生境　生于土表、岩面或岩面薄土上。

产地　蒙阴：橛子沟，海拔 900 m，任昭杰、付旭 R20120102、R20120106-D、R123171-C；小大

畦，海拔 700 m，李超 R123059-D。平邑：核桃涧，海拔 700 m，李林、郭萌萌 R123049-C、R123112-B；寿星沟，海拔 1050 m，任昭杰、王春晓 R18383-B；龟蒙顶索道上站，海拔 1066 m，任昭杰、王春晓 R18520-E。沂南：东五彩山，海拔 650 m，任昭杰、田雅娴 R18236-D。费县：望海楼，海拔 1000 m，任昭杰、田雅娴 R17636；玻璃桥下，海拔 750 m，任昭杰、田雅娴 R18318-B。

分布 中国（吉林、内蒙古、山东、陕西、甘肃、新疆、安徽、江苏、上海、浙江、湖南、四川、重庆、贵州、云南、西藏、福建、香港）；巴基斯坦、尼泊尔、不丹、日本、朝鲜、蒙古、俄罗斯（远东地区），欧洲和北美洲。

2. 垂蒴棉藓 图 150

Plagiothecium nemorale (Mitt.) A. Jaeger, Ber. Thätigkeit Gallischen Naturwiss. Ges. 1876–1877: 451. 1878.

Stereodon nemorale Mitt., J. Proc. Linn. Soc. Bot. Suppl. 1: 104. 1859.

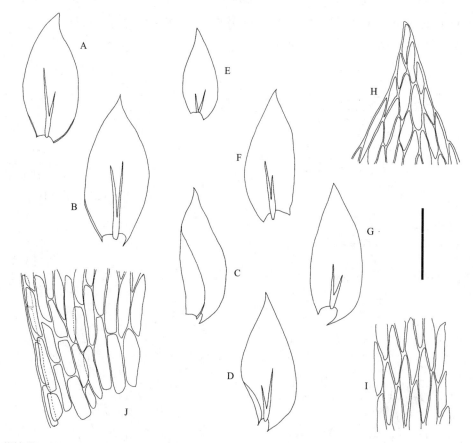

图 150 垂蒴棉藓 *Plagiothecium nemorale* (Mitt.) A. Jaeger, A-D. 茎叶；E-G. 枝叶；H. 叶尖部细胞；I. 叶中部细胞；J. 叶基部细胞（任昭杰 绘）。标尺：A-G=1.7 mm, H-J=170 μm.

本种植物体和叶形与圆条棉藓 *P. cavifolium* 类似，但本种叶中部细胞较宽，为长六边形至长菱形，而后者叶中部细胞狭窄，为线形。

生境 生于岩面。

产地 蒙阴：橛子沟，海拔 850 m，付旭 20120112-B；聚宝崖，海拔 500 m，任昭杰、王春晓 R18371-B、R18430-A。

分布 中国（黑龙江、吉林、内蒙古、山东、陕西、安徽、江苏、上海、浙江、江西、湖南、四川、重庆、贵州、云南、西藏、福建、广东、广西、香港）；巴基斯坦、朝鲜、日本、印度、尼泊尔、不丹、缅甸、俄罗斯，欧洲和非洲。

属 3. 细柳藓属 Platydictya Berk.

Handb. Brit. Mosses 145. 1863.

植物体细小，淡绿色至深绿色，无光泽。茎匍匐，不规则分枝，无中轴分化。假鳞毛丝状或片状。茎叶直立，披针形至狭披针形，先端渐尖；叶边平展，全缘或具细齿；中肋单一，极短，不明显。叶细胞菱形至长六边形，角细胞分化，较多，方形至扁长方形。雌雄同株或异株。内雌苞叶披针形，具长尖，中肋分叉。蒴柄橙黄色或紫色。孢蒴长卵形或圆柱形，直立，对称或不对称。环带分化。蒴齿双层。

本属全世界有 7 种。中国有 2 种；山东有 2 种，蒙山皆有分布。

分种检索表

1. 叶边具齿 ·· 1. 细柳藓 P. jungermannioides
1. 叶边全缘 ·· 2. 小细柳藓 P. subtilis

Key to the species

1. Leaf margins serrulate ······················· 1. P. jungermannioides
1. Leaf margins entire ························· 2. P. subtilis

1. 细柳藓　图 151

Platydictya jungermannioides (Brid.) H. A. Crum, Michigan Bot. 3: 60. 1964.

Hypnum jungermannioides Brid., Sp. Musc. Frond. 2: 255. 1812.

植物体细小，柔弱，淡绿色。茎不规则分枝；中轴不分化。假鳞毛片状。茎叶披针形至卵状披针形，渐尖；叶边平直，具细齿；中肋不明显。叶中部细胞菱形，角细胞方形或短矩形。

生境　生于湿石上。

产地　蒙阴：天麻顶，海拔 800 m，赵遵田 91211-B、91216-B；小大畦，海拔 700 m，李超 R123059-B。

分布　中国（内蒙古、山西、山东、新疆、江苏、云南、西藏）；巴基斯坦、日本，高加索地区，欧洲和北美洲。

2. 小细柳藓

Platydictya subtilis (Hedw.) H. A. Crum, Michigan Bot. 3: 60. 1964.

Leskea subtilis Hedw., Sp. Musc. Frond. 221. 1801.

本种与细柳藓 *P. jungermannioides* 类似，但本种叶全缘，明显区别于后者。

生境　生于树干基部或岩面。

产地　蒙阴：天麻顶，海拔 800 m，赵遵田 91366-A。平邑：核桃涧，海拔 700 m，李林 R123062-B。

分布　中国（黑龙江、内蒙古、山东、陕西、贵州）；日本、印度、不丹，高加索地区，欧洲和北美洲。

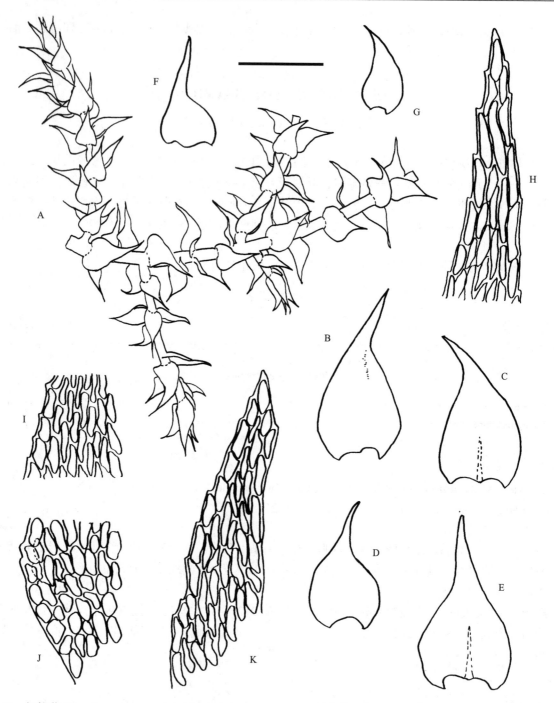

图 151　细柳藓 *Platydictya jungermannioides* (Brid.) H. A. Crum, A. 植物体一段；B-E. 茎叶；F-G. 枝叶；H. 叶尖部细胞；I. 叶中部边缘细胞；J. 叶基部细胞；K. 假鳞毛（任昭杰、邱栎臻 绘）。标尺：A=1.1 mm, B-G=330 μm, H-K=76 μm.

科 22. 碎米藓科 FABRONIACEAE

　　植物体形小，淡绿色至深绿色。主茎匍匐，不规则分枝，分枝倾立，中轴不分化或略分化。假鳞毛叶状，较少。叶卵形至椭圆状披针形，先端渐尖，内凹或平展；叶边平直，全缘或具齿突；中肋单一，稀缺失。叶细胞圆方形至线形，平滑，角细胞分化明显。雌雄同株异苞。蒴柄长，平滑，常扭曲。孢蒴卵形至圆柱形，直立。环带分化，或缺失。蒴盖圆锥形，具短喙。

本科全世界有 5 属。中国有 2 属；山东有 1 属，蒙山有分布。

属 1. 碎米藓属 Fabronia Raddi

Atti. Accad. Sci. Siena 9: 231. 1808.

植物体细小，多淡绿色，平铺交织生长。茎不规则分枝。叶疏生或覆瓦状排列，卵形或卵状披针形，先端渐尖，有时一侧偏曲；叶边平滑或具粗齿，有时具长毛；中肋单一，短弱至不明显。叶细胞长菱形至长六边形，角细胞多分化，方形。雌雄同株。内雌苞叶鞘状，具长尖，边缘具齿或毛，无中肋。蒴柄黄色，平滑。孢蒴倒卵形或梨形，直立。蒴齿单层，稀缺失。蒴盖圆锥形，具喙。

本属全世界约 62 种。中国有 11 种；山东有 2 种，蒙山皆有分布。

分种检索表

1. 孢蒴具蒴齿 ··· 1. 八齿碎米藓 F. ciliaris
1. 孢蒴无蒴齿 ··· 2. 东亚碎米藓 F. matsumurae

Key to the species

1. Capsules with peristome teeth ·· 1. F. ciliaris
1. Capsules without peristome teeth ··· 2. F. matsumurae

1. 八齿碎米藓

Fabronia ciliaris (Brid.) Brid., Bryol. Univ. 2: 171. 1827.

Hypnum ciliare Brid., Sp. Musc. Frond. 2: 155. 1812.

本种与东亚碎米藓 *F. matsumurae* 植物体、叶形及叶细胞均相似，但本种孢蒴具蒴齿，明显区别于后者。

生境　生于树上。

产地　蒙阴：蒙山，赵遵田 84268–1。

分布　世界广布种。中国（吉林、内蒙古、河北、河南、山东、宁夏、新疆、江苏、浙江、湖南、云南、西藏、台湾、广西）。

2. 东亚碎米藓　图 152　照片 77

Fabronia matsumurae Besch., J. Bot. (Morot) 13: 40. 1899.

植物体细小，淡绿色至绿色，具光泽。茎匍匐，不规则分枝，分枝直立。叶卵形，渐尖；叶边平直，中上部具齿；中肋单一，达叶中部。叶中部长菱形，排列整齐，薄壁，基部细胞较短，角细胞方形。蒴柄黄棕色。孢蒴卵圆形，直立。蒴齿缺失。蒴帽兜形。

生境　多生于树干，稀生于石上。

产地　蒙阴：里沟，海拔 750 m，任昭杰 R20110028。平邑：核桃涧，海拔 350 m，李超 R123083；明光寺，海拔 590 m，任昭杰、田雅娴 R17517-C。沂南：五彩山，赵遵田 95528-B。费县：茶蓬峪，海拔 350 m，李林 R17328-C。

分布　中国（吉林、内蒙古、北京、山西、山东、陕西、宁夏、甘肃、湖北、四川、云南、西藏、福建、台湾）；日本、朝鲜和俄罗斯。

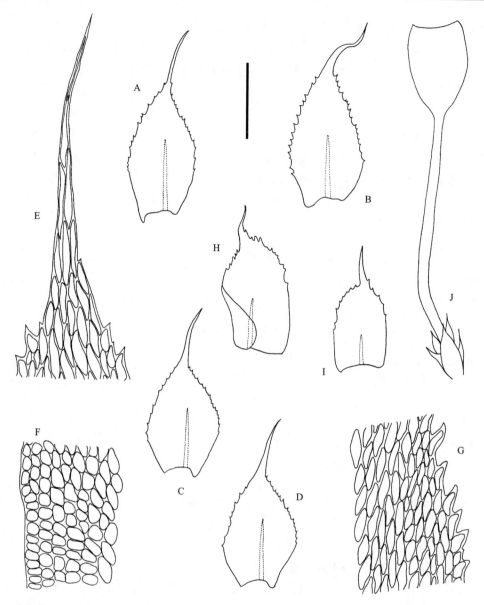

图 152　东亚碎米藓 *Fabronia matsumurae* Besch., A-D. 叶；E. 叶尖部细胞；F. 叶中部边缘细胞；G. 叶基部细胞；H-I. 雌苞叶；J. 孢子体（任昭杰 绘）。标尺：A-D=476 μm, E-G=139 μm, H-I=333 μm, J=0.83 mm.

科 23. 万年藓科 CLIMACIACEAE

植物体粗壮，硬挺，具光泽。主茎匍匐，支茎直立，一至二回羽状分枝。鳞毛多，丝状，单一或分枝。茎下部叶鳞片状，贴生，上部叶和枝叶椭圆状卵形或近于心形，先端钝或急尖，基部多呈耳状，多具纵褶；叶边中上部具不规则粗齿；中肋单一，达叶中上部，先端背面有时具刺突。叶细胞狭菱形至线形，平滑，基部细胞大，角细胞分化，多呈长方形，较大，透明，薄壁，由多层细胞组成。雌雄异株。蒴柄细长，红棕色。孢蒴长卵圆柱形至长圆柱形，直立或弓形弯曲。蒴齿双层。蒴盖圆锥形，具喙。蒴帽兜形。孢子平滑或具疣。

本科全世界有 2 属。中国有 2 属；山东有 1 属，蒙山有分布。

属 1. 万年藓属 Climacium F. Weber & D. Mohr

Naturh. Reise Schwedens 96. 1804.

　　植物体粗壮，黄绿色至深绿色，略具光泽。主茎匍匐，支茎直立。鳞毛密生，线形。叶心状卵形，略内凹，先端圆钝，具小尖头，基部阔；叶边中上部具粗齿；中肋达叶中上部，先端背面具齿或平滑。叶细胞长菱形或线形，薄壁，基部细胞大，厚壁且具壁孔，角细胞分化，方形至长方形。雌雄异株。孢蒴长卵圆柱形至长圆柱形，直立。蒴齿双层。

　　本属世界现有 3 种。我国有 2 种；山东有 1 种，蒙山有分布。

1. 东亚万年藓　　图 153

Climacium japonicum Lindb., Contr. Fl. Crypt. As. 232. 1872.

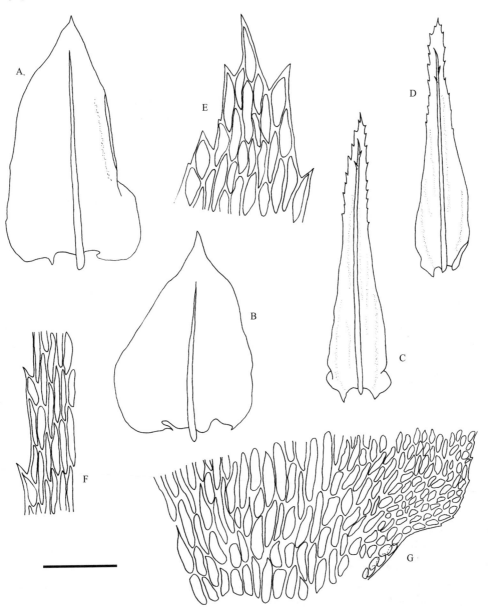

图 153　东亚万年藓 *Climacium japonicum* Lindb., A-B. 茎叶；C-D. 枝叶；E. 枝叶尖部细胞；F. 枝叶中上部边缘细胞；G. 枝叶基部细胞（任昭杰 绘）。标尺：A-D=1.1 mm, E-G=110 μm.

植物体粗壮，黄绿色至绿色。主茎匍匐，支茎直立，上部不规则密羽状分枝，分枝末端趋细成尾状尖。茎叶阔卵形，先端钝，具纵褶，基部明显耳状；叶边平展，全缘或中上部具细齿；中肋达叶中上部。枝叶阔卵状披针形，具多数长纵褶，基部呈耳状；叶边中上部具粗齿；中肋达叶中上部，先端背面具刺。叶细胞长菱形至狭长方形，角细胞分化。

生境 生于土表或岩面薄土上。

产地 平邑：蒙山，龟蒙顶，海拔 1100 m，赵遵田 93400；海拔 1150 m，张艳敏 118（PE）。

分布 中国（黑龙江、吉林、山西、山东、河南、陕西、宁夏、甘肃、安徽、浙江、江西、湖南、湖北、四川、重庆、贵州、云南、西藏、台湾）；日本、朝鲜和俄罗斯（西伯利亚）。

科 24. 柳叶藓科 AMBLYSTEGIACEAE

植物体小形至大形，黄绿色至深绿色，常具光泽，疏松或密集生长。茎倾立、直立或匍匐，不规则分枝或羽状分枝；中轴分化或不分化。鳞毛多缺失，常具丝状或片状假鳞毛。叶直立或镰刀形弯曲，基部卵形至阔椭圆形，上部披针形，先端圆钝、急尖或渐尖；叶边全缘或具细齿；中肋单一、分叉、双中肋或缺失。叶中部细胞六边形、菱形、蠕虫形或近线形，多平滑，稀具疣或前角突，叶基部细胞短，细胞壁常加厚，角细胞分化或不分化。雌雄同株或异株。蒴柄较长，红色至红棕色，平滑。孢蒴圆筒形或椭圆柱形，倾立或平列。蒴齿双层。蒴盖圆锥形，具喙。蒴帽兜形。孢子球形，具疣。

本科全世界 23 属。中国有 13 属；山东有 9 属，蒙山有 7 属。

分属检索表

1. 茎具多数鳞毛 ·· 4. 牛角藓属 Cratoneuron
1. 茎无鳞毛或稀具假鳞毛 ··· 2
2. 叶尖部细胞较中部细胞短 ··· 6. 水灰藓属 Hygrohypnum
2. 叶尖部细胞较中部细胞长 ··· 3
3. 叶中部细胞长轴形 ··· 4
3. 叶中部细胞短轴形 ··· 5
4. 中轴分化明显；中肋单一，较长 ··· 2. 拟细湿藓属 Campyliadelphus
4. 中轴分化较弱；中肋较短，分叉、双中肋或缺失 ·· 3. 细湿藓属 Campylium
5. 植物体形大；假鳞毛丝状或片状；叶中部细胞长，长 50–120 μm ···························· 7. 薄网藓属 Leptodictyum
5. 植物体形小；假鳞毛片状；叶中部细胞短，长 20–50 μm ·· 6
6. 中肋细弱，达叶中部或上部 ·· 1. 柳叶藓属 Amblystegium
6. 中肋长，达叶尖部或略突出 ·· 5. 湿柳藓属 Hygroamblystegium

Key to the genera

1. Stem with dense paraphyllia ·· 4. Cratoneuron
1. Stem without paraphyllia, only spare pseudoparaphyllia present ·· 2
2. Apical leaf cells shorter than median leaf cells ··· 6. Hygrohypnum
2. Apical leaf cells longer than median leaf cells ··· 3
3. Median leaf cells long ··· 4
3. Median leaf cells short ··· 5
4. Stem central strand present; costa usually single, long and strong ······································· 2. Campyliadelphus
4. Stem central strand weak; costa forked, double or absebt, short and slender ······································· 3. Campylium
5. Plants robust; pseudoparaphyllia filamentous or foliose; median leaf cells long, 50–120 μm long ············· 7. Leptodictyum
5. Plants small; pseudoparaphyllia foliose; median leaf cells short, 20–50 μm long ·· 6
6. Costa slender, reaching about the middle of leaf, or upper ·· 1. Amblystegium

6. Costa strong, reaching about the acumen, or percurrent ·················· 5. *Hygroamblystegium*

属 1. 柳叶藓属 **Amblystegium** Bruch & Schimp.

Bryol. Eur. 6: 45. 1853.

　　植物体小形，纤细，黄绿色至深绿色，无光泽或略有光泽，疏松交织生长。茎匍匐，不规则分枝或羽状分枝；中轴分化。假鳞毛片状。茎叶卵状披针形，倾立，先端渐尖；叶边平展，全缘或尖部具细齿；中肋单一，达叶中部或上部。叶中部细胞菱形至六边形，基部细胞短长方形，角细胞略分化，方形。雌雄异株。蒴柄细长，干时扭转。孢蒴长圆筒形，拱形弯曲。环带分化。蒴齿双层。孢子球形，较小，具疣。

　　本属全世界约 17 种。中国有 2 种和 1 变种；山东有 2 种和 1 变种，蒙山皆有分布。

分种检索表

1. 中肋细弱，达于叶的 1/2–2/3 ····························· 1. 柳叶藓 *A. serpens*
1. 中肋达于叶尖 ······································· 2. 多姿柳叶藓 *A. varium*

Key to the species

1. Costa slender, up to 1/2–2/3 leaf length ························· 1. *A. serpens*
1. Costa extending to tip ··································· 2. *A. varium*

1. 柳叶藓

Amblystegium serpens (Hedw.) Bruch & Schimp., Bryol. Eur. 6: 53. 1853.

Hypnum serpens Hedw., Sp. Musc. Frond. 268. 1801.

1a. 柳叶藓原变种

Amblystegium serpens var. **serpens**

　　植物体形小，黄绿色至暗绿色，多具光泽。茎匍匐，不规则分枝；中轴分化。假鳞毛片状。茎叶卵状披针形，向上渐成长尖；叶边平展，具细齿；中肋单一，达于叶片中上部。枝叶与茎叶同形，略小。叶中部细胞长六边形至长菱形，上部细胞较长，基部细胞较宽短，角细胞分化，方形。蒴柄细长，红色。孢蒴长圆筒形，红褐色，倾立。蒴盖圆锥形。

　　生境　生于潮湿岩面。
　　产地　费县：望海楼，海拔 850 m，赵遵田 91300-F。
　　分布　中国（黑龙江、吉林、辽宁、内蒙古、河北、山东、宁夏、甘肃、青海、新疆、上海、湖南、云南）；日本、朝鲜、巴基斯坦、印度、俄罗斯、墨西哥、秘鲁、新西兰，欧洲和非洲北部。

1b. 柳叶藓长叶变种　　图 154

Amblystegium serpens var. **juratzkanum** (Schimp.) Rau & Herv., Cat. N. Amer. Musci 44. 1880.

Amblystegium juratzkanum Schimp., Syn Musc. Frond. 693. 1860.

　　本变种角细胞长方形，而原变种角细胞方形，可区别二者。
　　生境　生于潮湿岩面。
　　产地　蒙阴：天麻林场，海拔 650 m，赵遵田 84328。

　　分布　中国（黑龙江、辽宁、内蒙古、北京、山西、山东、青海、江苏）；巴基斯坦、印度、日本、朝鲜、墨西哥、新西兰，高加索地区，欧洲和北美洲。

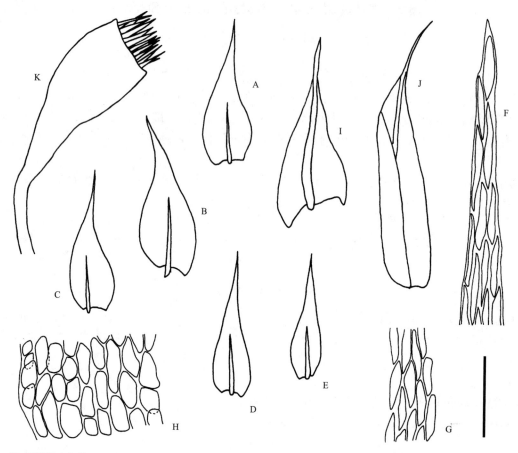

图154　柳叶藓长叶变种 *Amblystegium serpens* (Hedw.) Bruch & Schimp. var. *juratzkanum* (Schimp.) Rau & Herv., A-C. 茎叶；D-E. 枝叶；F. 叶尖部细胞；G. 叶中部细胞；H. 叶基部细胞；I-J. 雌苞叶；K. 孢蒴（任昭杰、付旭 绘）。标尺：A-E, I-J=0.8 mm, F-H=110 μm, K=2.8 mm.

2. 多姿柳叶藓　图155

Amblystegium varium (Hedw.) Lindb., Musci. Scand. 32. 1879.

Leskea varia Hedw., Sp. Musc. Frond. 216. 1801.

　　本种中肋较长，达于叶尖且上部常扭曲，角细胞分化不明显，以上特征可区别于柳叶藓 *A. serpens*。

　　生境　生于阴湿岩面或枯木。

　　产地　沂南：竹泉村，任昭杰 R16707-A。费县：望海楼，海拔 480 m，赵洪东 91296-A。

　　分布　中国（黑龙江、吉林、内蒙古、北京、山东、新疆、云南）；日本、印度、墨西哥、秘鲁、澳大利亚，高加索地区，北美洲、欧洲和非洲北部。

属 2. 拟细湿藓属 Campyliadelphus (Kindb.) R. S. Chopra.

Taxon. Indian Mosses 442. 1975.

　　植物体小形至中等大小，黄绿色至深绿色，多具光泽。茎匍匐，不规则分枝或羽状分枝；中轴分化。假鳞毛片状，三角形、披针形或卵形。茎叶基部卵状心形或三角状心形，向上渐尖或急尖，有时一侧偏曲；叶边多平展，全缘或具微齿；中肋短，分叉，双中肋或缺失。枝叶与茎叶同形，较小。叶细胞狭长方形或线形，基部细胞短，厚壁，角细胞分化，多数，长方形。雌雄异株。蒴柄长，红色。孢蒴椭圆柱形，平列。环带分离。蒴齿双层。蒴帽圆锥形。孢子具疣。

　　本属全世界约 4 种。中国有 4 种；山东有 1 种，蒙山有分布。

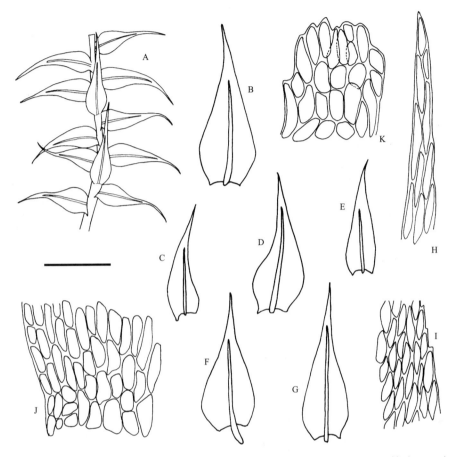

图 155　多姿柳叶藓 Amblystegium varium (Hedw.) Lindb., A. 植物体一段；B-D. 茎叶；E-G. 枝叶；H. 叶尖部细胞；I. 叶中部细胞；J. 叶基部细胞；K. 假鳞毛（任昭杰 绘）。标尺：A=1.4 mm, B-G=0.8 mm, H-J=110 μm.

1. 阔叶拟细湿藓　图 156

Campyliadelphus polygamum (Bruch & Schimp.) Kanda, J. Sci. Hiroshima Univ., ser. B, Div. 2 Bot. 15: 263. 1975.

Amblystegium polygamum Bruch & Schimp., Bryol. Eur. 6: 60 pl. 572. 1853.

　　植物体形小，黄绿色。茎匍匐，不规则分枝；中轴分化。假鳞毛片状。茎叶阔披针形；叶边平展，全缘；中肋细弱，单一或分叉。枝叶与茎叶同形，较小。叶中上部细胞线形，基部细胞短，壁稍厚，角细胞明显分化，膨大。蒴柄长，弯曲。孢蒴圆柱形，弯曲。

　　生境　生于岩面薄土上。

　　产地　蒙阴：大大洼，海拔 700 m，李林 R17475。

　　分布　中国（黑龙江、吉林、辽宁、内蒙古、河北、北京、山西、山东、河南、陕西、甘肃、新疆、江西、湖南、湖北、四川、云南、西藏）；日本、俄罗斯（西伯利亚）、墨西哥、智利，欧洲、北美洲、非洲北部、大洋洲和南极洲。

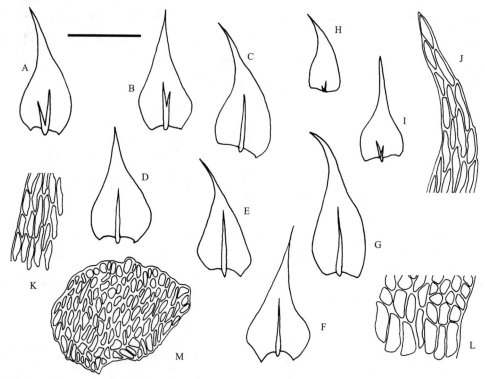

图 156　阔叶拟细湿藓 *Campyliadelphus polygamum* (Bruch & Schimp.) Kanda, A-G. 茎叶；H-I. 枝叶；J. 叶尖部细胞；K. 叶中部细胞；L. 叶基部细胞；M. 假鳞毛（任昭杰、付旭 绘）。标尺：A-I=0.8 mm, J-M=110 μm.

属 3. 细湿藓属 Campylium (Sull.) Mitt.

J. Linn. Soc., Bot. 12: 631. 1869.

　　植物体小形至中等大小，绿色，带黄色或棕色，具光泽。茎匍匐，不规则分枝或羽状分枝；中轴分化。假鳞毛片状，较小。茎叶基部卵状心形或阔三角形，向上呈披针形长尖，常扭转；叶边平展，具细齿；单中肋，分叉或双中肋。枝叶与茎叶同形，略小。叶中部细胞线形，基部细胞较短，角细胞明显分化，长方形，膨大透明。雌雄同株。蒴柄长，红色。孢蒴椭圆柱形，平列。环带分离。蒴齿双层。蒴盖圆锥形。蒴帽兜形。孢子具疣。

　　本属全世界有 28 种。中国有 5 种和 2 变种；山东有 4 种和 1 变种，蒙山有 3 种和 1 变种。

分种检索表

1. 双中肋，较短 ⋯⋯⋯⋯⋯⋯⋯⋯⋯⋯⋯⋯⋯⋯⋯⋯⋯⋯⋯⋯⋯⋯⋯⋯⋯⋯ 2. 细湿藓 *C. hispidulum*
1. 单中肋 ⋯⋯⋯⋯⋯⋯⋯⋯⋯⋯⋯⋯⋯⋯⋯⋯⋯⋯⋯⋯⋯⋯⋯⋯⋯⋯⋯⋯⋯⋯⋯⋯⋯⋯⋯⋯⋯⋯ 2
2. 叶先端渐成长披针形尖 ⋯⋯⋯⋯⋯⋯⋯⋯⋯⋯⋯⋯⋯⋯⋯⋯⋯⋯ 1. 黄叶细湿藓 *C. chrysophyllum*
2. 叶先端骤成长披针形尖 ⋯⋯⋯⋯⋯⋯⋯⋯⋯⋯⋯⋯⋯⋯⋯⋯⋯⋯ 3. 粗肋细湿藓 *C. squarrosulum*

Key to the species

1. Costa double, short ⋯⋯⋯⋯⋯⋯⋯⋯⋯⋯⋯⋯⋯⋯⋯⋯⋯⋯⋯⋯⋯⋯⋯⋯⋯⋯⋯ 2. *C. hispidulum*
1. Costa single ⋯⋯⋯⋯⋯⋯⋯⋯⋯⋯⋯⋯⋯⋯⋯⋯⋯⋯⋯⋯⋯⋯⋯⋯⋯⋯⋯⋯⋯⋯⋯⋯⋯⋯⋯⋯ 2
2. Leaves gradually narrowed into a long acumen ⋯⋯⋯⋯⋯⋯⋯⋯⋯⋯⋯⋯ 1. *C. chrysophyllum*
2. Leaves abruptly narrowed into a long acumen ⋯⋯⋯⋯⋯⋯⋯⋯⋯⋯⋯⋯⋯ 3. *C. squarrosulum*

1. 黄叶细湿藓　图 157　照片 78

Campylium chrysophyllum (Brid.) J. Lange, Nomencl. Fl. Dan. 210. 1887.

Hypnum chrysophyllum Brid., Muscol. Recent. 2 (2): 84. 1801.

Campyliadelphus chrysophyllus (Brid.) R. S. Chopra, Taxon. Indian Mosses 443. 1975.

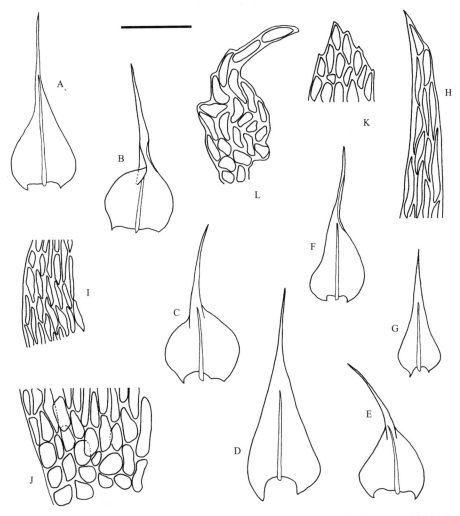

图 157　黄叶细湿藓 *Campylium chrysophyllum* (Brid.) J. Lange, A-E. 茎叶；F-G. 枝叶；H. 叶尖部细胞；I. 叶中下部细
胞；J. 角细胞；K-L. 假鳞毛（任昭杰　绘）。标尺：A-G=0.8 mm, H-L=80 μm.

　　植物体形小至中等大小，黄色、黄绿色至绿色，具光泽。茎匍匐，不规则分枝；中轴分化。假鳞
毛片状，形态变化较大。茎叶背仰，基部阔卵形至卵形，向上渐呈长披针形；叶边多平展，全缘或基
部具微齿；中肋单一，达叶中上部。枝叶与茎叶同形，略小。叶细胞虫形，角细胞分化，短矩形，厚
壁。蒴柄红色，较长，弯曲。孢蒴长圆筒形，红色，倾立或平列。

　　生境　生于岩面、土表、岩面薄土或树干上。

　　产地　蒙阴：大牛圈，海拔 600 m，任昭杰、李林 R20131351-C；天麻岭，海拔 760 m，赵遵田
91223-D；小大洼，海拔 600 m，郭萌萌 R123249-B；小大畦，海拔 650 m，付旭、李林 R123009、R123118、
R17423-C；大畦，海拔 600 m，李林 R123124-B、R123440；小天麻顶，海拔 750 m，赵遵田 91276、
91277、91436-C；里沟，海拔 900 m，任昭杰 R20131352；冷峪，海拔 500 m，李超 R123308-B；蒙山，
赵遵田 20111030-A；聚宝崖，海拔 550 m，任昭杰、王春晓 R18422-B。平邑：拜寿台，海拔 1000 m，
任昭杰、王春晓 R18517；拜寿台上，海拔 1100 m，任昭杰、田雅娴 R17538；龟蒙顶索道上站，海拔

1066 m，任昭杰、王春晓 R18531-A；蓝涧口，海拔 560 m，任昭杰、王春晓 R18385-B、R18515-C、R18555-B；蓝涧，海拔 650 m，李林、付旭 R120148-B、R123347、R17441-C；核桃涧，海拔 700 m，李林 R121043。费县：望海楼，海拔 850 m，赵遵田 91303-B、91457-B、91460-A；三连峪，海拔 620 m，郭萌萌 R123224；茶蓬峪，海拔 350 m，李林 R17417-B。

　　分布　中国（黑龙江、吉林、辽宁、内蒙古、河北、山西、山东、河南、陕西、甘肃、安徽、上海、江西、湖北、贵州、云南）；日本、朝鲜、印度、墨西哥，高加索地区，欧洲、北美洲和非洲北部。

　　本种在蒙山分布较为广泛，叶形变化较大，有时会出现中肋分叉现象。

2. 细湿藓

Campylium hispidulum (Brid.) Mitt., J. Linn. Soc., Bot. 12: 631. 1869.

Hypnum hispidulum Brid., Sp. Musc. Frond. 2: 198. 1812.

2a. 细湿藓原变种　图 158

Campylium hispidulum var. hispidulum

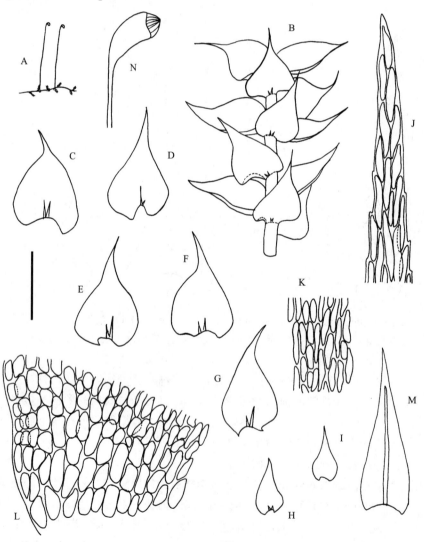

图 158　细湿藓原变种 *Campylium hispidulum* (Brid.) Mitt. var. *hispidulum*, A. 植物体；B. 植物体一段；C-G. 茎叶；H-I. 枝叶；J. 叶尖部细胞；K. 叶中部细胞；L. 叶基部细胞；M. 雌苞叶；N. 孢蒴（任昭杰 绘）。标尺：A=3.33 cm, B-I, M=0.83 mm, J-L=83 µm, N=2.22 mm。

植物体细弱，黄绿色，具光泽。茎匍匐，不规则分枝；中轴分化。假鳞毛片状。茎叶背仰，基部宽卵形或心形，向上呈披针形长尖；叶边平展，具细齿；中肋 2 条，短弱，或缺失。枝叶与茎叶同形，略小。叶中部细胞虫形，基部细胞短，角细胞方形。蒴柄红色。孢蒴长圆柱形，弯曲。

生境　生于岩面。

产地　蒙阴：蒙山，大牛圈，海拔 600 m，李林 20120021-C。

分布　中国（黑龙江、吉林、辽宁、内蒙古、河北、山西、山东、陕西、甘肃、青海、新疆、浙江、湖北、西藏、云南）；日本、墨西哥、秘鲁，欧洲和北美洲。

2b. 细湿薛稀齿变种　图 159

Campylium hispidulum var. **sommerfeltii** (Myrin) Lindb., Contr. Fl. Crypt. As. 279. 1872.

Hypnum sommerfeltii Myrin, Aorsber. Bot. Arb. Upptackt. 1831: 328. 1832.

本种区别于原变种的主要特征为：茎叶基部卵形，较原变种窄，叶基明显下延；角细胞分化不明显，方形至长方形。

生境　生于岩面、土表或树干上。

产地　蒙阴：橛子沟，海拔 900 m，李林 R20120106-A；小天麻顶，海拔 750 m，赵遵田 91348-A、91349。

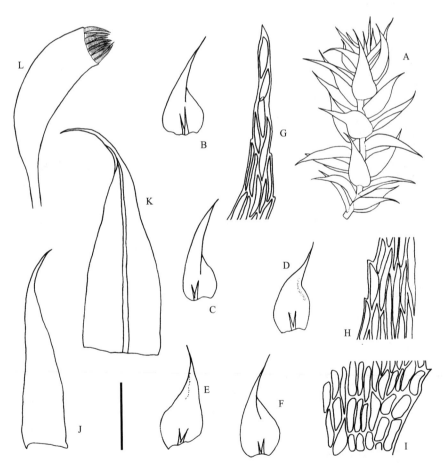

图 159　细湿薛稀齿变种 *Campylium hispidulum* (Brid.) Mitt. var. *sommerfeltii* (Myrin) Lindb., A. 植物体一段；B-F. 叶；G. 叶尖部细胞；H. 叶中部细胞；I. 叶基部细胞；J-K. 雌苞叶；L. 孢蒴（任昭杰 绘）。标尺：A=2.2 mm, B-F, J-K=1.7 mm, G-I=170 μm, L=3.3 mm.

分布 中国（黑龙江、吉林、辽宁、内蒙古、山东、陕西、宁夏、甘肃、青海、新疆、云南）；巴基斯坦、日本、印度、俄罗斯（西伯利亚）、墨西哥，欧洲和北美洲。

3. 粗肋细湿藓 图 160

Campylium squarrosulum (Besch. & Cardot) Kanda, J. Sci. Hiroshima Univ., Ser. B, Div. 2, Bot. 15: 258. 1975.

Amblystegium squarrosulum Besch. & Cardot, Bull. Soc. Bot. Genève, sér. 2, 5: 320. 1913.

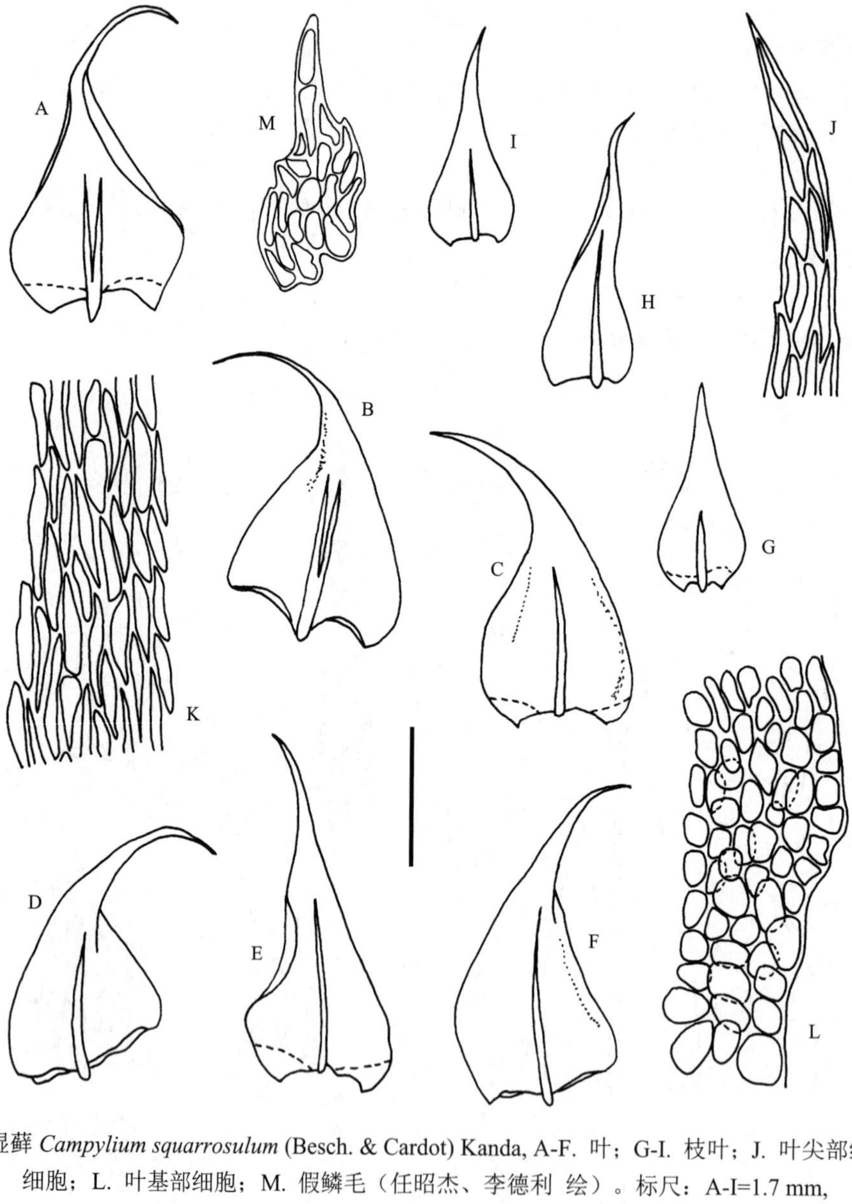

图 160 粗肋细湿藓 *Campylium squarrosulum* (Besch. & Cardot) Kanda, A-F. 叶；G-I. 枝叶；J. 叶尖部细胞；K. 叶中部细胞；L. 叶基部细胞；M. 假鳞毛（任昭杰、李德利 绘）。标尺：A-I=1.7 mm, J-M=170 μm.

本种叶形与黄叶细湿藓 *C. chrysophyllum* 类似，但本种叶先端骤成长尖，这一特征可明显区别于后者。

生境 生于土表或岩面。

产地 蒙阴：橛子沟，海拔 900 m，郭萌萌 R20131348-B；冷峪，海拔 500 m，李林 R123138。平

邑：蓝涧，海拔 650 m，郭萌萌 R123151-A。

分布　中国（辽宁、内蒙古、河北、山东、湖北、贵州）；日本和朝鲜。

属 4. 牛角藓属 **Cratoneuron** (Sull.) Spruce

Cat. Musc. 21. 1867.

植物体中等大小至大形，粗壮，黄绿色至深绿色，无光泽或具光泽，交织大片生长。茎倾立或直立，羽状分枝，或不规则分枝，分枝短。鳞毛片状。茎叶疏生，宽卵形至卵状披针形，先端渐尖或急尖，叶基下延；叶边平展，具齿；中肋粗壮，达叶尖略下部消失或突出于叶尖。枝叶与茎叶同形，略小。叶细胞圆六边形，薄壁，角细胞明显分化，突出成叶耳，分化达中肋。雌雄同株。蒴柄长，红褐色。孢蒴长柱形，红褐色。环带分化。蒴齿双层。蒴盖圆锥形，具短尖。孢子具密疣。

本属全世界有 1 种和 1 变种。中国有 1 种和 1 变种；山东有 1 种和 1 变种，蒙山有 1 种。

1. 牛角藓　图 161　照片 79

Cratoneuron filicinum (Hedw.) Spruce, Cat. Musc. 21. 1867.

Hypnum filicinum Hedw., Sp. Musc. Frond. 285. 1801.

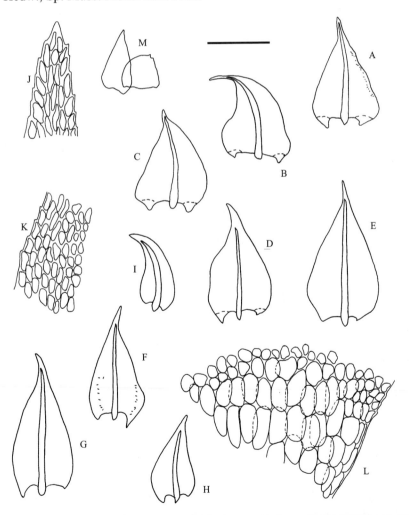

图 161　牛角藓 *Cratoneuron filicinum* (Hedw.) Spruce, A-D. 茎叶；E-I. 枝叶；J. 茎叶尖部细胞；K. 茎叶中部边缘细胞；L. 茎叶基部细胞；M. 鳞毛（任昭杰、田雅娴 绘）。标尺：A-I=0.83 mm, J-L=104 μm, M=167 μm.

特征见属特征。

生境 生于潮湿岩面、岩面薄土或树干上，喜生于水湿环境。

产地 蒙阴：里沟，海拔 800 m，任昭杰 R20120035。平邑：蒙山，海拔 760 m，赵遵田 91215-D；核桃涧，海拔 620 m，李超 R123071。

分布 中国（黑龙江、吉林、辽宁、内蒙古、河北、北京、山西、山东、河南、陕西、宁夏、甘肃、青海、新疆、安徽、湖南、湖北、四川、重庆、贵州、云南、西藏、台湾）；孟加拉国、日本、尼泊尔、不丹、印度、巴基斯坦、俄罗斯、秘鲁、智利、新西兰，欧洲和非洲北部。

本种在蒙山山涧溪流多有分布，常形成大群落，叶形变化较大。

属 5. 湿柳藓属 Hygroamblystegium Loeske

Moosfl. Harz. 298. 1903.

植物体形小，黄绿色至深绿色，无光泽。茎匍匐，不规则分枝；中轴分化。假鳞毛少，片状。茎叶基部卵形或长椭圆形，向上呈披针形，多一侧偏曲；叶边平展，全缘或具细齿；中肋达叶尖略下部消失，或突出于叶尖。枝叶与茎叶同形，较窄小。叶细胞长菱形至长六边形，角细胞分化不明显，方形或长方形。雌雄同株。

本属全世界有 18 种。中国有 2 种和 1 变种；山东有 1 种，蒙山有分布。

1. 湿柳藓 图 162

Hygroamblystegium tenax (Hedw.) Jenn., Man. Mosses W. Pennsylvania 277 f. 39. 1913.

Hypnum tenax Hedw., Sp. Musc. Frond. 277. 1801.

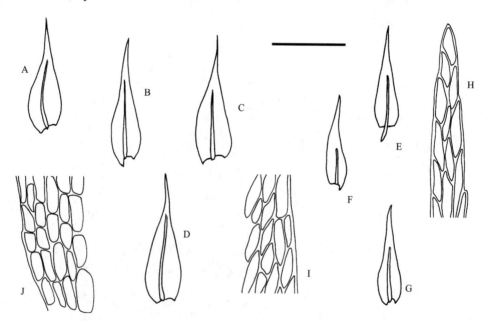

图 162 湿柳藓 *Hygroamblystegium tenax* (Hedw.) Jenn., A-D. 茎叶；E-G. 枝叶；H. 叶尖部细胞；I. 叶中部细胞；J. 叶基部细胞（任昭杰、付旭 绘）。标尺：A-G=0.8 mm, H-J=110 μm。

植物体形小，黄绿色。茎匍匐，不规则分枝。茎叶卵形或卵状披针形，先端多一侧偏曲；中肋达叶尖略下部消失。叶中部细胞菱形至长菱形，角细胞分化不明显。

生境 生于潮湿岩面。

产地　蒙阴：蒙山，赵遵田 91234-B。

分布　中国（辽宁、内蒙古、山西、山东、河南、陕西、新疆）；巴基斯坦、印度、墨西哥，高加索地区，欧洲、北美洲和非洲北部。

属 6. 水灰藓属 Hygrohypnum Lindb.

Contr. Fl. Crypt. As. 277. 1872.

植物体中等大小至大形，黄绿色至暗绿色，有时带红色，多具光泽。茎匍匐，不规则稀疏分枝，老茎常无叶；中轴分化。假鳞毛大，片状，较少或缺失。叶卵状披针形或阔卵形，先端圆钝或具小尖头，有时一侧偏曲；叶边平展，全缘或具细齿；中肋单一，分叉或双中肋。叶中部细胞狭长方形或虫形，尖部细胞较短，角细胞明显分化，方形或长方形。雌雄同株，稀雌雄异株。蒴柄红色，干时扭转。孢蒴椭圆柱形，拱形弯曲。环带分化。蒴齿双层。蒴盖圆锥形，具短尖。蒴帽兜形。孢子具疣。

本属全世界约 11 种。中国有 10 种和 1 变种；山东有 3 种，蒙山有 2 种。

分种检索表

1. 中肋不分叉 ·· 1. 水灰藓 *H. luridum*
1. 中肋分叉 ·· 2. 褐黄水灰藓 *H. ochraceum*

Key to the species

1. Costa single ··· 1. *H. luridum*
1. Costa forked ··· 2. *H. ochraceum*

1. 水灰藓　图 163

Hygrohypnum luridum (Hedw.) Jenn., Man. Mosses West Pennsylvania 287. 1913.

Hypnum luridum Hedw., Sp. Musc. Frond. 291. 1801.

植物体中等大小，绿色。茎不规则分枝；中轴分化。茎叶卵形，先端钝，具小尖头，略偏曲；叶边内卷，全缘；中肋单一，可达叶中部以上。枝叶与茎叶同形，略小。叶中部细胞长菱形，尖部细胞短，角细胞小，方形。

生境　生于潮湿岩面。

产地　费县：望海楼，海拔 950 m，赵遵田 91316-C；三连峪，海拔 400 m，李林 R123176。

分布　中国（吉林、辽宁、内蒙古、河北、山西、山东、河南、陕西、甘肃、青海、新疆、湖北、四川、重庆、贵州、云南、西藏）；巴基斯坦、日本、印度，高加索地区，欧洲和北美洲。

2. 褐黄水灰藓　图 164　照片 80

Hygrohypnum ochraceum (Wilson) Loeske, Moofl. Harz. 321. 1903.

Hypnum ochraceum Turner ex Wilson, Bryol. Brit. 400. 58. 1855.

植物体中等大小至大形，黄绿色至暗绿色，有时棕褐色。茎匍匐，不规则分枝；中轴分化。假鳞毛叶状，较大。茎叶变化较大，披针形、椭圆状披针形、舌形等，先端渐尖或急尖；叶边多平展，或先端具细齿；中肋强劲，单一、分叉或双中肋。枝叶与茎叶同形，较小。叶细胞蠕虫形，角细胞明显分化，较大。蒴柄红棕色。孢蒴长筒形，多倾立。

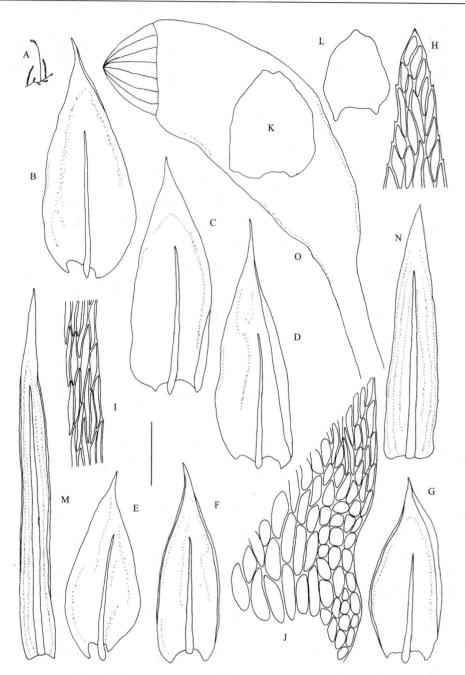

图163　水灰藓 *Hygrohypnum luridum* (Hedw.) Jenn., A. 植物体；B-G. 叶；H. 叶尖部细胞；I. 叶中部边缘细胞；J. 叶基部细胞；K-L. 假鳞毛；M-N. 雌苞叶；O. 孢蒴（任昭杰 绘）。标尺：A=4 cm, B-G, M-O=1 mm, H-J=100 μm, K-L=250 μm.

生境　生于潮湿岩面。

产地　蒙阴：冷峪，海拔 500 m，李超、付旭、李林 R120144、R120155-C、R123025-E；桃花峪，海拔 600 m，黄正莉 20111124；老龙潭，海拔 550 m，任昭杰、王春晓 R18452、R18469。平邑：核桃涧，海拔 580 m，郭萌萌 R121014、R123348-B；核桃涧，海拔 700 m，任昭杰、王春晓、李林 R17461-D、R18388；明光寺，海拔 438 m，任昭杰、田雅娴 R17587；龟蒙顶下，海拔 1100 m，任昭杰、田雅娴 R17645；蓝涧口，海拔 566 m，任昭杰、王春晓 R18511-A；蓝涧，海拔 700 m，郭萌萌 R17110。沂南：竹泉村，任昭杰 R16708-A。费县：三连峪，海拔 500 m，郭萌萌 R123216-A；玉皇宫货索站，海拔 600 m，任昭杰、田雅娴 R18193、R18207、R18218-B。

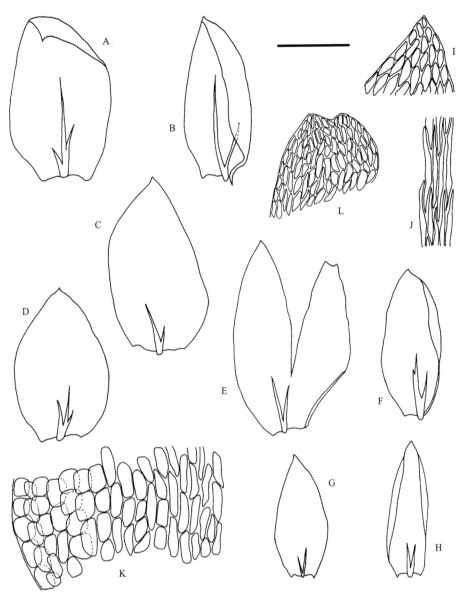

图 164　褐黄水灰藓 *Hygrohypnum ochraceum* (Wilson) Loeske, A-F. 茎叶；G-H. 枝叶；I. 叶尖部细胞；J. 叶中部细胞；
　　　　K. 叶基部细胞；L. 假鳞毛（任昭杰　绘）。标尺：A-H=1.4 mm, I-L=140 μm.

　　分布　中国（黑龙江、吉林、内蒙古、山西、山东、宁夏、甘肃）；日本、朝鲜、俄罗斯，欧洲和北美洲。

　　本种叶形与水灰藓 *H. luridum* 类似，本种中肋分叉，有时自基部分为 2–5 条强劲短中肋，后者中肋不分叉；本种茎横切面具透明皮层，而后者茎横切面不具透明皮层。以上两点可区别二者。

　　本种在蒙山乃至全省山区分布都较为广泛，喜生于山涧溪流中的岩石上，常形成大片群落。

属 7. 薄网藓属 Leptodictyum (Schimp.) Warnst.

Krypt. Fl. Brandenburg 2: 840. 1906.

　　植物体小形至中等大小，黄绿色至绿色。茎匍匐，不规则分枝；中轴分化。假鳞毛丝状或片状。茎叶长卵形，直立，渐尖；叶边平展，全缘或具微齿；中肋达叶尖下部，有时先端扭曲。枝叶与茎叶同形，较小。叶中部细胞菱形至长菱形，角细胞分化不明显。雌雄同株或雌雄异株。蒴柄细长，干时扭转。孢蒴长圆柱形，略弯曲，倾立。环带分化。蒴齿双层。蒴盖圆锥形，具短尖。孢子球形，具细疣。

　　本属全世界有 8 种。中国有 2 种；山东有 2 种，蒙山皆有分布。

分种检索表

1. 雌雄同株；中肋先端扭曲 ·· 1. 曲肋薄网藓 *L. humile*
1. 雌雄异株；中肋平直 ··· 2. 薄网藓 *L. riparium*

Key to the species

1. Autoicous; costa curved at the apical part of leave ··· 1. *L. humile*
1. Dioicous; costa straight ·· 2. *L. riparium*

1. 曲肋薄网藓　图 165

Leptodictyum humile (P. Beauv.) Ochyra, Fragm. Florist. Geobot. 26: 385. 1981.

Hypnum humile P. Beauv., Prodr. Aethéogam. 65. 1805.

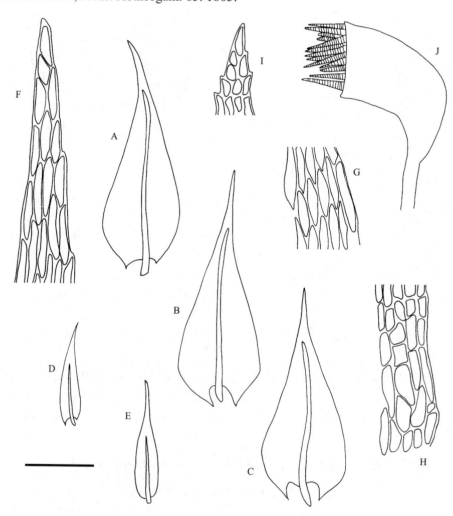

图 165　曲肋薄网藓 *Leptodictyum humile* (P. Beauv.) Ochyra, A-C. 茎叶；D-E. 枝叶；F. 叶尖部细胞；G. 叶中部细胞；H. 叶基部细胞；I.假鳞毛；J.孢蒴（任昭杰 绘）。标尺：A-E=1.1 mm, F-I=110 μm, J=1.7 mm.

植物体中等大小，黄绿色至绿色。茎匍匐，稀疏不规则分枝。茎叶卵状披针形至三角状披针形；叶边平展，全缘或具微齿；中肋达叶中上部，先端多扭曲。枝叶与茎叶同形，较小。叶中上部细胞长菱形，平滑，角细胞大，方形或长方形，不形成明显区域。蒴柄光滑，弯曲。孢蒴长圆柱形，平列。蒴盖圆锥形，具短尖。

生境　生于潮湿岩面或土表上。

产地　蒙阴：里沟，海拔 700 m，李林 R20131345-B；砂山，海拔 700 m，任昭杰 20120152。平邑：大洼林场，张艳敏 239-A（PE）。费县：茶蓬峪，海拔 750 m，李林 R17438。

分布　中国（黑龙江、吉林、辽宁、内蒙古、河北、山西、山东、上海、江西、贵州、西藏）；日本、俄罗斯、墨西哥，欧洲和北美洲。

2. 薄网藓

Leptodictyum riparium (Hedw.) Warnst., Krypt. Fl. Brandenburg 2: 878. 1906.

Hypnum riparium Hedw., Sp. Musc. Frond. 241. 1801.

植物体中等大小，黄绿色。茎匍匐，不规则分枝。叶长披针形或卵状披针形；叶边平展，全缘；中肋达叶中上部。叶中部细胞菱形至长菱形，基部细胞长方形，角细胞不明显分化。

生境　生于岩面。

产地　蒙阴：蒙山，海拔 750 m，赵遵田 91152-A。

分布　中国（黑龙江、吉林、辽宁、内蒙古、河北、山东、河南、陕西、宁夏、新疆、江苏、上海、浙江、贵州、云南）；巴基斯坦、越南、日本、朝鲜、巴布亚新几内亚、俄罗斯、墨西哥、智利，欧洲、北美洲和非洲。

科 25. 薄罗藓科 LESKEACEAE

植物体小形至中等大小，黄绿色至暗绿色。茎匍匐至直立，规则或不规则分枝；中轴略分化或不分化。鳞毛存在或缺失。假鳞毛片状。叶腋毛高 2–5 个细胞，基部细胞有颜色或无色。叶卵形或卵状披针形，多具褶皱，先端急尖或渐尖；叶边全缘或具齿；中肋单一，达叶中部以上，或达叶尖。叶细胞等轴形至线状菱形，平滑或具疣，角细胞多分化，多为方形。雌雄同株或雌雄异株。蒴柄长，多平滑，干时常扭转。孢蒴直立或倾立，多不对称。蒴齿双层。蒴盖圆锥形，具喙。蒴帽兜形。孢子球形，较小。

本科全世界 15 属。中国有 11 属；山东有 6 属，蒙山有 4 属。

分属检索表

1. 叶细胞明显具疣；孢蒴平列至下垂 ·················· 1. 麻羽藓属 *Claopodium*
1. 叶细胞多平滑，稀具疣或前角突；孢蒴直立、倾立或平列 ·················· 2
2. 多生于水湿环境；叶先端通常钝或短急尖 ·················· 4. 拟草藓属 *Pseudoleskeopsis*
2. 多旱生；叶先端通常渐尖或急尖 ·················· 3
3. 鳞毛缺失；叶细胞平滑；雌雄异株 ·················· 2. 细罗藓属 *Leskeella*
3. 鳞毛稀疏或缺失；叶细胞平滑或具疣；雌雄同株 ·················· 3. 细枝藓属 *Lindbergia*

Key to the genera

1. Laminal cells papillose obviously; capsules horizontal to inclined ·················· 1. *Claopodium*
1. Laminal cells usually smooth, rarely papillose ; capsules erect, suberect or horizontal ·················· 2
2. Plants usually aquatic or amphibious; leaf apex usually obtuse or short acute ·················· 4. *Pseudoleskeopsis*

属 1. 麻羽藓属 **Claopodium** (Lesq. & James) Renauld & Cardot

Rev. Bryol. 20: 16. 1893.

植物体中等大小，黄绿色至绿色。茎匍匐或倾立，不规则分枝或羽状分枝；中轴不分化。鳞毛缺失。茎叶排列疏松，干时多卷曲，湿时倾立，基部卵形或三角状卵形，向上渐尖呈毛尖状，或长披针形；叶边平展或略背卷，具齿；中肋粗壮，及顶或突出于叶尖。枝叶与茎叶略异形，较小。叶细胞菱形、六边形或长卵形，具单疣或多疣，边缘细胞多较长，且平滑，叶基部细胞较长，多平滑。雌雄异株。蒴柄细长，平滑或粗糙。孢蒴长卵形，平列或下垂，褐色。环带分化。蒴齿双层。蒴盖具长喙。蒴帽兜形。

本属全世界有 13 种。中国有 7 种；山东有 2 种，蒙山有 1 种。

1. 狭叶麻羽藓　图 166

Claopodium aciculum (Broth.) Broth., Nat. Pflanzenfam. I (3): 1009. 1908.

Thuidium aciculum Broth., Hedwigia 30: 245. 1899.

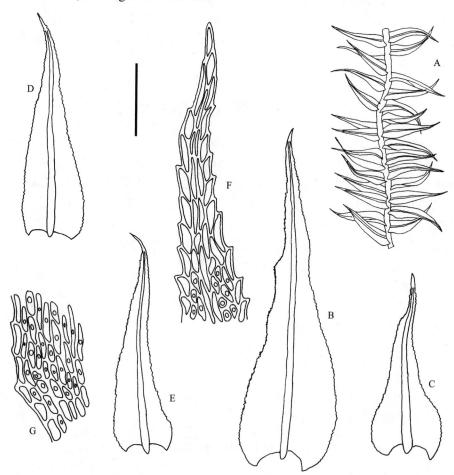

图 166　狭叶麻羽藓 *Claopodium aciculum* (Broth.) Broth., A. 植物体一段；B-C. 茎叶；D-E. 枝叶；F. 叶尖部细胞；G. 叶基部细胞（任昭杰 绘）。标尺：A-E=1.7 mm, F-G=170 μm.

植物体纤细，黄绿色至绿色，无光泽。茎匍匐，近羽状分枝。鳞毛缺失。茎叶长卵形至披针形，先端渐尖；叶边平展，具齿；中肋及顶或达叶尖略下部消失。叶细胞菱形至长卵形，中央具单个圆疣，边缘细胞略长，平滑，基部细胞长，平滑。

生境　生于岩面、土表或树干上。

产地　蒙阴：天麻顶，海拔 750 m，赵遵田 91385–1-B；小天麻顶，海拔 600 m，赵洪东 91416-B。费县：茶蓬峪，海拔 350 m，郭萌萌 R123258-B。

分布　中国（山东、陕西、江苏、上海、浙江、江西、四川、重庆、贵州、福建、台湾、广西、海南、香港）；朝鲜、日本、老挝和越南。

属 2. 细罗藓属 **Leskeella** (Limpr.) Loeske

Moosfl. Harz. 255. 1903.

植物体纤细，黄绿色至暗绿色，有时带棕色，无光泽。茎匍匐，具短分枝。鳞毛缺失。茎叶心形或长卵形，常具两条纵褶，基部略下延；叶边平展，仅下部背卷，全缘；中肋单一，粗壮，达叶尖下部。枝叶与茎叶同形，较小，叶边平展。叶中上部细胞圆多边形，平滑，角细胞分化，方形。雌雄异株。蒴柄直立。孢蒴圆柱形至长圆柱形，直立，稀略弯曲，红色或棕色。环带分化。蒴齿双层。蒴盖圆锥形，具斜喙。孢子小，具细密疣。

本属全世界有 5 种。中国有 2 种；山东有 1 种，蒙山有分布。

1. 细罗藓　图 167

Leskeella nervosa (Brid.) Loeske, Moosfl. Harz. 255, 1903.

Pterigynandrum nervosum Brid., Sp. Muscol. Recent. Suppl. 1: 132. 1806.

植物体纤细，多暗绿色，无光泽。茎匍匐，不规则分枝或近羽状分枝。鳞毛缺失。茎叶基部卵状心形，向上呈细长尖，中下部常具纵褶；叶边平展，下部略背卷，全缘；中肋达叶尖略下部消失。枝叶略小，中肋细弱。叶上部细胞圆多边形，平滑，基部细胞近方形。蒴柄直立，红色。孢蒴短圆柱形，直立或倾立。蒴盖圆锥形，具喙。

生境　生于岩面或土表。

产地　蒙阴：蒙山，赵遵田 Zh91166；冷峪，海拔 600 m，李林 R18015-A。费县：茶蓬峪，海拔 350 m，李超、郭萌萌 R120190、R123252；三连峪，海拔 500 m，李林 R123236。

分布　中国（黑龙江、吉林、内蒙古、河北、山西、山东、陕西、新疆、江苏、四川、重庆、云南、西藏）；巴基斯坦、日本，欧洲和北美洲。

属 3. 细枝藓属 **Lindbergia** Kindb.

Gen. Eur. N. Amer. Bryin. 15. 1897.

植物体细弱，绿色，无光泽。茎匍匐，不规则分枝。鳞毛稀少，或缺失。茎叶卵形或卵状披针形，略内凹，基部略下延；叶边平展，多全缘；中肋单一，粗壮，达叶尖下部。枝叶与茎叶同形，略小。叶细胞卵圆形或菱形，平滑或具疣，边缘细胞较小，扁方形至方形，基部细胞扁方形至方形。雌雄同株。内雌苞叶基部鞘状，上部披针形。蒴柄直立。孢蒴长卵形，直立。环带分化或不分化。蒴齿双层。蒴盖圆锥形，先端钝。孢子具疣。

本属全世界有 19 种。中国有 5 种；山东有 2 种，蒙山有 1 种。

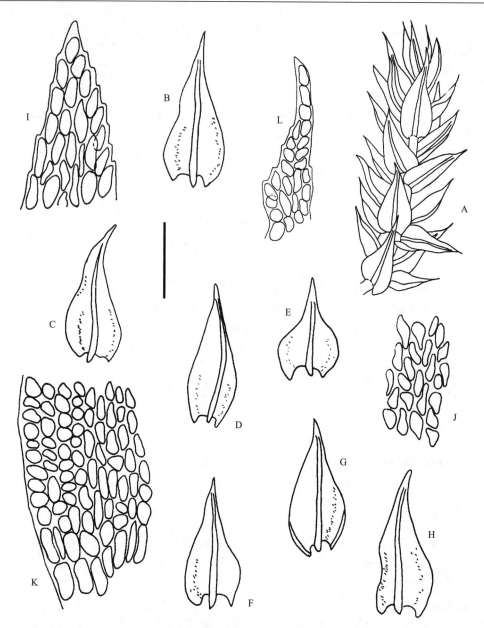

图 167　细罗藓 *Leskeella nervosa* (Brid.) Loeske, A. 小枝一段；B-H. 叶；I. 叶尖部细胞；J. 叶中部细胞；K. 叶基部细胞；L. 假鳞毛（任昭杰 绘）。标尺：A=0.83 mm, B-H=0.56 mm, I-K=56 μm, L=83 μm.

1. 中华细枝藓　图 168

Lindbergia sinensis (Müll. Hal.) Broth., Nat. Pflanzenfam. I (3): 993. 1907.

Schwetschkea sinensis Müll. Hal., Nuovo Giorn. Bot. Ital., n. s., 3: 111. 1896.

　　植物体细弱，绿色。茎匍匐，不规则分枝。茎叶阔卵形或三角状卵形，先端急尖或渐尖，中下部略具褶皱；叶边平展，全缘；中肋单一，达叶中上部。枝叶卵形，较小。叶中上部细胞圆多边形，平滑，基部边缘细胞扁方形。

　　生境　生于岩面。

　　产地　蒙阴：小天麻顶，海拔 600 m，赵遵田 91415-B。

　　分布　中国特有种（黑龙江、辽宁、内蒙古、河北、山东、陕西、甘肃、新疆、江苏、上海、四川、重庆、贵州、云南、西藏、福建）。

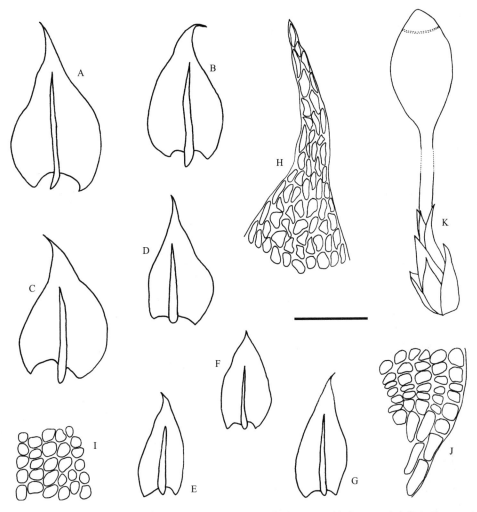

图 168　中华细枝藓 *Lindbergia sinensis* (Müll. Hal.) Broth., A-D. 茎叶；E-G. 枝叶；H. 叶尖部细胞；I. 叶中部细胞；J. 叶基部细胞；K. 孢子体（任昭杰 绘）。标尺：A-G=0.8 mm, H-J=110 μm, K=1.7 mm.

属 4. 拟草藓属 **Pseudoleskeopsis** Broth.

Nat. Pflanzenfam. I (3): 1002. 1907.

　　植物体大小变化较大，通常较为粗壮，黄绿色至暗绿色，有时棕褐色。茎匍匐，分枝密而短。鳞毛稀疏，狭披针形。茎叶卵形或长卵形，先端圆钝，基部略下延；叶边平展，具齿；中肋达叶尖之下，中上部常扭曲。枝叶与茎叶近同形，略小。叶细胞卵圆形或斜菱形，平滑或具疣，基部细胞短矩形，角细胞分化，扁方形至方形。雌雄同株。内雌苞叶长披针形，中肋及顶或略突出，叶细胞平滑。蒴柄细长。孢蒴长卵形或长圆柱形，平列或倾立，不对称，具明显台部。环带分化。蒴齿双层。蒴盖圆锥形。蒴帽兜形。孢子具疣。

　　本属全世界有 9 种。中国有 2 种；山东有 2 种，蒙山皆有分布。

分种检索表

1. 枝叶先端急尖；叶细胞较长，长方形 ·· 1. 尖叶拟草藓 *P. tosana*
1. 枝叶先端较钝；叶细胞圆六边形或菱形 ·· 2. 拟草藓 *P. zippelii*

Key to the species

1. Branch leaf apices acute; laminal cells longer, rectangular ·· 1. *P. tosana*
1. Branch leaf apices obtuse; laminal cells rounded-hexagonal or rhomboid ·································· 2. *P. zippelii*

1. 尖叶拟草藓　图 169　照片 81

Pseudoleskeopsis tosana Cardot, Bull. Soc. Bot. Genève, sér. 2, 5: 317. 1913.

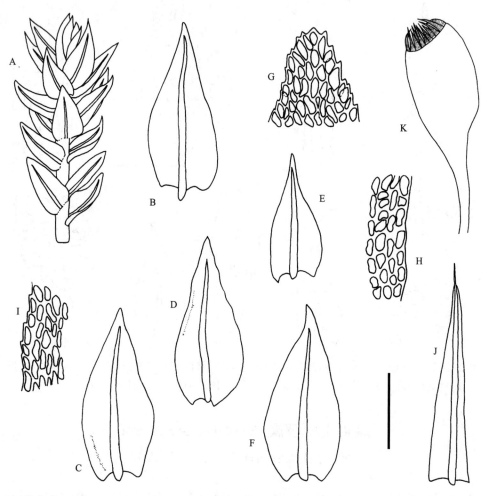

图 169　尖叶拟草藓 *Pseudoleskeopsis tosana* Cardot, A. 植物体一段；B-F. 叶；G. 叶尖部细胞；H. 叶中部细胞；I. 叶基部细胞；J. 雌苞叶；K. 孢蒴（任昭杰　绘）。标尺：A-F, J=1.1 mm, G-I=80 μm, K=1.7 mm.

　　植物体中等大小至大形，黄绿色至暗绿色，有时带褐色。主茎匍匐，分枝密而短。茎叶阔披针形，先端急尖至渐尖；叶边平展，中上部具齿；中肋粗壮，达叶尖略下部消失。枝叶卵形，先端急尖，常向一侧弯曲。叶中部细胞长方形，基部细胞短长方形，厚壁。内雌苞叶披针形，具纵褶。蒴柄长，红棕色。孢蒴长卵形，倾立，具明显台部。

　　生境　多生于潮湿岩面、土表或岩面薄土上，偶见树生。

　　产地　蒙阴：冷峪，海拔 450 m，李林、付旭 R121019、R123131-A、R123311-A；冷峪，海拔 600 m，李林、付旭 R121020-B、R123035-C、R123178；老龙潭，海拔 440 m，任昭杰、王春晓 R18381-B、R18443、R18457-B；里沟，海拔 700 m，李林 R20131345；小大畦，海拔 500 m，李超 R120175；小大洼，海拔 500 m，付旭 R12199-A；大牛圈，海拔 500 m，李林 20120021-B、20120158；蒙山三分区，

海拔 500 m，赵遵田 91166；天麻顶，海拔 760 m，赵遵田 91231-A。平邑：核桃涧，海拔 500 m，李林 R121005、R123232-A；核桃涧，海拔 700 m，李林 R12200-A、R123339、R18409-A；蓝涧口，海拔 560 m，任昭杰、王春晓 R18413、R18511-B、R18522-A；蓝涧，海拔 650 m，郭萌萌 R123151-B。沂南：东五彩山，任昭杰、田雅娴 R18225。费县：三连峪，海拔 500 m，李超、郭萌萌 R123175-B、R123216-B、R123397-C；玉皇宫货索站，海拔 600 m，任昭杰、田雅娴 R18223-A。

分布　中国（山东、浙江、湖北、湖南、四川、贵州、海南）；日本。

本种喜生于水湿环境，在蒙山分布较为广泛，常单独或与褐黄水灰藓 *Hygrohypnum ochraceum* (Wilson) Loeske 及水生长喙藓 *Rhynchostegium riparioides* (Hedw.) Cardot 等在流水岩面上形成大片群落。

2. 拟草藓

Pseudoleskeopsis zippelii (Dozy & Molk.) Broth., Nat. Pflanzenfam. I (3): 1003. 1907.

Hypnum zippelii Dozy & Molk., Ann. Sci. Nat., Bot., sér. 3, 2: 310. 1844.

本种与尖叶拟草藓 *P. tosana* 类似，本种叶先端较钝，后者叶先端锐尖，本种叶细胞菱形至六边形，后者叶细胞多长方形。本种在蒙山乃至整个山东地区都较为少见，而尖叶拟草藓在山东山区广泛分布。

生境　生于潮湿岩面。

产地　蒙阴：小天麻岭，海拔 600 m，赵洪东 91288-B；蒙山三分区，赵遵田 91337。

分布　中国（吉林、辽宁、河北、山东、安徽、江苏、上海、浙江、湖南、四川、重庆、贵州、云南、福建、台湾、广东、广西、海南、香港）；日本、朝鲜、菲律宾、泰国、印度、斯里兰卡、越南、马来西亚、印度尼西亚、巴布亚新几内亚、澳大利亚。

科 26. 拟薄罗藓科 PSEUDOLESKEACEAE

植物体小形至大形，黄绿色至暗绿色。茎匍匐，规则或不规则分枝；中轴略分化或不分化。鳞毛通常存在，片状。叶腋毛高 2–5 个细胞。茎叶卵形至披针形，多具褶，先端急尖至长渐尖；叶边平展或背卷，全缘，或具细齿；中肋单一，粗壮，达叶尖略下部、及顶或略突出。叶细胞等轴形至线形，平滑或具疣，角细胞不分化，或略分化，方形至长方形。雌雄异株，稀叶生雌雄异株。蒴柄长。孢蒴卵球形至椭圆球形，通常直立。环带不分化，或略分化。蒴齿双层。蒴盖圆锥形，具短喙。

本科全世界有 3 属。中国有 2 属；山东有 1 属，蒙山有分布。

属 1. 多毛藓属 Lescuraea Bruch & Schimp.

Bryol. Eur. 5: 101. 1851.

植物体较纤细，黄绿色至绿色，略具光泽。主茎匍匐，规则或不规则分枝，分枝直立或弯曲。茎上鳞毛密生或稀疏，枝上鳞毛稀少，丝状或三角状披针形，短。茎叶卵状披针形，基部略下延；叶边平展或背卷，上部具细齿。中肋单一，粗壮，达叶尖略下部或及顶。枝叶与茎叶同形，略小。叶细胞等轴形至长菱形，平滑或具疣，角细胞分化，扁方形至方形。雌雄异株。蒴柄长，直立，平滑。孢蒴直立或倾立，对称或不对称。环带分化。蒴齿双层。蒴盖圆柱形，具短喙。孢子具疣。

本属世界现有 40 种。中国有 6 种；山东有 1 种，蒙山有分布。

1. 弯叶多毛藓

Lescuraea incurvata (Hedw.) Lawt., Bull. Torrey Bot. Club 84: 290. 1957.

Leskea incurvata Hedw., Sp. Musc. Frond. 216. 1801.

植物体小形，无光泽。近羽状分枝。鳞毛披针形。茎叶倒卵状披针形，急尖或渐尖成短尖，多一侧偏曲，内凹；叶边背卷，先端具细齿；中肋粗壮，达叶尖略下部消失，先端背部具不明显齿。叶中部细胞形状和大小变化较大，具前角突，上部细胞较长，基部细胞六边形，薄壁，平滑，角细胞分化，近方形。

生境 生于岩面或岩面薄土上。

产地 蒙阴：天麻顶，海拔 760 m，赵遵田 91190-A、90191-A。

分布 中国（内蒙古、山东、新疆、江苏、浙江、四川、云南、西藏）；巴基斯坦、日本，欧洲和北美洲。

科 27. 假细罗藓科 PSEUDOLESKEELLACEAE

植物体形小。茎匍匐至直立，规则或不规则分枝，中轴分化。鳞毛小，稀少或缺失；假鳞毛披针形。叶腋毛高 2–7 个细胞。叶直立或倾立，阔卵形至披针形，先端钝或长渐尖；叶边平展或背卷，全缘或先端具微齿；中肋单一，分叉或双中肋，较短。叶细胞圆形至菱形，平滑或具疣，角细胞不分化，或略分化。雌雄异株。蒴柄细长。孢蒴卵球形至圆柱形，通常略弯曲。环带分化。蒴齿双层。蒴盖圆锥形，具喙。孢子小，近于平滑。

本科全世界有 1 属。蒙山有分布。

属 1. 假细罗藓属 Pseudoleskeella Kindb.

Gen. Eur. N. Amer. Bryin. 20. 1897.

属特征同科。

本属世界现有 8 种。中国有 3 种；山东有 1 种，蒙山有分布。

1. 瓦叶假细罗藓 图 170

Pseudoleskeella tectorum (Brid.) Kindb., Eur. N. Amer. Bryin. 1: 48. 1897.

Hypnum tectorum Funck ex Brid., Bryol. Univ. 2: 582. 1827.

Leskeella tectorum (Funck ex Brid.) I. Hagen, Kongel. Norske Vidensk. Selsk. Skr. (Trondheim) 1908 (9): 92. 1909.

植物体小形，绿色，无光泽。茎匍匐，不规则分枝。叶三角状卵形，具两条不明显纵褶，先端为细长尖或钝尖；叶边平展，全缘；中肋较短，从基部或中部分叉。叶细胞圆方形或短菱形，平滑。

生境 生于岩面。

产地 平邑：蒙山，赵遵田 84339。

分布 中国（黑龙江、吉林、辽宁、内蒙古、河北、山西、山东、甘肃、青海、新疆、四川、云南、西藏）；俄罗斯（远东地区），欧洲和北美洲。

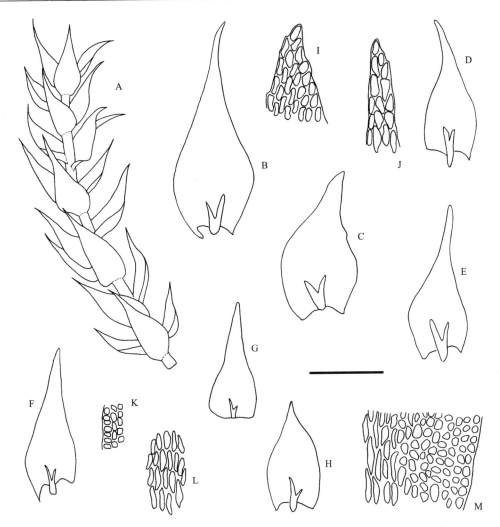

图 170　瓦叶假细罗藓 *Pseudoleskeella tectorum* (Brid.) Kindb., A. 植物体一段；B-E. 茎叶；F-H. 枝叶；I-J. 叶尖部细胞；
K. 叶中部边缘细胞；L. 叶中部细胞；M. 叶基部细胞（任昭杰　绘）。A=1.1 mm, B-H=440 μm, I-M=110 μm.

科 28. 羽藓科 THUIDIACEAE

植物体小形至大形，黄绿色至深绿色，常形成大片群落。植物体多规则羽状分枝；中轴通常不分化。鳞毛较多，单一或在基部分为多条，分叉或不分叉。叶腋毛高 2-8 个细胞，基部 1-2 个细胞宽。茎叶通常心形、三角形或卵状三角形；叶边通常强烈背卷；中肋单一，粗壮。枝叶通常与茎叶异形，明显较小。叶细胞通常等轴形至长椭圆形，具单疣或多疣，角细胞不分化或略分化。雌雄异株，或枝生同株，稀同序混生。蒴柄较长，平滑，具疣或刺状突起。孢蒴弓形弯曲，不对称。蒴齿双层。蒴帽多兜形，通常平滑。

本科全世界 15 属。中国有 12 属；山东有 4 属，蒙山有 3 属。

分属检索表

1. 植物体不规则羽状分枝 ·· 1. 小羽藓属 *Haplocladium*
1. 植物体规则羽状分枝 ·· 2
2. 植物体纤细；蒴柄具乳突、刺或平滑 ······································ 2. 鹤嘴藓属 *Pelekium*
2. 植物体粗壮；蒴柄光滑 ·· 3. 羽藓属 *Thuidium*

Key to the genera

1. Plants irregularly pinnately branched ·· 1. *Haplocladium*
1. Plants regularly pinnately branched ·· 2
2. Plants slender; seta mamillose to spinulose, or smooth ·· 2. *Pelekium*
2. Plants robust; seta smooth ··· 3. *Thuidium*

属 1. 小羽藓属 **Haplocladium** (Müll. Hal.) Müll. Hal.

Hedwigia 38: 149. 1899.

植物体多纤细，黄绿色至暗绿色，有时带褐色。茎匍匐，不规则分枝或羽状分枝。鳞毛少数至多数，形态变化大。茎叶卵形，两侧各有一道纵褶，具短或长披针形尖；叶边平展，或基部略背卷，先端具细齿；中肋单一，强劲，及顶或突出于叶尖。枝叶狭小。叶细胞不规则方形至菱形，具疣。雌雄同株异苞。雌苞叶长卵形，具长披针形尖。蒴柄细长，平滑，红棕色。孢蒴卵形至长圆柱形。环带分化。蒴齿双层。蒴盖圆锥形，具短喙。

本属全世界现有 17 种。中国有 4 种；山东有 3 种，蒙山皆有分布。

分种检索表

1. 叶具短尖 ·· 3. 东亚小羽藓 *H. strictulum*
1. 叶具披针形长尖 ·· 2
2. 叶细胞疣多位于细胞前端 ······································· 1. 狭叶小羽藓 *H. angustifolium*
2. 叶细胞疣多位于细胞中央 ······································· 2. 细叶小羽藓 *H. microphyllum*

Key to the species

1. Leaf apices short and acute ·· 3. *H. strictulum*
1. Leaf apices elongate lanceolate ·· 2
2. Papilla at the front corner of laminal cells ··· 1. *H. angustifolium*
2. Papilla at the middle of laminal cells ··· 2. *H. microphyllum*

1. 狭叶小羽藓 图 171 照片 82

Haplocladium angustifolium (Hampe & Müll. Hal.) Broth., Nat. Pflanzenfam. I (3): 1008. 1907.

Hypnum angustifolium Hampe & Müll. Hal., Bot. Zeitung (Berlin) 13: 88. 1855.

植物体小形至中等大小，黄绿色至深绿色。茎匍匐，羽状分枝。鳞毛披针形。茎叶基部卵形至阔卵形，向上呈长披针形；叶边多平展，具细齿；中肋多突出于叶尖。枝叶较茎叶狭小。叶中部细胞方形至菱形，胞壁厚，具前角突，有时不明显。蒴柄较长，橙红色。孢蒴多弓形弯曲。

生境 生于岩面、树干、土表或岩面薄土上。

产地 蒙阴：天麻顶，海拔 760 m，赵遵田 91354-A；冷峪，海拔 500 m，付旭 R123299、R123312-B、R123319-B；天麻林场，海拔 750 m，赵遵田 91395；里沟，海拔 720 m，任昭杰、李林 20120153、R18040；聚宝崖，海拔 400 m，任昭杰、王春晓 R18433-A；老龙潭，海拔 440 m，任昭杰、王春晓 R18461；小大洼，海拔 500 m，李超 R123293；小大畈，海拔 600 m，付旭、李林 R123055-B、R123067-C。平邑：明光寺，海拔 438 m，任昭杰、田雅娴 R17595、R17648-G、R17649-E。费县：望海楼，海拔 450 m，赵遵田 91446；茶蓬峪，海拔 350 m，李林、郭萌萌 R121002-A、R120150-D、R123298；风门口，海拔 800 m，任昭杰、田雅娴 R18213。

　　分布　中国（吉林、辽宁、内蒙古、河北、山西、山东、河南、陕西、江苏、上海、浙江、江西、湖北、四川、贵州、云南、福建、台湾、广东、香港、澳门）；朝鲜、日本、越南、缅甸、柬埔寨、印度、巴基斯坦、尼泊尔、不丹、俄罗斯（西伯利亚）、墨西哥、牙买加、海地、多米尼加，欧洲、北美洲和非洲。

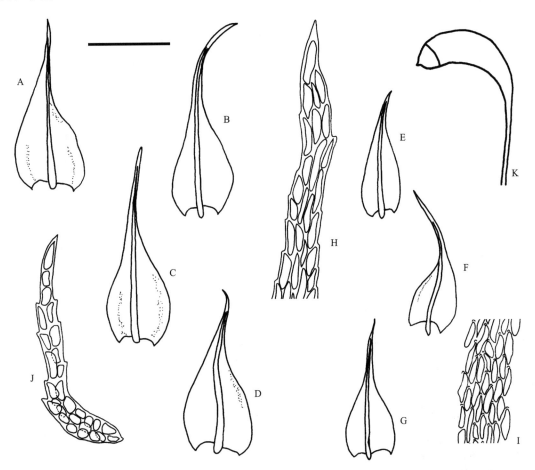

图 171　狭叶小羽藓 *Haplocladium angustifolium* (Hampe & Müll. Hal.) Broth., A-D. 茎叶；E-G. 枝叶；H. 叶尖部细胞；I. 叶中部细胞；J. 鳞毛；K. 孢蒴（任昭杰　绘）。标尺：A-G=0.8 mm, H-J=110 μm, K=2.2 mm.

2. 细叶小羽藓　图 172　照片 83

Haplocladium microphyllum (Hedw.) Broth., Nat. Pflanzenfam. I (3): 1007. 1907.

Hypnum microphyllum Hedw., Sp. Musc. Frond. 269. Pl. 69, f. 1–4. 1801.

　　本种植株及叶形均与狭叶小羽藓 *H. angustifolium* 类似，但本种叶细胞疣位于细胞中央，明显区别于后者。

　　生境　多生于土表、岩面或岩面薄土上。

　　产地　蒙阴：天麻林场，海拔 300 m，赵遵田 91233；天麻顶，海拔 750 m，赵遵田 91209-C。沂南：东五彩山，海拔 550 m，任昭杰、田雅娴 R18281-B；东五彩山，海拔 700 m，任昭杰、田雅娴 R18194-A。

　　分布　中国（吉林、辽宁、内蒙古、山东、河南、陕西、宁夏、江苏、上海、浙江、江西、湖北、四川、重庆、贵州、云南、福建、台湾、广东、香港、澳门）；朝鲜、日本、巴基斯坦、印度、不丹、越南、泰国、俄罗斯，欧洲和北美洲。

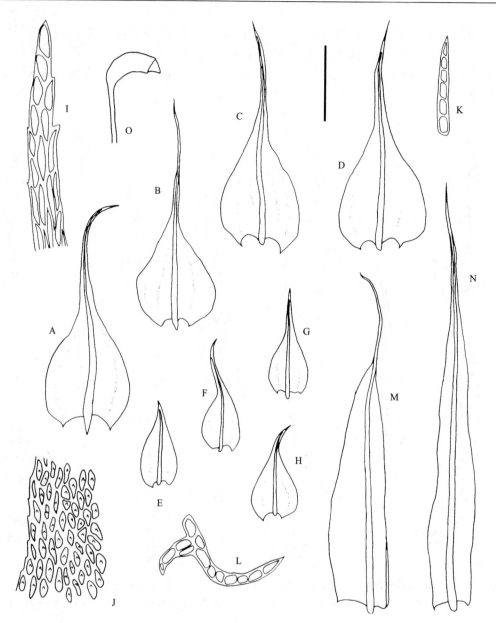

图 172　细叶小羽藓 *Haplocladium microphyllum* (Hedw.) Broth., A-D. 茎叶；E-H. 枝叶；I. 叶尖部细胞；J. 叶中部细胞；K-L. 鳞毛；M-N. 雌苞叶；O. 孢蒴（任昭杰 绘）。标尺：A-H=0.9 mm, I, K-L=104 μm, J=80 μm, M-N=0.8 mm, O=4.8 mm.

3. 东亚小羽藓　图 173

Haplocladium strictulum (Cardot) Reimers, Hedwigia 76: 199. 1937.

Thuidium strictulum Cardot, Beih. Bot. Centralbl. 17: 29. f. 18. 1904.

　　植物体形小至中等大小，黄绿色至深绿色。茎匍匐，规则分枝。鳞毛披针形。茎叶卵形至卵状三角形，向上突成短尖；叶边平展，具齿；中肋粗壮，达叶尖略下部至略突出，背面具刺状疣。枝叶卵形至卵状椭圆形，较小。叶细胞长菱形或椭圆形，厚壁，具前角突。

　　生境　多生于土表或岩面。

　　产地　蒙阴：橛子沟，海拔 900 m，郭萌萌 R20131348-A；蒙山，海拔 350 m，赵遵田 91346-A；小天麻岭，海拔 500 m，赵洪东 91289-B。费县：望海楼，海拔 480 m，赵洪东 91296-C。

　　分布　中国（辽宁、内蒙古、河北、山东、宁夏、浙江、四川、贵州）；朝鲜和日本。

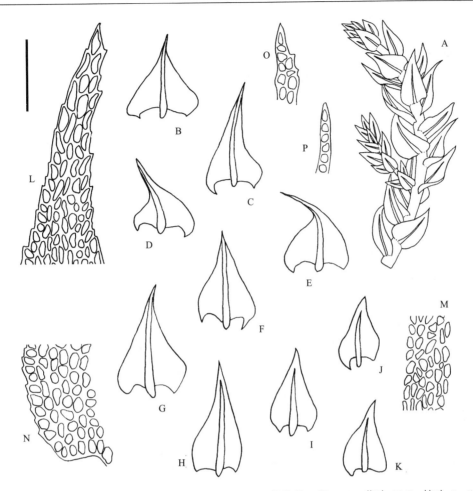

图 173　东亚小羽藓 *Haplocladium strictulum* (Cardot) Reimers, A. 植物体一段；B–G. 茎叶；H–K. 枝叶；L. 叶尖部细胞；
　　　M. 叶中部细胞；N. 叶基部细胞；O–P. 鳞毛（任昭杰　绘）。标尺：A=1.1 mm, B–K=67 μm, L–P=80 μm.

属 2. 鹤嘴藓属 Pelekium Mitt.

J. Linn. Soc., Bot. 10: 176. 1868.

　　植物体通常纤细，黄绿色至绿色，有时带褐色，交织生长。茎匍匐，规则二回羽状分枝，偶一回
或三回羽状分枝；中轴分化。鳞毛多，披针形至线形，稀分枝。茎叶基部阔卵形或三角状卵形，渐上
呈披针形；叶边通常平展、全缘；中肋达叶尖下部、及顶至突出。枝叶与茎叶异形，内凹，卵形至卵
状三角形；叶边具齿；中肋达叶片中上部。叶细胞六边形或椭圆形，具单疣或多疣。枝生同株，稀同
序混生。蒴柄平滑，具疣或刺突。孢蒴圆柱形或卵圆柱形，平列或下垂。蒴齿双层。蒴盖具喙。蒴帽
兜形或钟形，无毛或有毛。

　　本属全世界有 29 种。中国有 9 种；山东有 3 种，蒙山有 2 种。

分种检索表

1. 叶细胞具单个尖疣 ·· 1. 纤枝鹤嘴藓 *P. bonianum*
1. 叶细胞具 3–8 个细疣 ··· 2. 多疣鹤嘴藓 *P. pygmaeum*

Key to the species

1. Laminal cell with single sharp papilla ·· 1. *P. bonianum*
1. Laminal cell with 3–8 minute papillae ··· 2. *P. pygmaeum*

1. 纤枝鹤嘴藓 图 174

Pelekium bonianum (Besch.) A. Touw, J. Hattori Bot. Lab. 90: 203. 2001.

Thuidium bonianum Besch., Bull. Soc. Bot. France 34: 98. 1887.

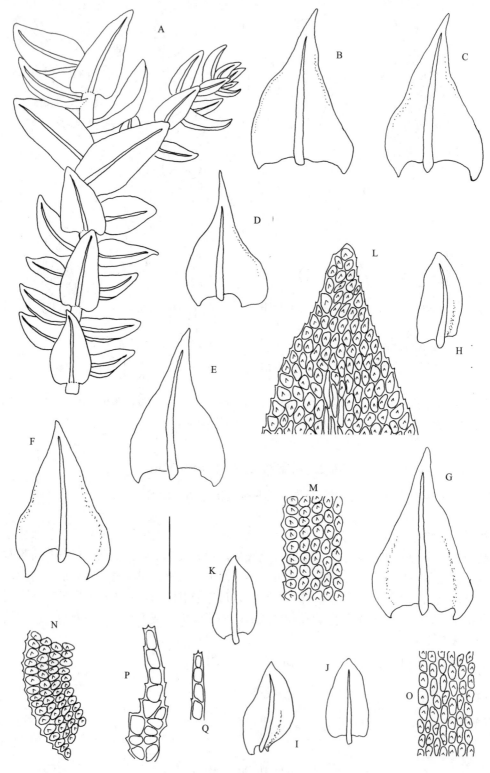

图 174 纤枝鹤嘴藓 *Pelekium bonianum* (Besch.) A. Touw, A. 小枝一段；B-G. 茎叶；H-K. 枝叶；L. 叶尖部细胞；M. 叶中部边缘细胞；N. 叶基部边缘细胞；O. 叶基部近中肋处细胞；P-Q. 鳞毛（任昭杰 绘）。标尺：A-K=1 mm, L-Q=100 μm.

植物体纤细，黄绿色。茎匍匐，二回羽状分枝；中轴分化。茎上密生鳞毛，丝状，长 3–6 个细胞，稀分枝，尖部通常平截，稀锐尖，具疣。茎叶椭圆状卵形，先端具短尖；叶边平展，具细齿；中肋达叶尖下部。枝叶卵形，具短尖。叶细胞六边形至圆六边形，具单个尖疣。

　　生境　生于土表

　　产地　费县：望海楼，海拔 1000 m，赵遵田 20111038-C。

　　分布　中国（山东、重庆、贵州、云南、台湾、广西）；印度、缅甸、泰国、老挝、越南、印度尼西亚、巴布亚新几内亚、萨摩亚、新喀里多尼亚（法属）、日本。

　　本种为山东首次发现。

2. 多疣鹤嘴藓　图 175

Pelekium pygmaeum (Schimp.) A. Touw, J. Hattori Bot. Lab. 90: 204. 2001.

Thuidium pygmaeum Schimp., B. S. G., Bryol. Eur. 5: 162. 1852.

Cyrto-hypnum pygmaeum (Schimp.) W. R. Buck & H. A. Crum, Contr. Univ. Michigan Herb. 17: 67. 1990.

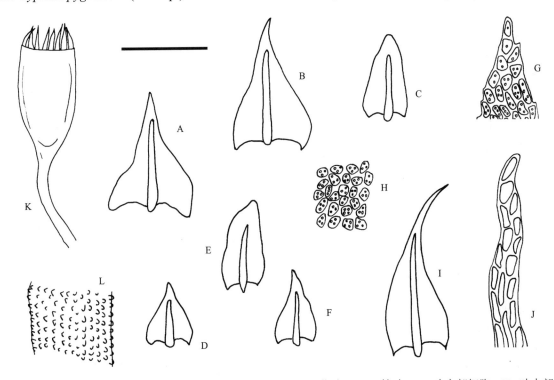

图 175　多疣鹤嘴藓 *Pelekium pygmaeum* (Schimp.) A. Touw, A-B. 茎叶；C-F. 枝叶；G. 叶尖部细胞；H. 叶中部细胞；I. 雌苞叶；J. 雌苞叶尖部细胞；K. 孢蒴；L. 茎一段（任昭杰、付旭 绘）。标尺：A-F, I=330 μm, G-H, J=83 μm, K=1.4 mm, L=83 μm.

　　植物体纤细，黄绿色。茎匍匐，规则二回羽状；中轴分化。茎上具疣和鳞毛，枝上仅具疣；鳞毛丝状，尖端细胞具 2–4 个疣。茎叶三角状卵形，先端渐尖；叶边背卷，具齿；中肋达叶上部。枝叶较小，狭卵形至三角形，内凹。叶细胞方形至多边形，薄壁，每个细胞具 3–8 个细疣，叶尖部细胞平滑或具 1–3 个疣。

　　生境　生于岩面。

　　产地　蒙阴：小大垴，海拔 700 m，李超 R123059-A。

　　分布　中国（辽宁、河北、山东、湖南、重庆、贵州）；朝鲜、日本，北美洲。

属 3. 羽藓属 **Thuidium** Bruch & Schimp.

Bryol. Eur. 5: 157. 1852.

植物体小形至大形，黄绿色至暗绿色，有时带褐色。茎匍匐，二至三回羽状分枝。鳞毛密生，由单列或多列细胞组成，多具疣。茎叶卵形或卵状心形，多具纵褶，基部狭缩、下延，先端多具长尖；叶边多背卷，上部具齿；中肋达叶上部。第一回枝叶与茎叶近同形，较小；第二、第三回枝叶与茎叶异形，较小，卵形或长卵形，内凹，叶边平展，中肋短。叶细胞六边形至圆六边形，具单疣或多疣。雌雄异株。蒴柄通常光滑或上部具疣。雌苞叶披针形至卵状披针形，具细长尖，有时叶边具长纤毛，中肋及顶至略突出；叶细胞长方形，平滑或具疣。孢蒴卵圆柱形，略呈弓形弯曲，倾立至平列。环带分化。蒴齿双层。蒴盖多圆锥形，具斜喙。蒴帽兜形或钟形，多平滑。

本属全世界约 64 种。中国有 14 种；山东有 6 种，蒙山皆有分布。

分种检索表

1. 叶具短钝尖 ·· 4. 灰羽藓 *T. pristocalyx*
1. 叶具长披针形尖 ·· 2
2. 叶细胞具多疣或星状疣，稀单疣 ··· 3
2. 叶细胞具单疣 ·· 4
3. 茎中轴分化 ··· 3. 短肋羽藓 *T. kanedae*
3. 茎中轴不分化 ··· 6. 短枝羽藓 *T. submicropteris*
4. 茎叶尖部不由单列细胞组成 ······················· 5. 钩叶羽藓 *T. recognitum*
4. 茎叶尖部由单列细胞组成 ·· 5
5. 茎叶尖部由 3–6 个单列细胞组成 ················· 1. 绿羽藓 *T. assimile*
5. 茎叶尖部由 6–10 个单列细胞组成 ··········· 2. 大羽藓 *T. cymbifolium*

Key to the species

1. Leaf apex short and obtuse ·· 4. *T. pristocalyx*
1. Leaf apex long lanceolate ·· 2
2. Laminal cells with multi-papillae or stellate papilla, rarely with uni-papilla ···· 3
2. Laminal cells with uni-papilla ·· 4
3. Central strand of stem present ··· 3. *T. kanedae*
3. Central strand of stem absent ·· 6. *T. submicropteris*
4. Apex of stem leaves not consisted of single-row cells ··········· 5. *T. recognitum*
4. Apex of stem leaves consisted of several single-row cells ···················· 5
5. Apex of stem leaves consisted of 3–6 single-row cells ················· 1. *T. assimile*
5. Apex of stem leaves consisted of 6–10 single-row cells ·············· 2. *T. cymbifolium*

1. 绿羽藓　图 176

Thuidium assimile (Mitt.) A. Jaeger, Ber. Thätigk. St. Gallischen Naturwiss. Ges. 1876–1877: 260. 1878.

Leskea assimilis Mitt., J. Proc. Linn. Soc., Bot., Suppl. 1: 133. 1859.

Thuidium philibertii Limpr., Laubm. Deutschl. 2: 835. 1895.

Thuidium pycnothallum (Müll. Hal.) Paris, Index Bryol. 1289. 1898.

Tamarisicella pycnothalla Müll. Hal., Nouvo Giorn. Ital., n. s., 3: 116. 1896.

本种植物体及叶形均与大羽藓 *T. cymbifolium* 相似，本种叶尖较短，多由 3–6 个单列细胞组成，或更短，而后者叶尖较长，多由 6–10 个单列细胞组成。

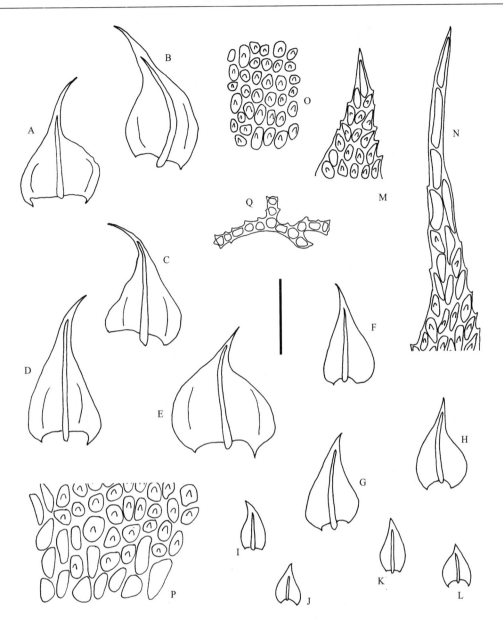

图 176　绿羽藓 *Thuidium assimile* (Mitt.) A. Jaeger, A-E. 茎叶；F-H. 枝叶；I-L. 小枝叶；M-N. 叶尖部细胞；O. 叶中部细胞；P. 叶基部细胞；Q. 鳞毛（任昭杰 绘）。标尺：A-L =0.8 mm, M-P=80 μm, Q=110 μm.

生境　生于岩面或土表。

产地　蒙阴：橛子沟，海拔 950 m，任昭杰 20120159-B；蒙山，海拔 760 m，赵遵田 91377。费县：蒙山，海拔 300 m，李超 R123405。

分布　中国（吉林、内蒙古、河北、山西、山东、河南、陕西、宁夏、青海、新疆、上海、浙江、江西、湖南、湖北、四川、重庆、贵州、云南、福建、广西）；日本、俄罗斯（西伯利亚），欧洲和北美洲。

2. 大羽藓　图 177

Thuidium cymbifolium (Dozy & Molk.) Dozy & Molk., Bryol. Jav. 2: 115. 1867.

Hypnum cymbifolium Dozy & Molk., Ann. Sci. Nat., Bot., sér. 3, 2: 306. 1844.

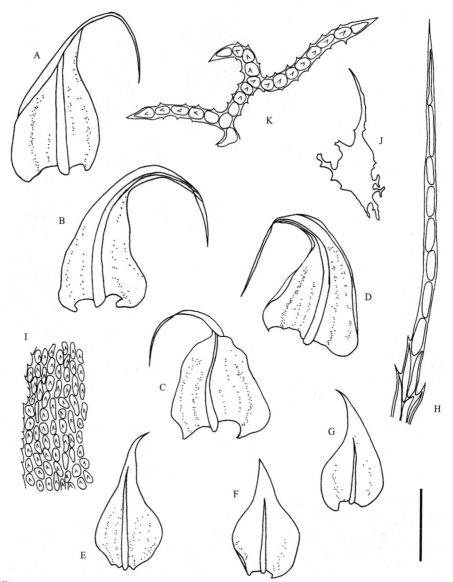

图 177 大羽藓 *Thuidium cymbifolium* (Dozy & Molk.) Dozy & Molk., A-D. 茎叶；E-G. 枝叶；H. 叶尖部细胞；I. 叶中部边缘细胞；J-K. 鳞毛（任昭杰、田雅娴 绘）。标尺：A-G, J =0.83 mm, H-I, K=83 μm.

植物体形大，黄绿色至暗绿色，老时黄褐色，交织大片生长。茎匍匐，规则二回羽状分枝；中轴分化。鳞毛密生，披针形至线形，顶端细胞具 2-4 个疣。茎叶基部三角状卵形，突成狭长披针形尖，毛尖由 6-10 个单列细胞组成；叶边多背卷，稀平展，上部具细齿；中肋达叶尖部。枝叶卵形至长卵形，内凹，中肋达叶上部。叶细胞卵状菱形至椭圆形，具单个刺状疣。

生境 生于土表、岩面或岩面薄土上。

产地 蒙阴：砂山，海拔 650 m，付旭 R20123326；橛子沟，海拔 900 m，任昭杰 R20120031；小大畦，海拔 700 m，李林 R123137-C。

分布 世界广布种。中国（河北、山东、陕西、宁夏、甘肃、新疆、安徽、江苏、上海、浙江、江西、湖南、湖北、四川、重庆、贵州、云南、福建、台湾、广东、广西、海南、香港）。

3. 短肋羽藓 图 178 照片 84

Thuidium kanedae Sakurai, Bot. Mag. (Tokyo) 57: 345. 1943.

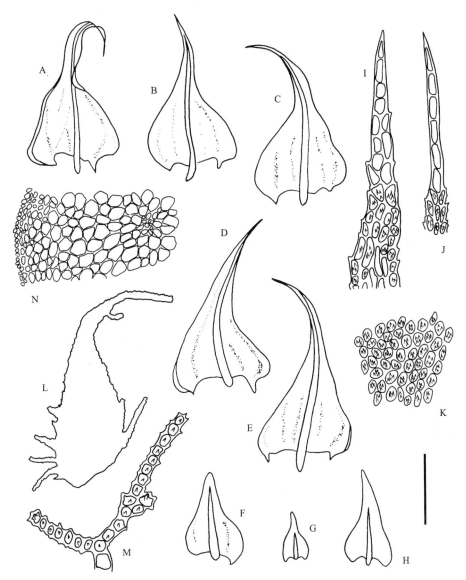

图 178　短肋羽藓 *Thuidium kanedae* Sakurai, A-E. 茎叶；F-H. 枝叶；I-J. 叶尖部细胞；K. 叶中部细胞；L. 鳞毛；M. 鳞毛一部分；N. 茎横切面一部分（任昭杰 绘）。标尺：A-H=0.69 mm, I-K, M=83 μm, L=208 μm, N=167 μm.

植物体形大，黄绿色至深绿色。茎匍匐，规则二回羽状分枝；中轴分化。鳞毛较多。茎叶基部三角状卵形或阔卵形，稀心形，向上呈披针形，叶尖都由 2–6 个单列细胞组成；叶边平展或背卷；中肋达叶尖部。叶中部细胞椭圆形至卵状菱形，具 2–4 个刺疣或单个星状疣。

生境　生于土表、岩面或岩面薄土上。

产地　蒙阴：天麻顶，海拔 760 m，赵遵田 91224-B；橛子沟，海拔 650 m，李林 R20120105；小大畦，海拔 650 m，李林、付旭 R121015、R123140；老龙潭，海拔 540 m，任昭杰、王春晓 R18396。平邑：蓝涧，海拔 650 m，郭萌萌 R17104；龟蒙顶至拜寿台途中悬崖栈道，海拔 1045 m，任昭杰、田雅娴 R17518-B、R17534；拜寿台，海拔 1000 m，任昭杰、王春晓 R18532；龟蒙顶索道上站，海拔 1066 m，任昭杰、王春晓 R18513-A、R18558-A；寿星沟，海拔 1050 m，任昭杰、王春晓 R18406、R18482-B、R18491-B；核桃涧，海拔 550 m，任昭杰、王春晓 R18366；核桃涧，海拔 700 m，任昭杰、王春晓 R18477。费县：望海楼，海拔 1000 m，任昭杰、田雅娴 R18224-A。

分布　中国（辽宁、山东、宁夏、甘肃、安徽、江苏、上海、浙江、江西、湖南、湖北、四川、重庆、贵州、云南、福建、台湾）；朝鲜和日本。

4. 灰羽藓　图 179

Thuidium pristocalyx (Müll. Hal.) A. Jaeger., Ber. Thätigk. St. Gallischen Naturwiss. Ges. 1876–1877: 257. 1878.

Hypnum pristocalyx Müll. Hal., Bot. Zeitung (Berlin) 12: 573. 1854.

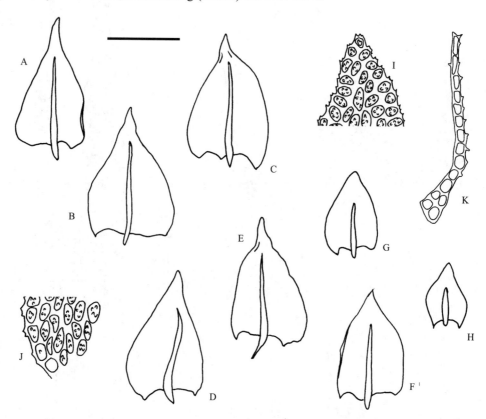

图 179　灰羽藓 *Thuidium pristocalyx* (Müll. Hal.) A. Jaeger., A-F. 茎叶；G-H. 枝叶；I. 叶尖部细胞；J. 叶基部细胞；K. 鳞毛（任昭杰、李德利 绘）。标尺：A-H=0.8 mm, I-J=80 μm, K=1.1 mm.

　　植物体形大，绿色。茎匍匐，规则羽状分枝；中轴不分化。鳞毛稀少，披针形，常缺失。茎叶卵形至卵状三角形，内凹，先端略钝；叶边具齿；中肋达叶中上部。枝叶卵形至阔卵形，较小。叶细胞卵形至菱形，具星状疣。

　　生境　生于岩面。

　　产地　蒙阴：冷峪，海拔 500 m，李林 R120188-C。

　　分布　中国（辽宁、山东、江苏、上海、浙江、江西、湖南、重庆、贵州、云南、福建、台湾、广东、广西、海南、香港）；朝鲜、日本、印度、尼泊尔、不丹、缅甸、斯里兰卡、越南、老挝、柬埔寨、泰国、马来西亚、印度尼西亚、菲律宾、巴布亚新几内亚、瓦努阿图和俄罗斯（远东地区）。

　　本种在蒙山乃至整个山东地区都较为稀见，其叶先端钝，易与本区系属内其他种区别。

5. 钩叶羽藓　图 180

Thuidium recognitum (Hedw.) Lindb., Not. Sällsk. Fauna Fl. Fenn. Förh. 13: 416. 1874.

Hypnum recognitum Hedw., Sp. Musc. Frond. 261. 1801.

　　植物体中等大小，绿色。茎匍匐，二回羽状分枝。茎叶基部阔卵形，多具纵褶，向上突成长披针形尖，尖部弯曲；叶边具齿；中肋粗壮，及顶至略突出。枝叶与茎叶异形，卵形至卵状披针形，叶边平展，中肋达叶中上部。叶细胞长椭圆形或圆多边形，厚壁，具单疣。

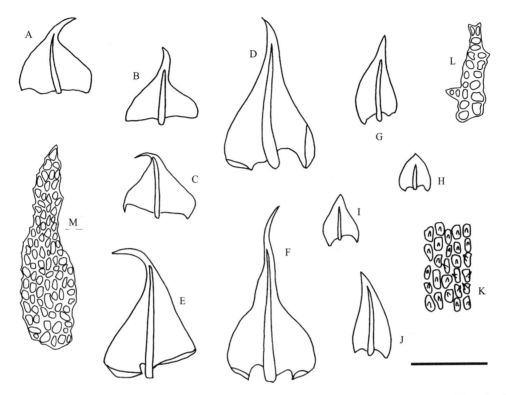

图 180　钩叶羽藓 *Thuidium recognitum* (Hedw.) Lindb., A-F. 茎叶；G-J. 枝叶；K. 叶中部细胞；L-M. 鳞毛（任昭杰 绘）。
标尺：A-J=0.8 mm, K=80 μm, L-M=1.1 mm.

生境　生于岩面。
产地　蒙阴：冷峪，海拔 600 m，郭萌萌 R123336。
分布　中国（黑龙江、吉林、辽宁、内蒙古、山东、陕西、新疆、安徽、浙江、贵州）；日本、俄罗斯（远东地区），欧洲和北美洲。

6. 短枝羽藓　图 181

Thuidium submicropteris Cardot, Beih. Bot. Centralbl. 17: 28. 1904.

植物体大形，黄绿色至褐绿色。茎匍匐，规则二回羽状分枝；中轴不分化。鳞毛密生，线形至披针形，具分枝，细胞常具疣突。茎叶基部卵状心形或心形，稀阔卵形，向上骤成披针形长尖；叶边多平展，有时略背卷，通常全缘；中肋达叶尖略下部，背面多具疣突；枝叶内凹，卵形至阔卵形。叶细胞卵形至椭圆形，具单个明显至不明显星状疣或刺疣。

生境　生于土表或枯木上。
产地　蒙阴：冷峪，海拔 500 m，李林 R121008；橛子沟，海拔 800 m，李林、郭萌萌 R18026。平邑：拜寿台，海拔 1000 m，任昭杰、王春晓 R18375。费县：玻璃桥下，海拔 700 m，任昭杰、田雅娴 R18234。
分布　中国（吉林、山东、湖北、重庆、贵州）；日本和朝鲜。

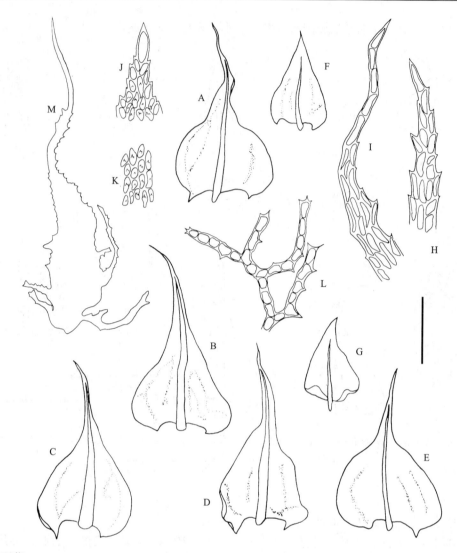

图 181 短枝羽藓 *Thuidium submicropteris* Cardot, A-E. 茎叶；F-G. 枝叶；H-I. 茎叶尖部细胞；J. 枝叶尖部细胞；K. 叶中部细胞；L-M. 鳞毛（任昭杰 绘）。标尺：A-G=1.0 mm, H-L=119 μm, M=238 μm.

科 29. 青藓科 BRACHYTHECIACEAE

植物体纤细至粗壮，黄绿色至暗绿色，略具光泽，紧密或疏松成片生长。茎匍匐或斜生，稀直立，不规则分枝或羽状分枝。无鳞毛；假鳞毛多缺失。叶腋毛高 2–9 个细胞。叶紧贴或直立伸展，或呈镰刀状弯曲，叶形多变，宽卵形至披针形，多具褶皱，先端长渐尖，稀先端钝或圆钝；叶边多平展，全缘或具齿；中肋单一，长达叶中部以上或近于及顶，有时背面先端具刺状突起。叶细胞多菱形、长菱形至线形，平滑或背部稀具前角突起，基角部细胞排列疏松，近于方形，有时形成明显角区。雌雄异株、雌雄同株或叶生雌雄异株。雌苞叶分化。蒴柄细长，平滑或具疣。孢蒴卵球形或长椭圆状圆柱形，弯曲或平展，稀直立。环带多分化。蒴齿双层，披针状钻形。蒴盖圆锥形。蒴帽兜形，平滑无毛。孢子球形。

本科全世界有 43 属。中国有 19 属；山东有 10 属，蒙山有 8 属。

分属检索表

1. 叶强烈内凹，先端圆钝 ··· 4. 鼠尾藓属 *Myuroclada*

1. 叶不强烈内凹，先端通常不圆钝 ……………………………………………………………… 2
2. 雌苞叶多数，反卷 ………………………………………………………… 1. 青藓属 *Brachythecium*
2. 雌苞叶少数，直立 ………………………………………………………………………………… 3
3. 中肋先端背面常具 1 至数个刺状突起 …………………………………… 3. 美喙藓属 *Eurhynchium*
3. 中肋先端背面不具刺状突起 ……………………………………………………………………… 4
4. 叶细胞背面常具前角突 …………………………………………………… 2. 燕尾藓属 *Bryhnia*
4. 叶细胞平滑 ………………………………………………………………………………………… 5
5. 叶细胞较短，菱形至长菱形 ……………………………………………… 5. 褶藓属 *Okamuraea*
5. 叶细胞较长，多为线形或近线形 ………………………………………………………………… 6
6. 茎叶多三角状披针形，角细胞壁强烈加厚；孢蒴直立 …………………… 6. 褶叶藓属 *Palamocladium*
6. 茎叶非三角状披针形，角细胞薄壁；孢蒴多下垂或平列 ……………………………………… 7
7. 枝不呈扁平状；蒴柄多粗糙 ………………………………………… 7. 细喙藓属 *Rhynchostegiella*
7. 枝扁平状；蒴柄多平滑 ……………………………………………… 8. 长喙藓属 *Rhynchostegium*

Key to the genera

1. Leaves strongly concave, apice rounded-obtuse ……………………………………… 4. *Myuroclada*
1. Leaves not strongly concave, apice usually not rounded-obtuse …………………………………… 2
2. Perichaetial leaves numerous, recurved …………………………………………… 1. *Brachythecium*
2. Perichaetial leaves few, erect …………………………………………………………………… 3
3. Costa often ending in one or more teeth on dorsal surface ………………………… 3. *Eurhynchium*
3. Costa lacking such teeth ………………………………………………………………………… 4
4. Laminal cells usually papillose at the front corner ………………………………………… 2. *Bryhnia*
4. Laminal cells smooth …………………………………………………………………………… 5
5. Laminal cells shorter, rhombus to elongate rhombus ……………………………………… 5. *Okamuraea*
5. Laminal cells longer, usually linear or sub-linear ……………………………………………… 6
6. Stem leaves usually deltoid lanceolate, alar cells strongly thick-walled; capsules erect ……………… 6. *Palamocladium*
6. Stem leaves usually not deltoid lanceolate, alar cells thin walled; capsules inclined or horizontal …… 7
7. Branches not complanate; setae scabrous ……………………………………… 7. *Rhynchostegiella*
7. Branches complanate; setae smooth ……………………………………………… 8. *Rhynchostegium*

属 1. 青藓属 **Brachythecium** Bruch & Schimp.

Bryol. Eur. 6: 5. 1853.

　　植物体株形变化较大，小形至大形，黄绿色至暗绿色，多具光泽，交织成片生长。茎匍匐，有时倾立，稀直立，不规则分枝或羽状分枝。茎叶变化大，宽卵形、卵状披针形或三角状心形，先端急尖或渐尖，基部多呈心形，下延或不下延；叶边平展或背卷，全缘或具齿；中肋单一，多达叶中部以上，稀达叶尖略下部。枝叶与茎叶同形或异形。叶中上部细胞长菱形至线形，平滑，基部细胞短，排列疏松，近方形或矩形。雌雄同株或雌雄异株。雌苞叶分化，先端多卷曲。蒴柄细长，平滑或具疣。孢蒴椭圆柱形，稀弓形弯曲，倾立或平列，稀直立。环带分化。蒴齿双层，等长。蒴盖圆锥形，圆钝或具短尖头。孢子小，平滑或具疣。

　　本属全世界现有 149 种。中国有 50 种；山东有 30 种，蒙山有 17 种。蒙山地区本属植物在种类多样性和生物量方面，较之胶东山区明显偏少。

分种检索表

1. 中肋较长，达叶尖部或叶尖略下部 …………………………………………………………… 2
1. 中肋较短，达叶中部或中上部 ………………………………………………………………… 5

2. 茎叶明显具褶皱 ……………………………………………………………………… 10. 羽状青藓 *B. propinnatum*

2. 茎叶不具褶皱或略具褶皱 …………………………………………………………………………… 3

3. 茎叶先端通常偏曲或反卷 ……………………………………………………………… 12. 弯叶青藓 *B. reflexum*

3. 茎叶先端不偏曲或反卷 ………………………………………………………………………………… 4

4. 茎叶卵状三角形，几乎无纵褶 ………………………………………………………… 9. 长肋青藓 *B. populeum*

4. 茎叶宽卵状披针形，具纵褶 …………………………………………………………… 17. 绿枝青藓 *B. viridefactum*

5. 植物体小形 …………………………………………………………………………………………… 6

5. 植物体中等大小至大形，稀小形 …………………………………………………………………………… 7

6. 植物体不规则分枝；叶长卵状披针形 …………………………………………………… 6. 小青藓 *B. perminusculum*

6. 植物体羽状分枝；叶披针形、卵状披针形或三角状披针形 ……………………………………… 11. 青藓 *B. pulchellum*

7. 茎叶尖部不呈毛尖状 ………………………………………………………………………………… 8

7. 茎叶尖部呈毛尖状 …………………………………………………………………………………… 10

8. 茎叶披针形至卵状披针形 ……………………………………………………………… 1. 灰白青藓 *B. albicans*

8. 茎叶卵形、阔卵形或椭圆形 …………………………………………………………………………… 9

9. 茎叶阔卵形至卵形，基部不收缩或略收缩；蒴柄粗糙 …………………………………… 14. 卵叶青藓 *B. rutabulum*

9. 茎叶卵形或椭圆形，基部强烈收缩；蒴柄平滑 …………………………………………… 15. 褶叶青藓 *B. salebrosum*

10. 茎叶明显具不规则纵褶 ……………………………………………………………… 2. 多褶青藓 *B. buchananii*

10. 茎叶不具纵褶、略具纵褶或具两条明显纵褶 ……………………………………………………………… 11

11. 茎叶角细胞分化较弱，通常不延伸至中肋 …………………………………………… 16. 绒叶青藓 *B. velutinum*

11. 茎叶角细胞明显分化，通常延伸至中肋 …………………………………………………………………… 12

12. 茎叶先端呈长毛尖状至钻状 ……………………………………………………………………………… 13

12. 茎叶先端毛尖较短 ………………………………………………………………………………………… 14

13. 茎不规则分枝；茎叶尖急尖成长毛尖 ………………………………………………… 5. 柔叶青藓 *B. moriense*

13. 茎羽状分枝；茎叶尖渐尖成长毛尖 …………………………………………………… 13. 长叶青藓 *B. rotaeanum*

14. 植物体多粗壮；茎叶阔卵形、长卵形或三角状披针形 …………………………………………………… 15

14. 植物体通常不粗壮；茎叶多卵状披针形 ……………………………………………………………… 16

15. 茎叶多阔卵形或三角状披针形 ………………………………………………………… 3. 多枝青藓 *B. fasciculirameum*

15. 茎叶多长卵形或椭圆状卵形 …………………………………………………………… 4. 平枝青藓 *B. helminthocladum*

16. 茎不规则分枝；茎叶略具褶皱 …………………………………………………………… 7. 毛尖青藓 *B. piligerum*

16. 茎多羽状分枝；茎叶明显具两条纵褶 …………………………………………………… 8. 羽枝青藓 *B. plumosum*

Key to the species

1. Costa longer, extending to the leaf apex or ending below the apex ……………………………………… 2

1. Costa shorter, extending to mid-leaf, or longer ………………………………………………………… 5

2. Stem leaves obviously plicate ……………………………………………………………… 10. *B. propinnatum*

2. Stem leaves not plicate or weekly plicate ………………………………………………………………… 3

3. Stem leaves acumen usually recurved ……………………………………………………… 12. *B. reflexum*

3. Stem leaves acumen not recurved ………………………………………………………………………… 4

4. Stem leaves ovate-deltoid, scarcely plicate ……………………………………………………… 9. *B. populeum*

4. Stem leaves ovate-lanceolate, usually plicate …………………………………………………… 17. *B. viridefactum*

5. Plants small ……………………………………………………………………………………………… 6

5. Plants medium to larger, rarely small ……………………………………………………………………… 7

6. Plants irregularly branched; stem leaves elongate ovate-lanceolate ………………………………… 6. *B. perminusculum*

6. Plants pinnately branched; stem leaves lanceolate, ovate-lanceolate or deltoid lanceolate ……………… 11. *B. pulchellum*

7. Stem leaves not piliferous at apex ………………………………………………………………………… 8

7. Stem leaves piliferous at apex ……………………………………………………………………………… 10

8. Stem leaves lanceolate to ovate-lanceolate …………………………………………………………… 1. *B. albicans*

8. Stem leaves ovate, broadly ovate or elliptic ……………………………………………………………… 9

9. Stem leaves broadly ovate to ovate, leaf base not contracted or slightly contracted; setae scabrous ………… 14. *B. rutabulum*

9. Stem leaves ovate to elliptic, leaf base strongly contracted; setae smooth ················· 15. *B. salebrosum*
10. Stem leaves obviously longitudinal plicate irregularly ································· 2. *B. buchananii*
10. Stem leaves not to slightly plicate or with two longitudinal plications ······························· 11
11. Alar regions of stem leaves narrow, not extending to costa or only extending to costa at the base ············ 16. *B. velutinum*
11. Alar regions of stem leaves broad, extending to costa ··································· 12
12. Stem leaf apex in a longer acumen ··· 13
12. Stem leaf apex in a shorter acumen·· 14
13. Plants irregularly branched; stem leaf apex acute to a long acumen ···················· 5. *B. moriense*
13. Plants pinnately branched; stem leaf apex acuminate to a long acumen ················ 13. *B. rotaeanum*
14. Plants usually robust; stem leaves broadly ovate, elongate ovate or deltoid lanceolate ····················· 15
14. Plants usually not robust; stem leaves usually ovate-lanceolate ······························· 16
15. Stem leaves usually broadly ovate or deltoid lanceolate ·················· 3. *B. fasciculirameum*
15. Stem leaves usually elongate ovate or elliptic ovate ················ 4. *B. helminthocladum*
16. Plants irregularly branched; stem leaves slightly plicate ···················· 7. *B. piligerum*
16. Plants usually pinnately branched; stem leaves with two longitudinal plications················ 8. *B. plumosum*

1. 灰白青藓　图 182

Brachythecium albicans (Hedw.) Bruch & Schimp., Bryol. Eur. 6: 23. pl. 553. 1853.

Hypnum albicans Hedw, Sp. Musc. Frond. 251. 1801.

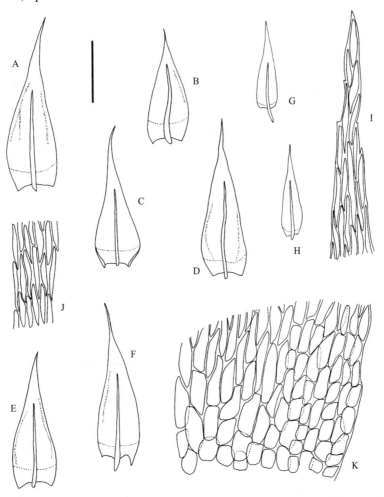

图 182　灰白青藓 *Brachythecium albicans* (Hedw.) Bruch & Schimp., A-F. 茎叶；G-H. 枝叶；I. 叶尖部细胞；J. 叶中部
细胞；K. 叶基部细胞（任昭杰 绘）。标尺：A-H=1.1 mm, I-K=110 μm.

　　植物体中等大小，灰绿色，略具光泽。茎匍匐，不规则分枝。茎叶长卵形或卵状披针形，先端急尖或渐尖，基部略下延；叶边平展，全缘或先端具细齿；中肋单一，达叶中上部。枝叶与茎叶同形或略异形。叶中上部细胞长菱形至线形，平滑，角细胞明显分化，矩形或近方形，分化达中肋。

　　生境　生于岩面。

　　产地　蒙阴：小大畦，海拔 600 m，李林 R123122。

　　分布　中国（内蒙古、山西、山东、陕西、宁夏、新疆、湖南、湖北、四川、重庆、云南、西藏）；美国、加拿大、智利、澳大利亚、新西兰，高加索地区，格陵兰岛，欧洲。

2. 多褶青藓　图 183

Brachythecium buchananii (Hook.) A. Jaeger, Ber. Thätigk. St. Gallischen Naturwiss. Ges. 1876–1877: 341. 1878.

Hypnum buchananii Hook., Trans. Linn. Soc. London 9: 320. pl. 28, f. 3. 1808.

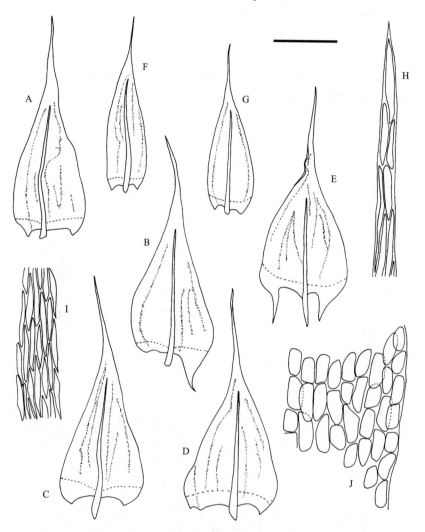

图 183　多褶青藓 *Brachythecium buchananii* (Hook.) A. Jaeger, A-E. 茎叶；F-G 枝叶；H. 叶尖部细胞；I. 叶中部细胞；J. 叶基部细胞（任昭杰、付旭 绘）。标尺：A-G=1.1 mm, H-J=110 μm.

　　植物体中等大小，绿色。茎匍匐，不规则分枝。茎叶卵形至阔卵形，具多条深纵褶，先端具钻状长尖；叶边平展，全缘，或先端具细齿；中肋单一，达叶中上部。枝叶与茎叶同形，略小。叶中上部细胞线形，平滑，薄壁，基部细胞较宽短，角细胞分化明显，近方形或矩形。

　　生境　生于岩面。

　　产地　蒙阴：蒙山，赵遵田 91538。

　　分布　中国（黑龙江、内蒙古、山西、山东、陕西、甘肃、青海、新疆、安徽、江苏、上海、江西、湖南、湖北、重庆、贵州、云南）；巴基斯坦、不丹、斯里兰卡、泰国、老挝、越南、日本和朝鲜。

3. 多枝青藓　图 184　照片 85

Brachythecium fasciculirameum Müll. Hal., Nuovo Giorn. Bot. Ital., n. s., 4: 269. 1897.

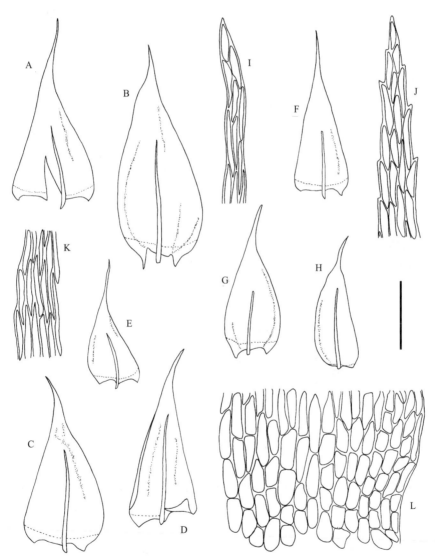

图 184　多枝青藓 *Brachythecium fasciculirameum* Müll. Hal.，A-D. 茎叶；E-H. 枝叶；I-J. 叶尖部细胞；K. 叶中部细胞；L. 叶基部细胞（任昭杰　绘）。标尺：A-H=1.3 mm, I-L=130 μm.

　　植物体形大，黄绿色至绿色。茎匍匐，羽状分枝。茎叶阔卵形、卵状披针形或三角状披针形，内凹，先端长渐尖；叶边平展，全缘；中肋达叶中上部。枝叶卵状披针形，具多条纵褶。叶中上部细胞长菱形至线形，平滑，角细胞矩形、方形或多边形，分化至中肋。

　　生境　生于岩面或土表。

产地 蒙阴：橛子沟，海拔 900 m，李林 R20120106-B。费县：玉皇宫下，海拔 870 m，任昭杰、田雅娴 R17526、R18220。

分布 中国特有种（吉林、辽宁、山东、陕西、湖北、四川、重庆、贵州、云南、广西）。

4. 平枝青藓 图 185

Brachythecium helminthocladum Broth. & Paris, Rev. Bryol. 31: 63. 1904.

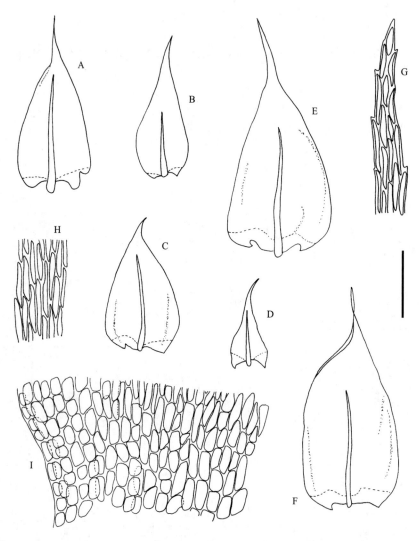

图 185 平枝青藓 *Brachythecium helminthocladum* Broth. & Paris, A-D. 茎叶；E-F. 枝叶；G. 叶尖部细胞；H. 叶中部细胞；I. 叶基部细胞（任昭杰 绘）。标尺：A-F=1.1 mm, G-I=110 μm.

植物体中等大小至大形，黄绿色，具光泽。茎匍匐，不规则分枝。叶阔卵形至长卵形，内凹，平展或略有褶皱，先端急尖或渐尖，呈毛尖状；叶边平展，上部具细齿，下部全缘；中肋达叶中部以上。枝叶长卵形或椭圆状卵形，较茎叶大，尖部常扭曲。叶中上部细胞长菱形至线形，薄壁，角细胞明显分化，矩形或多边形，略膨大。蒴柄细长。孢蒴圆柱形。

生境 生于岩面。

产地 蒙阴：橛子沟，海拔 960 m，李林 R20120062-B。

分布 中国（黑龙江、辽宁、内蒙古、山东、陕西、安徽、浙江、湖南、四川、贵州、云南）；日本。

5. 柔叶青藓　图 186

Brachythecium moriense Besch., Ann. Sci. Nat., Bot., sér. 7, 17: 375. 1893.

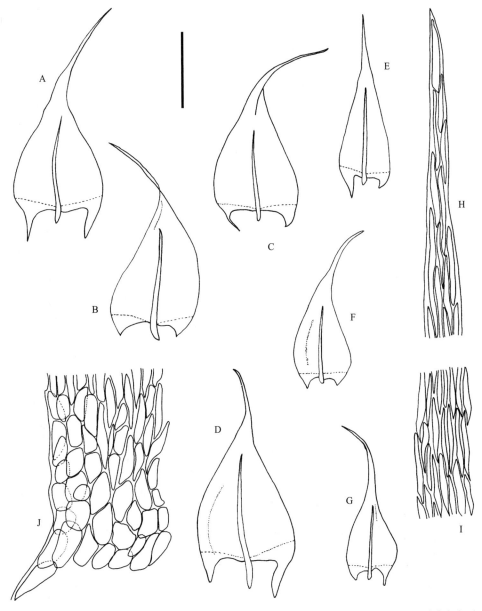

图 186　柔叶青藓 *Brachythecium moriense* Besch., A-D. 茎叶；E-G. 枝叶；H. 叶尖部细胞；I. 叶中部细胞；J. 叶基部
细胞（任昭杰、付旭　绘）。标尺：A-G=1.1 mm, H-J=110 μm.

　　植物体中等大小，黄绿色至绿色，具光泽。茎匍匐，柔弱，不规则分枝。茎叶卵形至三角状卵形，平展或略内凹，先端急尖呈长毛尖状；叶边平展，上部具细齿，下部全缘；中肋达叶中部以上。枝叶卵状披针形至狭披针形。叶中上部细胞长菱形至线形，薄壁，角细胞分化达中肋。

　　生境　生于岩面或土表。

　　产地　蒙阴：大牛圈，海拔 650 m，付旭 20120154。平邑：蒙山，任昭杰 200900611。

　　分布　中国（河北、山东、陕西、安徽、江西、重庆、贵州、云南、西藏、香港）；日本。

6. 小青藓 图 187

Brachythecium perminusculum Müll. Hal., Nuovo Giorn. Bot. Ital., n. s., 5: 200. 1898.

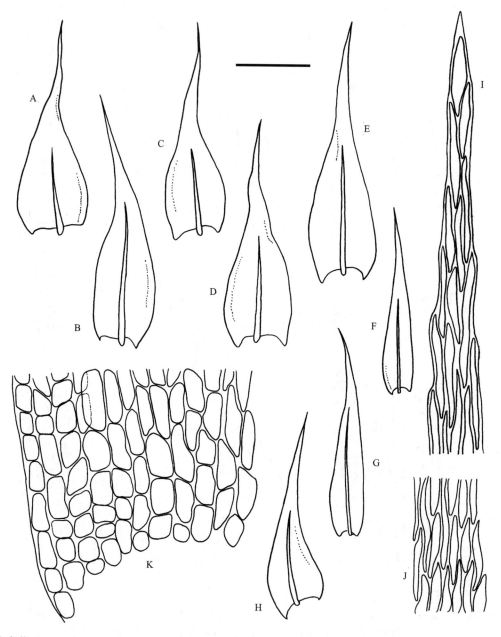

图 187 小青藓 *Brachythecium perminusculum* Müll. Hal., A-E. 茎叶；F-H. 枝叶；I. 叶尖部细胞；J. 叶中部细胞；K. 叶基部细胞（任昭杰 绘）。标尺：A-H=0.83 mm, I-K=83 μm.

植物体形小，黄绿色至绿色。茎匍匐，不规则分枝。茎叶长披针形或长卵状披针形，内凹，先端呈长毛尖状；叶边平展，上部具细齿；中肋达叶中上部。枝叶与茎叶同形，略小。叶中上部细胞线形，角细胞方形至矩形。

生境 生于岩面或土表。

产地 蒙阴：蒙山三分区，海拔 350 m，赵遵田 91173–1。平邑：寿星沟，海拔 1050 m，任昭杰、王春晓 R18482-A。

分布 中国特有种（黑龙江、内蒙古、山西、山东、陕西、安徽、湖南、四川、重庆、贵州、云南、西藏）。

7. 毛尖青藓　图 188

Brachythecium piligerum Cardot, Bull. Soc. Bot. Genève, sér. 2, 3: 290. 1911.

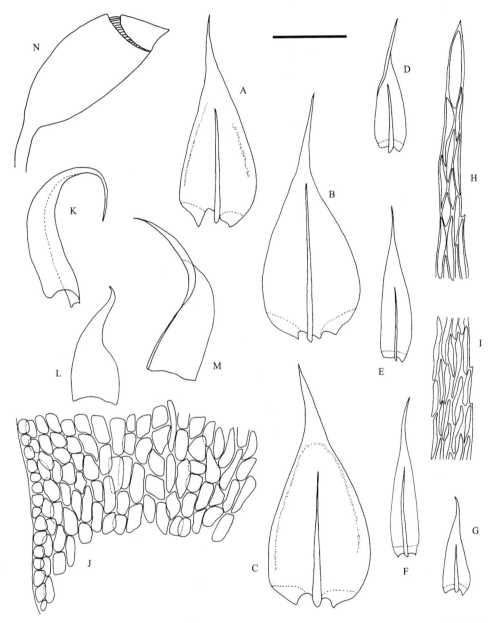

图 188　毛尖青藓 *Brachythecium piligerum* Cardot, A-C. 茎叶；D-G. 枝叶；H. 叶尖部细胞；I. 叶中部细胞；J. 叶基部
　　　细胞；K-M. 雌苞叶；N. 孢蒴（任昭杰 绘）。标尺：A-G, K-M=1.1 mm, H-J=110 μm, N=1.9 mm.

　　植物体中等大小，绿色，具光泽。茎匍匐，不规则分枝。叶长卵状披针形至长椭圆形，内凹，具
褶皱，先端渐尖或急尖呈毛尖状；叶边平展，全缘或先端具细齿；中肋达叶中上部。枝叶长椭圆形、
长卵形或卵状披针形，先端多呈钻状长尖。叶中上部细胞线形，薄壁，角细胞方形或矩形。

　　生境　生于岩面薄土上。
　　产地　蒙阴：大洼，海拔 700 m，郭萌萌 R18006-A。
　　分布　中国（黑龙江、吉林、辽宁、内蒙古、北京、山东、陕西、安徽、江苏、浙江、江西、湖

南、湖北、重庆、贵州、云南、西藏、福建、广西）；日本。

8. 羽枝青藓　图 189　照片 86

Brachythecium plumosum (Hedw.) Bruch & Schimp., Bryol. Eur. 6: 8. pl. 537. 1853.

Hypnum plumosum Hedw., Sp. Musc. Frond. 257–258. 1801.

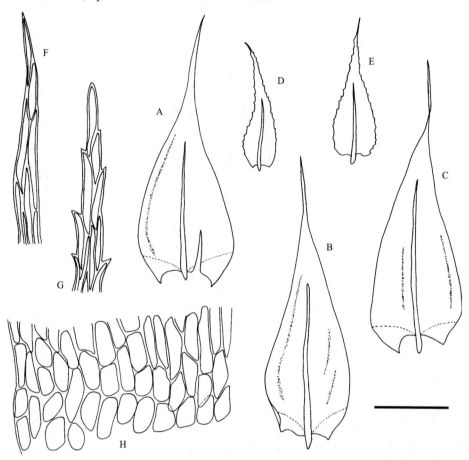

图 189　羽枝青藓 *Brachythecium plumosum* (Hedw.) Bruch & Schimp., A-C. 茎叶；D-E. 枝叶；F. 茎叶尖部细胞；G. 枝叶尖部细胞；H. 叶基部细胞（任昭杰 绘）. 标尺：A-E=1.1 mm, F-H=110 μm.

　　植物体黄绿色至深绿色、暗绿色，多具光泽。茎匍匐，羽状分枝或近羽状分枝。茎叶卵状披针形，内凹，具 2 条纵褶，先端渐尖；叶边平展，先端具细齿，有时全缘；中肋达叶中上部。枝叶较茎叶小，狭卵状披针形或披针形，叶边中上部具明显齿。叶中上部细胞线形，薄壁，基部细胞宽短，角细胞分化明显，方形或矩形。孢蒴下垂，长椭圆柱形。

　　生境　生于岩面、土表或岩面薄土上。

　　产地　蒙阴：冷峪，海拔 500 m，黄正莉、李林 R120161、R120183-B、R123034-A；小大畦，海拔 500 m，付旭 R123043；小大洼，海拔 700 m，郭萌萌 R123266-B；大大洼，海拔 500 m，付旭 R123191-B；花园庄，海拔 300 m，赵遵田 91345-A；前雕崖，海拔 550 m，黄正莉 20111259；大石门，海拔 620 m，李超、付旭 R123053-C。平邑：蓝涧，海拔 680 m，李林、郭萌萌 R123416-C、R17330；核桃涧，海拔 700 m，付旭、李林 R123051-B、R123133、R123263；拜寿台，海拔 1000 m，任昭杰、王春晓 R18557-B；龟蒙顶索道上站，海拔 1066 m，任昭杰、王春晓 R18520-A。沂南：东五彩山，海拔 550 m，任昭杰、田雅娴 R18284-A。费县：望海楼途中，海拔 480 m，赵洪东 91296-B。

　　分布　中国（黑龙江、吉林、辽宁、内蒙古、河北、山东、陕西、宁夏、甘肃、青海、新疆、安徽、江苏、上海、浙江、江西、湖南、湖北、四川、重庆、贵州、云南、西藏、福建、广西、香港）；巴基斯坦、不丹、斯里兰卡、印度尼西亚、智利和坦桑尼亚。

　　本种在蒙山分布较为广泛，常在林下岩面或土表形成群落。植物体中等大小，典型的羽状分枝，偶略不规则，叶卵状披针形，具 2 条明显纵褶，可与其他种类区别。本种枝叶叶边齿明显，中肋末端有时类似美喙藓属 *Eurhynchium* Bruch & Schimp.植物，略呈刺突状。

9. 长肋青藓　图 190　照片 87

Brachythecium populeum (Hedw.) Bruch & Schimp., Bryol. Eur. 6: 7. pl. 535. 1853.

Hypnum populeum Hedw, Sp. Musc. Frond. 270. 1801.

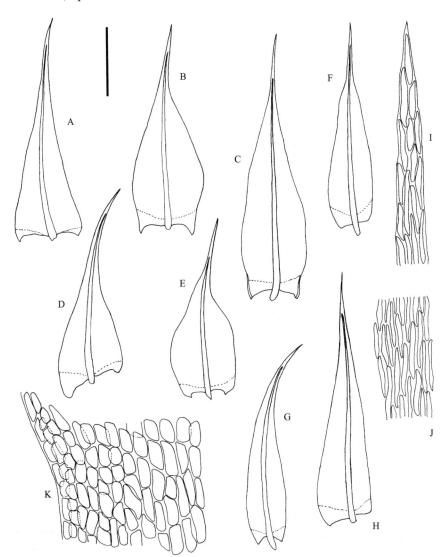

图 190　长肋青藓 *Brachythecium populeum* (Hedw.) Bruch & Schimp., A-E. 茎叶；F-H. 枝叶；I. 叶尖部细胞；J. 叶中部细胞；K. 叶基部细胞（任昭杰 绘）。标尺：A-H=0.9 mm, I-K=110 μm.

　　植物体中等大小，暗绿色，略具光泽。茎匍匐，羽状分枝。茎叶卵状披针形、三角状披针形或卵状三角形，略具褶皱，先端渐尖，基部平截或心形；叶边平展，全缘或上部具细齿；中肋粗壮，达叶尖。枝叶狭卵状披针形至狭长披针形。叶中上部细胞长菱形至线形，角细胞分化明显，方形、短矩形或多边形。

　　生境　生于岩面。

　　产地　费县：玉皇宫货索站，海拔 600 m，任昭杰、田雅娴 R18218-C。

　　分布　中国（吉林、辽宁、内蒙古、北京、山东、河南、陕西、甘肃、新疆、安徽、江苏、上海、浙江、江西、湖南、湖北、四川、重庆、西藏）；日本、巴基斯坦、不丹、印度尼西亚、哥伦比亚、亚州中部和欧洲。

10. 羽状青藓　图 191

Brachythecium propinnatum Redf., B. C. Tan & S. He, J. Hattori Bot. Lab. 79: 184. 1996.

Brachythecium pinnatum Takaki, J. Hattori Bot. Lab. 15: 6. 1955, *hom. illeg.*

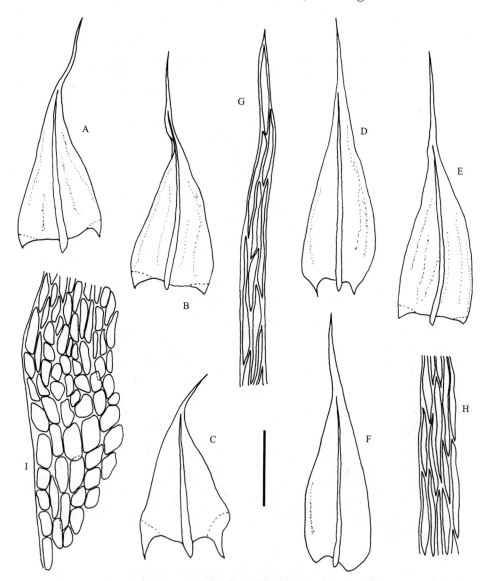

图 191　羽状青藓 *Brachythecium propinnatum* Redf., B. C. Tan & S. He, A-C. 茎叶；D-F. 枝叶；G. 叶尖部细胞；H. 叶中部细胞；I. 叶基部细胞（任昭杰 绘）。标尺：A-F=1.0 mm, G-I=104 μm.

　　植物体中等大小，绿色，具光泽。茎匍匐，紧密分枝。茎叶卵状三角形，具多条深纵褶，基部近心形，下延，先端渐尖，呈毛尖状；叶边平展，全缘或具细齿；中肋达叶中上部。枝叶卵状披针形。叶中上部细胞线形，角细胞方形或矩形。

生境　生于岩面薄土上。

产地　蒙阴：大牛圈，海拔 650 m，任昭杰 R20120107。

分布　中国（吉林、山东、陕西、新疆、宁夏、安徽、上海、湖南、贵州、四川、云南）；日本。

11. 青藓　图 192

Brachythecium pulchellum Broth. & Paris, Rev. Bryol. 31: 63. 1904.

Brachythecium rhynchostegielloides Cardot, Bull. Soc. Bot. Genève, sér. 2, 3: 292. 1911.

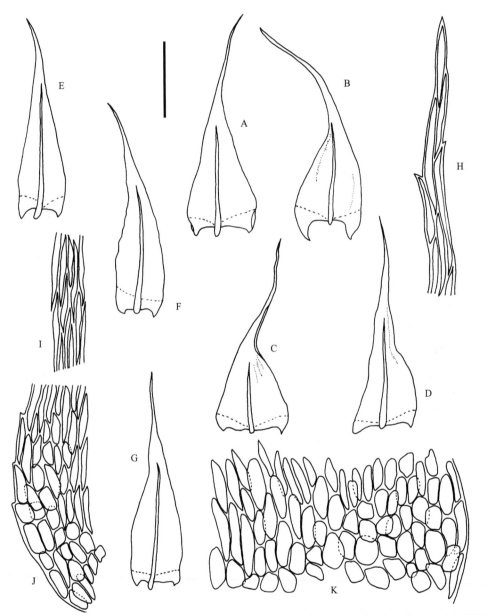

图 192　青藓 *Brachythecium pulchellum* Broth. & Paris, A-D. 茎叶；E-G. 枝叶；H. 叶尖部细胞；I. 叶中部细胞；J-K. 叶基部细胞（任昭杰 绘）。标尺：A-G=1.0 mm, H-K=104 μm.

　　植物体形小，深绿色，具光泽。茎匍匐，稀疏分枝。茎叶披针形或卵状披针形，稀三角状披针形，具褶皱，先端长渐尖，基部平截或略下延；叶边平展，具细齿；中肋达叶中部或中部以上。枝叶狭长披针形至披针形，较茎叶小。叶中上部细胞长菱形至线形，角细胞多边形或矩形，延伸至中肋。

生境 生于岩面。

产地 蒙阴：老龙潭，海拔 440 m，任昭杰、王春晓 R18466-C。

分布 中国（黑龙江、吉林、辽宁、内蒙古、山西、山东、陕西、新疆、湖南、湖北、四川、贵州、云南）；日本。

12. 弯叶青藓　图 193

Brachythecium reflexum (Stark.) Bruch & Schimp., Bryol. Eur. 6: 12. pl. 539. 1853.

Hypnum reflexum Stark. in F. Weber & D. Mohr, Bot. Taschenb. 306. pl. 476. 1807.

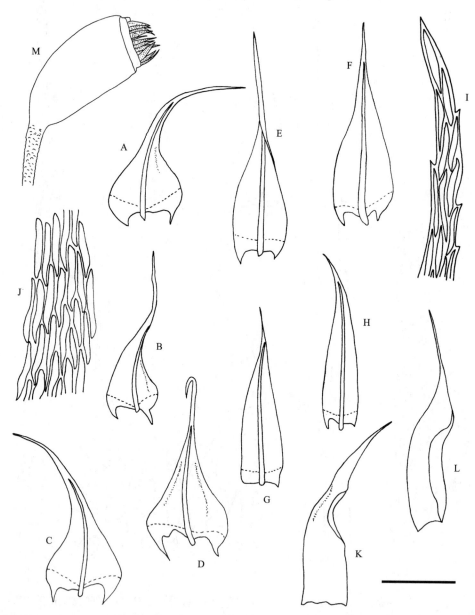

图 193　弯叶青藓 *Brachythecium reflexum* (Stark.) Bruch & Schimp., A-D. 茎叶；E-H. 枝叶；I. 叶尖部细胞；J. 叶中部细胞；K-L. 雌苞叶；M. 孢蒴（任昭杰 绘）。标尺：A-H, K-M=0.8 mm, I-J=83 μm.

植物体形小至中等大小，绿色，具光泽。茎匍匐，羽状分枝。茎叶阔三角形或三角状卵形，先端突成长尖，常偏曲或反卷，基部多下延；叶边平展，全缘或先端具细齿；中肋细长，几达叶尖。枝叶卵状披针形，叶边具细齿。叶中上部细胞长菱形至线形，角细胞矩形或椭圆形。

生境 生于岩面或岩面薄土上。

产地 蒙阴：大大畦，海拔 700 m，付旭 R120165；天麻顶，海拔 750 m，赵遵田 91224-C。

分布 中国（黑龙江、吉林、辽宁、内蒙古、河北、山西、山东、陕西、新疆、安徽、江苏、上海、浙江、江西、湖南、四川、重庆、贵州、云南、西藏、福建）；日本、俄罗斯（西伯利亚和库页岛）、巴基斯坦，高加索地区，格陵兰岛，欧洲和北美洲。

《山东苔藓志》（任昭杰和赵遵田，2016）记载华北青藓 *B. pinnirameum* Müll. Hal.在蒙山有分布，经检视发现该标本实为弯叶青藓，因此将华北青藓从蒙山苔藓植物区系中剔除。

13. 长叶青藓 图 194

Brachythecium rotaeanum De Not., Cronac. Briol. Ital., n. s., 2: 19. 1867.

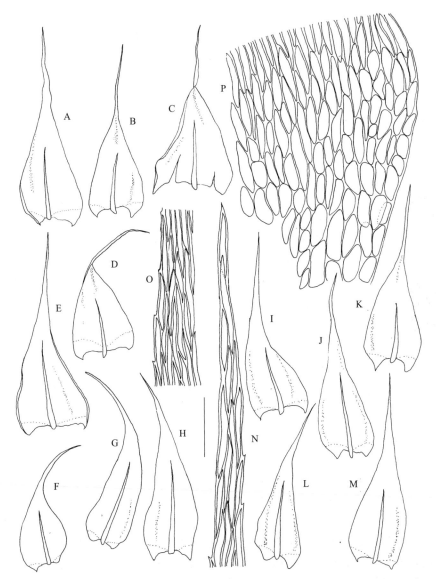

图 194 长叶青藓 *Brachythecium rotaeanum* De Not., A-E. 茎叶；F-M. 枝叶；N. 叶尖部细胞；O. 叶中部边缘细胞；P. 叶基部细胞（任昭杰 绘）。标尺：A-M=1 mm，N-P=100 μm。

植物体多中等大小，黄绿色，具光泽。茎匍匐，羽状分枝。茎叶阔卵形，内凹，具 2 条浅褶皱，基部略下延，先端呈长毛尖状；叶边平展，全缘；中肋达叶中部以上。枝叶与茎叶近同形，略小。叶中上部细胞线形，薄壁，角细胞分化明显，方形、圆方形、矩圆形或六边形。

生境 生于岩面或岩面薄土上。

产地 蒙阴：刀山沟，海拔 500 m，黄正莉 20111126。平邑：龟蒙顶索道上站，海拔 1066 m，任昭杰、王春晓 R18530-A。

分布 中国（吉林、山东、陕西、浙江、湖南、四川、重庆、贵州、云南）；日本，欧洲和北美洲。

14. 卵叶青藓 图 195 照片 88

Brachythecium rutabulum (Hedw.) Bruch & Schimp. in B. S. G., Bryol. Eur. 6: 15. pl. 543. 1853.

Hypnum rutabulum Hedw., Sp. Musc. Frond. 276. 1801.

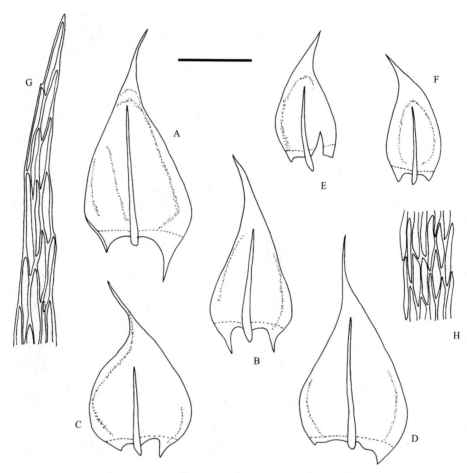

图 195 卵叶青藓 *Brachythecium rutabulum* (Hedw.) Bruch & Schimp., A-D. 茎叶；E-F. 枝叶；G. 叶尖部细胞；H. 叶中部细胞（任昭杰 绘）。标尺：A-F=1.1 mm, G-H=110 μm.

植物体中等大小至大形，绿色，具光泽。茎匍匐，密集分枝。茎叶阔卵形，内凹，具褶皱，基部阔心形，略下延，先端急尖成狭尖；叶边平展，具细齿；中肋达叶中上部。枝叶卵形至卵状披针形。叶中上部细胞菱形至长菱形，角细胞方形或椭圆形。蒴柄细长，具疣。孢蒴卵形，下垂。

生境 生于岩面或岩面薄土上。

产地 费县：三连峪，海拔 500 m，李林 20120168、R121001。

分布 中国（辽宁、内蒙古、山东、陕西、新疆、安徽、浙江、湖南、湖北、重庆、贵州、云南、西藏）；巴基斯坦、俄罗斯（西伯利亚）、叙利亚、智利、阿尔及利亚、坦桑尼亚，高加索地区，欧洲和北美洲。

15. 褶叶青藓　图 196

Brachythecium salebrosum (F. Weber & D. Mohr) Bruch & Schimp., Bryol. Eur. 6: 20. pl. 549. 1853.

Hypnum salebrosum Hoffm. ex F. Weber & D. Mohr, Bot. Taschenb. 312. 1807.

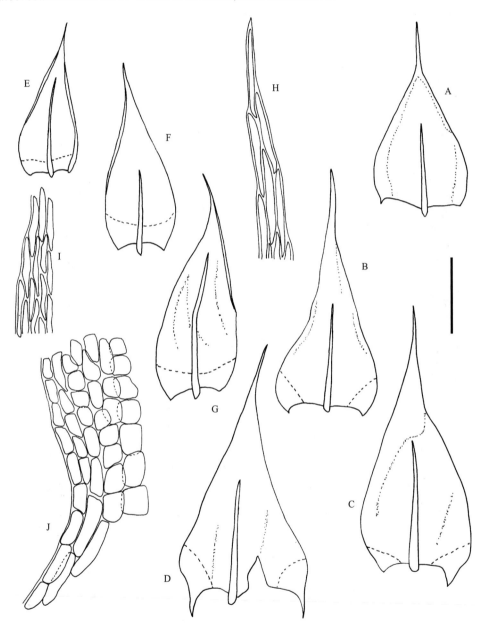

图 196　褶叶青藓 *Brachythecium salebrosum* (F. Weber & D. Mohr) Bruch & Schimp., A-D. 茎叶；E-G. 枝叶；H. 叶尖部细胞；I. 叶中部细胞；J. 叶基部细胞（任昭杰　绘）。标尺：A-G=0.8 mm, H-J=110 μm.

植物体中等大小，绿色，有时带棕褐色，具光泽。茎匍匐，羽状分枝。茎叶卵形或椭圆形，基部明显收缩，具 2 条短纵褶，先端渐尖或急尖；叶边平展，先端具细齿；中肋达叶中部以上。枝叶与茎叶同形，略小。叶中上部细胞长菱形，薄壁，角细胞方形、矩形或六边形。

生境　生于岩面或岩面薄土上。

产地　蒙阴：小大畦，海拔 600 m，李林 R123095-C；小大洼，海拔 600 m，郭萌萌 R123249-C。

分布　中国（吉林、内蒙古、河北、山东、河南、陕西、宁夏、新疆、湖南、四川、重庆、贵州、云南、西藏、广西）；巴基斯坦、摩洛哥、塔斯马尼亚，高加索地区，亚速尔群岛，欧洲和北美洲。

16. 绒叶青藓　图 197　照片 89

Brachythecium velutinum (Hedw.) Bruch & Schimp., Bryol. Eur. 6: 9 (fasc. 52–54. Monogr. 5). 1853.

Hypnum velutinum Hedw., Sp. Musc. Frond. 272. 1801.

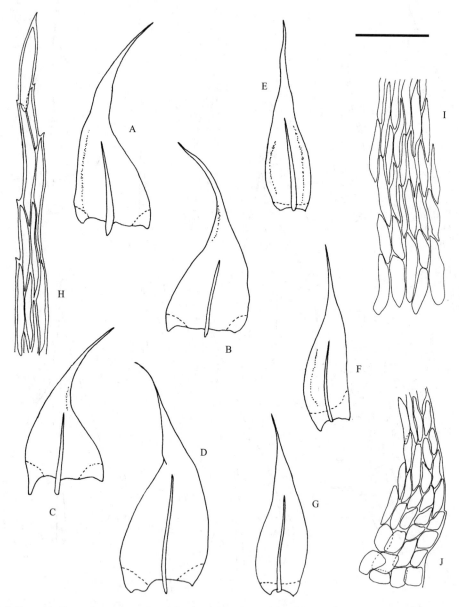

图 197　绒叶青藓 *Brachythecium velutinum* (Hedw.) Bruch & Schimp., A-D. 茎叶；E-G. 枝叶；H. 叶尖部细胞；I. 叶中下部细胞；J. 叶基部细胞（任昭杰 绘）。标尺：A-G=0.8 mm, H-J=110 μm.

植物体形小至中等大小，黄绿色至绿色，略具光泽。茎匍匐，羽状分枝。茎叶卵状披针形至长卵形，平展或略具褶皱，先端渐尖；叶边平展，先端具细齿；中肋达叶中上部。枝叶与茎叶近同形，较窄小。叶中上部细胞线形，角细胞椭圆形或方形，分化不达中肋。

生境　生于岩面、土表或岩面薄土上。

产地　蒙阴：聚宝崖，海拔 480 m，任昭杰、王春晓 R18369-A。平邑：蓝涧，海拔 680 m，李林 R123340；核桃涧，海拔 700 m，任昭杰、王春晓 R18490。沂南：东五彩山，海拔 650 m，任昭杰、田雅娴 R18232。

分布　中国（吉林、辽宁、内蒙古、山西、山东、河南、陕西、青海、新疆、宁夏、安徽、江苏、浙江、江西、湖南、湖北、重庆、贵州、四川、云南、西藏、广西）；巴基斯坦，欧洲、美洲和非洲。

本种植物体多细弱，叶片平展或略具褶皱，角细胞分化较弱，不达中肋，以上特点可区别于其他种类。

17. 绿枝青藓

Brachythecium viridefactum Müll. Hal., Nuovo Giorn. Bot. Ital., n. s., 4: 270. 1897.

植物体中等大小，黄绿色，具光泽。茎葡匐，不规则分枝。茎叶卵状披针形至宽卵状披针形，先端渐尖呈长毛尖，叶基多平截；叶边平展，先端具细齿；中肋较长，达叶尖略下部。枝叶卵状披针形。叶细胞线形，角细胞椭圆形至长椭圆形，分化达中肋。

生境　生于岩面薄土上。

产地　费县：望海楼，海拔 800 m，赵遵田 91299-B。

分布　中国特有种（山东、陕西、云南）。

本种叶形与羽枝青藓 *B. plumosum* 类似，但本种分枝多不规则、叶尖和中肋更长、叶基多平截，以上特征可区别于后者。

属 2. 燕尾藓属 **Bryhnia** Kaurin

Bot. Not. 1892: 60. 1892.

植物体中等大小至大形，黄绿色至绿色，略具光泽。茎葡匐，近羽状分枝；中轴略分化。茎叶形状多变，阔卵形、卵形至卵状披针形，先端急尖，多呈宽短尖头，基部下延；叶边具齿；中肋单一，达叶中上部至叶尖略下部。枝叶比茎叶窄小。叶中上部细胞菱形至长菱形，薄壁，背面具前角突，基部细胞较宽阔，角细胞较大，明显分化，较大，矩形或圆多边形。雌雄异株。内雌苞叶椭圆状披针形，狭渐尖。蒴柄细长，具粗疣。孢蒴长椭圆状圆柱形，略弯曲，基部具气孔。环带分化。蒴齿双层。蒴盖圆锥形，具斜短喙。蒴帽兜形，平滑或具稀疏毛。孢子球形。

本属全世界现有 13 种。中国有 5 种；山东有 4 种，蒙山有 3 种。

分种检索表

1. 茎叶先端渐尖 ·· 3. 燕尾藓 *B. novae-angliae*
1. 茎叶先端钝或阔急尖 ·· 2
2. 茎叶平展或略内凹 ·· 1. 短枝燕尾藓 *B. brachycladula*
2. 茎叶强烈内凹 ·· 2. 短尖燕尾藓 *B. hultenii*

Key to the species

1. Stem leaves acuminate ·· 3. *B. novae-angliae*
1. Stem leaves obtuse or broadly acute ··· 2
2. Stem leaves plane to lightly concave ·· 1. *B. brachycladula*
2. Stem leaves strongly concave ··· 2. *B. hultenii*

1. 短枝燕尾藓　图 198

Bryhnia brachycladula Cardot, Bull. Soc. Bot. Genève, sér. 2, 4: 379. 1912.

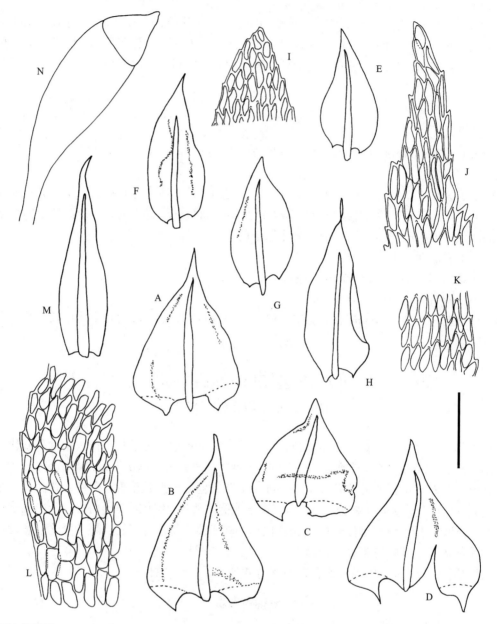

图 198　短枝燕尾藓 *Bryhnia brachycladula* Cardot, A-D. 茎叶；E-H. 枝叶；I-J. 叶尖部细胞；K. 叶中部细胞；L. 叶基部细胞；M. 雌苞叶；N. 孢蒴（任昭杰 绘）。标尺：A-H, M=0.8 mm, I-M=110 μm, N=1.7 mm.

　　植物体中等大小，黄绿色，略具光泽。茎匍匐，不规则分枝，分枝圆条形。茎叶阔卵形，略具褶皱，基部略下延，先端锐尖或具小尖头；叶边平展，中上部具细齿，基部全缘；中肋达叶中上部。枝叶与茎叶同形略小。叶中部细胞长菱形至线形，略具前角突，上部细胞短，菱形至阔菱形，角细胞分化明显，矩圆形或六边形，膨大。

　　生境　生于岩面薄土上。

　　产地　蒙阴：大牛圈，海拔 600 m，任昭杰 20120166。

　　分布　中国（山东、陕西、安徽、湖南、贵州、云南、西藏）；日本。

2. 短尖燕尾藓　图 199

Bryhnia hultenii E. B. Bartram in Grout, Moss Fl. N. Amer. 3 (4): 264. 1934.

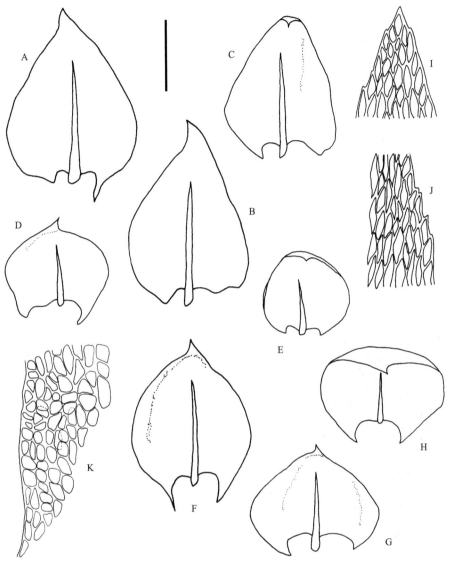

图 199　短尖燕尾藓 *Bryhnia hultenii* E. B. Bartram, A-H 叶；I. 叶尖部细胞；J. 叶中部细胞；K. 叶基部细胞（任昭杰　绘）。
标尺：A-H=0.8 mm, I-K=110 μm.

　　植物体中等大小，黄绿色。茎匍匐，近羽状分枝。茎叶卵形至阔卵形，强烈内凹，先端钝，阔急尖或具小尖头，基部下延；叶边平展，具细齿；中肋达叶中上部。叶中部细胞菱形至阔菱形，具前角突，尖部和基部细胞较短，角细胞分化明显，方形或矩形，膨大。

　　生境　生于岩面。

　　产地　蒙阴：蒙山，赵遵田 91655。

　　分布　中国（黑龙江、辽宁、山东、陕西、四川、云南、西藏）；日本。

3. 燕尾藓　图 200　照片 90

Bryhnia novae-angliae (Sull. & Lesq.) Grout, Bull. Torrey. Bot. Club 25: 229. 1898.

Hypnum novae-angliae Sull. & Lesq., Musci Bor. Amer. 1: 73. 1856.

Bryhnia tokubuchii (Broth.) Paris, Index Bryologicus, editio secunda 1: 77. 1904.

Hypnum tokubuchii Broth., Hedwigia 38. 241. 1899.

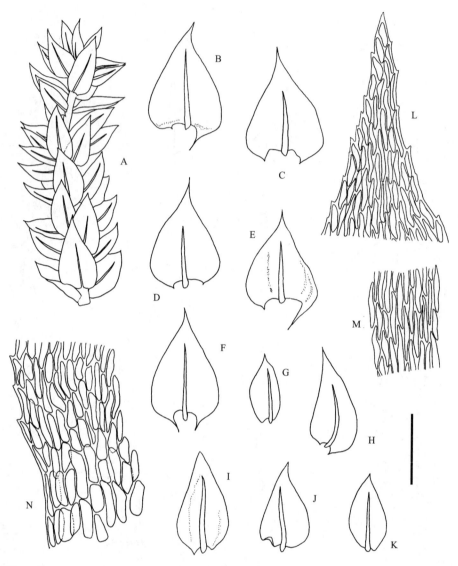

图 200 燕尾藓 *Bryhnia novae-angliae* (Sull. & Lesq.) Grout, A. 小枝一段；B-F. 茎叶；G-K. 枝叶；L. 叶尖部细胞；M. 叶中部细胞；N. 叶基部细胞（任昭杰 绘）。标尺：A=1.67 mm, B-K=1.11 mm, L-N=104 μm.

植物体中等大小至大形。茎匍匐，不规则分枝。茎叶阔卵形或卵形，内凹，具褶皱，基部收缩，下延，先端渐尖，具长尖或短尖；叶边平展，具细齿；中肋达叶中上部，或达叶尖略下部，有时末端具不明显刺突。枝叶卵形至卵状披针形。叶中部细胞长菱形至线形，薄壁，具前角突，角细胞矩形、六边形或圆六边形，膨大，透明。

生境　生于岩面、土表或岩面薄土上。

产地　蒙阴：老龙潭，海拔 550 m，任昭杰、王春晓 R18391。平邑：核桃涧，海拔 700 m，李林 R123039-B。费县：三连峪，海拔 500 m，付旭 R123406。

分布　中国（吉林、河北、山西、山东、陕西、甘肃、新疆、安徽、江苏、上海、江西、湖南、湖北、四川、重庆、贵州、云南、西藏、福建）；巴基斯坦，欧洲和北美洲。

属 3. 美喙藓属 Eurhynchium Bruch & Schimp.

Bryol. Eur. 5: 217. 1854.

植物体小形至大形，黄绿色至暗绿色，具光泽。茎匍匐，近羽状分枝，枝圆条形或扁平。茎叶卵形至阔卵形或近心形，内凹，常具褶皱，先端短渐尖或长渐尖，基部下延或略下延；叶边平展或略背卷，具齿；中肋多达叶中上部，背面先端具刺状突起。枝叶与茎叶同形或异形，较小。叶中部细胞长菱形至线形，平滑，基部细胞宽短，角细胞矩圆形或近方形。雌苞叶基部鞘状，上部钻形。蒴柄细长，平滑或粗糙。孢蒴近圆筒形或卵球状圆柱形。环带分化或缺失。蒴齿双层。蒴盖长圆锥形。蒴帽兜状。

本属全世界现有 26 种。中国有 14 种；山东有 7 种，蒙山有 6 种。

分种检索表

1. 带叶的枝呈扁平状 ·· 2
1. 带叶的枝呈圆条状 ·· 3
2. 茎叶阔卵形或长椭圆形，叶边通体具齿 ··· 5. 疏网美喙藓 E. laxirete
2. 茎叶卵形至心状卵形，叶边中上部具齿 ·· 6. 密叶美喙藓 E. savatieri
3. 叶先端渐尖至长渐尖 ·· 3. 尖叶美喙藓 E. eustegium
3. 叶先端急尖或宽渐尖 ··· 4
4. 茎叶阔椭圆形 ··· 4. 宽叶美喙藓 E. hians
4. 茎叶阔卵形 ·· 5
5. 中肋末端不具刺突或具不明显刺突 ··· 1. 短尖美喙藓 E. angustirete
5. 中肋末端明显具刺突 ·· 2. 疣柄美喙藓 E. asperisetum

Key to the species

1. Branches complanate foliate ··· 2
1. Branches terete foliate ··· 3
2. Stem leaves ovate or oblong-elliptic, margins serrate thoughout ································ 5. E. laxirete
2. Stem leaves ovate to cordate, margins serrate above ··· 6. E. savatieri
3. Apical leaves acuminate to long acuminate ··· 3. E. eustegium
3. Apical leaves acute or broadly acuminate ··· 4
4. Stem leaves broadly elliptic ··· 4. E. hians
4. Stem leaves broadly ovate ··· 5
5. Costa without teeth or with inconspicuous teeth ·· 1. E. angustirete
5. Costa ending in a teeth on dorsal suface ·· 2. E. asperisetum

1. 短尖美喙藓　图 201　照片 91

Eurhynchium angustirete (Broth.) T. J. Kop., Mem. Soc. Fauna. Fl. Fenn. 43: 53. f. 12. 1967.

Brachythecium angustirete Broth., Rev. Bryol. n. s., 2: 11. 1929.

植物体中等大小至大形，黄绿色至绿色，具光泽。茎匍匐，羽状分枝或不规则分枝，茎枝圆条形。茎叶阔卵形，略具褶皱，先端锐尖；叶边平展，具细齿；中肋达叶中部以上，末端不具刺状突起或具不明显刺状突起。枝叶卵形至阔卵形，较小，叶边具明显锯齿。叶中上部细胞蠕虫形或线形，角细胞分化明显，矩圆形或菱形。蒴柄细长。孢蒴圆柱形，下垂。

生境　多生于岩面或岩面薄土上，偶见于枯木或土表上。

产地　蒙阴：橛子沟，海拔 900 m，李林 R20120106-C；冷峪，海拔 600 m，李林、付旭 R121012-B、R123020-A；蒙山，海拔 760 m，赵遵田 91214-C。平邑：核桃涧，海拔 580 m，付旭 R123116；核桃

洞，海拔 700 m，李林 R12200-B、R121004-A、R123101-A；大洼林场，张艳敏 239-B（PE）。

　　分布　中国（内蒙古、山西、山东、陕西、甘肃、青海、江西、湖南、湖北、四川、重庆、贵州）；亚洲东部和欧洲。

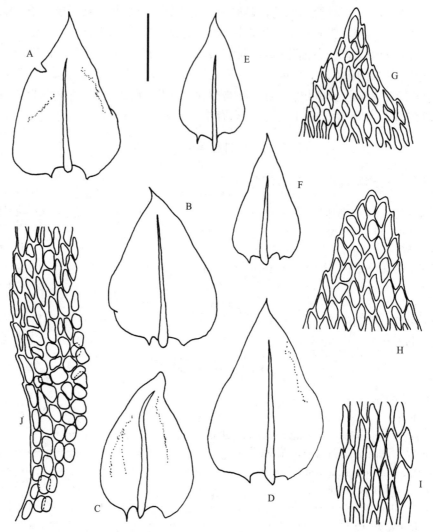

图 201　短尖美喙藓 *Eurhynchium angustirete* (Broth.) T. J. Kop., A-D. 茎叶；E-F. 枝叶；G-H. 叶尖部细胞；I. 叶中部细胞；J. 叶基部细胞（任昭杰 绘）。标尺：A-F=0.8 mm, G-J=83 μm.

2. 疣柄美喙藓

Eurhynchium asperisetum (Müll. Hal.) E. B. Bartram, Philipp. J. Sci. 68: 300. 1939.

Hypnum asperisetum Müll. Hal., Bot. Zeitung (Berlin) 16: 171. 1858.

　　植物体中等大小，绿色，具光泽。茎匍匐，不规则分枝。茎叶卵形至阔卵形，基部略收缩，不明显下延，先端急尖至渐尖；叶边平展，具细齿；中肋达叶尖下部，先端背面具刺突。枝叶与茎叶同形，窄小。叶中部细胞线形，尖部和基部细胞短，角细胞多边形或短长方形。

　　生境　生于岩面上。

　　产地　蒙阴：冷峪，海拔 420 m，李林 R17401。

　　分布　中国（山东、陕西、安徽、浙江、湖北、贵州、云南、台湾、香港）；日本、泰国、印度尼西亚和菲律宾。

3. 尖叶美喙藓　图 202

Eurhynchium eustegium (Besch.) Dixon, J. Bot. 75: 126. 1937.

Brachythecium eustegium Besch., Ann. Sci. Nat., Bot., sér. 7, 17: 375. 1893.

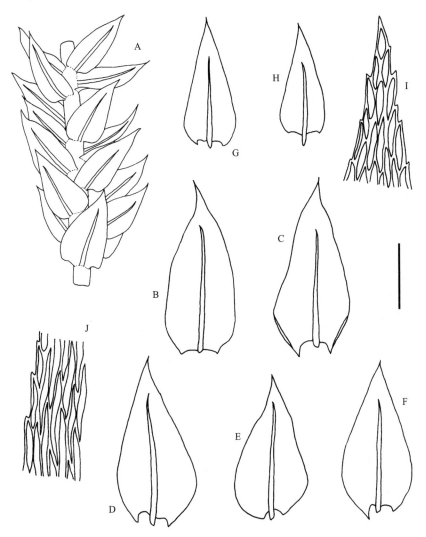

图 202　尖叶美喙藓 *Eurhynchium eustegium* (Besch.) Dixon，A. 植物体一部分；B-F. 茎叶；G-H. 枝叶；I. 叶尖部细胞；J. 叶中部边缘细胞（任昭杰 绘）。标尺：A=1.2 mm, B-H=0.8 mm, I-J=830 μm.

　　植物体中等大小至大形，黄绿色至绿色，略具光泽。茎匍匐，不规则分枝。茎叶披针形或卵状披针形，先端渐尖，基部略下延；叶边平展，基部略背卷，具齿；中肋达叶中上部，末端具明显刺突。枝叶与茎叶同形，略小。叶中部细胞长菱形或线状菱形，尖部和基部细胞较短，角细胞方形或矩圆形。

　　生境　生于岩面、土表或岩面薄土上。

　　产地　蒙阴：砂山，海拔 600 m，任昭杰 20120155；里沟，海拔 610 m，黄正莉、郭萌萌 20120150-A、20120151、20120167；冷峪，海拔 450 m，付旭、李林、李超 R121010、R123025-D、R123214-A；橛子沟，海拔 950 m，任昭杰 20120159-A。平邑：核桃涧，海拔 600 m，李林、郭萌萌 R120189、R121006-C、R121007。沂南：东五彩山，海拔 550 m，任昭杰、田雅娴 R18343-B。

　　分布　中国（黑龙江、吉林、辽宁、内蒙古、河北、北京、山东、河南、陕西、江苏、江西、湖南、湖北、四川、重庆、贵州、云南、西藏、广西）；日本。

4. 宽叶美喙藓　图 203

Eurhynchium hians (Hedw.) Sande Lac., Ann. Mus. Bot. Lugduno-Batavi 2: 299. 1866.

Hypnum hians Hedw., Sp. Musc. Frond. 272. 1801.

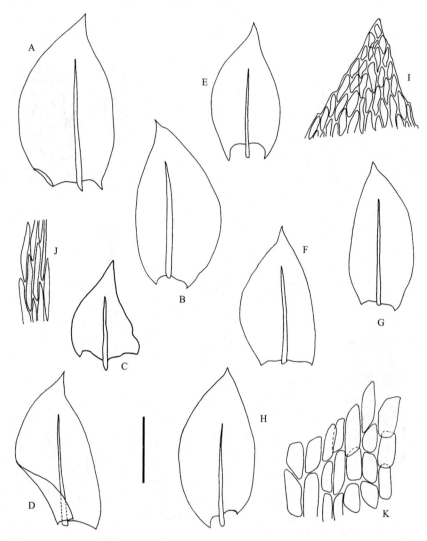

图 203　宽叶美喙藓 *Eurhynchium hians* (Hedw.) Sande Lac., A-D. 茎叶；E-H. 枝叶；I. 叶尖部细胞；J. 叶中部细胞；
K. 叶基部细胞（任昭杰　绘）。标尺：A-H=1.1 mm, I-K=110 μm.

生境　生于岩面、土表或岩面薄土上。

产地　蒙阴：橛子沟，海拔 750 m，任昭杰 R20120040；砂山，海拔 600 m，任昭杰 20120142-C；大石门，海拔 650 m，付旭 R123094-B；蒙山，海拔 650 m，郭萌萌 R121037-A。平邑：核桃涧，海拔 580 m，李林 R120186；蓝涧，海拔 680 m，李超、郭萌萌 R120187、R17396、R17439。费县：三连峪，海拔 400 m，付旭、郭萌萌、R123013、R16010。

分布　中国（黑龙江、吉林、辽宁、内蒙古、山东、河南、陕西、江苏、浙江、江西、湖南、湖北、四川、贵州、云南、福建、广西、香港）；巴基斯坦、尼泊尔、不丹、日本、坦桑尼亚、喀麦隆、科特迪瓦，高加索地区，北美洲。

本种与短尖美喙藓 *E. angustirete* 类似，但本种叶椭圆形至阔椭圆形，叶中部细胞较后者短。

5. 疏网美喙藓　图 204

Eurhynchium laxirete Broth. in Cardot, Bull. Soc. Bot. Genève, sér. 2. 4: 380. 1912.

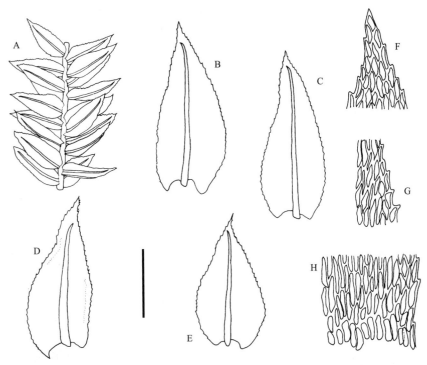

图 204　疏网美喙藓 *Eurhynchium laxirete* Broth., A. 植物体一部分；B-E. 茎叶；F. 叶尖部细胞；G. 叶中部细胞；H. 叶基部细胞（任昭杰　绘）。标尺：A=1.4 mm, B-E=1.1 mm, F-H=110 μm.

植物体纤细，黄绿色至暗绿色，具光泽。茎匍匐，羽状分枝，分枝扁平。茎叶长椭圆形，先端急尖，具小尖头；叶边平展，明显具齿；中肋达叶尖下部，先端具明显刺突。枝叶与茎叶同形，略小。叶中部细胞线形，尖部和基部细胞宽短，角细胞明显分化，矩形。

生境　生于岩面、土表或岩面薄土上，偶生于树干或腐木上。

产地　蒙阴：小天麻顶，海拔 600 m，赵洪东 91415-A、91416-A；小大畦，海拔 600 m，付旭 R123119；大洼，海拔 500 m，李超 R17446-B；砂山，海拔 600 m，任昭杰、付旭 20120157、R20131346、R18027；冷峪，海拔 400 m，郭萌萌 R121034、R123215、R123289。平邑：核桃涧，海拔 300 m，李超、付旭 R121031-B、R123219-B；核桃涧，海拔 700 m，李林、郭萌萌、付旭 R120166、R123145、R123153；拜寿台，海拔 1000 m，任昭杰、王春晓 R18557-C；蓝涧，海拔 680 m，郭萌萌、李超 R123356-A、R123379-C、R17429。费县：三连峪，海拔 400 m，李林 R123181、R17497-B。

分布　中国（山东、陕西、安徽、江苏、上海、江西、湖南、湖北、四川、重庆、贵州、云南、西藏、福建、广西）；朝鲜和日本。

本种植物体通常较小，带叶枝扁平，叶边锯齿和中肋先端背面刺突均明显，易与其他种类区别。

6. 密叶美喙藓　图 205　照片 92

Eurhynchium savatieri Schimp. ex Besch., Ann. Sci. Nat., Bot., sér. 7. 17: 378. 1893.

植物体形小至中等大小，淡绿色至暗绿色。羽状分枝，分枝扁平。茎叶卵形或心状卵形，先端渐尖；叶边平展，中上部具细齿；中肋达叶尖略下部，先端具刺突，刺突有时不明显。枝叶与茎叶同形，略小。叶中部细胞长线形，上部细胞较短，角细胞椭圆形或矩形。

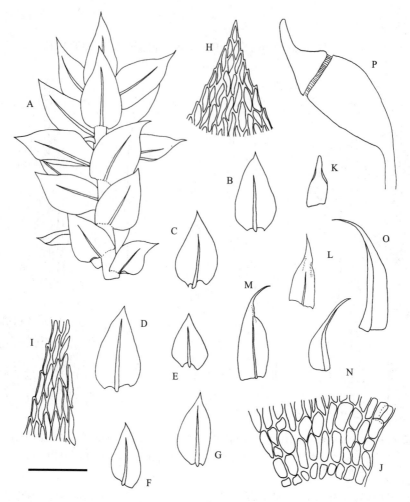

图 205　密叶美喙藓 *Eurhynchium savatieri* Schimp. ex Besch., A. 植物体；B-E. 茎叶；F-G. 枝叶；H. 叶尖部细胞；I. 叶中部细胞；J. 叶基部细胞；K-O. 雌苞叶；P. 孢蒴（任昭杰 绘）。标尺：A-G, K-P=0.8 mm, H-J=83 μm.

生境　生于阴湿岩面、土表或岩面薄土上。

产地　蒙阴：里沟，海拔 700 m，任昭杰、李林 20120162-A；前梁南沟，海拔 650 m，李林 20111228-B；大石门，海拔 620 m，李超、付旭 R120192；橛子沟，海拔 900 m，任昭杰、黄正莉、李林 R123170-B、R123429-C、R123430-B；小大畦，海拔 600 m，李超、郭萌萌 R123006、R123111；大大洼，海拔 500 m，李超 R123392；大畦，海拔 700 m，李林 R123426、R17334、R17501；冷峪，海拔 600 m，黄正莉、李林 R120181-C、R121024、R123034-B；老龙潭，海拔 440 m，任昭杰、王春晓 R18376-B、R18448-A；聚宝崖，海拔 400 m，任昭杰、王春晓 R18434。平邑：龟蒙顶，张艳敏 20（PE）；明光寺，海拔 438 m，任昭杰、田雅娴 R17605-A；蓝涧口，海拔 566 m，任昭杰、王春晓 R18560；蓝涧，海拔 650 m，李林、郭萌萌 R12202-A、R121026、R123037；核桃涧，海拔 600 m，李林、郭萌萌 R120171、R121029-B、R121045-B；蓝涧，海拔 620 m，付旭 R123183、R123230、R123295。费县：茶蓬峪，海拔 350 m，郭萌萌 R120150-C、R123000、R123255；三连峪，海拔 500 m，付旭 R120196；蒙山，海拔 400 m，李林 R123409；透明玻璃桥下，海拔 700 m，任昭杰、田雅娴 R18195；玉皇宫货索站，海拔 600 m，任昭杰、田雅娴 R18211、R18215。

分布　中国（黑龙江、内蒙古、山西、山东、河南、陕西、新疆、安徽、江苏、上海、浙江、江西、湖南、湖北、四川、重庆、贵州、云南、西藏、广西、香港）；朝鲜、日本和瓦努阿图。

本种在蒙山分布广泛，常在溪流或林下岩面上形成群落。植物体形小或中等大小，叶形变化较大，但本种分枝扁平，易与属内多数种类区别；另外，同属的疏网美喙藓 *E. laxirete* 分枝亦扁平，但本种叶边中上部具细齿，中肋末端刺突不明显，而后者叶边具明显齿突，中肋末端刺突极为明显，以上特点可区别二者。

属 4. 鼠尾藓属 Myuroclada Besch.

Ann. Sci. Nat., Bot. sér. 7, 17: 379. 1893.

植物体中等大小，通常粗壮，绿色或鲜绿色，具光泽。茎匍匐，不规则分枝，分枝通常直立或弓形弯曲，圆钝，极明显柔荑花序状，有时具鞭状枝；中轴分化。叶圆形、近圆形或阔椭圆形，强烈内凹，基部心形，略下延，先端圆钝，具小尖头；叶边全缘，或中上部具细齿；中肋单一，达叶中上部。叶中部细胞菱形至长菱形，角细胞矩形或多边形。雌苞叶卵状披针形，先端急尖。蒴柄平滑，红棕色。孢蒴长椭圆柱形，拱形弯曲，红褐色，倾立。环带分化。蒴齿双层。蒴盖具长斜喙。蒴帽兜形，平滑。

本属全世界有 1 种。蒙山有分布。

1. 鼠尾藓　图 206

Myuroclada maximowiczii (G. G. Borshch.) Steere & W. B. Schofield, Bryologist 59: 1. 1956.

Hypnum maximowiczii G. G. Borshch. in Maximowicz, Prim. Fl. Amur. 467. 1859.

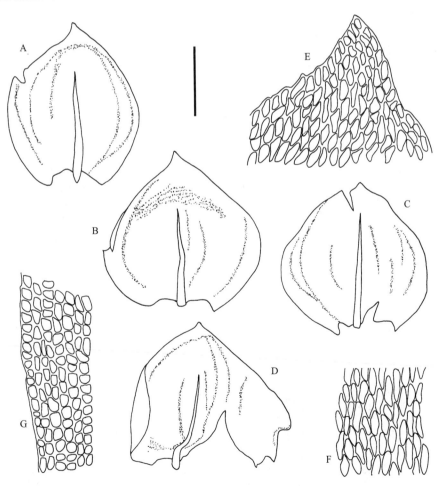

图 206　鼠尾藓 *Myuroclada maximowiczii* (G. G. Borshch.) Steere & W. B. Schofield, A-D. 叶；E. 叶尖部细胞；F. 叶中部细胞；G. 叶基部细胞（任昭杰 绘）。标尺：A-D=1.1 mm, E-G=110 μm.

种特征同属。

生境　生于土表。

产地　费县：望海楼，海拔 1000 m，赵遵田 20111378。

分布　中国（黑龙江、吉林、辽宁、内蒙古、山西、山东、陕西、重庆、甘肃、江苏、上海、浙江、江西、湖南、四川、云南）；朝鲜、日本、俄罗斯，欧洲和北美洲。

本种在蒙山分布范围狭小，较为少见。

属 5. 褶藓属 Okamuraea Broth.

Orthomniopsis und Okamuraea 2. 1906.

植物体小形至中等大小，黄绿色至暗绿色。茎匍匐，不规则分枝，分枝圆条形，有时具鞭状枝。茎叶卵状披针形，内凹，两侧常具纵褶，基部略下延，先端渐尖；叶边平展，基部背卷，全缘；中肋达叶中上部。枝叶与茎叶同形，略小。叶中部细胞菱形至长菱形，平滑，角细胞近方形。雌雄异株。内雌苞叶基部鞘状，先端急尖。蒴柄细长，直立，红色，平滑。孢蒴长卵圆柱形，直立或下垂。环带不分化；蒴齿双层。蒴盖圆锥形，具长喙。蒴帽兜形，被疏毛。孢子卵圆形，具密疣。

本属全世界现有 5 种。中国有 3 种和 1 变种及 1 变型；山东有 2 种，蒙山有 1 种。

1. 长枝褶藓　图 207

Okamuraea hakoniensis (Mitt.) Broth., Nat. Pflanzenfam. I (3): 1133. 1908.

Hypnum hakoniense Mitt., Trans. Linn. Soc. Bot. ser. 2, 3: 185. 1891.

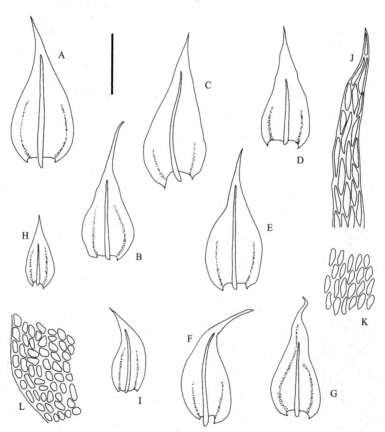

图 207　长枝褶藓 *Okamuraea hakoniensis* (Mitt.) Broth., A-G. 茎叶；H-I. 枝叶；J. 叶尖部细胞；K. 叶中部细胞；L. 叶基部细胞（任昭杰 绘）。标尺：A-I=0.8 mm, J-L=110 μm。

植物体形小，绿色。茎匍匐，具鞭状枝。茎叶卵形至长卵形，明显具纵褶，先端长渐尖；叶边平展，全缘；中肋单一，达叶中部以上。枝叶与茎叶同形，略小。叶中部细胞长椭圆形、长菱形，尖部细胞略狭长，基部细胞短，厚壁，角细胞近方形。

生境　生于岩面。

产地　蒙阴：蒙山，赵遵田 91872。

分布　中国（黑龙江、吉林、辽宁、山东、安徽、江苏、上海、浙江、江西、重庆、广西、贵州、湖南、湖北、四川、西藏）；不丹和日本。

属 6. 褶叶藓属 **Palamocladium** Müll. Hal.

Flora 82: 465. 1896.

植物体中等大小，略粗壮，黄绿色至绿色，有时带褐色，具光泽。茎匍匐，近羽状分枝。茎叶干时略呈镰刀状弯曲，三角状披针形、披针形或卵状披针形，先端长渐尖；叶边平展，上部具齿；中肋单一，达叶尖下部。枝叶与茎叶近同形，略小。叶中部细胞蠕虫形或线形，厚壁，角细胞小，方形。雌雄异株。雌苞叶长披针形，先端渐尖或急尖。蒴柄细长，红色，平滑。孢蒴长椭圆状圆柱形，对称。环带分化。蒴齿双层。蒴盖圆锥形，具长喙。蒴帽兜形，无毛。

本属全世界现有 3 种。中国有 2 种；山东有 1 种，蒙山有分布。

1. 褶叶藓　图 208

Palamocladium leskeoides (Hook.) E. Britton, Bull. Torrey. Bot. Club 40: 673. 1914.

Hookeria leskeoides Hook., Musci Exot. 1: 55. 1818.

Palamocladium nilgheriense (Mont.) Müll. Hal., Flora 82: 465. 1896.

Isothecium nilgheheriense Mont., Ann. Sci. Nat., Bot., sér. 2, 17: 246. 1842.

植物体中等大小，略粗壮，绿色，具光泽。茎匍匐，密集分枝。茎叶三角状披针形或长卵状披针形，具纵褶，基部近心形，先端具细长尖；叶边平展，中上部具齿；中肋达叶尖略下部。枝叶与茎叶同形，略小。叶中部细胞线形，角细胞小，圆形或多边形，厚壁。

生境　生于土表或岩面薄土上。

产地　蒙阴：大牛圈，海拔 950 m，任昭杰 20120156。平邑：龟蒙顶，海拔 1100 m，张艳敏 61（PE）。

分布　中国（黑龙江、吉林、辽宁、内蒙古、河北、山东、陕西、新疆、安徽、江苏、上海、浙江、湖南、湖北、四川、重庆、贵州、云南、西藏、福建、台湾、广西）；日本、朝鲜、印度、越南、印度尼西亚、菲律宾、新西兰、哥斯达黎加、危地马拉、巴西、阿根廷、玻利维亚、秘鲁、厄瓜多尔、哥伦比亚、委内瑞拉、美国、索马里、埃塞俄比亚、肯尼亚、乌干达、卢旺达、坦桑尼亚、斯威士兰、南非、马达加斯加，西印度群岛。

属 7. 细喙藓属 **Rhynchostegiella** (Bruch & Schimp.) Limpr.

Laubm. Deutschl. 3: 207. 1896.

植物体形小至中等大小，黄绿色至绿色，具光泽。茎匍匐，不规则分枝，或近羽状分枝。茎叶长卵形或长椭圆形，先端渐尖；叶边平展，全缘或上部具细齿；中肋单一。枝叶与茎叶同形或异形，较小。叶中部细胞狭长，角细胞分化，方形或矩形。雌雄同株。雌苞叶狭长披针形，先端长毛尖状。蒴柄细长，扭曲，红色。孢蒴卵圆柱形或圆柱形，直立或平列。蒴齿双层。蒴盖圆锥形，具长喙。

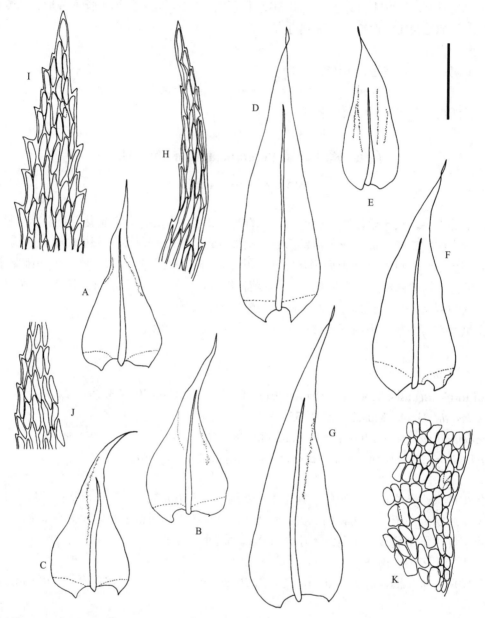

图208 褶叶藓 *Palamocladium leskeoides* (Hook.) E. Britton, A-C. 茎叶；D-G. 枝叶；H. 茎叶尖部细胞；I. 枝叶尖部细胞；J. 叶中上部边缘细胞；K. 叶基部细胞（任昭杰 绘）。标尺：A-G=1.3 mm, H-K=130 μm.

本属全世界现有40种。中国有6种；山东有3种，蒙山有2种。

分种检索表

1. 中肋达叶中部以上 ···································· 1. 日本细喙藓 *R. japonica*
1. 中肋达叶中部以下 ···································· 2. 细肋细喙藓 *R. leptoneura*

Key to the species

1. Costa ending beyond mid-leaf ···································· 1. *R. japonica*
1. Costa usually ending below mid-leaf or shorter ···································· 2. *R. leptoneura*

1. 日本细喙藓　图 209　照片 93

Rhynchostegiella japonica Dixon & Thér., Rev. Bryol. n. s., 4: 167. 1932.

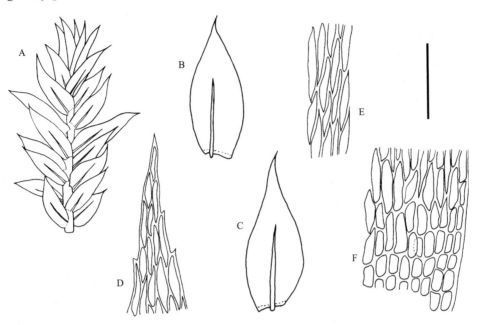

图 209　日本细喙藓 *Rhynchostegiella japonica* Dixon & Thér., A. 植物体一部分；B-C 叶；D. 叶尖部细胞；E. 叶中部细胞；F. 叶基部细胞（任昭杰 绘）。标尺：A=1.1 mm, B-C=0.8 mm, D-F=110 μm.

　　植物体形小，绿色至暗绿色，略具光泽。茎匍匐，不规则分枝或近羽状分枝，分枝扁平。茎叶长卵形、长椭圆形或卵状披针形，内凹，先端渐尖，基部两侧不对称；叶边平展，上部具齿；中肋达叶中部或中部以上。枝叶与茎叶同形，略小。叶中部细胞长菱形至近线形，有时具质壁分离现象，角细胞矩圆形，排列疏松。

　　生境　生于岩面、土表或岩面薄土上。

　　产地　蒙阴：天麻顶，海拔 759 m，赵遵田 91216-A、91222、91366-B；冷峪，海拔 610 m，李林、付旭 R123026-A、R123035-A、R123306；小大洼，李林 R123262-A；大畦，海拔 700 m，李林 R123383-B、R123389。平邑：核桃涧，海拔 650 m，李林 R121021、R18553；蓝涧，海拔 650 m，李林、付旭 R120173、R17462。费县：茶蓬峪，海拔 350 m，李林 R120140-B。

　　分布　中国（山东、陕西、新疆、湖南、重庆、贵州、云南、广东）；日本。

2. 细肋细喙藓　图 210

Rhynchostegiella leptoneura Dixon & Thér., Rev. Bryol. n. s., 4: 168. 1932.

　　本种叶形与日本细喙藓 *R. japonica* 类似，但本种叶平展，中肋明显短弱，多不达叶中部，叶中部细胞狭窄，以上特点区别于后者。

　　生境　生于岩面。

　　产地　平邑：蒙山，赵遵田 91263。

　　分布　中国特有种（吉林、辽宁、内蒙古、山东、四川、贵州、云南、台湾）。

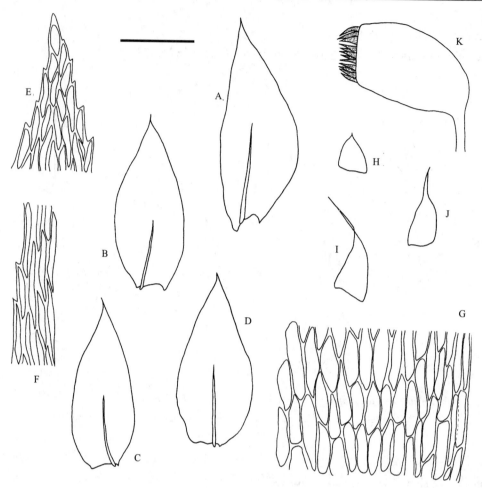

图 210 细肋细喙藓 Rhynchostegiella leptoneura Dixon & Thér., A-D. 叶；E. 叶尖部细胞；F. 叶中部边缘细胞；G. 叶基部细胞；H-J. 雌苞叶；K. 孢蒴（任昭杰 绘）。标尺：A-D, H-J=1.1 mm, E-G=140 μm, K=1.7 mm.

属 8. 长喙藓属 Rhynchostegium Bruch & Schimp.

Bryol. Eur. 5: 197. 1852.

植物体小形至大形，黄绿色至深绿色，多具光泽。茎匍匐，不规则分枝。茎叶卵形、阔卵形、椭圆形或卵状披针形，常内凹，先端渐尖、急尖、圆钝或具小尖头；叶边多平展，全缘或具细齿；中肋单一，达叶中部或中部以上。枝叶与茎叶近同形，略小。叶中部细胞长菱形至线形，平滑，角细胞矩形或方形。雌雄同株异苞。内雌苞叶披针形，先端呈毛尖状，中肋短弱。蒴柄平滑，红色。孢蒴卵圆柱形或长圆柱形。环带分化。蒴齿双层。蒴盖圆锥形，具喙。蒴帽兜形，平滑。孢子平滑或具疣。

本属全世界现有 128 种。中国有 19 种；山东有 9 种，蒙山有 7 种。

分种检索表

1. 叶先端钝或阔急尖 ·· 2
1. 叶先端急尖或渐尖 ·· 3
2. 叶明显具纵褶，基部下延 ··· 3. 褶叶长喙藓 R. muelleri
2. 叶不具纵褶或略具纵褶，基部不下延 ··· 6. 水生长喙藓 R. riparioides
3. 叶先端急尖 ·· 4
3. 叶先端渐尖 ·· 5
4. 叶细胞线形，长宽比约为 15：1 ·· 2. 斜枝长喙藓 R. inclinatum

4. 叶细胞长菱形，长宽比约为 7：1 ⋯⋯⋯⋯⋯⋯⋯⋯⋯⋯⋯⋯⋯⋯ 4. 卵叶长喙藓 R. ovalifolium
5. 叶卵状披针形至阔卵状披针形 ⋯⋯⋯⋯⋯⋯⋯⋯⋯⋯⋯⋯⋯ 7. 匐枝长喙藓 R. serpenticaule
5. 叶狭披针形至狭卵状披针形 ⋯⋯⋯⋯⋯⋯⋯⋯⋯⋯⋯⋯⋯⋯⋯⋯⋯⋯⋯⋯⋯⋯⋯⋯⋯ 6
6. 叶细胞长宽比约为 12：1 ⋯⋯⋯⋯⋯⋯⋯⋯⋯⋯⋯⋯⋯⋯⋯⋯ 1. 狭叶长喙藓 R. fauriei
6. 叶细胞长宽比约为 20：1 ⋯⋯⋯⋯⋯⋯⋯⋯⋯⋯⋯⋯⋯⋯ 5. 淡枝长喙藓 R. pallenticaule

Key to the species

1. Leaves obtuse or broadly acute ⋯⋯⋯⋯⋯⋯⋯⋯⋯⋯⋯⋯⋯⋯⋯⋯⋯⋯⋯⋯⋯⋯⋯⋯⋯ 2
1. Leaves acute or acuminate ⋯⋯⋯⋯⋯⋯⋯⋯⋯⋯⋯⋯⋯⋯⋯⋯⋯⋯⋯⋯⋯⋯⋯⋯⋯⋯⋯⋯ 3
2. Leaves obviously plicate, decurrent ⋯⋯⋯⋯⋯⋯⋯⋯⋯⋯⋯⋯⋯⋯⋯⋯⋯⋯ 3. R. muelleri
2. Leaves not plicate or weekly plicate, not decurrent ⋯⋯⋯⋯⋯⋯⋯⋯⋯⋯ 6. R. riparioides
3. Apical leaves acute ⋯⋯⋯⋯⋯⋯⋯⋯⋯⋯⋯⋯⋯⋯⋯⋯⋯⋯⋯⋯⋯⋯⋯⋯⋯⋯⋯⋯⋯⋯⋯ 4
3. Apical leaves acuminate ⋯⋯⋯⋯⋯⋯⋯⋯⋯⋯⋯⋯⋯⋯⋯⋯⋯⋯⋯⋯⋯⋯⋯⋯⋯⋯⋯⋯ 5
4. Laminal cells linear, ratio of length vs width 15: 1 ⋯⋯⋯⋯⋯⋯⋯⋯⋯⋯ 2. R. inclinatum
4. Laminal cells linear-rhomboid, ratio of length vs width 7: 1 ⋯⋯⋯⋯⋯⋯ 4. R. ovalifolium
5. Leaves ovate-lanceolate to broadly ovate-lanceolate ⋯⋯⋯⋯⋯⋯⋯⋯⋯ 7. R. serpenticaule
5. Leaves narrowly lanceolate to narrowly ovate-lanceolate ⋯⋯⋯⋯⋯⋯⋯⋯⋯⋯⋯⋯⋯ 6
6. Ratio of laminal cells length vs width 12: 1 ⋯⋯⋯⋯⋯⋯⋯⋯⋯⋯⋯⋯⋯⋯ 1. R. fauriei
6. Ratio of laminal cells length vs width 20: 1 ⋯⋯⋯⋯⋯⋯⋯⋯⋯⋯⋯⋯ 5. R. pallenticaule

1. 狭叶长喙藓

Rhynchostegium fauriei Cardot, Bull. Soc. Bot. Genève, sér. 2, 4: 381. 1912.

植物体形小，黄绿色至淡绿色，具光泽。茎匍匐，不规则分枝。茎叶狭披针形至狭卵状披针形，先端细长，略呈镰刀状偏曲；叶边平展，具齿；中肋达叶中上部。枝叶与茎叶同形，略小。叶中上部细胞线形，平滑，薄壁，基部细胞宽短，角细胞方形至矩形。

生境　生于岩面、土表或岩面薄土上。

产地　蒙阴：天麻顶，赵遵田 91367-A；小大洼，海拔 650 m，付旭 R123424；刀山沟，海拔 500 m，李林 R11974-B。平邑：核桃涧，海拔 700 m，李林 R120182-A。

分布　中国（内蒙古、山西、山东、陕西、安徽、浙江、四川、重庆、贵州、云南、福建）；朝鲜。

2. 斜枝长喙藓　图 211

Rhynchostegium inclinatum (Mitt.) A. Jaeger, Ber. Thätigk. Gallischen Naturwiss. Ges. 1876–1877: 366. 1878.

Hypnum inclinatum Mitt., J. Linn. Soc. Bot. 8: 152. 1865.

植物体多中等大小，黄绿色至暗绿色，具光泽。茎匍匐，近羽状分枝，分枝扁平。茎叶卵形至阔卵形，或卵状披针形，先端渐尖；叶边平展，具齿；中肋达叶中上部。枝叶卵状披针形，略小。叶中部细胞线形，角细胞矩圆形或多边形，分化明显。蒴柄细长，光滑。孢蒴圆柱形，下垂。

生境　生于岩面、土表或岩面薄土上。

产地　蒙阴：天麻顶，海拔 750 m，赵遵田 91354-B、91355；刀山沟，海拔 600 m，黄正莉 20111001-C；砂山，海拔 750 m，黄正莉 R18020；大石门，海拔 620 m，李超、付旭 R123053-D；橛子沟，海拔 780 m，黄正莉 R18039；小大畦，海拔 700 m，黄正莉 R121033；冷峪，海拔 450 m，李林 R123136、R123273-A、R123291；冷峪，海拔 600 m，李林 R123206-B；小大洼，海拔 500 m，李林 R120176、

R123385-A；聚宝崖，海拔 480 m，任昭杰、王春晓 R18431。平邑：明光寺，海拔 438 m，任昭杰、田雅娴 R17551；核桃涧，海拔 700 m，李林、付旭 R12198、R123039-A、R123152；蓝涧口，海拔 566 m，任昭杰、王春晓 R18499-D、R18556-A；蓝涧，海拔 680 m，郭萌萌、李林 R123097-B、R123257、R17419。费县：三连峪，海拔 500 m，李超 R123115-B、R17497-A；玉皇宫货索站，海拔 600 m，任昭杰、田雅娴 R18192-B。

    分布 中国（山东、河南、陕西、新疆、安徽、江苏、湖南、重庆、贵州、云南、西藏、广西）；日本。

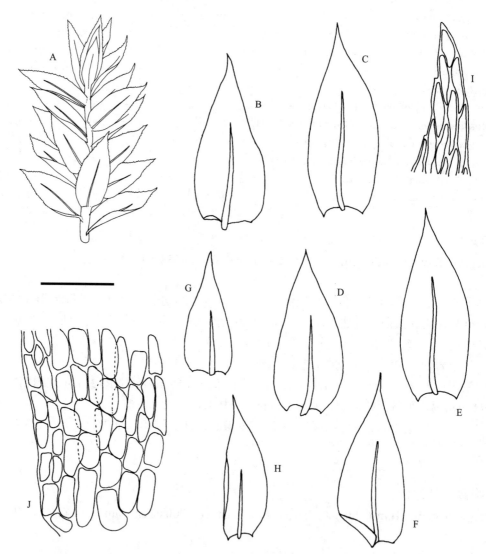

图 211 斜枝长喙藓 *Rhynchostegium inclinatum* (Mitt.) A. Jaeger, A. 植物体一部分；B-F. 茎叶；G-H. 枝叶；I. 叶尖部细胞；J. 叶基部细胞（任昭杰 绘）。标尺：A=1.7 mm, B-H=0.8 mm, I-J=83 μm.

3. 褶叶长喙藓 图 212

Rhynchostegium muelleri A. Jeager, Ber. S. Gall. Naturwiss Ges. 77: 378. 1876 (1878).

    本种与水生长喙藓 *R. riparioides* 类似，但本种叶明显褶皱，且叶基明显下延，区别于后者。

    生境 生于阴湿岩面。

    产地 蒙阴：里沟，海拔 650 m，任昭杰 R20120030。

    分布 中国（山东）；日本、印度尼西亚和美国（夏威夷）。

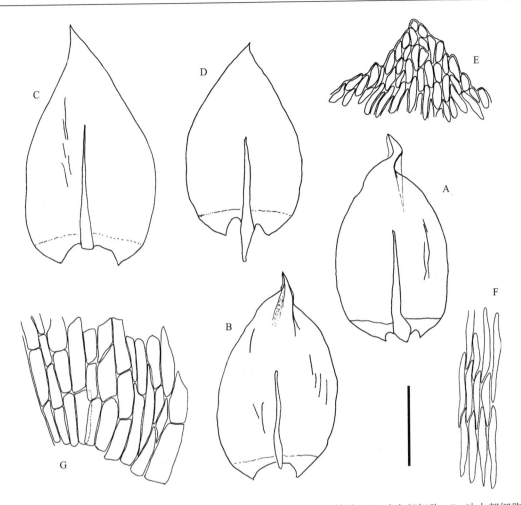

图 212　褶叶长喙藓 *Rhynchostegium muelleri* A. Jeager, A-B. 茎叶；C-D. 枝叶；E. 叶尖部细胞；F. 叶中部细胞；G. 叶基部细胞（任昭杰、付旭　绘）。标尺：A-D=1.1 mm, E-G=140 μm.

4. 卵叶长喙藓　图 213

Rhynchostegium ovalifolium S. Okamura, J. Coll. Sci. Imp. Univ. Tokyo 38 (4): 94. 1916.

植物体形小至中等大小，淡绿色至绿色。茎匍匐，不规则分枝。茎叶阔卵形，先端具小尖头，有时扭曲；叶边具齿；中肋达叶中上部；枝叶卵形，较小。叶中部细胞长菱形，角细胞分化不明显，矩形至矩圆形。

生境　生于岩面或岩面薄土上。

产地　蒙阴：蒙山，海拔 700 m，李林、李超 R120194；大畦，海拔 700 m，李林 R123261；冷峪，海拔 450 m，李林 R123272；冷峪，海拔 600 m，付旭 R17467；橛子沟，海拔 900 m，任昭杰 R123170-C；老龙潭，海拔 440 m，任昭杰、王春晓 R18441。平邑：核桃涧，海拔 600 m，付旭 R123052；蓝涧，海拔 200 m，李林、付旭 R120195、R123265-A；蓝涧，海拔 700 m，李林 R123254。费县：三连峪，海拔 500 m，郭萌萌 R123213。

分布　中国（吉林、山东、陕西、湖南、重庆、贵州、四川、云南）；日本。

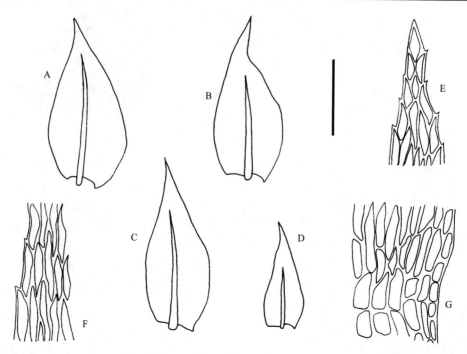

图 213　卵叶长喙藓 *Rhynchostegium ovalifolium* S. Okamura, A-C. 茎叶；D. 枝叶；E. 叶尖部细胞；F. 叶中部边缘细胞；
G. 叶基部细胞（任昭杰、付旭　绘）。标尺：A-D=0.8 mm, E-G=110 μm.

5. 淡枝长喙藓　图 214

Rhynchostegium pallenticaule Müll. Hal., Nuovo Giron. Bot. Ital., n. s., 4: 271. 1897.

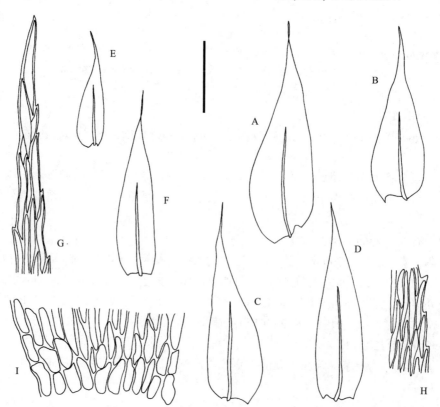

图 214　淡枝长喙藓 *Rhynchostegium pallenticaule* Müll. Hal., A-D. 茎叶；E-F. 枝叶；G. 叶尖部细胞；H. 叶中部细胞；
I. 叶基部细胞（任昭杰　绘）。标尺：A-F=1.1 mm, G-I=110 μm.

　　植物体小形至中等大小，黄绿色至深绿色，略具光泽。茎匍匐。茎叶卵状披针形至狭卵状披针形或长椭圆形，先端渐尖，常扭曲；叶缘具细齿，基部全缘；中肋纤细，达叶中上部；枝叶与茎叶同形。叶细胞线形，角细胞较少，方形或矩形。

　　生境　生于岩面、土表或岩面薄土上。

　　产地　蒙阴：冷峪，海拔 500 m，李林、郭萌萌 R121035-A、R123198-D；大大洼，海拔 650 m，李林 R17459。平邑：核桃涧，海拔 600 m，付旭 R123240-A。费县：望海楼，海拔 1000 m，赵遵田 20111366-A。

　　分布　中国特有种（山东、陕西）。

6. 水生长喙藓　图 215　照片 94

Rhynchostegium riparioides (Hedw.) Cardot in Tourret, Bull. Soc. Bot. France 60: 231. 1913.

Hypnum riparioides Hedw., Sp. Musc. Frond. 242. 1801.

Eurhynchium riparioides (Hedw.) Richards, Ann. Bryol. 9: 135. 1936.

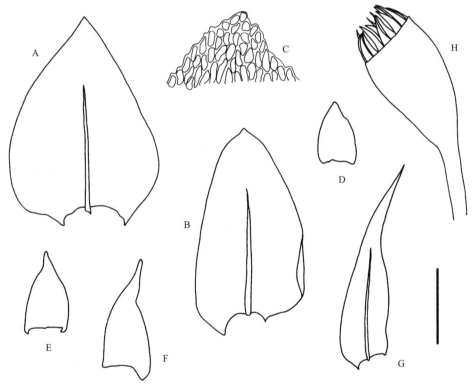

图 215　水生长喙藓 *Rhynchostegium riparioides* (Hedw.) Cardot, A-B. 叶；C. 叶尖部细胞；D-G. 雌苞叶；H. 孢蒴（任昭杰、李德利　绘）。标尺：A-B, D-G=1.2 mm, C=120 μm, H=1.4 mm.

　　植物体中等大小至大形，粗壮，黄绿色至暗绿色，略具光泽。茎匍匐，稀生叶，有时光裸无叶，稀疏分枝，分枝直立或倾立，枝密生叶。茎叶阔卵形至近圆形，先端圆钝，具小尖头，基部收缩，略反卷；叶边平展，具齿；中肋达叶中上部。枝叶与茎叶同形，略小。叶中部细胞长菱形至线形，薄壁，平滑，尖部和基部细胞短，角细胞椭圆形至矩形。蒴柄细长，红褐色，平滑。孢蒴圆柱形，下垂。

　　生境　生于阴湿岩面、土表或岩面薄土上。

　　产地　蒙阴：天麻顶，海拔 800 m，赵遵田 91211-C；大畦，海拔 650 m，李林 R123139；砂山，海拔 650 m，任昭杰 R120164-A；冷峪，海拔 600 m，付旭、郭萌萌 R123164、R123198-E、R123301；蒙山，海拔 760 m，赵遵田 91380-C。平邑：核桃涧，海拔 580 m，李林 R121025、R123233、R123368；

核桃涧，海拔 700 m，李林 R17461-E；蓝涧，海拔 620 m，郭萌萌 R120179、R123158、R17415。沂南：东五彩山，海拔 550 m，任昭杰、田雅娴 R18286。费县：茶蓬峪，海拔 350 m，郭萌萌 R123275；三连峪，海拔 400 m，郭萌萌 R123349-B；玉皇宫货索站，海拔 600 m，任昭杰、田雅娴 R18191。

　　分布　中国（吉林、辽宁、河北、山东、陕西、甘肃、上海、浙江、湖南、湖北、重庆、贵州、云南、广东、广西）；印度、不丹、尼泊尔、巴基斯坦、朝鲜、日本、坦桑尼亚、欧洲、北美洲和南美洲。

　　本种多生于山间溪流等水湿环境中，常在过水岩面形成大片群落。

7. 匐枝长喙藓　图 216

Rhynchostegium serpenticaule (Müll. Hal.) Broth. in Levier, Nuovo Giorn. Bot. Ital., n. s., 13: 275. 1906.

Eurhynchium serpenticaule Müll. Hal. Nuovo Giorn. Bot. Ital., n. s., 4: 271. 1897.

图 216　匐枝长喙藓 *Rhynchostegium serpenticaule* (Müll. Hal.) Broth.，A. 植物体一部分；B-F. 茎叶；G-I. 枝叶；J. 叶尖部细胞；K. 叶基部细胞（任昭杰 绘）。A=1.7 mm, B-I=1.1 mm, J-K=110 μm.

植物体中等大小，黄绿色至绿色，具光泽。茎匍匐，近羽状分枝。茎叶卵状披针形至阔卵状披针形，先端渐尖，常扭曲；叶边平展，中上部具齿；中肋达叶中上部。枝叶与茎叶同形，略小。叶中部细胞线形，角细胞菱形或矩圆形，横跨叶基。

生境 生于岩面薄土上。

产地 蒙阴：天麻顶，海拔 750 m，赵遵田 91698。

分布 中国（山西、山东、陕西、湖南、四川、重庆、贵州）；越南。

科 30. 灰藓科 HYPNACEAE

植物体通常中等大小至大形，黄绿色至深绿色，有时带红褐色。茎匍匐至直立，规则分枝或不规则分枝，分枝通常较短，茎和枝多扁平状；中轴分化或不分化。鳞毛稀少，假鳞毛片状，稀丝状。叶腋毛高 2–6 个细胞，稀至 8 个。茎叶经常呈镰刀形弯曲，先端短渐尖或长渐尖；叶边通常平展，全缘或具齿；中肋通常短弱，双中肋，或缺失，稀单一。枝叶和茎叶同形或异形。叶细胞多为线形，平滑，稀具疣，角细胞分化或不分化。雌雄同株或雌雄异株，稀同序混生。蒴柄长，光滑，常扭曲。孢蒴卵圆球形或圆柱形，多呈弓形弯曲，下垂至平列。环带分化。蒴齿双层。蒴盖圆锥形，具短喙。蒴帽兜形。孢子平滑或具疣。

本科全世界有 52 属。中国有 22 属；山东有 8 属，蒙山有 7 属。

分属检索表

1. 角细胞明显分化，由多数小形细胞组成 ·· 2
1. 角细胞不明显分化，或仅由少数大形细胞组成 ··································· 3
2. 叶先端呈镰刀状弯曲 ·· 1. 扁灰藓属 Breidleria
2. 叶先端不呈镰刀状弯曲 ·· 3. 美灰藓属 Eurohypnum
3. 茎、枝圆条形 ··· 5. 灰藓属 Hypnum
3. 茎、枝扁平形 ··· 4
4. 叶细胞线形 ··· 5
4. 叶细胞较短，不呈线形 ··· 6
5. 角细胞明显分化 ·· 2. 偏蒴藓属 Ectropothecium
5. 角细胞不分化或略分化 ·· 6. 鳞叶藓属 Taxiphyllum
6. 植物体具鳞毛；叶细胞长菱形，常具前角突，角细胞略分化 ················ 4. 粗枝藓属 Gollania
6. 植物体无鳞毛；叶细胞长六边形，平滑，角细胞不分化 ··············· 7. 明叶藓属 Vesicularia

Key to the genera

1. Leaf alar cells obviously differentiated, consisting of numerous small cells ························· 2
1. Leaf alar cells weakly differentiated, or only a few enlarged cells ······························· 3
2. Leavf apex falcate ··· 1. *Breidleria*
2. Leavf apex not falcate ··· 3. *Eurohypnum*
3. Stems and branches rounded ··· 5. *Hypnum*
3. Stems and branches complanately foliose ··· 4
4. Laminal cells linear ··· 5
4. Laminal cells rather short, not linear ·· 6
5. Leaf alar cells obviously differentiated ·· 2. *Ectropothecium*
5. Leaf alar cells not differentiated, or weakly differentiated ···························· 6. *Taxiphyllum*
6. Plants with pseudoparaphyllia; laminal cells long-rhomboidal, usually papillose at the front corner, alar cells weakly differentiated ··· 4. *Gollania*

6. Plants without pseudoparaphyllia; laminal cells long-hexagonal, smooth, alar cells not differentiated ············· 7. *Vesicularia*

属 1. 扁灰藓属 Breidleria Loeske

Stud. Morph. Syst. Laubm. 172. 1910.

　　植物体形大，粗壮，黄绿色至暗绿色，具光泽。茎匍匐或倾立，不规则稀疏分枝或近羽状分枝。叶异形，背面叶短，腹面叶和侧面叶长，一侧弯曲，卵状披针形，基部不下延或略下延，先端渐尖；叶边平展，中上部具齿；中肋短，2 条或不明显。枝叶狭披针形，一侧弯曲，较小。叶细胞线形，薄壁，基部细胞宽短，角细胞分化，较小，方形至矩形。雌雄异株。雌苞叶具纵褶。蒴柄细长。孢蒴长椭圆柱形或圆柱形，弓形弯曲。环带分化。蒴齿双层。蒴盖圆锥形。

　　本属全世界现有 2 种。中国有 2 种；山东有 1 种，蒙山有分布。

1. 扁灰藓　图 217　照片 95

Breidleria pratensis (Koch ex Spruce) Loeske, Stud. Morph. Syst. Laubm. 172. 1910.

Hypnum pratense Koch ex Spruce, London J. Bot. 4: 177. 1845.

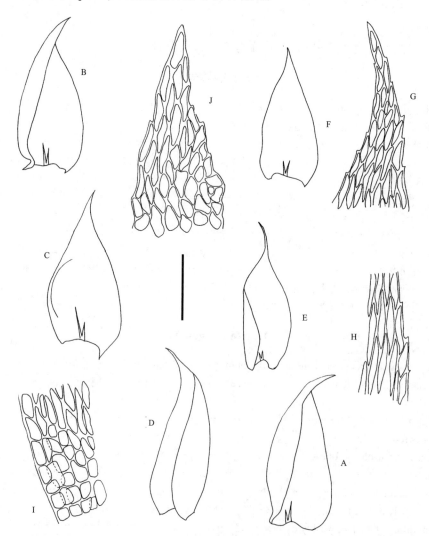

图 217　扁灰藓 *Breidleria pratensis* (Koch ex Spruce) Loeske, A-D. 茎叶；E-F. 枝叶；G. 叶尖部细胞；H. 叶中部细胞；I. 叶基部细胞；J. 假鳞毛（任昭杰 绘）。标尺：A-F=1.0 mm, G-J=100 μm。

植物体中等大小至大形，粗壮，黄绿色至深绿色，具光泽。茎匍匐，不规则分枝或近羽状分枝；假鳞毛片状。叶卵状披针形，内凹，先端渐尖，多一侧偏曲；叶边平展，中上部具细齿；中肋短，2条或不明显。叶细胞长线形，平滑，角细胞小，方形至长方形。

生境　生于岩面或土表。

产地　蒙阴：大大洼，海拔 700 m，李林 R123412；大牛圈，海拔 600 m，黄正莉 R18030-A。平邑：拜寿台上，海拔 1100 m，任昭杰、田雅娴 R17515；寿星沟，海拔 1066 m，任昭杰、王春晓 R18415-B；龟蒙顶索道上站，海拔 1066 m，任昭杰、王春晓 R18559。费县：望海楼，海拔 1000 m，赵遵田 20111366-B，20111396。

分布　中国（黑龙江、吉林、内蒙古、河北、山西、山东、陕西、甘肃、贵州、云南）；蒙古、日本、俄罗斯（远东地区和西伯利亚），欧洲和北美洲。

属 2. 偏蒴藓属 Ectropothecium Mitt.

J. Linn. Soc. Bot. 10: 180. 1868.

植物体中等大小至较大，黄绿色至深绿色，有时带棕褐色，具光泽。茎匍匐，单一或羽状分枝，分枝短而单一。鳞毛稀少，披针形、细长形，或缺失。叶通常有背叶、侧叶和腹叶之分。茎叶卵形、卵状披针形或倒卵状披针形，多不对称，先端急尖或渐尖，多一侧偏曲；叶边具齿；中肋 2，短弱或缺失。枝叶与茎叶近同形，较窄小。叶细胞狭长线形，有时具明显前角突，基部细胞较宽短，角细胞分化，少且较小，方形至矩形。雌雄异株或同株异苞，稀雌雄杂株。内雌苞叶阔披针形，具长尖。孢蒴壶形、卵圆柱形或长圆柱形，平列至下垂。环带分化。蒴齿双层。蒴盖圆锥形或平凸，具短喙。蒴帽平滑，稀具单细胞纤毛。孢子多平滑。

本属全世界约 205 种。中国有 16 种；山东有 1 种，蒙山有分布。

1. 卷叶偏蒴藓　图 218

Ectropothecium ohosimense Cardot. & Thér., Bull. Acad. Int. Géogr. Bot. 18: 251. 1908.

植物体中等大小至大形，绿色，具光泽。茎匍匐，羽状分枝或近羽状分枝，带叶枝多呈扁平状。假鳞毛细丝状。茎叶卵状披针形至披针形，先端长渐尖，一侧偏曲；叶边平展，先端具齿；中肋 2，短弱。枝叶与茎叶近同形，较小。叶细胞线形，常具前角突，角细胞长圆形，较大，无色透明。

生境　生于土表或岩面。

产地　蒙阴：大石门，海拔 650 m，李超、付旭 R123295。平邑：核桃涧，海拔 700 m，郭萌萌 R16009-A。费县：茶蓬峪，海拔 400 m，李林 R123144。

分布　中国（山东、浙江、江西、湖南、四川、贵州、云南、西藏、福建、海南、澳门）；日本和越南。

属 3. 美灰藓属 Eurohypnum Ando

Bot. Mag. (Tokyo) 79: 760. 1966.

属特征见种。

本属全世界仅 1 种。蒙山有分布。

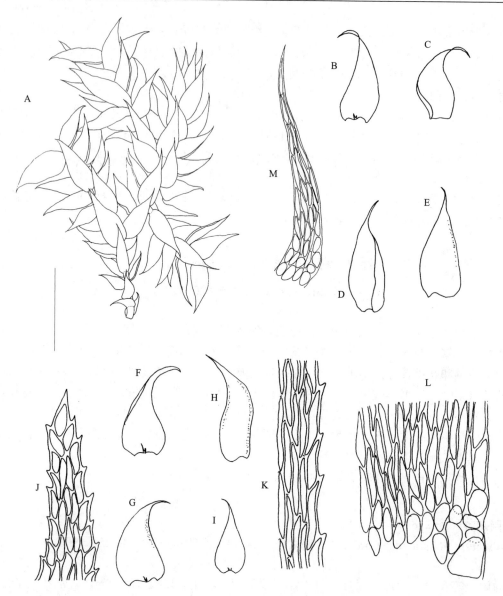

图 218　卷叶偏蒴藓 *Ectropothecium ohosimense* Cardot. & Thér., A. 植物体一段；B-G. 茎叶；H-I. 枝叶；J. 叶尖部细胞；K. 叶中部边缘细胞；L. 叶基部细胞；M. 假鳞毛（任昭杰）。标尺：A=0.6 mm, B-I=1 mm, J-L=100 μm, M=60 μm.

1. 美灰藓　图 219　照片 96

Eurohypnum leptothallum (Müll. Hal.) Ando, Bot. Mag. (Tokyo) 79: 761. 1966.

Cupressina leptothallum Müll. Hal., Nuovo Giorn. Bot. Ital., n. s., 3: 119. 1896.

Eurohypnum leptothallum var. *tereticaule* (Müll. Hal.) C. Gao & G. C. Zhang, J. Hattori Bot. Lab. 54: 194. 1983.

　　植物体中等大小至大形，多粗壮，稀纤细，黄绿色至暗绿色，老时苍白色或带红褐色，略具光泽。茎匍匐，不规则羽状分枝。茎叶阔卵状披针形，内凹，基部狭窄，先端急尖，直立或略偏斜；叶边平展，先端多具细齿；中肋缺失，或 2 条短中肋，不明显。枝叶与茎叶同形，略小。叶细胞狭长菱形，平滑，角细胞分化明显，小形，厚壁，方形、多边形至圆多边形，斜向排列，沿叶边向上延伸，高达 20–30 个细胞。

　　生境　多生于土表、岩面或岩面薄土上，稀见于树基部。

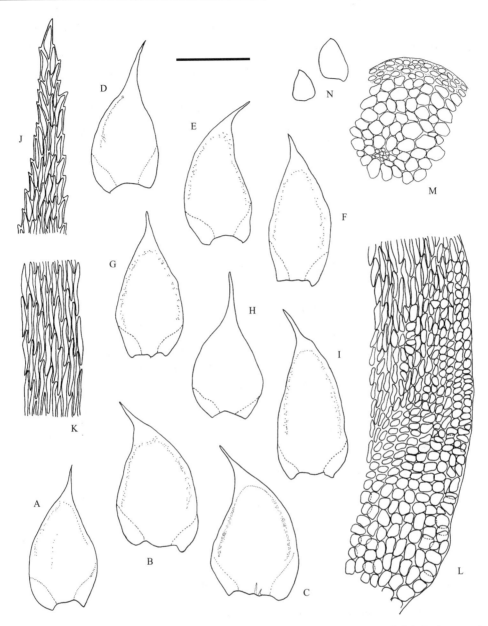

图 219　美灰藓 *Eurohypnum leptothallum* (Müll. Hal.) Ando, A-C. 茎叶；D-I. 枝叶；J. 叶尖部细胞；K. 叶中部细胞；
L. 叶基部细胞；M. 茎横切面一部分；N. 假鳞毛（任昭杰 绘）。标尺：A-I=1.19 mm, J-L=119 μm, M=167 μm,
N=0.83 mm.

产地　蒙阴：天麻顶，海拔 850 m，赵遵田 91205、91211-D；小大畦，海拔 700 m，李林 R123137-B；大大畦，海拔 750 m，郭萌萌 R123155；大洼，海拔 700 m，郭萌萌 R123221-B；大大洼，海拔 700 m，李超 R17323-B；小天麻顶，海拔 500 m，赵遵田 91249、91250-A、91253；砂山，海拔 600 m，任昭杰 R20120034、R20120036；蒙山三分场，海拔 700 m，赵遵田 91188、91192、91351-B；观峰台，海拔 850 m，赵遵田 20111387-C；冷峪，海拔 600 m，李林、李超 R123035-B、R123316、R17386-A；聚宝崖，海拔 480 m，任昭杰、王春晓 R18368-B、R18426；老龙潭，海拔 550 m，任昭杰、王春晓 R18472。平邑：龟蒙顶，张艳敏 8-B（PE）；龟蒙顶下，海拔 1100 m，任昭杰、田雅娴 R17588-B；核桃涧，海拔 550 m，任昭杰、王春晓 R18512；蓝涧，海拔 680 m，郭萌萌 R123315；明光寺，海拔 580 m，任昭杰、田雅娴 R17510、R17589；龟蒙顶索道上站，海拔 1066 m，任昭杰、王春晓 R18558-C；龟蒙顶至拜寿台途中悬崖栈道，海拔 1100 m，任昭杰、田雅娴 R17590、R17542；拜寿台上，海拔 1100 m，

任昭杰、田雅娴 R17564。沂南：蒙山，海拔 790 m，赵遵田 R121003-C；东五彩山，海拔 550 m，任昭杰、田雅娴 R18340-A；东五彩山，海拔 700 m，任昭杰、田雅娴 R18290。费县：望海楼，海拔 1000 m，赵遵田、任昭杰、田雅娴 91303-A、91477、R17571-C；玉皇宫下，海拔 870 m，任昭杰、田雅娴 R17557、R17597；三连峪，海拔 450 m，李林 R17482-A；沂蒙山小调博物馆外，任昭杰 R18282-B。

分布 中国（黑龙江、吉林、内蒙古、北京、山西、山东、河南、陕西、宁夏、甘肃、青海、新疆、安徽、江苏、上海、江西、湖南、湖北、四川、重庆、贵州、云南、西藏）；蒙古、日本、朝鲜和俄罗斯（远东地区和西伯利亚）。

本种在蒙山乃至山东地区分布范围都非常广泛，植株大小、颜色等变化范围较大，多在岩面形成群落。

属 4. 粗枝藓属 **Gollania** Broth.

Nat. Pflanzenfam. ed. I (3): 1054. 1908.

植物体中等大小至大形，粗壮，黄绿色至深绿色，有时带褐色，具光泽。茎匍匐，羽状分枝或不规则分枝，生叶茎扁平或近圆柱形，稀圆柱形；中轴分化或不分化。假鳞毛披针形或卵形，稀三角形。叶有背叶、侧叶和腹叶之分。茎叶直立或镰刀状弯曲，卵圆形、披针形或长椭圆形，平展或内凹，多具褶皱或横波纹，先端具短尖或长尖，基部下延；叶边基部背卷，稀基部至上部皆背卷，下部全缘，中上部具粗齿或细齿，稀全缘；中肋 2，长或短。枝叶与茎叶近同形，较窄小。叶细胞线形，薄壁或厚壁，有时具前角突，基部细胞较大，厚壁，有时具壁孔，角细胞分化，方形或圆多边形。雌雄异株。蒴柄细长，常扭曲。孢蒴卵圆柱形或长柱形，平列，平滑。蒴齿双层。蒴盖圆锥形，具短喙。蒴帽兜形。孢子黄棕色，平滑或具疣。

本属全世界现有 20 种。中国有 16 种；山东有 4 种，蒙山有 2 种。

分种检索表

1. 叶具长尖，且尖部具横皱纹 ·· 1. 皱叶粗枝藓 *G. ruginosa*
1. 叶具短尖，尖部无横皱纹 ··· 2. 多变粗枝藓 *G. varians*

Key to the species

1. Leaves gradually narrow to a long apex and transversely rugose at the apex ··························· 1. *G. ruginosa*
1. Leaves abruptly narrow to a short apex, not transversely rugose at the apex ························· 2. *G. varians*

1. 皱叶粗枝藓 图 220 照片 97

Gollania ruginosa (Mitt.) Broth., Nat. Pflanzenfam. I (3): 1055. 1908.

Hyocomium ruginosum Mitt., Trans. Linn. Soc. Bot. London, Bot. 3: 178. 1891.

植物体中等大小至大形，通常粗壮，黄绿色，具光泽。茎匍匐，羽状分枝或不规则分枝。假鳞毛披针形。茎叶有分化，背面叶狭长卵状披针形，具纵褶，有时平展，基部近心形，向上渐成长尖，尖部具横皱纹，有时平展，略向一侧偏曲；叶边平展，或略背卷，上部具不规则齿；中肋 2，较短弱。腹面叶尖部横皱纹明显。枝叶较小。叶中部细胞线形，厚壁，具前角突，角细胞略分化，3–5 列，高 4–6 个细胞。

生境 生于土表或岩面。

产地 蒙阴：冷峪，海拔 600 m，黄正莉、付旭、李林 R120147-B、R123027-A、R123283-A；大畦，海拔 600 m，李林 R123126-A。平邑：龟蒙顶至拜寿台途中悬崖栈道，海拔 1045 m，任昭杰、田雅娴 R17518-A、R17572；寿星沟，海拔 1050 m，任昭杰、王春晓 R18383-B、R18420、R18491-A。费县：望海楼，海拔 1000 m，赵遵田 20111366-D、20111371-D。

分布 中国（黑龙江、吉林、辽宁、山西、山东、河南、陕西、甘肃、安徽、浙江、江西、湖北、四川、重庆、贵州、云南、西藏、台湾、广西）；日本、朝鲜、印度、不丹和俄罗斯（远东地区）。

本种在龟蒙顶至拜寿台一线，海拔 1000 m 以上阴坡的悬崖石壁上形成大片群落，远看与大灰藓 *Hypnum plumaeforme* Wilson 群落极相似。

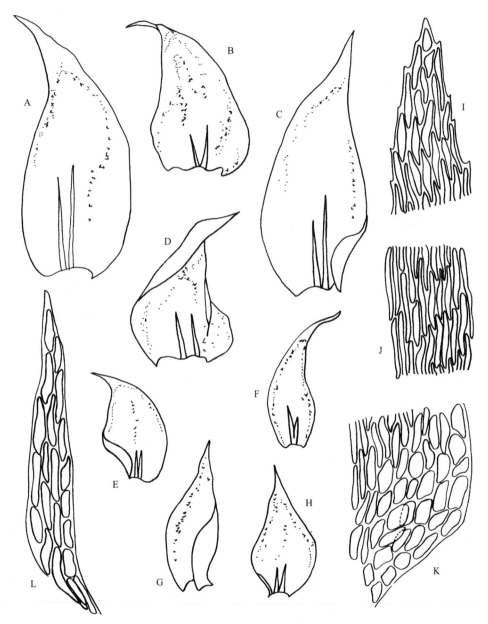

图 220 皱叶粗枝藓 *Gollania ruginosa* (Mitt.) Broth., A-D. 茎叶；E-H. 枝叶；I. 叶尖部细胞；J. 叶中部细胞；K. 叶基部细胞；L. 假鳞毛（任昭杰 绘）。标尺：A-H=0.83 mm, I-L=83 μm。

2. 多变粗枝藓 图 221

Gollania varians (Mitt.) Broth., Nat. Pflanzenfam. I (3): 1055. 1908.

Hylocomium varians Mitt., Trans. Linn. Soc. London., Bot. 3: 183. 1891.

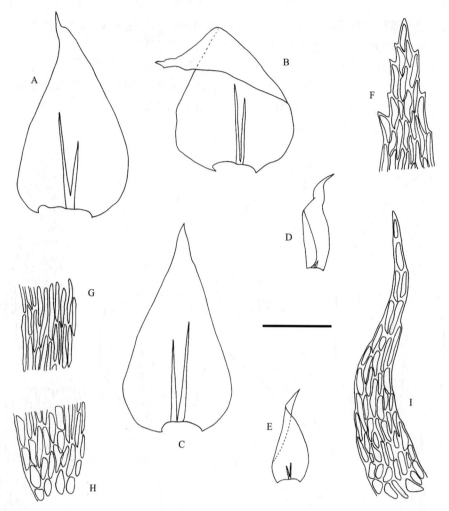

图 221　多变粗枝藓 *Gollania varians* (Mitt.) Broth., A-C. 茎叶；D-E. 枝叶；F. 叶尖部细胞；G. 叶中部细胞；H. 叶基部细胞；I. 假鳞毛（任昭杰、李德利 绘）. 标尺：A-E=1.2 mm, F-I=120 μm.

植物体中等大小，绿色。茎匍匐，不规则分枝或羽状分枝。茎叶分化，背叶阔卵状披针形，叶基略下延，先端具钝尖；叶边具齿；中肋 2 条，强劲。枝叶与茎叶近同形，较小。叶细胞线形，多具前角突，角细胞分化。

生境　生于岩面或土表。

产地　蒙阴：大石门，海拔 620 m，李超、付旭 R123053-A。平邑：龟蒙顶，张艳敏 18（SDAU）。

分布　中国（山东、河南、陕西、甘肃、浙江、湖北、四川、重庆、贵州、云南）；朝鲜和日本。

属 5. 灰藓属 **Hypnum** Hedw.

Sp. Musc. Frond. 236. 1801.

植物体中等大小至大形，多粗壮，黄绿色至深绿色，有时带褐色、红色，具光泽，大片交织生长。茎匍匐，不规则分枝或规则羽状分枝，分枝末端呈镰刀状或钩状；中轴分化或不分化。假鳞毛披针形或卵圆形，稀丝状，有时缺失。叶多卵状披针形，先端具短尖或长尖，镰刀状弯曲；叶边平展或背卷，全缘或上部具齿；中肋 2，短弱或缺失，稀较长。叶细胞长线形，薄壁，平滑，稀具前角突，基部细胞厚壁，有时具壁孔，角细胞明显分化，方形或多边形，膨大、透明。雌雄异株或雌雄同株异苞。蒴柄细长，平滑，干燥时常扭转。孢蒴长卵圆柱形至圆柱形，略弯曲，平列至倾立，稀直立。蒴齿双层。

蒴盖圆锥形，具喙。蒴帽兜形，平滑无毛。孢子具疣。

　　本属植物在鲁东丘陵区分布较为广泛，生物量较大，蒙山零星分布，且生物量较小。

　　本属全世界约 43 种。中国有 20 种和 1 亚种；山东有 8 种，蒙山有 6 种。

分种检索表

1. 茎表皮细胞分化明显，大形 ··· 2. 多蒴灰藓 *H. fertile*
1. 茎表皮细胞不分化，小形 ·· 2
2. 角细胞分化明显，多数，方形 ··· 1. 灰藓 *H. cupressiforme*
2. 角细胞不分化或略分化 ··· 3
3. 雌雄异株 ··· 4
3. 雌雄同株 ··· 5
4. 叶具纵褶，叶边有时背卷；蒴盖具长喙 ······························ 3. 长喙灰藓 *H. fujiyamae*
4. 叶不具纵褶，叶边平展；蒴盖具短喙 ································ 5. 大灰藓 *H. plumaeforme*
5. 植物体纤细，小形；孢蒴平列至倾立 ································ 4. 黄灰藓 *H. pallescens*
5. 植物体粗壮，大形；孢蒴直立 ··· 6. 湿地灰藓 *H. sakuraii*

Key to the species

1. Epidermal cells of stem well differentiated, large ·· 2. *H. fertile*
1. Epidermal cells of stem not differentiated, small ··· 2
2. Alar cells conspicuously differentiated, numerous, quadrate ·· 1. *H. cupressiforme*
2. Alar cells not differentiated or weakly differentiated ·· 3
3. Dioecious ·· 4
3. Monoicous ·· 5
4. Leaves plicate; leaf margins sometimes revolute below; operculum with a longer beak ············· 3. *H. fujiyamae*
4. Leaves not plicate; Leaf margins plane; operculum with a shorter beak ······························ 5. *H. plumaeforme*
5. Plants slender, small; capsules horizontal to inclined ·· 4. *H. pallescens*
5. Plants robust, large; capsules erect ··· 6. *H. sakuraii*

1. 灰藓

Hypnum cupressiforme Hedw., Sp. Musc. Frond. 219. 1801.

　　植物体中等大小至大形，黄绿色，具光泽。茎匍匐或倾立，不规则羽状分枝或规则羽状分枝；中轴分化。假鳞毛稀少，披针形或片状。茎叶长椭圆形或椭圆状披针形，先端镰刀形弯曲，稀直立，内凹，先端渐尖；叶边全缘或仅先端具细齿；中肋 2，短弱或不明显。枝叶与茎叶同形，较小。叶细胞狭长菱形，薄壁或厚壁，基部细胞短，厚壁，角细胞分化，方形或多边形。

　　生境　多生于岩面、土表或岩面薄土上。

　　产地　蒙阴：蒙山，任昭杰 20120089。

　　分布　中国（吉林、辽宁、内蒙古、山西、山东、陕西、宁夏、甘肃、青海、新疆、安徽、江西、湖南、四川、贵州、云南、西藏、福建、台湾、广西）；巴基斯坦、蒙古、朝鲜、日本、俄罗斯（西伯利亚和远东地区）、斯里兰卡、印度、秘鲁、智利、坦桑尼亚，欧洲、北美洲和大洋洲。

2. 多蒴灰藓　图 222

Hypnum fertile Sendtn., Denkschr. Bot. Ges. Regensburg 3: 147. 1841.

　　植物体中等大小，黄绿色，具光泽。茎匍匐，近羽状分枝；横切面表皮细胞大形。假鳞毛片状。

茎叶椭圆状披针形至阔椭圆状披针形，内凹，无纵褶或略具纵褶，先端渐尖，镰刀状一侧偏曲；叶边略背卷，中下部全缘，上部具细齿；中肋 2，短弱或缺失。枝叶与茎叶同形，较小。叶中部细胞线形，基部细胞短，具壁孔，角细胞分化，方形或长圆形，常由少数透明薄壁细胞组成。

　　生境　生于岩面或岩面薄土上。

　　产地　蒙阴：大畦，海拔 600 m，李林 R123124-C、R17445-B。

　　分布　中国（黑龙江、吉林、内蒙古、山东、浙江、湖南、四川、重庆、贵州、云南、西藏、广西）；日本、俄罗斯（西伯利亚和远东地区），欧洲、北美洲和非洲。

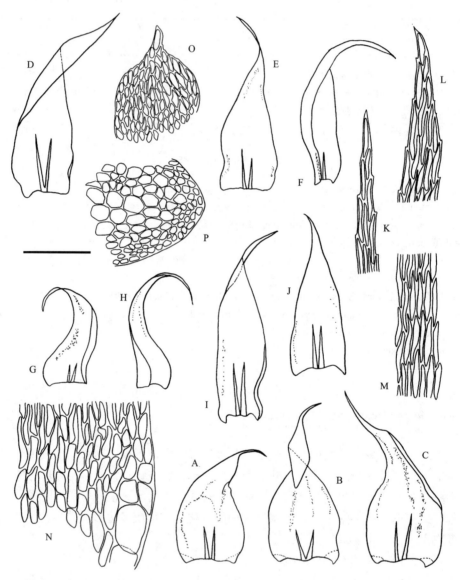

图 222　多蒴灰藓 *Hypnum fertile* Sendtn.，A-C. 茎叶；D-J. 枝叶；K. 茎叶尖部细胞；L. 枝叶尖部细胞；M. 叶中部细胞；N. 叶基部细胞；O. 假鳞毛；P. 茎横切面一部分（任昭杰 绘）。
标尺：A-J=0.83 mm，K-N=104 μm，O-P=139 μm.

3. 长喙灰藓　　图 223

Hypnum fujiyamae (Broth.) Paris, Index Bryol. Suppl. 1: 202. 1900.

Stereodon fujiyamae Broth., Hedwigia 38: 232. 1899.

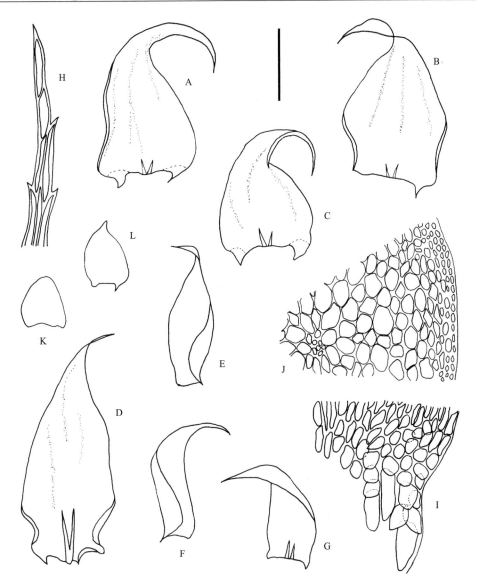

图223　长喙灰藓 *Hypnum fujiyamae* (Broth.) Paris, A-D. 茎叶；E-G. 枝叶；H. 叶尖部细胞；I. 叶基部细胞；J. 茎横切面一部分；K-L. 假鳞毛（任昭杰 绘）。标尺：A-G, K-L=0.8 mm, H-I=92 μm, J=120 μm.

植物体多大形，粗壮，黄绿色至绿色。茎匍匐，不规则分枝或羽状分枝；中轴略分化。假鳞毛披针形或卵圆形。茎叶三角状披针形或卵状披针形，具纵褶，先端渐尖，镰刀状一侧偏曲；叶边下部常背卷，先端具细齿；中肋 2，短弱。枝叶卵圆状披针形或椭圆状披针形，较小。叶细胞线形，基部细胞较短，厚壁，具壁孔，角细胞大形，薄壁，无色透明，有时带褐色。

生境　生于土表或岩面。

产地　蒙阴：冷峪，海拔 500 m，李超 R121023；大石门，海拔 650 m，李超、付旭 R123232；大畦，海拔 600 m，李林 R123120。

分布　中国（山东、河南、福建）；朝鲜和日本。

4. 黄灰藓　图224

Hypnum pallescens (Hedw.) P. Beauv., Prodr. Aethéogam. 67. 1805.

Leskea pallescens Hedw., Sp. Musc. Frond. 219. pl. 55, f. 1–6. 1801.

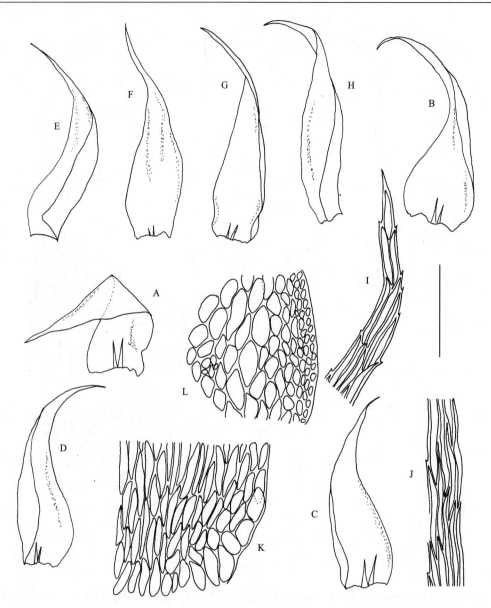

图 224 黄灰藓 *Hypnum pallescens* (Hedw.) P. Beauv., A-E. 茎叶；F-H. 枝叶；I. 叶尖部细胞；J. 叶中部边缘细胞；K. 叶基部细胞；L. 茎横切面一部分（任昭杰绘）。标尺：A-H=1 mm, I-L=100 μm.

　　植物体形小，黄绿色。茎匍匐，羽状分枝或近羽状分枝；中轴略分化。假鳞毛稀少，披针形。茎叶卵状披针形，内凹，先端渐尖，多镰刀状弯曲；叶边上部具细齿；中肋2，短弱。枝叶较小，狭窄，先端齿较为明显。叶细胞线形，具不明显前角突，基部细胞较宽短，角细胞多数，方形或圆方形。

　　生境　生于岩面薄土上。

　　产地　蒙阴：蒙山，小天麻岭，海拔 650 m，赵遵田 91279。

　　分布　中国（吉林、辽宁、内蒙古、山西、山东、陕西、宁夏、甘肃、新疆、江西、湖北、四川、贵州、云南、西藏）；巴基斯坦、朝鲜、日本、俄罗斯（西伯利亚和远东地区），欧洲和北美洲。

5. 大灰藓　图 225　照片 98

Hypnum plumaeforme Wilson, London J. Bot. 7: 277. 1848.

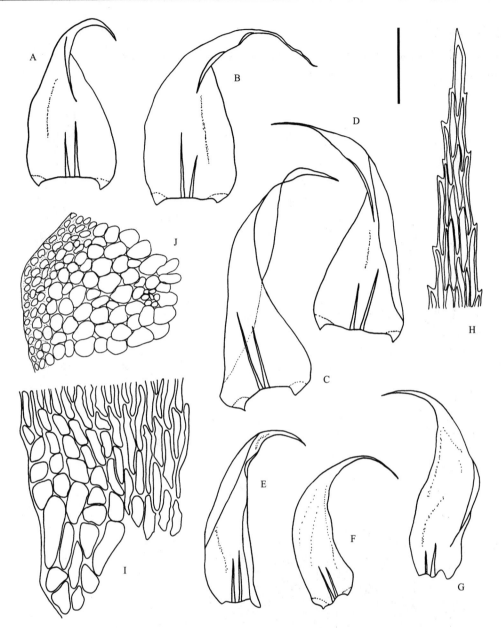

图 225　大灰藓 *Hypnum plumaeforme* Wilson, A-D. 茎叶；E-G. 枝叶；H. 叶尖部细胞；I. 叶基部细胞；J. 茎横切面一部分（任昭杰 绘）。标尺：A-G=1.04 mm, H-I=104 μm, J=133 μm.

　　植物体粗壮，黄绿色，具光泽。茎匍匐，不规则分枝或规则羽状分枝；中轴略分化。假鳞毛稀少，黄绿色，丝状或披针形。茎叶阔椭圆形或近心形，渐上阔披针形，渐尖，多一侧偏曲；叶边平展，先端具细齿；中肋 2，短弱。枝叶与茎叶近同形，较小。叶细胞线形，厚壁，基部细胞较短，厚壁，具壁孔，角细胞较大，薄壁，透明。

　　生境　生于岩面薄土上。

　　产地　蒙阴：小天麻顶，海拔 650 m，赵遵田 91420；聚宝崖，海拔 480 m，任昭杰、王春晓 R18368-A、R18370、R18421-A。

　　分布　中国（吉林、内蒙古、河北、山东、陕西、甘肃、新疆、河南、安徽、江苏、上海、浙江、江西、湖南、湖北、四川、重庆、贵州、云南、西藏、福建、台湾、广东、广西、海南、香港）；斯里兰卡、朝鲜、日本、尼泊尔、越南、缅甸、菲律宾、俄罗斯（远东地区）和美国（夏威夷）。

6. 湿地灰藓　图 226

Hypnum sakuraii (Sakurai) Ando, J. Sci. Hiroshima Univ., Ser. B, Div. 2, Bot. 8: 185. 1958.

Calohypnum sakuraii Sakurai, J. Jap. Bot. 25: 219. 1950.

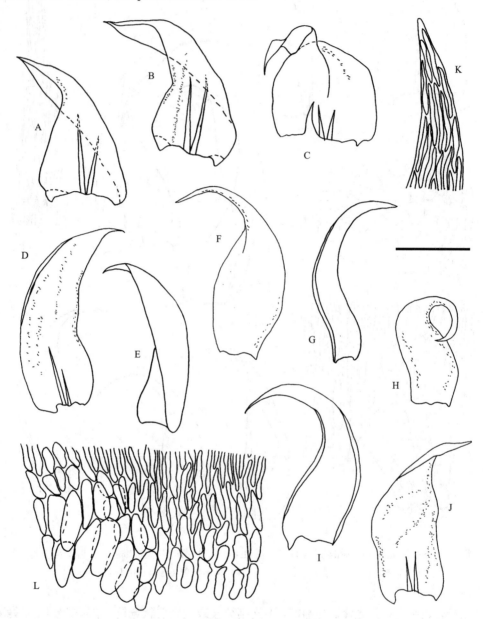

图 226　湿地灰藓 *Hypnum sakuraii* (Sakurai) Ando, A-C. 茎叶；D-J. 枝叶；K. 叶尖部细胞；L. 叶基部细胞（任昭杰、田雅娴 绘）。标尺：A-J=1.04 mm, K-L=104 μm.

　　植物体中等大小，黄绿色。茎匍匐或近于直立，稀疏羽状分枝；中轴略分化。假鳞毛较宽阔，稀少。茎叶卵状披针形，具短尖，镰刀状弯曲，叶基一般为圆形；叶边平展，上部具细齿；中肋 2，短弱或不明显。枝叶狭窄，较小。叶细胞线形，基部细胞较短，角细胞凹入，由少数大形透明细胞组成。

　　生境　生于岩面薄土上。

　　产地　蒙阴：小天麻岭，海拔 650 m，赵遵田 91282-B；蒙山，赵遵田 20111030-B。

　　分布　中国（山东、河南、陕西、安徽、四川、重庆、贵州、云南、福建）；日本。

属 6. 鳞叶藓属 Taxiphyllum M. Fleisch.

Musci Buitenzorg 4: 1434. 192.

植物体中等大小至大形，柔弱至稍粗壮，扁平，绿色，具光泽。茎匍匐，稀疏不规则分枝或羽状分枝，分枝扁平。叶近两列着生，倾立，长卵形，具短尖或长尖；叶边平展，具细齿；中肋 2，短弱或缺失。叶细胞长菱形，平滑或具前角突。雌雄异株。内雌苞叶长卵形，急尖，呈芒状。蒴柄细长。孢蒴长卵形，具长台部，平列至直立。蒴齿两层。蒴盖具长喙。蒴帽兜形，平滑。

本属在蒙山乃至山东各大山区分布极为广泛，常在林缘土坡形成大片群落，但未见孢子体。

本属全世界有 31 种。中国有 10 种；山东有 4 种，蒙山皆有分布。

分种检索表

1. 叶稀疏扁平排列 ·· 2. 凸尖鳞叶藓 T. cuspidifolium
1. 叶密集扁平排列 ··· 2
2. 叶细胞平滑 ·· 1. 细尖鳞叶藓 T. aomoriense
2. 叶细胞具前角突 ··· 3
3. 茎叶和枝叶与茎、枝成直角向两侧伸展；叶上部边缘具粗齿 ················· 3. 陕西鳞叶藓 T. giraldii
3. 茎叶和枝叶与茎、枝成斜角向两侧伸展；叶上部边缘具细齿 ··················· 4. 鳞叶藓 T. taxirameum

Key to the species

1. Leaves loosely complanately arranged ·································· 2. T. cuspidifolium
1. Leaves densely complanately arranged ··· 2
2. Laminal cells smooth ··· 1. T. aomoriense
2. Laminal cells papillose at the front corner ··· 3
3. Stem leaves and branch leaves rectangularly spreading; upper Leaf margins grossly toothed ··············· 3. T. giraldii
3. Stem leaves and branch leaves obliquely spreading; upper Leaf margins finely toothed ··············· 4. T. taxirameum

1. 细尖鳞叶藓

Taxiphyllum aomoriense (Besch.) Z. Iwats., J. Hattori Bot. Lab. 26: 67. 1963.

Plagiothecium aomoriense Besch., Ann. J. Sci. Ann. Nat., Bot., sér. 7, 17: 385. 1893.

植物体中等大小，黄绿色，具光泽。茎匍匐，羽状分枝，带叶枝扁平。假鳞毛叶状。叶卵圆形，具细短尖；叶边平展，上部具细齿；中肋 2，短弱或不明显。叶中部细胞线形或长菱形，平滑，基部细胞较短，厚壁，角细胞长方形或六边形。

生境　生于岩面或岩面薄土上。

产地　蒙阴：蒙山，小天麻顶，海拔 500 m，赵遵田 91424。费县：望海楼，海拔 980 m，赵遵田 91323-C。

分布　中国（吉林、山东、江苏、湖南、重庆、贵州、云南、广西）；朝鲜和日本。

2. 凸尖鳞叶藓　图 227

Taxiphyllum cuspidifolium (Cardot) Z. Iwats., J. Hattori Bot. Lab. 28: 220. 1965.

Isopterygium cuspidifolium Cardot, Bull. Soc. Bot. Genève, sér. 2, 4: 387. 1912.

植物体中等大小，黄绿色至深绿色，具光泽。茎匍匐，羽状分枝，带叶枝扁平。假鳞毛披针形或三角形。叶卵圆形或长椭圆形，两侧略不对称，先端具突尖或细长尖；叶边平展，具细齿；中肋 2，短弱。叶中部细胞狭长菱形至线形，上部细胞和基部细胞略短，角细胞少数，方形或长方形。

生境 生于土表、岩面或岩面薄土上。

产地 蒙阴：百花峪，海拔 500 m，黄正莉 R11973-C；小大畦，海拔 450 m，李林 R123014、R17312；冷峪，海拔 600 m，李超、李林 R123102、R17105。平邑：核桃涧，海拔 750 m，李林 R123101-B；明光寺，海拔 450 m，赵遵田、任昭杰 R17647-A。费县：望海楼，海拔 850 m，赵遵田 91470-A。

分布 中国（山东、湖南、湖北、四川、重庆、贵州、云南、广东）；日本，北美洲。

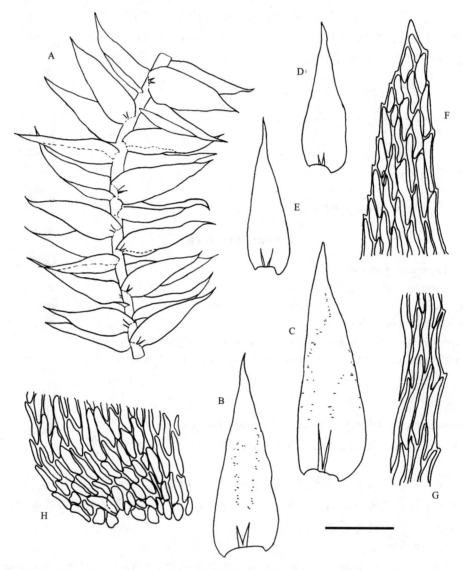

图 227 凸尖鳞叶藓 *Taxiphyllum cuspidifolium* (Cardot) Z. Iwats.，A. 植物体一段；B-C. 茎叶；D-E. 枝叶；F. 叶尖部细胞；G. 叶中部细胞；H. 叶基部细胞（任昭杰、邱栎臻 绘）。标尺：A=1.1 mm，B-E=0.83 mm，F-H=76 μm。

3. 陕西鳞叶藓 图 228

Taxiphyllum giraldii (Müll. Hal.) M. Fleisch., Musci Buitenzorg 4: 1435. 1923.

Plagiothecium giraldii Müll. Hal., Nuovo Giorn. Bot. Ital., n. s., 3: 114. 1896.

植物体中等大小至大形，黄绿色至暗绿色，具光泽。茎匍匐，不规则分枝。茎叶和枝叶与茎、枝成直角向两侧伸展。叶阔卵状披针形，两侧不对称，先端渐尖，具短尖头；叶边平展，中上部具粗齿；

中肋 2，不明显至明显，可达叶长的 1/3。叶细胞长菱形，具前角突，基部细胞较短，角细胞少数，方形。

　　生境　多生于土表、岩面或岩面薄土上。

　　产地　蒙阴：天麻顶，海拔 980 m，赵遵田 91267、91271；小天麻顶，海拔 800 m，赵遵田 91267；小大畦，海拔 600 m，李林 R17423-B；刀山，海拔 650 m，黄正莉 R17504-A；冷峪，海拔 450 m，李林 R123096-B；冷峪，海拔 700 m，李林 R17430-D。平邑：核桃涧，海拔 650 m，付旭 R17483-B。

　　分布　中国（吉林、辽宁、北京、山西、山东、河南、陕西、甘肃、重庆、云南、贵州、西藏）；日本。

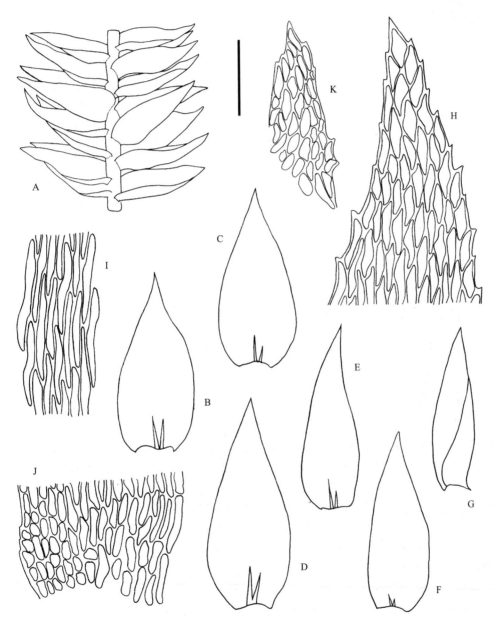

图 228　陕西鳞叶藓 *Taxiphyllum giraldii* (Müll. Hal.) M. Fleisch., A. 植物体一段；B-D. 茎叶；E-G. 枝叶；H. 叶尖部细胞；I. 叶中部细胞；J. 叶基部细胞；K. 假鳞毛（任昭杰 绘）。标尺：A=1.39 mm，B-G=0.83 mm，H-J=83 μm，K=119 μm。

4. 鳞叶藓　图 229　照片 99

Taxiphyllum taxirameum (Mitt.) M. Fleisch.,Musci Buitenzorg 4: 1435. 1923.

Stereodon taxirameum Mitt., J. Proc. Linn. Soc., Bot., Suppl. 1: 105. 1859.

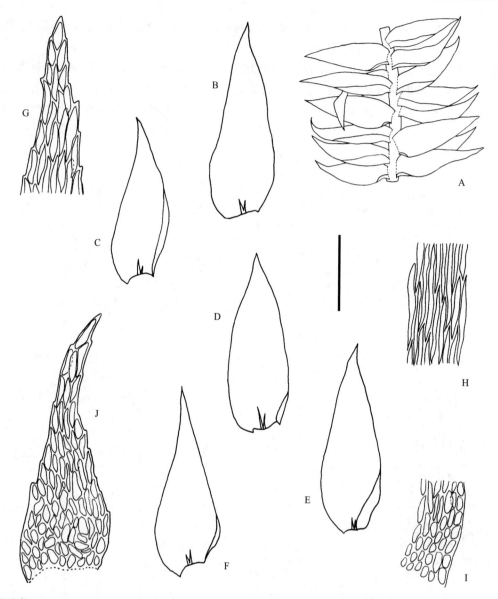

图 229 鳞叶藓 *Taxiphyllum taxirameum* (Mitt.) M. Fleisch., A. 植物体一部分；B-F. 叶；G. 叶尖部细胞；H. 叶中部细胞；I. 叶基部细胞；J. 假鳞毛（任昭杰 绘）。 标尺：A=1.6 mm, B-F=1.0 mm, G-J=100 μm.

植物体中等大小至大形，柔弱至粗壮，黄绿色至深绿色，有时带褐色，具光泽。茎匍匐，不规则分枝或近羽状分枝。假鳞毛三角形。茎叶和枝叶斜展，叶卵状披针形，两侧明显不对称，先端渐尖；叶边平展，基部一侧常内折，中上部具细齿；中肋 2，短弱或不明显。叶细胞狭长菱形，平滑或具前角突，角细胞少数，方形或长方形。

生境 多生于土表、岩面或岩面薄土上，偶见于树上。

产地 蒙阴：小天麻顶，海拔 780 m，赵遵田 91265、91269、91283；里沟，海拔 960 m，李林 R20120062-C；橛子沟，海拔 800 m，黄正莉 R123430-C；天麻岭，海拔 760 m，赵遵田 91223-C、91224-A；天麻顶，海拔 750 m，赵遵田 91209-B；老龙潭，海拔 550 m，任昭杰、王春晓 R18454-B、R18458-B、R18465；小大洼，海拔 500 m，付旭、郭萌萌、李林 R12199-B、R123249-D、R123262-B；橛子沟，海拔 900 m，任昭杰 R123170-D；小大畦，海拔 600 m，李林 R123095-B、R17504-A；大石门，海拔 620 m，李超、付旭 R123053-B；冷峪，海拔 450 m，郭萌萌、付旭 R123084-B、R17395-A、R17505-A；冷峪，海拔 610 m，李林、李超 R123026-B、R17386-B。平邑：蓝涧，海拔 650 m，李超 R123195-A、

R123264、R17108；核桃涧，海拔 700 m，李林 R123348-A、R18486-B；明光寺，海拔 580 m，任昭杰、田雅娴 R17621、R17648-C、R17649-A；龟蒙顶索道上站，海拔 1066 m，任昭杰、王春晓 R18520-F。费县：望海楼，海拔 1000 m，赵遵田、任昭杰 91229-C、R18235-D；茶蓬峪，海拔 450 m，李林 R18004-A。

分布　中国（黑龙江、吉林、辽宁、内蒙古、北京、山东、河南、陕西、宁夏、甘肃、安徽、江苏、上海、浙江、江西、湖南、湖北、四川、重庆、贵州、云南、西藏、福建、台湾、广东、广西、海南、香港）；朝鲜、日本、巴基斯坦、尼泊尔、印度、不丹、斯里兰卡、孟加拉国、缅甸、老挝、越南、泰国、马来西亚、新加坡、印度尼西亚、菲律宾、厄瓜多尔、澳大利亚、瓦努阿图、巴西，北美洲。

本种在蒙山分布广泛，常在林下岩石或林缘土坡形成大片群落，叶基偏斜是本种区别于其他种类的重要特点。

属 7. 明叶藓属 Vesicularia (Müll. Hal.) Müll. Hal.

Bot. Jahrb. 23: 330. 1896.

植物体纤细至略粗壮，淡绿色至深绿色。茎匍匐，单一或不规则分枝，稀羽状分枝；中轴不分化。叶密集排列，略有背面叶、侧面叶和腹面叶的分化。侧面叶倾立或一侧偏斜，披针形、卵形至阔卵形，具短尖或长尖；叶边平展，全缘或仅尖部具细齿；中肋 2，短弱或缺失。背面叶和腹面叶较小。叶细胞卵形、六边形或近于菱形，平滑，排列疏松，叶边略分化一列不明显狭长细胞，角细胞不分化。雌雄同株异苞。蒴柄细长，光滑。孢蒴卵形或壶形，下垂至平列。环带分化。蒴齿双层。蒴盖圆锥形，有短尖。蒴帽兜形。孢子平滑。

本属全世界有 116 种。中国有 12 种；山东有 3 种。《山东苔藓志》（任昭杰和赵遵田，2016）记载明叶藓 V. montagnei (Schimp.) Broth.在蒙山有分布，采自于费县望海楼，引证标本标本号为20111396，经查阅我们发现《山东苔藓志》（任昭杰和赵遵田，2016）中的扁灰藓 Breidleria pratensis (Koch ex spruce) Loeske 也引证了这份标本。经检视发现该标本实为扁灰藓，明叶藓为其他标本误记，故应将明叶藓从蒙山苔藓植物区系中剔除，现蒙山仅明确该属植物 1 种。

1. 长尖明叶藓　图 230

Vesicularia reticulata (Dozy & Molk.) Broth., Nat. Pflanzenfam. I (3): 1094. 1908.

Hypnum reticulatum Dozy & Molk., Ann. Sci. Nat., Bot., sér. 3, 2: 309. 1844.

植物体形小，黄绿色，具光泽。茎匍匐，羽状分枝。茎叶基部阔卵圆形至卵圆形，向上突成长尖；叶边中上部具细齿；中肋 2 条，短弱。枝叶与茎叶同形，较小。叶细胞椭圆状六边形，平滑，边缘分化一列狭长细胞，角细胞不分化至不明显分化。

生境　生于岩面薄土上。

产地　平邑：蒙山，任昭杰 R09035。

分布　中国（山东、陕西、江苏、江西、湖南、贵州、云南、西藏、福建、台湾、广东、海南、香港）；日本、巴基斯坦、尼泊尔、印度、孟加拉国、缅甸、泰国、越南、柬埔寨、马来西亚、新加坡、菲律宾、印度尼西亚、澳大利亚和土耳其。

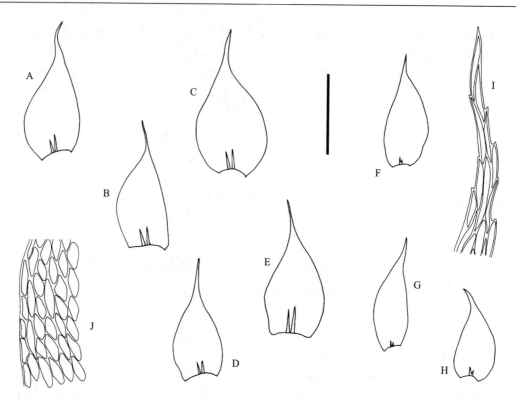

图 230 长尖明叶藓 *Vesicularia reticulata* (Dozy & Molk.) Broth., A-E. 茎叶；F-H. 枝叶；I. 叶尖部细胞；J. 叶中部细胞（任昭杰 绘）。标尺：A-H=1.1 mm, I-J=170 μm.

科 31. 金灰藓科 PYLAISIACEAE

植物体小形至大形，黄绿色至深绿色，有时带棕褐色。茎匍匐至直立，不规则分枝或羽状分枝；中轴不分化或略分化。假鳞毛片状。茎叶卵形至披针形，直立或镰刀形弯曲；叶边多平展，全缘或具细齿；中肋 2，短弱或缺失。枝叶和茎叶同形或异形，较小。叶细胞线形，平滑，角细胞分化，方形或扁方形。雌雄异株或雌雄同株异苞。蒴柄细长，光滑，有时扭转。孢蒴卵圆柱形或圆柱形，直立或弯曲，平列至直立。环带分化或缺失。蒴齿双层。蒴盖圆锥形，具短喙或乳头状突起。

本科全世界有 5 属。中国有 3 属；山东有 3 属，蒙山皆有分布。

分属检索表

1. 雌雄异株；叶先端钝或渐尖 ·· 1. 大湿原藓属 *Calliergonella*
1. 雌雄同株异苞；叶先端短或长渐尖 ··· 2
2. 孢蒴平列至倾立 ··· 2. 毛灰藓属 *Homomallium*
2. 孢蒴直立 ·· 3. 金灰藓属 *Pylaisia*

Key to the genera

1. Dioicous; leaf apex obtuse or acuminate ·· 1. *Calliergonella*
1. Autoicous; leaf apex short to long acuminate ······································· 2
2. Capsules horizontal to suberect ·· 2. *Homomallium*
2. Capsules erect ··· 3. *Pylaisia*

属 1. 大湿原藓属 Calliergonella Loeske

Hedwigia 50: 248. 1911.

　　植物体形大，粗壮，黄绿色至绿色，具光泽。茎匍匐，近羽状分枝；横切面椭圆形，中轴略分化。假鳞毛片状，较大。茎叶基部略狭而下延，向上呈阔长卵形或披针形，先端钝或渐尖；叶边全缘或具细齿；中肋 2，短弱或缺失。枝叶与茎叶同形，略小。叶中部细胞狭长形，基部细胞宽短，具壁孔，角细胞明显分化，与叶细胞形成明显界限，由透明薄壁细胞组成，呈耳状。雌雄异株。蒴柄细长，紫红色。孢蒴长圆筒形，平列。环带分化。蒴齿双层。蒴盖短圆锥形。蒴帽兜形。孢子具密疣。

　　本属全世界现有 2 种。中国有 2 种；山东有 1 种，蒙山有分布。

1. 大湿原藓　图 231

Calliergonella cuspidata (Hedw.) Loeske, Hedwigia 50: 248. 1911.

Hypnum cuspidatum Hedw., Sp. Musc. Frond. 254. 1801.

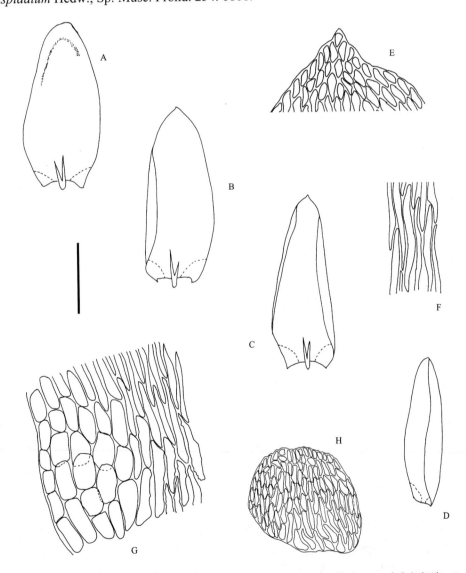

图 231　大湿原藓 *Calliergonella cuspidata* (Hedw.) Loeske, A-B. 茎叶；C-D. 枝叶；E. 叶尖部细胞；F. 叶中部细胞；G. 叶基部细胞；H. 假鳞毛（任昭杰 绘）。标尺：A-D=1.6 mm, E-G=110 μm, H=170 μm.

植物体形大，黄绿色，具光泽。茎匍匐，近羽状分枝。假鳞毛大，稀少。茎叶宽椭圆形或心状长圆形，上部兜形，先端钝；叶边平展，全缘；中肋缺失，或具 2 条不明显短中肋。叶中部细胞线形，基部细胞宽短，具或不具壁孔，角细胞分化明显，由透明薄壁细胞组成，形成明显叶耳。

生境 生于水湿环境。

产地 蒙阴：冷峪，海拔 600 m，李林 R123227；老龙潭，海拔 500 m，任昭杰、王春晓 R18451。

分布 中国（黑龙江、吉林、辽宁、内蒙古、山东、甘肃、浙江、四川、云南）；日本、印度、尼泊尔、不丹、俄罗斯、波多黎各、巴西、欧洲、北美洲、大洋洲和非洲北部。

属 2. 毛灰藓属 Homomallium (Schimp.) Loeske

Hedwigia. 46: 314. 1907.

植物体形小至中等大小，黄绿色至深绿色，略具光泽。茎匍匐，不规则分枝或近羽状分枝，分枝较短。假鳞毛少。茎叶卵圆形或长披针形，先端急尖或渐尖，多一侧偏曲；叶边平展，全缘或先端具齿；中肋 2，细弱或缺失。枝叶与茎叶同形，较小。叶细胞狭长菱形至线形，平滑或具前角突，角细胞明显分化，小，方形，近边缘处向上延伸。雌雄同株异苞。蒴柄细长，红色。孢蒴长卵圆柱形，弯曲，平列至倾立。环带分化。蒴齿双层。蒴盖具短喙。蒴帽兜形。孢子具细疣。

本属全世界现有 12 种。中国有 7 种；山东有 3 种，蒙山皆有分布。

分种检索表

1. 叶阔卵状披针形，先端急尖 ··· 1.东亚毛灰藓 H. connexum
1. 叶狭卵状披针形至卵状披针形，先端渐尖 ··· 2
2. 角细胞少，边缘一列细胞 5–15 个 ··· 2. 毛灰藓 H. incurvatum
2. 角细胞多，边缘一列细胞 15–25 个 ··· 3. 贴生毛灰藓 H. japonico-adnatum

Key to the species

1. Leaves broadly ovate-lanceolate, abruptly short-acute ································· 1. H. connexum
1. Leaves narrow ovate-lanceolate to ovate-lanceolate, acuminate ································· 2
2. Alar cells rare, 5–15 cells along leaf margins ································· 2. H. incurvatum
2. Alar cells numerous, 15–25 cells along leaf margins ································· 3. H. japonica-adnatum

1. 东亚毛灰藓 图 232 照片 100

Homomallium connexum (Cardot) Broth., Nat. Pflanzenfam. I (3): 1027. 1908.

Amblystegium connexum Cardot, Beih. Bot. Centralbl. 17: 39. 1934.

植物体形小至中等大小，黄绿色至绿色。茎匍匐，不规则分枝或羽状分枝。茎叶卵状披针形至阔卵状披针形，内凹，具短尖或长尖；叶边平展或背卷，全缘或先端具细齿；中肋 2，稀单一或上部分叉。枝叶与茎叶同形，较小。叶中部细胞六边形或狭菱形，平滑，或有时具前角突，角细胞方形，多数，6–10 列，沿叶边 20–30 个细胞。

生境 生于岩面、土表或岩面薄土上。

产地 蒙阴：天麻顶，海拔 800 m，赵遵田 91206、91207-A；大畦，海拔 600 m，付旭 R123008-A。平邑：十里松画廊，海拔 1100 m，任昭杰、田雅娴 R17519-B；明光寺，海拔 550 m，赵遵田、任昭杰 R17649-D。费县：万鳌松风，海拔 900 m，任昭杰、田雅娴 R17626。

分布 中国（黑龙江、内蒙古、山西、山东、陕西、宁夏、新疆、安徽、江苏、上海、浙江、湖南、湖北、四川、西藏、云南、福建、台湾）；朝鲜、日本和俄罗斯（远东地区）。

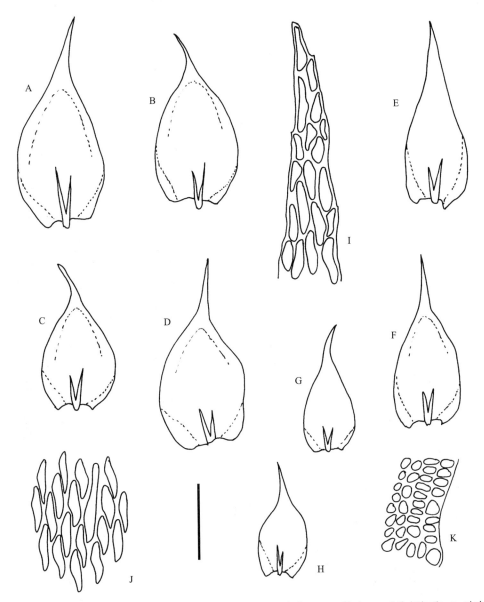

图 232　东亚毛灰藓 *Homomallium connexum* (Cardot) Broth., A-D. 茎叶；E-H. 枝叶；I. 叶尖部细胞；J. 叶中下部细胞；
K. 叶基部细胞（任昭杰 绘）。标尺：A-H=0.8 mm, I-K=80 μm.

2. 毛灰藓　图 233

Homomallium incurvatum (Brid.) Loeske, Hedwigia 46: 314. 1907.

Hypnum incurvatum Schrad. ex Brid., Muscol. Recent. 2 (2): 119. 1801.

植物体中等大小，黄绿色至绿色，略具光泽。茎匍匐，不规则分枝或羽状分枝。茎叶狭卵状披针形，内凹，先端渐尖；叶边平展，全缘；中肋 2，短弱。枝叶与茎叶同形，较小。叶中部细胞狭长菱形，平滑，角细胞方形，小，少数，4–7 列，沿叶边 8–15 个细胞。

　　生境　生于土表。
　　产地　蒙阴：蒙山，小天麻顶，海拔 510 m，赵遵田 91250-B。
　　分布　中国（吉林、内蒙古、山西、山东、河北、河南、陕西、甘肃、新疆、重庆、湖北、湖南、江西、四川、贵州、西藏、云南）；蒙古、日本、俄罗斯（远东地区和西伯利亚），克什米尔地区，欧洲和北美洲。

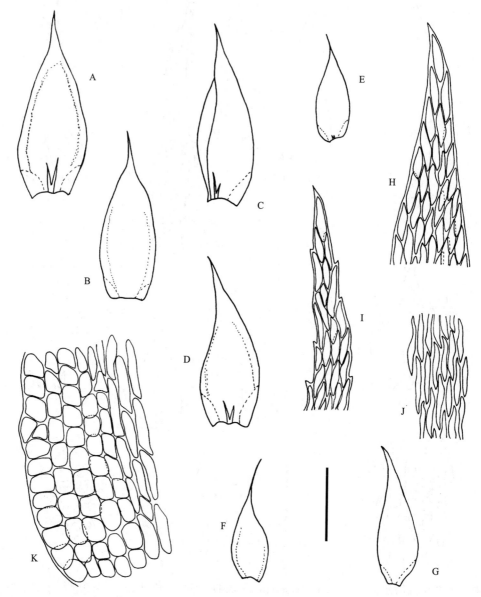

图233　毛灰藓 *Homomallium incurvatum* (Brid.) Loeske, A-D. 茎叶；E-G. 枝叶；H. 茎叶尖部细胞；I. 枝叶尖部细胞；J. 叶中部细胞；K. 叶基部细胞（任昭杰 绘）。标尺：A-G=0.8 mm, H-K=110 μm.

3. 贴生毛灰藓　图234　照片101

Homomallium japonico-adnatum (Broth.) Broth., Nat. Pflanzenfam. I (3): 1027. 1908.

Stereodon japonico-adnatum Broth., Hedwigia 38: 235. 1899.

　　本种与毛灰藓 *H. incurvatum* 相似，本种叶中部细胞有时具前角突，而后者叶中部细胞平滑；本种叶角细胞较多，边缘为15-25个，而后者角细胞较少，为8-15个。

　　生境　生于岩面。

　　产地　费县：闻道东蒙，海拔700 m，任昭杰、田雅娴 R17542。

　　分布　中国（山东、浙江、湖北、西藏、云南）；朝鲜和日本。

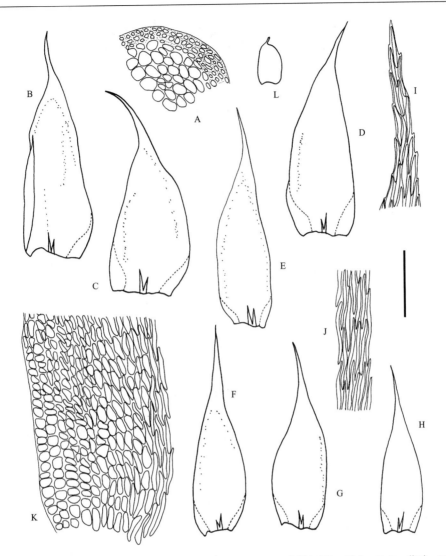

图 234　贴生毛灰藓 *Homomallium japonico-adnatum* (Broth.) Broth., A. 茎横切面一部分；B-D. 茎叶；E-H. 枝叶；I. 叶尖部细胞；J. 叶中部细胞；K. 叶基部细胞；L. 假鳞毛（任昭杰　绘）。标尺：A, I-K=119 μm, B-H, L=0.83 mm.

属 3. 金灰藓属 **Pylaisia** Bruck & Schimp.

Bryol. Eur. 5: 87. 1851.

　　植物体形小至中等大小，黄绿色至暗绿色，具光泽。茎匍匐，不规则分枝或近羽状分枝。茎叶卵状披针形至长卵状披针形，先端渐尖或急尖，具长尖或短尖；叶边平展或背卷，全缘或先端具齿；中肋 2，短弱或缺失。枝叶与茎叶同形，较小。叶细胞长菱形或线形，角细胞分化。雌雄同株异苞。内雌苞叶长卵形或披针形，叶尖具齿。蒴柄细长，平滑。孢蒴卵圆柱形或长圆柱形，直立。环带分化或缺失。蒴齿双层。蒴盖圆锥形，具短喙。蒴帽兜形，平滑。孢子球形，具密疣。

　　本属全世界约 30 种。中国有 13 种；山东有 3 种，蒙山皆有分布。

分种检索表

Key to the species

1. 东亚金灰藓　图 235

Pylaisia brotheri Besch., Ann. Sci. Nat., Bot., Sér. 7, 17: 369. 1893.

Pylaisiella brotheri (Besch.) Z. Iwats. & Nog., J. Jap. Bot. 48: 217. 1973.

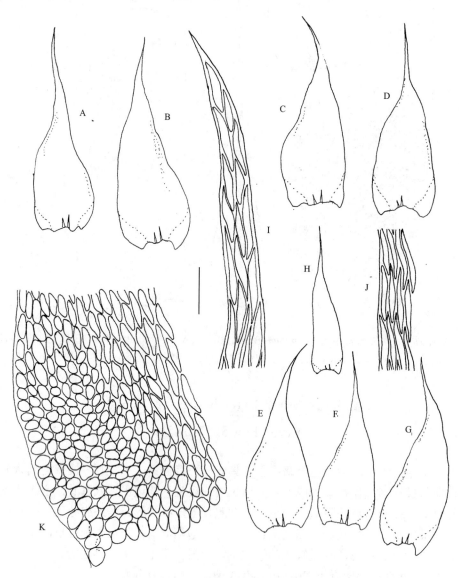

图 235　东亚金灰藓 *Pylaisia brotheri* Besch., A-E. 茎叶；F-H. 枝叶；I. 叶尖部细胞；J. 叶中部边缘细胞；K. 叶基部细胞（任昭杰 绘）。标尺：A-H=1 mm, I-K=100 μm.

植物体中等大小，黄绿色，具光泽。茎匍匐，不规则分枝或羽状分枝。茎叶卵状披针形，内凹，先端渐尖，多一侧偏曲；叶边平展，全缘；中肋 2，短弱或缺失。枝叶与茎叶同形，略小。叶细胞线形，平滑，角细胞多数，较小，方形或不规则多边形，沿叶边向上延伸。

生境　生于树干或岩面。

产地　平邑：蓝涧，海拔 400 m，付旭 R123353-B。费县：望海楼，赵遵田 91366-C、91458、91462。

分布　中国（黑龙江、吉林、辽宁、内蒙古、河北、山东、陕西、宁夏、甘肃、浙江、江西、湖南、湖北、四川、重庆、贵州、西藏、云南）；朝鲜和日本。

2. 弯枝金灰藓　图 236

Pylaisia curviramea Dixon, Rev. Bryol., n. s. 1: 186. 1928.

Pylaisiella curviramea (Dixon) Redf., B. C. Tan & S. He, J. Hattori Bot. Lab. 79: 290. 1996.

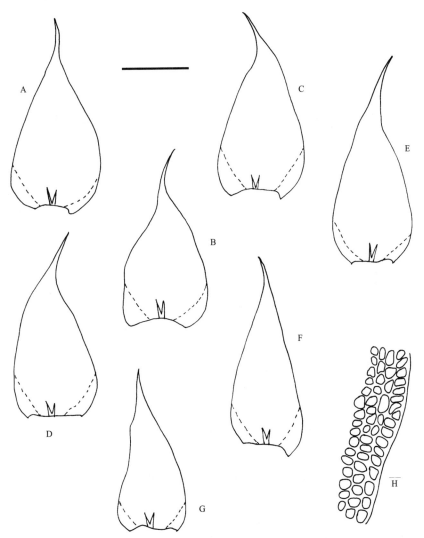

图 236　弯枝金灰藓 *Pylaisia curviramea* Dixon, A-C. 茎叶；D-G. 枝叶；H. 叶基部细胞（任昭杰、付旭　绘）。标尺：A-G=0.9 mm, H=90 μm。

植物体中等大小，淡绿色。茎匍匐，羽状分枝。叶阔卵形或阔卵状圆形，先端具短尖，多一侧偏曲；叶边平展，全缘或先端具细齿；中肋 2，短弱或缺失。枝叶与茎叶同形，较小。叶细胞狭菱形，角细胞多数，方形，较小。

生境　生于岩面。

产地　费县：望海楼，海拔 980 m，赵遵田 91319。

分布　中国（河北、山东、河南、湖北、云南）；蒙古和俄罗斯。

3. 金灰藓

Pylaisia polyantha (Hedw.) Bruch & Schimp., Bryol. Eur. 5: 88 pl. 445. 1851.

Leskea polyantha Hedw., Sp. Musc. Frond. 229. 1801.

Pylaisiella polyantha (Hedw.) Grout, Bull. Torrey Bot. Club 23: 229. 1896.

本种与东亚金灰藓 *P. brotheri* 相似，但本种角细胞较少，在 10 列以下，而后者角细胞多在 10 列以上。

生境 生于树干或岩面。

产地 蒙阴：砂山，海拔 800 m，任昭杰 20120161。费县：望海楼，海拔 780 m，赵遵田 91300-C。

分布 中国（黑龙江、吉林、辽宁、内蒙古、河北、山西、山东、河南、陕西、宁夏、甘肃、新疆、安徽、江西、四川、贵州、云南、西藏）；蒙古、朝鲜、日本、俄罗斯（远东地区和西伯利亚）、欧洲、非洲和北美洲。

科 32. 毛锦藓科 PYLAISIADELPHACEAE

植物体小形至中等大小。茎匍匐或直立，不规则分枝或羽状分枝，中轴分化或不分化。假鳞毛丝状。茎叶两侧对称或不对称，叶形变化较大，卵形、长卵形、长卵状披针形或长披针形；叶边全缘或具齿；中肋 2，短弱或缺失。枝叶与茎叶同形或异形，较小。叶细胞长，通常平滑，角细胞明显分化。雌雄异株或雌雄同株异苞，稀叶生雌雄异株。蒴柄较长，平滑。孢蒴卵圆柱形或圆柱形，对称或不对称，平列至直立。环带分化或缺失。蒴齿双层。蒴盖圆锥形，具短喙。

本科全世界有 16 属。中国有 11 属；山东有 2 属，蒙山皆有分布。

分属检索表

1. 角细胞超过 6 个，形成连续的一列并达中肋 ⋯⋯⋯⋯⋯⋯⋯⋯⋯⋯⋯⋯⋯⋯⋯ 1. 小锦藓属 *Brotherella*
1. 角细胞少，4–5 个，不形成连续的一列达中肋 ⋯⋯⋯⋯⋯⋯⋯⋯⋯⋯⋯⋯⋯⋯ 2. 毛锦藓属 *Pylaisiadelpha*

Key to the genera

1. Alar cells more than 6, often forming a continuous basal row reaching costa ⋯⋯⋯⋯⋯⋯⋯⋯⋯⋯ 1. *Brotherella*
1. Alar cells 4–5, not forming a continuous basal row reaching costa ⋯⋯⋯⋯⋯⋯⋯⋯ 2. *Pylaisiadelpha*

属 1. 小锦藓属 Brotherella Loeske ex M. Fleisch.

Nova Guinea 12 (2): 119. 1914.

植物体纤细至粗壮，黄绿色至深绿色，具光泽。茎匍匐，密集分枝。茎叶基部长卵圆形，内凹，先端具长尖，镰刀形弯曲；叶边略背卷，上部具细齿；中肋多缺失。枝叶与茎叶略同形，较小。叶细胞菱形至长菱形，角细胞明显分化，膨大，金黄色，其上部有少数短小的细胞。雌雄异株，稀雌雄同株异苞。内雌苞叶尖部长毛状，叶边上部具细齿。孢蒴长卵圆柱形或圆柱形，略弯曲，倾立。环带分化。蒴齿双层。蒴盖圆锥形，具喙。

本属全世界现有 29 种。中国有 9 种和 2 变种；山东有 1 种，蒙山有分布。

1. 东亚小锦藓

Brotherella fauriei (Cardot) Broth., Nat. Pflanzenfam. (ed. 2), 11: 425. 1925.

Acanthocladium fauriei Besch. ex Cardot, Bull. Soc. Bot. Genève, sér. 2, 4: 382. 1912.

　　植物体纤细，绿色。茎匍匐，不规则分枝。茎叶卵状披针形，略内凹，基部宽，向上渐成长尖，略弯曲；叶边先端具细齿；中肋缺失。枝叶与茎叶同形，较小。叶细胞线形，角细胞明显分化，成一列膨大的细胞。

　　生境　生于树上或岩面薄土上。

　　产地　蒙阴：里沟，海拔 700 m，任昭杰 R20130189；橛子沟，海拔 900 m，任昭杰 R20130190。平邑：大洼林场裤腿，张艳敏 261（SDAU）。

　　分布　中国（山东、安徽、江苏、浙江、江西、湖南、四川、贵州、重庆、云南、福建、台湾、广东、广西、海南、香港、澳门）；日本。

属 2. 毛锦藓属 Pylaisiadelpha Cardot

Rev. Bryol. 39: 57. 1912.

　　植物体纤细，黄绿色至暗绿色，具光泽。茎匍匐，羽状分枝，枝短而直立。茎叶卵状披针形，先端具长尖，镰刀形弯曲；叶边多平展，先端具细齿；中肋缺失。枝叶与茎叶同形，略小。叶细胞线形，角细胞分化。雌雄异株。蒴柄细长。孢蒴直立或略弯曲。蒴齿双层。蒴盖具长喙。

　　本属全世界现有 7 种。中国有 3 种；山东有 2 种，蒙山有 1 种。

1. 短叶毛锦藓　图 237　照片 102

Pylaisiadelpha yokohamae (Broth.) W. R. Buck, Yushania 1 (2): 13. 1984.

Stereodon yokohamae Broth., Hedwigia 38: 235. 1899.

　　植物体纤细至略粗壮，黄绿色至暗绿色，明显具光泽。不规则分枝，分枝稀少。茎叶披针形，内凹，先端渐尖，略弯曲；叶边平展，先端具细齿；中肋缺失。枝叶与茎叶近同形，较小。叶细胞椭圆形至短蠕虫形，角细胞分化，少数，膨大。雌苞叶长卵状披针形，先端长渐尖。蒴柄长约 1.5 cm，平滑。孢蒴椭圆柱形，直立。蒴盖具长喙。

　　生境　多生于树上或岩面，偶见于土表。

　　产地　蒙阴：里沟，海拔 700 m，任昭杰、李林 20120162-B；老龙潭，海拔 440 m，任昭杰、王春晓 R18393、R18456、R18463；聚宝崖，海拔 400 m，任昭杰、王春晓 R18427-B、R18428、R18440。平邑：龟蒙顶，海拔 1100 m，任昭杰、田雅娴 R17513、R17523、R17531；龟蒙顶索道上站，海拔 1066 m，任昭杰、王春晓 R18416、R18513-B、R18518；拜寿台上，海拔 1100 m，任昭杰、田雅娴 R17580、R17616；明光寺，海拔 438 m，任昭杰、田雅娴 R17622-B；十里松画廊，海拔 1000 m，任昭杰、王春晓 R18382。沂南：东五彩山，海拔 500 m，任昭杰、田雅娴 R18265；东五彩山，海拔 700 m，任昭杰、田雅娴 R18328。费县：望海楼，海拔 1000 m，任昭杰、田雅娴 R17509、R17537、R17553；万鏊松风，海拔 900 m，任昭杰、田雅娴 R17520；玉皇宫下，海拔 780 m，任昭杰、田雅娴 R17527、R17586、R17652；闻道东蒙，海拔 900 m，任昭杰、田雅娴 R18345。

　　分布　中国（黑龙江、辽宁、山东、浙江、江西、四川、贵州、云南、西藏、福建、广东、广西）；日本和朝鲜。

　　本种在蒙山地区分布较为广泛，高海拔地区尤多，常在油松 *Pinus tabuliformis* Carr.基干或林下岩面形成大片群落。

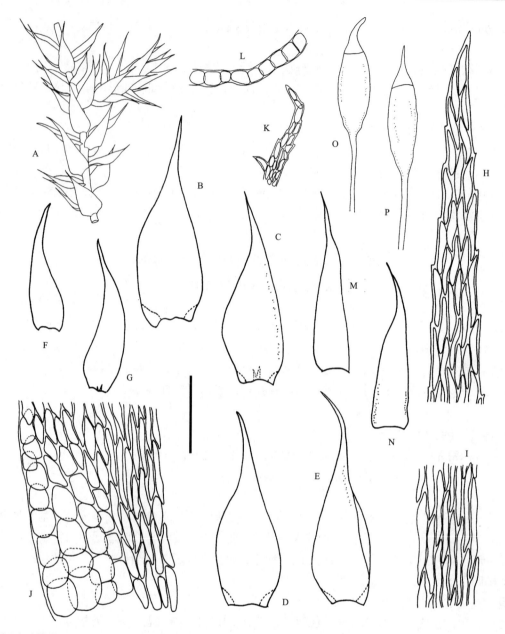

图 237 短叶毛锦藓 *Pylaisiadelpha yokohamae* (Broth.) W. R. Buck, A. 小枝一段；B-E. 茎叶；F-G. 枝叶；H. 叶尖部细胞；I. 叶中部细胞；J. 叶基部细胞；K. 假鳞毛；L. 芽胞；M-N. 内雌苞叶；O-P. 孢蒴（任昭杰 绘）。标尺：A=1.39 mm, B-G, M-N=0.83 mm, H-J=104 μm, K-L=208 μm, O-P=2.08 mm.

科 33. 锦藓科 SEMATOPHYLLACEAE

植物体小形至大形，黄绿色至深绿色，具光泽。茎多匍匐至上升，不规则分枝，茎和枝多圆柱形，稀扁平；中轴分化或不分化。假鳞毛存在或缺失。茎叶直立，卵圆形至线状披针形；叶边全缘，或先端具细齿；中肋多缺失，稀短弱双中肋。枝叶与茎叶近同形，较小。叶细胞通常菱形至线形，平滑或具疣，具壁孔或无，角细胞明显分化至略分化。雌雄异株或雌雄同株异苞，稀雌雄杂株或叶生雌雄异株。蒴柄较长，平滑。孢蒴卵圆柱形或短圆柱形，常略弯曲，通常下垂。环带分化或缺失。蒴齿双层。蒴盖通常具长喙。

本科全世界有 28 属。中国有 8 属；山东有 1 属，蒙山有分布。

属 1. 锦藓属 Sematophyllum Mitt.

J. Linn. Soc., Bot. 8: 5. 1865.

植物体小形至大形，具光泽。茎匍匐，羽状分枝或不规则分枝。茎叶卵形或长椭圆形，略内凹，先端有时钝或具宽短的尖，有时急尖或渐尖，成长毛尖状；叶边平展，或先端具微齿；中肋缺失，或不明显双中肋。枝叶较狭小。叶细胞狭长菱形，平滑，角细胞明显分化，长而膨大。雌雄同株异苞，稀雌雄异株。内雌苞叶较长，尖部呈毛状。蒴柄细长，红色，平滑。孢蒴卵圆柱形至长卵圆柱形，平列或直立。蒴齿双层。蒴盖具长喙。孢子黄绿色，平滑或近平滑。

本属全世界现有 170 种。中国有 4 种和 2 变型；山东有 1 种，蒙山有分布。

1. 矮锦藓 图 238 照片 103

Sematophyllum subhumile (Müll. Hal.) M. Fleisch., Musci. Buitenzorg 4: 1264. 1923.

Hypnum subhumile Müll. Hal., Syn. Musc. Frond. 2: 330. 1851.

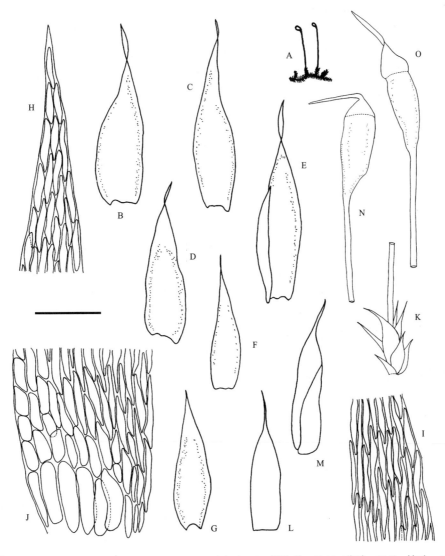

图 238 矮锦藓 *Sematophyllum subhumile* (Müll. Hal.) M. Fleisch., A. 植物体；B-E. 茎叶；F-G. 枝叶；H. 叶尖部细胞；I. 叶中部边缘细胞；J. 叶基部细胞；K. 蒴柄一部分和雌苞叶；L-M. 雌苞叶；N-O. 孢蒴（任昭杰 绘）。标尺：A=1.48 cm，B-G=0.83 mm，H-J=110 μm，K-O=1.39 mm。

植物体纤细，黄绿色，具光泽。茎匍匐，不规则稀疏分枝。叶长椭圆状披针形至长披针形，先端渐尖，内凹；叶边全缘，或仅先端具微齿；中肋缺失。叶细胞长菱形，平滑，角细胞明显分化，基部一列为大形长方形细胞，上部数列正方形细胞。雌苞叶阔披针形或椭圆状披针形。蒴柄长 1–1.5 cm。孢蒴多倾立，卵圆柱形或椭圆柱形。蒴盖具长喙。

生境 生于树桩上。

产地 平邑：明光寺，海拔 580 m，任昭杰、田雅娴 R17575-A、R17633。

分布 中国（山东、安徽、江苏、上海、浙江、江西、湖南、湖北、四川、贵州、云南、福建、广西、海南、香港、澳门）；尼泊尔、印度、缅甸、泰国、老挝、越南、柬埔寨、菲律宾、印度尼西亚，加罗林群岛。

本种在蒙山分布较少，孢子约于 11 月中下旬成熟。

科 34. 绢藓科 ENTODONTACEAE

植物体小形至大形，纤细至粗壮，黄绿色至深绿色，多具光泽。茎匍匐或倾立，通常规则分枝；中轴分化。无鳞毛。背面叶和侧面叶略分化，茎叶两侧对称或略不对称，卵形或卵状披针形，稀线状披针形，平展或内凹，先端钝、渐尖或急尖；叶边平展，全缘或中上部具细齿；中肋 2，或缺失。枝叶与茎叶多同形，略小。叶中部细胞菱形至线形，平滑，角细胞多数，方形。雌雄同株或异株。蒴柄长，平滑。孢蒴多长筒形，直立或略弯曲，对称或略不对称。环带分化或缺失。蒴齿双层，或齿条退化至消失。孢子较小。

本科全世界 4 属。中国有 4 属；山东有 2 属，蒙山有 1 属。

属 1. 绢藓属 Entodon Müll. Hal.

Linnaea 18: 704. 1845.

植物体小形至大形，黄绿色至深绿色，多具光泽。茎多匍匐，偶斜升，羽状分枝或近羽状分枝，分枝较短，扁平或圆条状；中轴分化。茎叶卵形、椭圆形或披针形，内凹，先端钝或渐尖，叶基不下延；叶边平展，全缘或先端具细齿；中肋 2，短弱。枝叶与茎叶同形，略小。叶细胞线形，先端细胞短，角细胞明显分化，矩形至方形，有的可延伸至中肋。雌雄同株，稀雌雄异株。雌苞叶披针形至椭圆状披针形，基部呈鞘状。蒴柄长。孢蒴圆筒形，直立，对称。蒴齿双层。蒴盖圆锥形，具喙。蒴帽兜形，平滑。孢子球形，具疣。

本属全世界约 115 种。中国有 33 种和 1 变种；山东有 16 种和 1 变种，蒙山有 13 种。

分种检索表

1. 叶角区由 2–4 层细胞组成 ·· 3. 厚角绢藓 *E. concinnus*
1. 叶角区由单层细胞组成 ··· 2
2. 蒴柄黄色至黄褐色 ··· 3
2. 蒴柄红色至紫褐色 ··· 6
3. 叶先端钝 ·· 8. 钝叶绢藓 *E. obtusatus*
3. 叶先端渐尖或急尖 ··· 4
4. 齿条具疣 ·· 7. 长柄绢藓 *E. macropodus*
4. 齿条平滑 ··· 5
5. 叶基部不收缩，先端渐尖 ··· 12. 宝岛绢藓 *E. taiwanensis*
5. 叶基部收缩，先端略钝 ··· 13. 绿叶绢藓 *E. viridulus*

6. 带叶的茎和枝不呈扁平状 ··· 7
6. 带叶的茎和枝呈扁平状 ··· 9
7. 茎叶三角状披针形 ··· 4. 广叶绢藓 *E. flavescens*
7. 茎叶卵形、长卵形或长椭圆形 ··· 8
8. 角细胞较少，分化不达中肋 ··· 6. 深绿绢藓 *E. luridus*
8. 角细胞多数，分化达中肋 ·· 9. 陕西绢藓 *E. schensianus*
9. 叶先端钝 ··· 1. 柱蒴绢藓 *E. challengeri*
9. 叶先端急尖或渐尖 ·· 10
10. 叶先端渐尖 ··· 10. 亮叶绢藓 *E. schleicheri*
10. 叶先端通常急尖 ·· 11
11. 植物体通常纤细；茎叶三角状披针形 ························· 5. 细绢藓 *E. giraldii*
11. 植物体通常较粗壮；茎叶长椭圆形或卵状披针形 ······························· 12
12. 茎叶通常长椭圆形；齿条与齿片等长 ························· 2. 绢藓 *E. cladorrhizans*
12. 茎叶通常卵状披针形；齿条比齿片短 ····················· 11. 亚美绢藓 *E. sullivantii*

Key to the species

1. Alar region of leaves composed of 2–4 layers of cells ································· 3. *E. concinnus*
1. Alar region of leaves composed of one layer cell ··· 2
2. Setae yellow or yellowish brown ··· 3
2. Setae reddish or purplish brown ··· 6
3. Apical leaf obtuse ··· 8. *E. obtusatus*
3. Apical leaf acuminate or acute ··· 4
4. Endostome teeth papillose ··· 7. *E. macropodus*
4. Endostome teeth smooth ·· 5
5. Leaf base not contracted, apex acuminate ·························· 12. *E. taiwanensis*
5. Leaf base contrated, apex lightly obtuse ······························ 13. *E. viridulus*
6. Stems and branches not complanate foliate ·· 7
6. Stems and branches complanate foliate ··· 9
7. Stem leaves triangularly lanceolate ······································· 4. *E. flavescens*
7. Stem leaves ovate, oblong-ovate or elliptic ·· 8
8. Alar cells fewer, not extend to costa ····································· 6. *E. luridus*
8. Alar cells more, extend to costa ·· 9. *E. schensianus*
9. Apical leaf obtuse ··· 1. *E. challengeri*
9. Apical leaf acute or acuminate ·· 10
10. Apical leaf acuminate ··· 10. *E. schleicheri*
10. Apical leaf usually acute ·· 11
11. Plant delicate; stem leaves deltoid lanceolate ·························· 5. *E. giraldii*
11. Plant usually robuster; stem leaves elongate elliptic or ovate-lanceolate ············· 12
12. Stem leaves usually elongate elliptic; endostome segments and exstome teeth equal in length ············· 2. *E. cladorrhizans*
12. Stem leaves usually ovate-lanceolate; endostome segments shorter than exostome teeth ················· 11. *E. sullivantii*

1. 柱蒴绢藓　图 239　照片 104

Entodon challengeri (Paris) Cardot, Beih. Bot. Centrabl. 17: 32. 1904.

Cylindrothecium challengeri Paris, Index Bryol. 296. 1894.

Entodon compressus Müll. Hal., Linnaea 18: 707. 1844, *hom. illeg.*

Entodon nanocarpus Müll. Hal., Nuovo Giorn. Bot. Ital., n. s., 4: 265. 1897.

Entodon compressus var. *parvisporus* X. S. Wen & Z. T. Zhao, Bull. Bot. Res., Harbin 17 : 359. 1997.

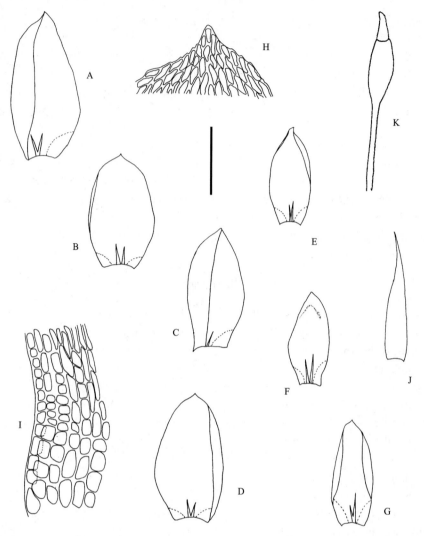

图 239　柱蒴绢藓 *Entodon challengeri* (Paris) Cardot, A-D. 茎叶；E-G. 枝叶；H.叶尖部细胞；I. 叶基部细胞；J. 内雌苞叶；K. 孢蒴（任昭杰、付旭 绘）。标尺：A-G, J=1.4 mm, H-I=140 μm, K=1.9 mm.

　　植物体中等大小，黄绿色至深绿色，具光泽。茎匍匐，亚羽状分枝，带叶的茎和枝扁平。茎叶长椭圆形，强烈内凹，先端钝；叶边全缘；中肋 2，短弱，稀缺失。枝叶与茎叶同形，略小。叶中部细胞线形，先端较短，角细胞多数，方形，透明，在叶基部延伸至中肋。蒴柄红褐色。孢蒴椭圆柱形或卵圆柱形，直立。蒴盖圆锥形，具喙。

　　生境　生于树干、岩面、土表、腐木或岩面薄土上。

　　产地　蒙阴：砂山，海拔 600 m，付旭 R20131347-B；刀山顶，海拔 900 m，黄正莉 20111289-B；里沟，海拔 750 m，任昭杰 R20120032；冷峪，海拔 620 m，郭萌萌 R123108-C；孟良崮，海拔 480 m，任昭杰、田雅娴 R18219、R18255-B、R18257-A；聚宝崖，海拔 400 m，任昭杰、王春晓 R18429、R18433-B、R18437。平邑：蓝涧，海拔 700 m，郭萌萌 R123015；龟蒙顶，海拔 1100 m，任昭杰、田雅娴 R17524；明光寺，海拔 438 m，任昭杰、田雅娴 R17594、R17662；核桃涧，海拔 550 m，任昭杰、王春晓 R18478。沂南：东五彩山，海拔 550 m，任昭杰、田雅娴 R18281-A。费县：花园庄，海拔 350 m，赵遵田 91154、91158、91342；天蒙景区门外，任昭杰 R17596；沂蒙山小调博物馆，任昭杰、田雅娴 R18231。

　　分布　中国（黑龙江、吉林、辽宁、内蒙古、河北、山西、山东、陕西、新疆、安徽、江苏、上海、浙江、江西、湖南、湖北、四川、贵州、云南、福建、广东、广西）；蒙古、朝鲜、日本、俄罗斯和美国。

本种在蒙山分布较为广泛，叶强烈内凹且先端钝，可以区别于其他种类。

2. 绢藓　图 240　照片 105

Entodon cladorrhizans (Hedw.) Müll. Hal., Linnaea 18: 707. 1844.

Neckera cladorrhizans Hedw., Sp. Musc. Frond. 207. 1801.

Entodon verruculosus X. S. Wen, Acta Bot. Yunnan. 20: 47. 1998.

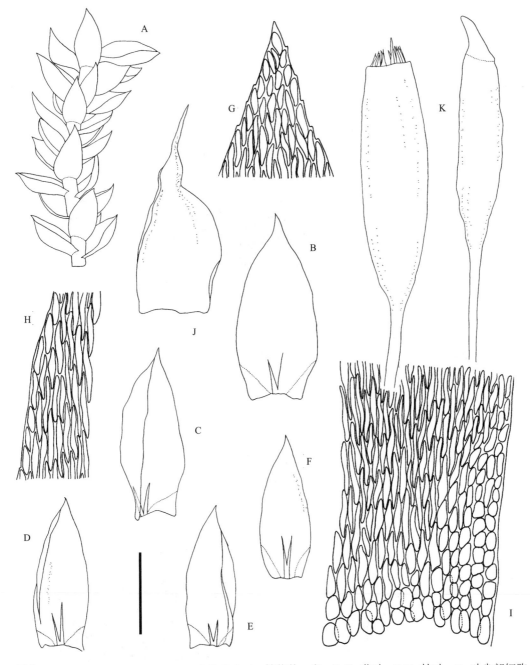

图 240　绢藓 *Entodon cladorrhizans* (Hedw.) Müll. Hal., A. 植物体一段；B-C. 茎叶；D-F. 枝叶；G. 叶尖部细胞；H. 叶中部边缘细胞；I. 叶基部细胞；J. 雌苞叶；K. 孢蒴（任昭杰 绘）。标尺：A, K=1.67 mm, B-F, J=0.67 mm, G-I=104 μm.

植物体中等大小，黄绿色至绿色。茎匍匐，羽状分枝或亚羽状分枝。茎叶长椭圆形至阔长椭圆形，平展，或略内凹，先端锐尖；叶边全缘，或仅先端具细齿；中肋 2，短弱。枝叶与茎叶同形，略小。

叶中部细胞线形，先端细胞较短，角细胞多数，矩形至方形。蒴柄橙褐色至深红色。孢蒴长椭圆柱形，直立，对称，深褐色。环带分化。蒴盖圆锥形，具斜喙。

  生境 生于树干、岩面、土表或岩面薄土上。

  产地 蒙阴：凌云寺西门，海拔 850 m，黄正莉、李林 20111205。平邑：龟蒙顶下，海拔 1100 m，任昭杰、田雅娴 R17555、R17560、R17562；明光寺，海拔 438 m，任昭杰、田雅娴 R16569、R17578、R17655-B。

  分布 中国（辽宁、内蒙古、河北、山西、山东、甘肃、安徽、江苏、浙江、江西、湖南、湖北、四川、重庆、贵州、云南、西藏、福建、广西、香港）；欧洲和北美洲。

3. 厚角绢藓　图 241

Entodon concinnus (De Not.) Paris, Index Bryol. 2: 103. 1904.

Hypnum concinnum De Not., Mem. Reale Accad. Sci. Torino 39: 220. 1836.

Entodon caliginosus (Mitt.) A. Jaeger, Ber. Thätigk. St. Gallichen Naturwiss. Ges. 1876–1877: 285. 1878.

Stereodon caliginosus Mitt., J. Proc. Linn. Soc., Bot., Suppl. 1: 108. 1859.

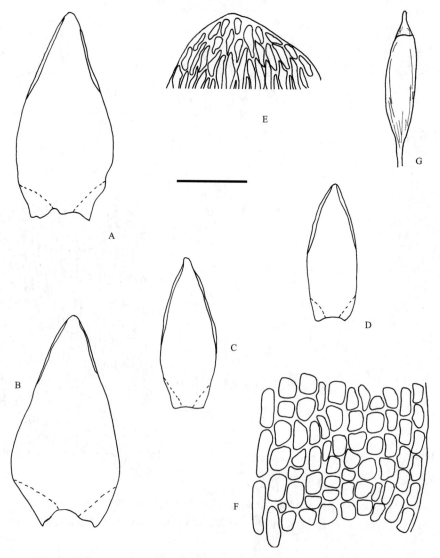

图 241　厚角绢藓 *Entodon concinnus* (De Not.) Paris, A-B. 茎叶；C-D. 枝叶；E. 叶尖部细胞；F. 叶基部细胞；G. 孢蒴
（任昭杰、李德利 绘）。标尺：A-D=1.1 mm, E-F=110 μm, G=1.9 mm.

　　植物体中等大小，粗壮，绿色，具光泽。茎匍匐，羽状分枝。茎叶椭圆形，内凹，先端钝或具小尖头；叶边全缘，先端常内卷呈兜状；中肋缺失，或 2 条短中肋。枝叶狭窄，较小。叶中部细胞线形或虫形，先端细胞短，角细胞分化明显，由 2–4 层方形或短长方形细胞组成。

　　生境　生于岩面。

　　产地　蒙阴：橛子沟，海拔 800 m，任昭杰 20120163、20120165。

　　分布　中国（黑龙江、吉林、内蒙古、河北、北京、山西、山东、河南、陕西、宁夏、甘肃、新疆、安徽、江苏、浙江、江西、湖北、四川、重庆、贵州、云南、西藏、香港）；尼泊尔、朝鲜、日本、巴布亚新几内亚、俄罗斯，欧洲和北美洲。

4. 广叶绢藓　图 242

Entodon flavescens (Hook.) A. Jaeger, Ber. Thätigk. St. Gallischen Naturwiss. Ges. 1876–1877: 293. 1878.

Neckera flavescens Hook., Trans. Linn. Soc. London 9: 314. 1808.

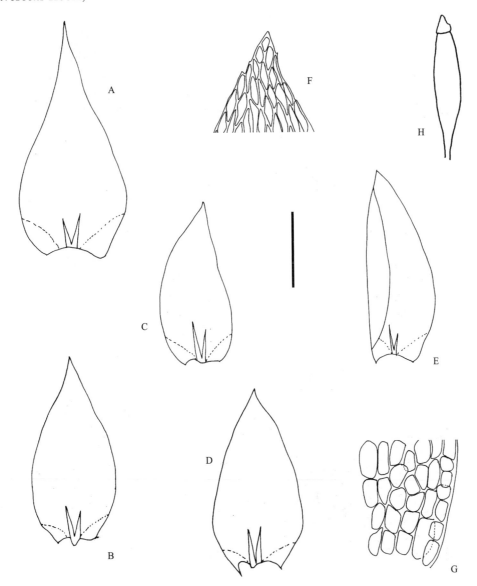

图 242　广叶绢藓 *Entodon flavescens* (Hook.) A. Jaeger, A. 茎叶；B-E. 枝叶；F. 叶尖部细胞；G. 叶基部细胞；H. 孢蒴
（任昭杰、付旭　绘）。标尺：A-E=1.5 mm，F-G=140 μm，H=2.8 mm。

　　植物体中等大小，黄绿色至绿色，具光泽。茎匍匐，密集羽状分枝。茎叶卵形、三角状卵形或卵状披针形，先端渐尖；叶边全缘，仅先端具细齿；中肋 2，短弱。枝叶长椭圆状披针形，先端具齿。叶中部细胞线形，向上渐短，角细胞多数，方形。

生境　生于树干和岩面。

产地　蒙阴：蒙山，海拔 750 m，赵遵田 91378–1。平邑：明光寺，海拔 550 m，赵遵田、任昭杰 R17648-D、R17649-F。

分布　中国（黑龙江、吉林、辽宁、山东、河南、安徽、浙江、江西、四川、重庆、云南、福建、台湾、广东、广西）；朝鲜、日本、尼泊尔、不丹、印度、越南、菲律宾和缅甸。

5. 细绢藓　图 243

Entodon giraldii Müll. Hal., Nuovo Giorn. Bot. Ital., n. s., 4: 264. 1897.

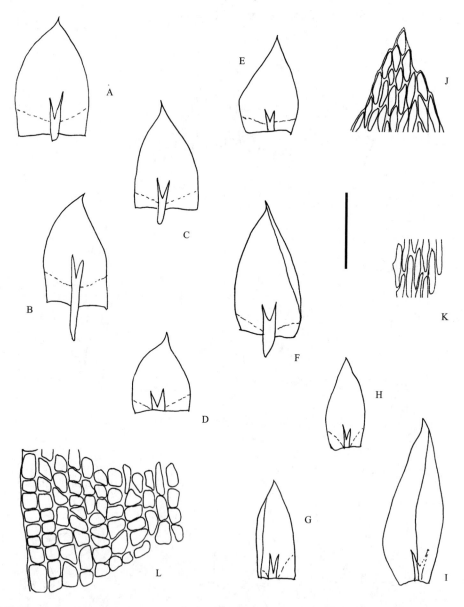

图 243　细绢藓 *Entodon giraldii* Müll. Hal., A-D. 茎叶；E-I. 枝叶；J. 叶尖部细胞；K. 叶中部细胞；L. 角细胞（任昭杰、付旭 绘）。标尺：A-I=0.9 mm, J-L=90 μm.

　　植物体纤细，黄绿色至暗绿色，略具光泽。生叶茎和枝扁平。茎叶三角状卵形，多平展；叶边全缘；中肋 2，短弱或缺失。枝叶长椭圆形，先端具细齿。叶中部细胞线形，向上渐短，角细胞多数，方形或矩形，在叶基部延伸至中肋。蒴柄红褐色。孢蒴圆柱形，直立，对称。

　　生境　生于树干。

　　产地　蒙阴：蒙山，赵遵田 91897。

　　分布　中国（黑龙江、吉林、辽宁、内蒙古、河北、北京、山东、陕西、浙江、湖南、四川、重庆、云南、广东）；朝鲜和日本。

6. 深绿绢藓　图 244　照片 106

Entodon luridus (Griff.) A. Jaeger, Ber. Thätigk. St. Gallischen Naturwiss. Ges. 1876–1877: 294. 1878.

Neckera luridus Griff., Calcutta J. Nat. Hist. 3: 66. 1843 [1842].

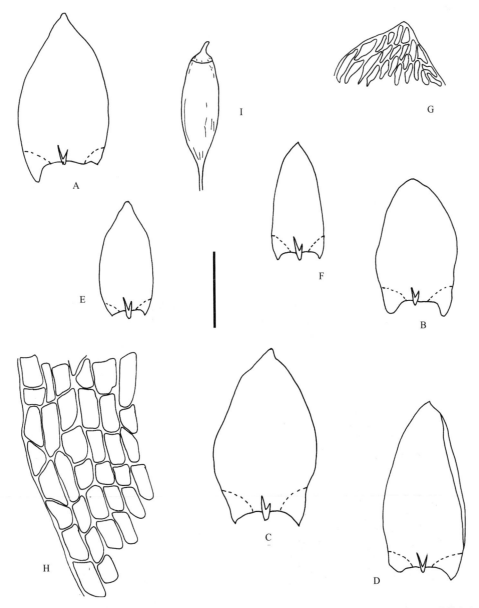

图 244　深绿绢藓 *Entodon luridus* (Griff.) A. Jaeger, A-D. 茎叶；E-F. 枝叶；G. 叶尖部细胞；H. 叶基部细胞；I. 孢蒴（任昭杰、付旭 绘）。标尺：A-F=1.3 mm, G-H=110 μm, I=2.6 mm.

　　本种与陕西绢藓 *E. schensianus* 类似，但本种叶长椭圆形，先端略钝，具小尖头，角细胞较少，不延伸至中肋处；而后者叶长卵形，先端渐尖，角细胞较多，在基部延伸至中肋处。

　　生境　生于树干、岩面和土表。

　　产地　蒙阴：蒙山，赵遵田 91187-1；冷峪，海拔 450 m，李林、李超 R123271、R123410、R17383-A。平邑：明光寺，海拔 438 m，任昭杰、田雅娴 R17535。

　　分布　中国（黑龙江、吉林、辽宁、内蒙古、河北、山西、山东、陕西、甘肃、新疆、安徽、上海、浙江、湖南、湖北、四川、重庆、贵州、云南、福建、广东、广西）；朝鲜、日本和俄罗斯（远东地区）。

7. 长柄绢藓　图 245

Entodon macropodus (Hedw.) Müll. Hal., Linnaea 18: 707. 1845.

Neckera macropodus Hedw., Sp. Musc. Frond. 207. 1801.

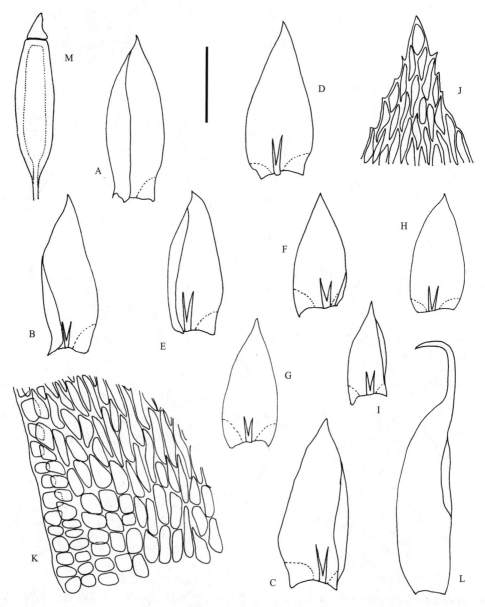

图 245　长柄绢藓 *Entodon macropodus* (Hedw.) Müll. Hal., A-E. 茎叶；F-I. 枝叶；J. 叶尖部细胞；K. 叶基部细胞；L. 内雌苞叶；M. 孢蒴（任昭杰、李德利 绘）。标尺：A-I, L=0.9 mm, J-K=90 μm, M=2.8 mm.

植物体中等大小至大形，黄绿色至绿色，有时带褐色，具光泽。茎匍匐，亚羽状分枝，茎及枝扁平。茎叶矩圆形、矩圆状卵形或卵状披针形，先端渐尖，或略钝且具小尖头；叶边平展，先端具细齿；中肋 2，短弱。枝叶与茎叶近同形，略狭小。蒴柄黄色。孢蒴圆筒形，直立，对称。无环带。

生境 生于岩面、土表或腐木上。

产地 蒙阴：蒙山三分区，海拔 560 m，赵遵田 91180；冷峪，海拔 600 m，付旭 R123311-C；天麻岭，海拔 760 m，赵遵田 91220-C。平邑：明光寺，赵遵田、任昭杰 R17656-A、R17657-B。费县：茶蓬峪，海拔 350 m，李林 R123238。

分布 中国（黑龙江、吉林、内蒙古、河北、山西、山东、陕西、安徽、江苏、上海、浙江、江西、湖南、四川、重庆、贵州、云南、西藏、福建、台湾、广东、广西、海南、香港）；日本、尼泊尔、印度、缅甸、泰国、老挝、越南，南美洲、北美洲和非洲。

8. 钝叶绢藓 图 246 照片 107

Entodon obtusatus Broth., Akad. Wiss. Wien Sitzungsber., Math.-Naturwiss. Kl., Abt. 1, 131: 216. 1922.

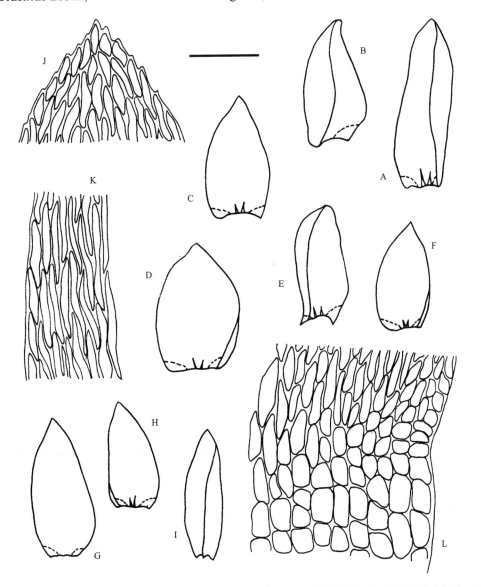

图 246 钝叶绢藓 *Entodon obtusatus* Broth., A-F. 茎叶；G-I. 枝叶；J. 叶尖部细胞；K. 叶中部边缘细胞；L. 叶基部细胞（任昭杰、田雅娴 绘）。标尺：A-I=0.56 mm, J-L=69 μm.

植物体形小，黄绿色，具光泽。茎叶长椭圆形、舌形或卵状舌形，先端钝，具小尖头，或急尖；叶边多平展，全缘，仅先端具细齿；中肋 2，短弱或缺失。枝叶狭小。叶中部细胞线形，上部细胞较短，角细胞方形或矩形。蒴柄黄色。孢蒴长椭圆状圆筒形。蒴盖圆锥形，具喙。

生境 多生于树干上。

产地 蒙阴：大石门，海拔 650 m，李超、付旭 R123190。平邑：明光寺，海拔 590 m，任昭杰、田雅娴 R17517-D、R17552、R17615；广崮尧，海拔 700 m，任昭杰、田雅娴 R17639-B、R17650；拜寿台，海拔 1000 m，任昭杰、王春晓 R18529。沂南：东五彩山，海拔 700 m，任昭杰、田雅娴 R18200-B。

分布 中国（吉林、山西、山东、陕西、新疆、安徽、浙江、湖南、湖北、重庆、贵州、云南、福建、台湾、海南、香港）；日本和印度。

9. 陕西绢藓　图 247

Entodon schensianus Müll. Hal., Nuovo Giorn. Bot. Ital., n. s., 3: 109. 1896.

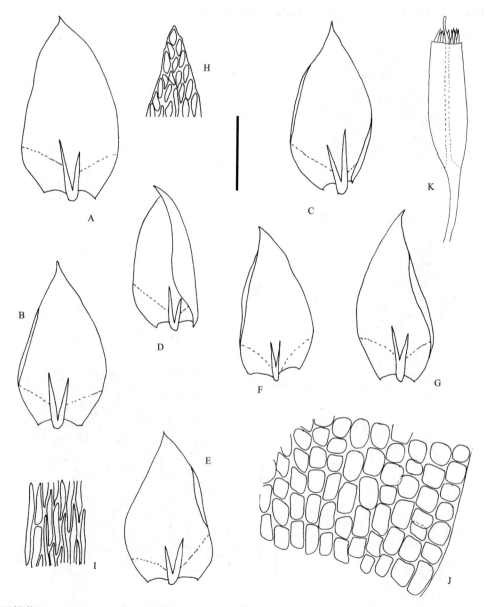

图 247　陕西绢藓 *Entodon schensianus* Müll. Hal., A-E. 茎叶；F-G. 枝叶；H. 叶尖部细胞；I. 叶中部细胞；J. 叶基部细胞；K. 孢蒴（任昭杰 绘）。标尺：A-G=1.1 mm, H-J=110 μm, K=1.7 mm.

植物体中等大小，黄绿色，具光泽。茎匍匐，亚羽状分枝，分枝圆条状。茎叶卵形至卵状披针形，先端渐尖；叶边平展，全缘，或仅先端具细齿；中肋 2。枝叶与茎叶近同形，略小。叶中部细胞线形，角细胞多数，方形或矩形，从叶基边缘向上 15 个细胞高。蒴柄红色。孢蒴圆筒形，褐色。

生境　多生于树干上，亦见于岩面和土表。

产地　平邑：明光寺，海拔 580 m，任昭杰、田雅娴 R17575-B；龟蒙顶，海拔 1100 m，任昭杰、田雅娴 R17654-C。沂南：东五彩山，海拔 550 m，任昭杰、田雅娴 R18325。费县：茶蓬峪，海拔 350 m，李林 R123381-B。

分布　中国（黑龙江、吉林、内蒙古、河北、山西、山东、陕西、湖南、四川、云南、西藏、广西）；泰国和越南。

经标本检视，我们发现《山东苔藓志》（任昭杰和赵遵田，2016）收录的横生绢藓 *E. prorepens* (Mitt.) A. Jaeger（引证标本为 91356）为本种误定，因此将横生绢藓从本区系中剔除。

10. 亮叶绢藓　图 248

Entodon schleicheri (Schimp.) Demet., Rev. Bryol. 12: 87. 1885.

Isothecium schleicheri Schimp., Musci Pyren. 71. 1847.

Entodon aeruginosus Müll. Hal., Nuovo Giorn. Bot. Ital., n. s., 5: 192. 1898.

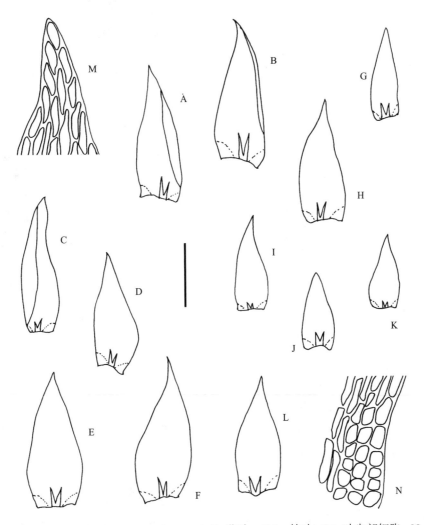

图 248　亮叶绢藓 *Entodon schleicheri* (Schimp.) Demet., A-F. 茎叶；G-L. 枝叶；M. 叶尖部细胞；N. 叶基部细胞（任昭杰、付旭 绘）。标尺：A-L=0.7 mm, M-N=70 μm.

　　植物体形小，黄绿色，具光泽，交织成片。茎匍匐，近羽状分枝。茎叶长椭圆状舟形，先端渐尖；中肋 2，短弱或缺失。枝叶与茎叶近同形，较小。叶细胞线形，角细胞明显分化。

　　生境　生于岩面。

　　产地　蒙阴：冷峪，海拔 600 m，李林 R123438。

　　分布　中国（黑龙江、吉林、内蒙古、河北、山东、陕西、甘肃、新疆、安徽、江西、四川、贵州、云南、广东、海南）；朝鲜、蒙古，欧洲和北美洲。

　　本种与绢藓 E. cladorrhizans 类似，但本种叶先端长渐尖，外齿层齿片基部 2–3 节片具横条纹，以上为纵条纹，而后者叶先端一般为短渐尖，外齿层齿片具横条纹或斜条纹。

11. 亚美绢藓　　图 249　　照片 108

Entodon sullivantii (Müll. Hal.) Lindb., Contr. Fl. Crypt. As. 233. 1873.

Neckera sullivantii Müll. Hal., Syn. Musc. Frond. 2: 65. 1851.

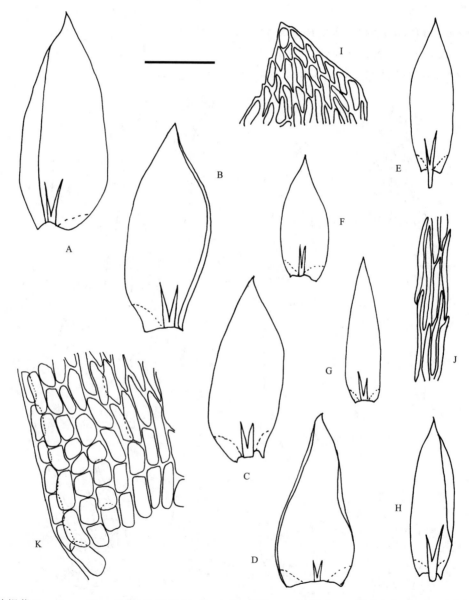

图 249　亚美绢藓 *Entodon sullivantii* (Müll. Hal.) Lindb., A-D. 茎叶；E-H. 枝叶；I. 叶尖部细胞；J. 叶中部细胞；K. 叶基部细胞（任昭杰、付旭 绘）。标尺：A-H=0.8 mm, I-K=80 μm.

植物体较粗壮，绿色，具光泽。茎匍匐，亚羽状分枝或不规则分枝。茎叶卵状披针形，略内凹，先端锐尖，基部略收缩；叶边先端具齿；中肋 2，短而强劲。枝叶与茎叶近同形，略狭小。叶中部细胞线形，上部细胞短，角细胞多数，矩形或方形。孢蒴圆筒形。

生境　生于岩面、土表或树干上。

产地　蒙阴：蒙山三分区，赵遵田 91333-A；冷峪，海拔 600 m，李林 R123269；花园庄，海拔 300 m，赵遵田 91345-B。平邑：龟蒙顶，张艳敏 8（PE）；龟蒙顶，海拔 1120 m，任昭杰、田雅娴 R17598；蓝涧，海拔 680 m，李林 R123270；明光寺，海拔 438 m，任昭杰、田雅娴 R17533、R17561。

分布　中国（黑龙江、吉林、辽宁、山东、河南、安徽、江苏、浙江、江西、湖南、四川、重庆、贵州、西藏、云南、福建、广东、广西）；日本，北美洲。

12. 宝岛绢藓　图 250

Entodon taiwanensis C. K. Wang & S. H. Lin, Bot. Bull. Acad. Sin. 16: 200. 1975.

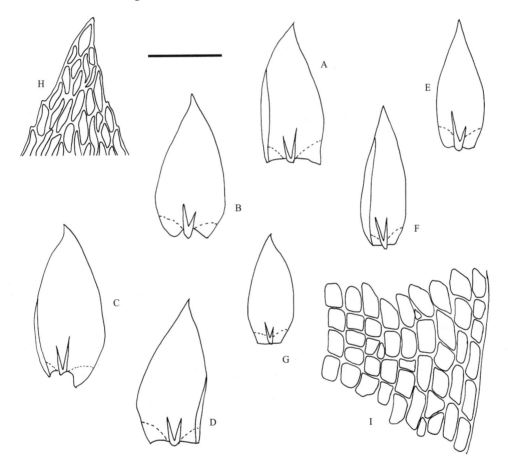

图 250　宝岛绢藓 *Entodon taiwanensis* C. K. Wang & S. H. Lin, A-D. 茎叶；E-G. 枝叶；H. 叶尖部细胞；I. 叶基部细胞（任昭杰、付旭　绘）。标尺：A-G=1.1 mm, H-I=110 μm.

植物体黄绿色至绿色，具光泽。茎匍匐，稀疏分枝，茎和枝扁平。叶长椭圆形至长椭圆状披针形，略内凹，先端渐尖，中肋 2，短弱。叶中部细胞线形，叶尖部细胞较短，角细胞方形或矩形。

生境　生于岩面。

产地　蒙阴：蒙山三分区，海拔 560 m，赵遵田 91360。

分布　中国特有种（山东、安徽、浙江、重庆、云南、广东、台湾）。

13. 绿叶绢藓

Entodon viridulus Cardot, Bull. Soc. Bot. Genève, sér. 2. 3: 287. 1911.

本种与宝岛绢藓 *E. taiwanensis* 类似，但本种叶先端钝，叶基部明显收缩，而后者叶先端渐尖，叶基部不收缩。

生境 生于岩面。

产地 蒙阴：蒙山三分区，海拔 560 m，赵遵田 91198-B、91360；蒙山，海拔 760 m，赵遵田 91381-D。

分布 中国（辽宁、山东、安徽、江苏、上海、浙江、江西、湖南、四川、重庆、贵州、云南、福建、广东、广西、海南、香港）；日本和朝鲜。

科 35. 白齿藓科 LEUCODONTACEAE

植物体纤细至粗壮，黄绿色至暗绿色，多具光泽。主茎匍匐，支茎倾立至直立，分枝或单一；中轴分化或不分化。通常无鳞毛或有假鳞毛。叶多列，心状卵形或长卵形，多具纵褶，具短尖或细长尖；叶边平展，全缘或仅先端具细齿；中肋缺失或具单中肋，稀双中肋。叶上部细胞菱形，厚壁，平滑，中下部细胞为长菱形，厚壁，平滑，渐边呈斜方形和扁方形，构成明显的角部细胞群。雌雄异株。内雌苞叶较长，具较高鞘部。蒴柄多较短。孢蒴卵形、长卵形或圆柱形，对称，直立。环带多分化。蒴齿双层。蒴盖圆锥形，具斜喙。蒴帽兜形，平滑或具少数纤毛。

本科全世界有 7 属。中国有 4 属；山东有 1 属，蒙山有分布。本科在山东仅报道发现于泰山和崂山，本次发现为蒙山新记录科。

属 1. 白齿藓属 Leucodon Schwägr.

Sp. Musc. Frond., Suppl. 1, 2: 1. 1816.

植物体多粗壮，黄绿色至暗绿色，有时带褐色，通常具光泽。主茎匍匐，支茎密集，上倾，不规则分枝或稀疏近羽状分枝；中轴分化或不分化，有时具悬垂枝，悬垂枝多无中轴分化。无鳞毛，假鳞毛丝状或披针形，稀缺失。叶腋毛高 3–7 个细胞。茎叶长卵形或狭披针形，内凹，具纵褶，先端渐尖；叶边平展，全缘或仅先端具细齿；中肋缺失。枝叶与茎叶同形。叶中部细胞菱形或线形，厚壁，近叶边或角部细胞较短，有多列不规则方形或椭圆形细胞构成明显的角部细胞群，角部细胞一般为叶长的 1/15–3/5。雌雄异株。蒴柄较长。孢蒴卵形或长卵形，通常对称。环带分化。蒴齿双层，白色。蒴盖圆锥形。蒴帽兜形，黄色，平滑。

本属全世界现有 37 种。中国有 16 种和 1 变种；山东有 2 种，蒙山有 1 种。

1. 朝鲜白齿藓　图 251

Leucodon corrensis Cardot, Beih. Bot. Centralbl. 17: 23. 1904.

植物体较粗壮，黄绿色。主茎匍匐，稀疏分枝，具少数鞭状枝；中轴不分化。假鳞毛多数，披针形至线形。叶卵圆形至卵状披针形，内凹，具纵褶，渐尖；叶边平展，仅尖部具细齿。叶细胞菱形，厚壁，常有壁孔，角部细胞方形，达叶长的 3/5，稀 1/2。

生境 生于岩面薄土上。

产地 费县：望海楼，海拔 1000 m，赵遵田 20111374-F。

分布　中国（黑龙江、吉林、辽宁、河北、山西、山东、河南、陕西、宁夏、甘肃、湖北、湖南、四川、重庆、贵州、台湾）。朝鲜和日本。

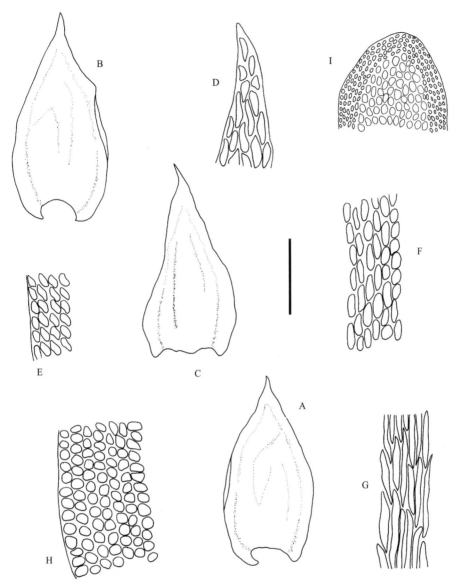

图 251　朝鲜白齿藓 *Leucodon corrensis* Cardot, A-C. 叶；D. 叶尖部细胞；E. 叶中上部边缘细胞；F. 叶中部细胞；G. 叶基中部细胞；H. 叶基边缘细胞；I. 茎横切面部分（任昭杰　绘）。标尺：A-C=1.4 mm, D-H=120 μm, I=270 μm.

科 36. 平藓科 NECKERACEAE

植物体多较为粗壮，硬挺，黄绿色至暗绿色，有时带褐色，多具光泽。主茎匍匐，支茎直立或下垂，一至三回羽状分枝；中轴不分化。叶扁平贴生，长卵形、舌形或卵圆形，多两侧不对称，平展或具横波纹，先端圆钝或具短尖，叶基一侧内折或具小瓣；叶边上部具齿，稀全缘；中肋单一，细弱，稀缺失或双中肋。叶细胞多平滑，稀具单疣，中上部细胞菱形、圆方形或圆多边形，基部细胞狭长，厚壁，常具壁孔。雌雄异株或雌雄同株。蒴柄较短。孢蒴多隐生于雌苞叶内，稀高出。蒴齿双层。蒴盖圆锥形。蒴帽兜形或帽状。

本科全世界有 32 属。中国有 16 属；山东有 4 属，蒙山有 3 属。本科植物在蒙山分布较少。

分属检索表

1. 中肋缺失 ·· 2. 拟扁枝藓属 *Homaliadelphus*
1. 中肋单一，稀双中肋 ·· 2
2. 叶一般两侧对称；中肋达叶尖稍下部，背面先端常具刺 ································· 3. 木藓属 *Thamnobryum*
2. 叶一般两侧不对称；中肋一般达叶中部，背面先端光滑 ································ 1. 扁枝藓属 *Homalia*

Key to the genera

1. Costa absent ··· 2. *Homaliadelphus*
1. Costa single, rarely double ·· 2
2. Leaves usually symmetry; costa ending below the apex, abaxial side of costa apex often with spines ········ 3. *Thamnobryum*
2. Leaves usually unsymmetry; costa only 1/2 of length of leaf, abaxial side of costa apex smooth ···················· 1. *Homalia*

属 1. 扁枝藓属 **Homalia** Brid.

Bryol. Univ. 2: 812. 1827.

植物体中等大小，黄绿色至暗绿色，具光泽。主茎匍匐，羽状分枝或不规则分枝；中轴不分化。假鳞毛缺失。叶扁平四列状着生，外观两列型，阔卵形、阔卵状椭圆形或阔舌形，平展，先端圆钝，基部趋狭，一侧略内折；叶边平展，全缘，或仅先端具细齿；中肋单一，细弱，达叶中上部，稀缺失。叶上部细胞菱形至六边形，中部细胞狭长，厚壁，无壁孔。雌雄同株或雌雄异株。蒴柄细长，平滑。孢蒴长卵形，红棕色，直立或近下垂。环带分化。蒴齿双层。蒴盖圆锥形，具斜喙。蒴帽兜形，多平滑。孢子近于平滑。

本属全世界有 6 种。中国有 1 种和 1 变种；山东有 1 种，蒙山有分布。

1. 扁枝藓　图 252

Homalia trichomanoides (Hedw.) Brid.,Bryol. Univ. 2: 812. 1827.

Leskea trichomanoides Hedw., Sp. Musc. 231. 1801.

植物体中等大小，黄绿色，具明显光泽。主茎匍匐，单一，或不规则分枝。茎叶扁平交互着生，椭圆形，两侧不对称，先端具钝尖或锐尖，基部着生处狭窄；叶边平展，叶基部一侧常狭内折，上部具细齿；中肋单一，细弱，达叶中部。枝叶与茎叶同形，略小。叶上部细胞长方形至菱形，中部细胞长六边形至椭圆形，基部细胞近于线形，薄壁，透明。

　　生境　生于岩面。
　　产地　费县：望海楼，海拔 1000 m，赵遵田 20111371-E。
　　分布　中国（黑龙江、内蒙古、河北、山东、陕西、甘肃、江苏、上海、浙江、江西、湖北、四川、云南、台湾、广东、香港）；巴基斯坦、印度、不丹、日本、朝鲜、俄罗斯、墨西哥，欧洲和北美洲。

属 2. 拟扁枝藓属 **Homaliadelphus** Dixon & P. de la Varde

Rev. Bryol. n. s., 4: 142. 1932.

植物体中等大小，黄绿色，有时带褐色，具明显光泽。主茎匍匐，直径倾立，不分枝，或具不规则短分枝。叶圆形至圆卵形，后缘基部具狭椭圆形瓣；叶边平展，全缘或具细齿；中肋缺失。叶细胞方形至菱形，基部中央细胞狭长菱形，厚壁，多具壁孔。雌雄异株。内雌苞叶基部椭圆形，渐上呈狭舌形，尖部具细齿。蒴柄棕色，平滑。孢蒴椭圆柱形或圆柱形。蒴齿双层。蒴盖圆锥形，具斜喙。蒴帽兜形，被疏纤毛。孢子球形，被细疣。

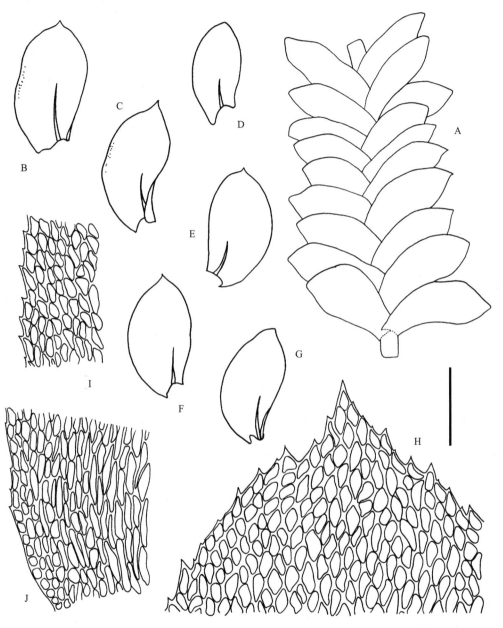

图 252　扁枝藓 *Homalia trichomanoides* (Hedw.) Brid., A. 植物体一部分；B-G. 叶；H. 叶尖部细胞；I. 叶中部细胞；
J. 叶基部细胞（任昭杰 绘）。标尺：A=0.93 mm, B-G=0.69 mm, H-J=93 μm.

本属全世界有 2 种。中国有 1 种和 1 变种；山东有 1 种，蒙山有分布。

1. 拟扁枝藓　图 253

Homaliadelphus targionianus (Mitt.) Dixon & P. de la Varde, Rev. Bryol., n. s., 4: 142. 1932.

Neckera targioniana Mitt., J. Proc. Linn. Soc., Bot., Suppl. 1: 117. 1859.

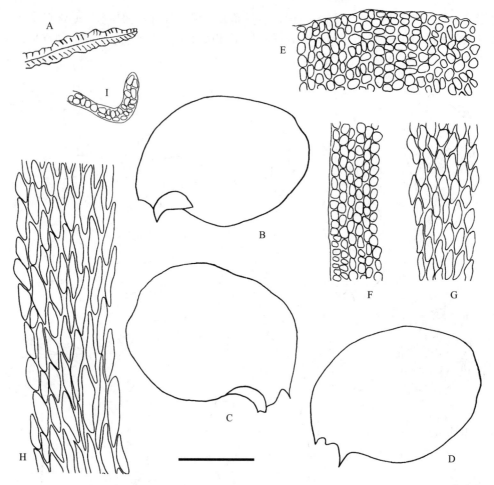

图 253 拟扁枝藓 *Homaliadelphus targionianus* (Mitt.) Dixon & P. de la Varde, A. 植物体一段；B-D. 叶；E. 叶尖部细胞；F. 叶中部边缘细胞；G. 叶中部细胞；H. 叶基部近中央细胞；I. 假鳞毛（任昭杰、田雅娴 绘）。标尺：A=6.67 mm, B-D=0.83 mm, E-H=104 μm, I=1.39 mm.

植物体黄绿色，具光泽。主茎匍匐，支茎密生，稀分枝，中轴不分化。叶扁平，卵圆形或卵状椭圆形，两侧不对称，后缘基部多具舌状瓣；叶边平展，全缘；中肋缺失。叶细胞方形至菱形，平滑，基部细胞长菱形或菱形，具明显壁孔，边缘细胞趋短而呈方形。

生境 生于岩面或土表。

产地 平邑：大洼林场，海拔 800 m，张艳敏 134（SDAU）。费县：望海楼，海拔 1000 m，赵遵田 20111038-B。

分布 中国（山东、河南、安徽、上海、江西、湖北、湖南、四川、重庆、贵州、云南、台湾）；日本、泰国、越南和印度。

属 3. 木藓属 Thamnobryum Nieuwl.

Amer. Midl. Naturalist 5: 50. 1917.

植物体形大，硬挺，黄绿色。主茎匍匐，支茎直立，上部一回至二回羽状分枝呈树形，枝条常扁平展出。茎基部叶阔卵形，茎叶卵形至卵状椭圆形，常内凹；叶边平展，上部具齿；中肋单一，粗壮，达叶尖略下部消失，先端背面常具刺。枝叶与茎叶相似，较小。叶尖部细胞圆方形，中部细胞菱形至六边形，厚壁，不具壁孔，叶基部细胞狭长方形，角细胞不分化。雌雄异株。蒴柄平滑。孢蒴椭圆柱形或卵状椭圆柱形，具台部。蒴齿双层。蒴盖具长斜喙。蒴帽兜形，平滑。

　　本属全世界有 46 种。中国有 6 种；山东 2 种，蒙山有 1 种。

1. 匙叶木藓　图 254

Thamnobryum subseriatum (Mitt. ex Sande Lac.) B. C. Tan, Brittonia 41: 42. 1989.

Thamnium subseriatum Mitt. ex Sande Lac., Ann. Mus. Bot. Lugduno-Batavi 2: 299. 1866.

Thamnium sandei Besch., Ann. Sci. Nat., Bot., sér. 7, 17: 381. 1893.

Thamnobryum sandei (Besch.) Z. Iwats., Misc. Bryol. Lichenol. 6: 33. 1972.

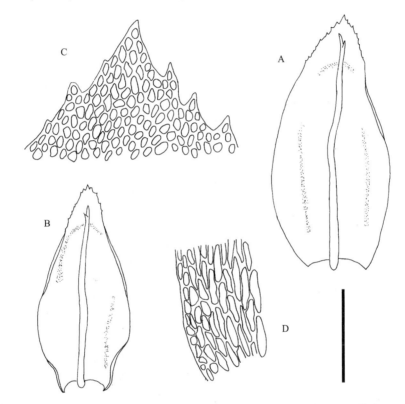

图 254　匙叶木藓 *Thamnobryum subseriatum* (Mitt. ex Sande Lac.) B. C. Tan, A. 茎叶；B. 枝叶；C. 叶尖部细胞；D. 叶基部细胞（任昭杰 绘）。标尺：A-B=1.7 mm, C-D=170 μm.

　　植物体形大，暗绿色。主茎匍匐，叶片多脱落，支茎直立，上部羽状分枝，分枝再次不规则分枝而呈树形。叶卵形，强烈内凹，具锐尖；叶边先端具粗齿；中肋单一，粗壮，达叶尖略下部消失，背面先端具粗齿。叶细胞菱形至六边形，厚壁。

　　生境　生于岩面。

　　产地　蒙阴：蒙山，赵遵田 Zh911631。

　　分布　中国（山东、陕西、甘肃、安徽、江苏、上海、浙江、江西、湖南、湖北、重庆、贵州、四川、云南、台湾、广东、广西）；巴基斯坦、缅甸、泰国、越南、日本、朝鲜和俄罗斯（远东地区）。

科 37. 牛舌藓科 ANOMODONTACEAE

　　植物体形小至形大，黄绿色至暗绿色，有时带褐色，具光泽或不具光泽。主茎匍匐，支茎直立或倾立，不规则分枝或近羽状分枝，分枝常卷曲；中轴分化或不分化。鳞毛存在或缺失。叶腋毛高 3-8

个细胞，基部细胞 1–2 个。茎叶基部卵形或椭圆形，向上渐尖或突成长舌形或披针形尖；叶边多平展，中上部具细齿或具不规则粗齿；中肋多单一，达叶中上部，稀双中肋或缺失。枝叶与茎叶近同形。叶中上部细胞菱形、卵状菱形或六边形，具多疣，稀具单疣或平滑，基部细胞卵形或椭圆状卵形，中肋两侧细胞透明。雌雄异株或同株。蒴柄纤细。孢蒴多卵形，稀圆柱形，平滑。环带分化或缺失。蒴齿双层。蒴盖圆锥形，具喙。蒴帽兜形，平滑，稀具纤毛。孢子近球形，密被细疣。

　　本科全世界 6 属。中国有 4 属；山东有 4 属，蒙山皆有分布。

分属检索表

1. 中肋多缺失 ··· 4. 拟附干藓属 Schwetschkeopsis
1. 中肋单一，达叶中上部 ··· 2
2. 叶细胞平滑 ··· 3. 羊角藓属 Herpetineuron
2. 叶细胞具疣 ··· 3
3. 植物体粗壮；叶尖部圆钝 ······································· 1. 牛舌藓属 Anomodon
3. 植物体纤细；叶尖部圆钝或具钝尖 ························· 2. 多枝藓属 Haplohymenium

Key to the genera

1. Costa absent ··· 4. Schwetschkeopsis
1. Costa single, up to the middle of leaf length ··································· 2
2. Laminal cells smooth ··· 3. Herpetineuron
2. Laminal cells papillose ·· 3
3. Plants usually robust; leaf apices rounded ····························· 1. Anomodon
3. Plants slender; leaf apices rounded or obtusely acute ·········· 2. Haplohymenium

属 1. 牛舌藓属 Anomodon Hook. & Taylor
Muscol. Brit. 79 pl. 3. 1818.

　　植物体中等大小至大形，通常硬挺，黄绿色至暗绿色，有时带褐色。主茎匍匐，支茎直立或倾立，稀疏不规则分枝，分枝常弯曲，常具匍匐枝。鳞毛缺失。茎叶基部卵形或长卵形，向上突呈舌形至长舌形，稀披针形，先端多圆钝，稀具短尖；叶边平展，或波曲；中肋单一，达叶中上部至近尖部。枝叶与茎叶同形。叶中上部细胞六边形或圆六边形，具密疣，稀具单疣，基部近中肋两侧细胞往往平滑透明。雌雄异株。蒴柄纤细。孢蒴卵形、卵状圆柱形或圆柱形。

　　许安琪（1986）报道蒙山有尖叶牛舌藓 A. giraldii Müll. Hal.分布，本次研究我们未能见到引证标本，也没有采集到相关标本，因将该种存疑。

　　本属全世界现有 20 种。中国有 10 种；山东有 3 种，蒙山有 2 种。

分种检索表

1. 叶基不下延呈小耳状 ··· 1. 小牛舌藓 A. minor
1. 叶基下延呈小耳状 ··· 2. 皱叶牛舌藓 A. rugelii

Key to the species

1. Leaf base not auriculate ··· 1. A. minor
1. Leaf base auriculate ··· 1. A. rugelii

1. 小牛舌薜　图 255　照片 109

Anomodon minor (Hedw.) Lindb., Bot. Not. 1865:126. 1865.

Neckera viticulosa Hedw. var. *minor* Hedw., Sp. Musc. Frond. 210. 48. f. 6–8. 1801.

Anomodon minor (Hedw.) Lindb. subsp. *integerrimus* (Mitt.) Z. Iwats., J. Hattori Bot. Lab. 26: 41. 1963.

Anomodon integerrimus Mitt., J. Proc. Linn. Soc., Bot., Suppl. 1: 126. 1859.

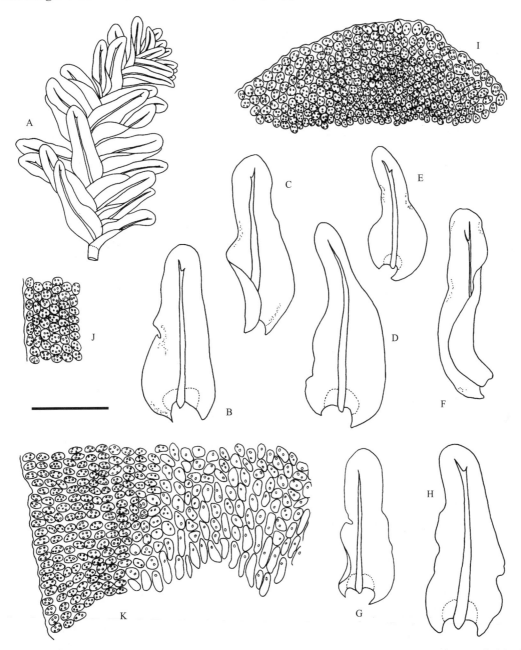

图 255　小牛舌薜 *Anomodon minor* (Hedw.) Lindb., A. 小枝一段；B-H. 叶；I. 叶尖部细胞；J. 叶中上部边缘细胞；K. 叶基部细胞（任昭杰　绘）。标尺：A=1.67 mm, B-H=1.04 mm, I-K=104 μm.

植物体中等大小，黄绿色至暗绿色，有时带褐色。主茎匍匐，规则或不规则羽状分枝；中轴不分化。叶基部卵形，向上呈舌形，叶尖宽阔圆钝；叶边平展，或具纵褶；中肋达叶尖之下，先端有时分叉。叶中上部细胞圆方形至六边形，厚壁，具多疣，基部近中肋细胞椭圆形至菱形。

生境　生于岩面、土表、岩面薄土或树干上。

　　产地　蒙阴：大大洼，海拔 700 m，郭萌萌 R123414。平邑：核桃涧，海拔 700 m，李林 R17326-C；明光寺，海拔 450 m，赵遵田、任昭杰 R17647-B。沂南：蒙山，海拔 790 m，赵遵田 R121003-B。费县：望海楼，赵遵田 20111370-B。

　　分布　中国（内蒙古、河北、山东、河南、山西、陕西、宁夏、新疆、江苏、湖北、四川、重庆、贵州、云南、西藏）；巴基斯坦、缅甸、印度、尼泊尔、不丹、朝鲜和日本。

2. 皱叶牛舌藓　图 256

Anomodon rugelii (Müll. Hal.) Keissl., Ann. K. K. Naturhist. Hofmns. 15:214. 1900.

Hypnum rugelii Müll. Hal., Syn. Musc. Frond. 2: 473. 1851.

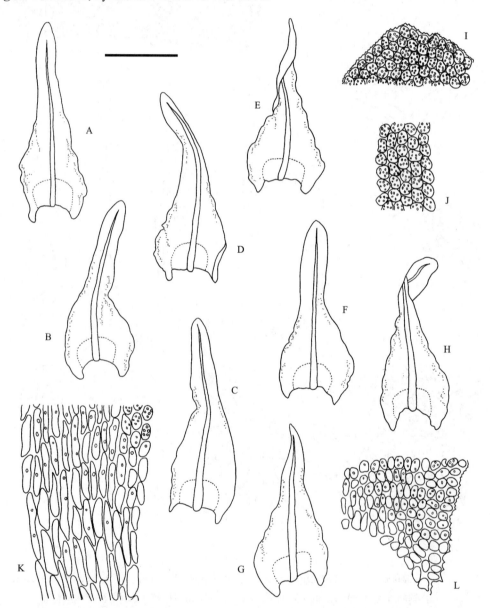

图 256　皱叶牛舌藓 *Anomodon rugelii* (Müll. Hal.) Keissl., A-H. 叶；I. 叶尖部细胞；J. 叶中部细胞；K. 叶基部近中肋细胞；L. 叶基部边缘细胞（任昭杰 绘）。标尺：A-H=1.04 mm, I-L=104 μm.

　　植物体黄绿色至暗绿色。主茎匍匐，支茎多倾立，通常不规则羽状分枝；中轴不分化。茎叶基部卵形至椭圆状卵形，基部下延呈耳状，向上突呈舌形至长舌形，尖部圆钝，偶具小尖；叶边全缘，多具横褶皱；中肋达叶尖略下部。枝叶与茎叶同形或近同形，略小。叶细胞圆方形或圆多边形或六边形，每个细胞具 5–10 个细圆疣，叶基近中肋处细胞长椭圆形，疣较少或平滑。

生境　生于岩面。

产地　费县：望海楼，海拔 1000 m，赵遵田 20111370-B。

分布　中国（吉林、辽宁、山西、山东、河南、甘肃、新疆、江苏、上海、浙江、江西、湖北、四川、重庆、贵州、云南、广东）；印度、越南、朝鲜、日本、俄罗斯（西伯利亚），高加索地区，欧洲和北美洲。

本种叶基部具明显叶耳，且叶具明显横褶皱，可区别于小牛舌薛 *A. minor*。

属 2. 多枝薛属 **Haplohymenium** Dozy & Molk.

Musc. Frond. Ined. Archip. Ind. 127. 1846.

植物体纤细，黄绿色至暗绿色，有时带褐色，交织生长。不规则稀疏分枝。鳞毛缺失。叶干时多覆瓦状排列，茎叶基部卵形或长卵形，向上渐狭窄或突呈披针形或长舌形，尖部多锐尖，稀圆钝；叶边平展，尖部具细齿；中肋单一，达叶中部，稀达叶尖。枝叶与茎叶同形，较小。叶中上部细胞六边形至圆六边形，薄壁，具多数粗疣，基部近中肋细胞透明，平滑。雌雄同株。孢蒴卵形，两侧对称，褐色。环带分化。蒴齿双层。蒴盖圆锥形，具喙。蒴帽兜形。

本属全世界现有 8 种。中国有 5 种；山东有 2 种，蒙山皆有分布。

分种检索表

1. 叶基中部细胞较短 ･････････････････････････････ 1. 拟多枝薛 *H. pseudo-triste*
1. 叶基中部细胞较长 ･････････････････････････････ 2. 暗绿多枝薛 *H. triste*

Key to the species

1. Basal median laminal cells shorter ････････････････ 1. *H. pseudo-triste*
1. Basal median laminal cells longer ･････････････････ 2. *H. triste*

1. 拟多枝薛　图 257　照片 110

Haplohymenium pseudo-triste (Müll. Hal.) Broth., Nat. Pflanzenfam. I (3): 986. 1907.

Hypnum pseudo-triste Müll. Hal., Bot. Zeitung (Berlin) 13: 786. 1855.

本种与暗绿多枝薛 *H. triste* 类似，但本种叶基近中肋细胞较短，而后者叶基近中肋细胞较长。

生境　多生于岩面或岩面薄土上。

产地　蒙阴：小丫口，海拔 800 m，李林 R11926；小大畦，海拔 600 m，李林 R12312。费县：透明玻璃桥下，海拔 700 m，任昭杰、田雅娴 R18201。

分布　中国（山东、江西、重庆、贵州、福建、台湾、香港）；斯里兰卡、越南、泰国、菲律宾、朝鲜、日本、澳大利亚、新西兰和南非。

2. 暗绿多枝薛

Haplohymenium triste (Ces.) Kindb., Rev. Bryol. 26: 25. 1899.

Leskea tristis Ces. in De Not., Syllab. Musc. 67. 1838.

植物体纤细，通常暗绿色，有时带褐色，疏松交织生长。茎匍匐，不规则羽状分枝；中轴分化。

叶基部卵形至阔卵形，向上突呈披针形或舌形；叶边平展，具密疣状突起；中肋单一，达叶中上部。枝叶与茎叶同形，较小。叶中上部细胞圆方形，具密疣，基部近中肋处细胞椭圆形，平滑。

生境　生于岩面或树干上。

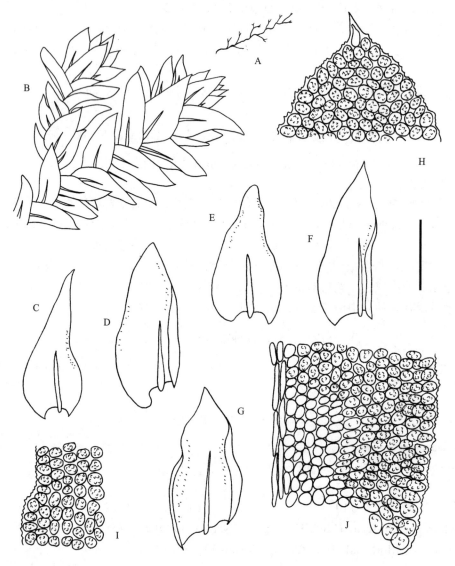

图 257　拟多枝藓 *Haplohymenium pseudo-triste* (Müll. Hal.) Broth., A. 植物体；B. 植物体一段；C-G. 叶；H. 叶尖部细胞；I. 叶中部边缘细胞；J. 叶基部细胞（任昭杰 绘）。标尺：A=1.67 cm, B=0.67 mm, C-G=333 μm, H-J=83 μm.

产地　费县：望海楼，海拔 900 m，赵洪东 91308-A、91462。

分布　中国（内蒙古、山东、河南、新疆、江苏、安徽、上海、浙江、江西、湖北、四川、贵州、西藏、台湾）；朝鲜、日本、俄罗斯（西伯利亚）、美国（夏威夷），欧洲和北美洲。

属 3. 羊角藓属 Herpetineuron (Müll. Hal.) Cardot

Beih. Bot. Centalbl. 19 (2): 127. 1905.

植物体中等大小至大形，多硬挺，黄绿色至暗绿色，有时带褐色。主茎匍匐，支茎倾立至直立，分枝多稀疏，不规则，干燥时枝尖多向腹面弯曲，呈羊角状。茎叶阔披针形或卵状披针形，常具横波纹，先端渐尖；叶边平展，偶不规则内卷，中上部具不规则粗齿；中肋粗壮，达叶尖下部消失，渐上趋细，且上部明显曲折。枝叶与茎叶同形，略小。叶细胞六边形，厚壁，平滑。雌雄异株。雌苞叶基部鞘状，渐上呈披针形。蒴柄红棕色。孢蒴卵圆柱形，对称，具气孔。环带分化。蒴齿双层。蒴盖圆锥形。蒴帽平滑。

　　本属全世界有 2 种。中国有 2 种；山东有 1 种，蒙山有分布。

1. 羊角藓　图 258　照片 111

Herpetineuron toccoae (Sull. & Lesq.) Cardot, Beih. Bot. Centralbl. 19 (2): 127. 1905.

Anomodon toccoae Sull. & Lesq., Musci Hep. U. S.(repr.) 240 [Schedae 52]. 1856.

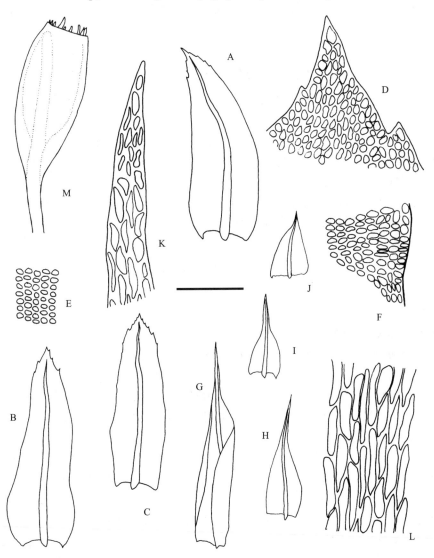

图 258　羊角藓 *Herpetineuron toccoae* (Sull. & Lesq.) Cardot, A-C. 叶；D. 叶尖部细胞；E. 叶中部细胞；F. 叶基部细胞；G-J. 雌苞叶；K. 雌苞叶尖部细胞；L. 雌苞叶中部细胞；M. 孢蒴（任昭杰 绘）。标尺：A-C, G-J=1.2 mm，D-F, K-L=80 μm, M=3.3 mm。

　　种特征基本同属。
　　生境　生于岩面、土表、岩面薄土上或树干上。
　　产地　蒙阴：砂山，海拔 600 m，任昭杰、付旭 R20120038、R18051-B；冷峪，海拔 600 m，李

林、郭萌萌 R17492-B、R18015-B；小天麻顶，海拔 500 m，赵遵田 913254-1-B、91414。平邑：核桃涧，海拔 200 m，李林 R123280-B；蓝涧，海拔 300 m，李超 R17434。沂南：东五彩山，海拔 700 m，任昭杰、田雅娴 R18200-C、R18307、R18349-A。费县：望海楼，海拔 980 m，赵遵田 91478、91479、R18297-A。

分布　中国（黑龙江、吉林、内蒙古、山西、山东、河南、安徽、江苏、上海、浙江、江西、湖南、湖北、四川、重庆、贵州、云南、福建、台湾、广东、海南、香港、澳门）；朝鲜、日本、印度、巴基斯坦、尼泊尔、不丹、斯里兰卡、泰国、老挝、越南、印度尼西亚、菲律宾、瓦努阿图、澳大利亚、新喀里多尼亚，南美洲和北美洲。

本种因干燥时枝尖弯向腹面，形似羊角而得名，在野外易于识别，在蒙山地区分布较为广泛，但通过比较 1984 年至今三十余年的野外调查，发现其分布范围和种群数量在本地区乃至整个山东地区都有缩减的趋势。

属 4. 拟附干藓属 Schwetschkeopsis Broth.

Nat. Pflanzenfam. I (3): 877. 1907.

植物体纤细，黄绿色至暗绿色，略具光泽。茎匍匐，羽状分枝或不规则分枝，分枝较短，直立或倾立。鳞毛少，披针形或线形。叶干时覆瓦状贴生，湿时倾立至直立，卵状披针形，内凹，先端渐尖；叶边平直，先端具细齿；中肋缺失。叶中上部细胞长六边形或长椭圆形，具前角突，基部细胞短，角细胞分化，扁方形。雌雄同株或异株。内雌苞叶基部鞘状，渐上呈披针形或毛尖状。蒴柄细长，橙黄色，干时扭转。孢蒴卵圆柱形，直立，对称或略不对称，具短的台部。蒴齿双层，等长。蒴盖圆锥形，具喙。

本属全世界有 4 种。中国有 2 种；山东有 1 种，蒙山有分布。

1. 拟附干藓　图 259　照片 112

Schwetschkeopsis fabronia (Schwägr.) Broth., Nat. Pflanzenfam. I (3): 878. 1907.

Helicodontium fabronia Schwägr., Sp. Musc. Frond., Suppl. 3, 2 (2): 294. 1830.

植物体纤细，黄绿色至暗绿色。茎匍匐，羽状分枝。叶卵状披针形，叶边平展，具细胞突出形成的齿；中肋缺失。叶细胞长椭圆形，具前角突，角部细胞扁方形。孢子体未见。

生境　多生于树干或岩面上。

产地　蒙阴：花园庄，海拔 365 m，赵遵田 91341；小天麻顶，海拔 750 m，赵遵田 91436-B；大牛圈，海拔 650 m，黄正莉 R18045；小大洼，海拔 700 m，李林 R120193；蒙山三分区，海拔 550 m，赵遵田 91361；老龙潭，海拔 440 m，任昭杰、王春晓 R18378。平邑：龟蒙顶，海拔 1100 m，任昭杰、田雅娴 R17624。费县：望海楼，海拔 970 m，任昭杰、田雅娴 R18297-B、R18330。

分布　中国（黑龙江、吉林、辽宁、山东、陕西、云南、西藏）；朝鲜、日本，北美洲。

本种植物体纤细，交织生长，常在树干或林下岩面形成大片群落，叶细胞前角突有时不明显。

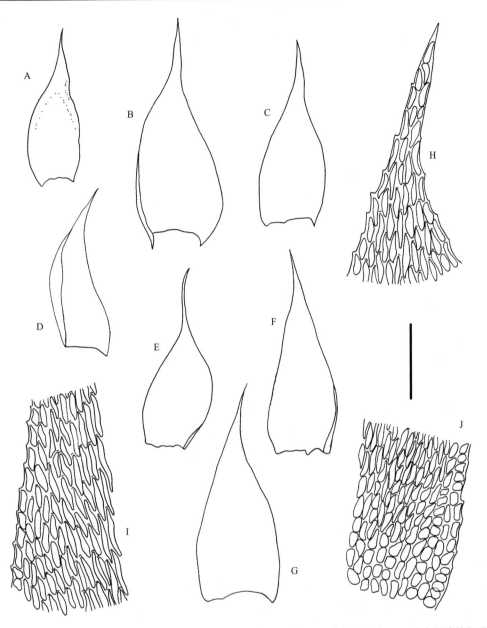

图 259　拟附干藓 *Schwetschkeopsis fabronia* (Schwägr.) Broth., A-G. 叶；H. 叶尖部细胞；I. 叶中部边缘细胞；J. 叶基部细胞（任昭杰　绘）。标尺：A-G=417 μm, H-J=104 μm.

参 考 文 献

白学良. 1997. 内蒙古苔藓植物. 呼和浩特: 内蒙古大学出版社: 1–541.

白学良. 2010. 贺兰山苔藓植物. 银川: 宁夏人民出版社: 1–281.

陈邦杰. 1963. 中国藓类植物属志 (上册). 北京: 科学出版社: 1–304.

陈邦杰. 1978. 中国藓类植物属志 (下册). 北京: 科学出版社: 1–331.

杜超, 任昭杰, 黄正莉, 等. 2010. 山东省顶蒴藓类植物新记录. 山东科学, 23(6): 31–33.

高谦, 曹同. 2000. 云南植物志 (第 17 卷). 北京: 科学出版社: 1–641.

高谦, 赖明洲. 2003. 中国苔藓植物图鉴. 台北: 南天书局: 1–1313.

高谦, 吴玉环. 2008. 中国苔藓志 (第 10 卷). 北京: 科学出版社: 1–464.

高谦, 吴玉环. 2010. 中国苔纲和角苔纲植物属志. 北京: 科学出版社: 1–636.

高谦, 张光初. 1981. 东北苔类植物志. 北京: 科学出版社: 1–220.

高谦. 1977. 东北藓类植物志. 北京: 科学出版社: 1–404.

高谦. 1994. 中国苔藓志 (第 1 卷). 北京: 科学出版社: 1–368.

高谦. 1996. 中国苔藓志 (第 2 卷). 北京: 科学出版社: 1–293.

高谦. 1997. 东北苔藓植物志. 北京: 科学出版社: 1–404.

高谦. 2003. 中国苔藓志 (第 9 卷). 北京: 科学出版社: 1–323.

郭萌萌, 任昭杰, 李林, 等. 2013. 环境变化对山东苔类植物影响的研究. 烟台大学学报 (自然科学与工程版), 26(4): 265–270.

胡人亮, 王幼芳. 2005. 中国苔藓志 (第 7 卷). 北京: 科学出版社: 1–228.

黎兴江. 1985. 西藏苔藓植物志. 北京: 科学出版社: 1–581.

黎兴江. 2000. 中国苔藓志 (第 3 卷). 北京: 科学出版社: 1–157.

黎兴江. 2002. 云南植物志 (第 18 卷). 北京: 科学出版社: 1–523.

黎兴江. 2005. 云南植物志 (第 19 卷). 北京: 科学出版社: 1–681.

黎兴江. 2006. 中国苔藓志 (第 4 卷). 北京: 科学出版社: 1–263.

李德利, 任昭杰, 燕丽梅, 等. 2016. 山东省丛藓科苔藓植物研究. 山东大学学报 (理学版), 51(3): 11–18.

李林, 任昭杰, 黄正莉, 等. 2013. 山东苔藓植物新记录. 山东科学, 26 (1):28–34.

李明, 任昭杰, 杨晓燕. 2017. 昆嵛山苔藓志. 济南: 山东友谊出版社: 1–390.

李兴河, 辛鸿义, 张理田. 1999. 蒙山志. 济南: 齐鲁书社: 1–418.

刘倩, 王幼芳, 左勤. 2010. 中国青藓科新资料. 武汉植物学研究, 28(1): 10–15.

任昭杰, 杜超, 黄正莉, 等. 2010. 山东省绢藓属植物研究. 山东科学, 23(4): 22–26.

任昭杰, 黄正莉, 李林, 等. 2011. 苔藓植物对济南市环境质量生物指示的研究. 山东科学, 24(1): 28–32.

任昭杰, 李德利, 燕丽梅, 等. 2016. 蓑藓属 (Macromitrium Brid.) 苔藓植物在山东的生存现状. 烟台大学学报 (自然科学与工程版), 29(4): 305–307.

任昭杰, 李林, 钟蓓, 等. 2014. 山东昆嵛山苔藓植物多样性及区系特征. 植物科学学报, 32(4): 340–354.

任昭杰, 李明, 杨晓燕, 赵遵田. 2018. 山东水灰藓属 Hygrohypnum Lindb. 苔藓植物研究. 烟台大学学报 (自然科学与工程版), 31(4): 299–303,335.

任昭杰, 田雅娴, 赵遵田. 2019. 山东苔藓植物新记录. 广西植物, 39(10):1420–1424.

任昭杰, 赵遵田. 2016. 山东苔藓志. 青岛: 青岛出版社: 1–450.

任昭杰, 赵遵田. 2017. 山东苔藓植物 10 个新记录属. 见: 山东博物馆, 山东博物馆辑刊 (2016 年). 北京: 文物出版社:81–87.

任昭杰, 钟蓓, 孟宪磊, 等. 2013. 山东仰天山苔藓植物初步研究. 科学通报, 58 (增刊 I): 235.

田雅娴, 任昭杰, 王春晓, 等. 2018. 异萼苔属 (Heteroscyphus Schiffn.) 苔藓植物在山东的首次发现. 山东科学, 31(6):108–109.

王幼芳, 胡人亮. 1998. 中国青藓科研究资料（Ⅰ）. 植物分类学报, 36 (3): 255–267.

王幼芳, 胡人亮. 2000. 中国青藓科研究资料（Ⅱ）. 植物分类学报, 38 (5): 472–485.

王幼芳, 胡人亮. 2003. 中国青藓科研究资料 (Ⅲ). 植物分类学报, 41 (3): 271–281.

温学森. 1998. 山东绢藓属一新种. 云南植物研究, 20 (1): 47–48.

吴德邻, 张力. 2013. 广东苔藓志. 广州: 广东科学技术出版社: 1–552.

吴鹏程, 2000. 横断山区苔藓志. 北京: 科学出版社: 1–742.

吴鹏程. 2002. 中国苔藓志 (第 6 卷). 北京: 科学出版社: 1–357.

吴鹏程, 贾渝, 张力. 2012. 中国高等植物 (第一卷). 青岛: 青岛出版社: 1–1013.

吴鹏程, 贾渝. 2004. 中国苔藓志 (第 8 卷). 北京: 科学出版社: 1–482.

吴鹏程, 贾渝. 2006. 中国苔藓植物的地理及分布类型. 植物资源与环境, 15 (1): 1–8.

吴鹏程, 贾渝. 2011. 中国苔藓志 (第 5 卷). 北京: 科学出版社: 1–493.

熊源新, 曹威. 2018. 贵州苔藓植物志 (第三卷). 贵阳: 贵州科学技术出版社: 1–720.

熊源新. 2014. 贵州苔藓植物志 (第一卷). 贵阳: 贵州科学技术出版社: 1–509.

熊源新. 2014. 贵州苔藓植物志 (第二卷). 贵阳: 贵州科学技术出版社: 1–686.

许安琪. 1986. 山东蒙山苔藓植物种类调查初报. 枣庄师专学报, 1986(2), 41–46.

燕丽梅, 任昭杰, 卞新玉, 等. 2017. 山东真藓科 Bryaceae 植物资源多样性研究. 山东农业科学, 49(2): 20–25.

衣艳君, 刘家尧. 1993. 山东凤尾藓属 (Fissidens Hedw.) 的初步研究. 山东师范大学学报 (自然科学版), 8(3): 87–90.

张力. 2010. 澳门苔藓植物志. 澳门: 鸿兴柯式印刷有限公司: 1–361.

张艳敏, 林群, 张锐. 2002. 山东苔藓植物新纪录. 山东师范大学学报, 17(4): 81–85.

张玉龙, 吴鹏程. 2006. 中国苔藓植物孢子形态. 青岛: 青岛出版社: 1–339.

张增奇, 刘明渭. 1996. 山东省岩石地层. 武汉: 中国地质大学出版社: 1–328.

赵遵田, 曹同. 1998. 山东苔藓植物志. 济南: 山东科学技术出版社: 1–339.

赵遵田, 任昭杰, 黄正莉, 等. 2012. 中国藓类植物一新记录种——木何兰小石藓. 热带亚热带植物学报, 20(6):615–617.

赵遵田, 张恩然, 任强. 2004. 山东苔藓植物区系. 山东科学, 17(1): 17–20.

中国科学院西北植物研究所. 1978. 秦岭植物志 (第 3 卷). 北京: 科学出版社: 1–329.

Arikawa T A. 2004. Taxonomic study of the genus *Pylaisia* (Hypnaceae, Musci). J Hattori Bot   Lab, 95: 71–154.

Bai X L. 2002. *Frullania* flora of Yunnan, China. Chenia, 7: 1–27.

Buck W R. 1980.   A generic revision of the Entodontaceae. J Hattori Bot Lab, 48: 71–159.

Buck W R. 1987. Note on asian Hypnaceae and associated taxa, Mem. New Yow Bot Gard, 45: 519–527.

Cao T, Gao C, Wu Y H. 1998. A synopsis of Chinese *Racomitrium* (Bryopsida, Grimmiaceae). J Hattori Bot Lab, 84: 11–19.

Chao R F, Lin S H, Chan J R. 1992. A taxonomic study of Frullaniaceae from Taiwan (II). *Frullania* in Abies forest. Yunshania, 9: 13–21.

Chao R F, Lin S H. 1991. A taxonomic study of Frullaniaceae from Taiwan (I). Yunshania, 8: 7–19.

Chao R F, Lin S H. 1992. A taxonomic study of Frullaniaceae from Taiwan (III). Yunshania, 9: 195–217.

Enroth J. 1997. Taxonomic position of *Leptocladium* and new synonymy in Chinese Amblystegiaceae (Bryopsida). Ann Bot Fenn, 34: 47–49.

Fang Y M, Koponen T. 2001. A revision of *Thuidium*, *Haplocladium* and *Claopodium* (Music, Thuidiaceae) in China. Bryobrothera, 6: 1–81.

Fery W, Stech M, 2009. Bryophytes and seedless vascular plants. 3: I-IV. *In*: Syl Pl Fam. 13. Gebr. Brontraeger Verlagsbuchhandlung, Berlin, Stuttgant, Germangy.

Frahm J P, Kunert V, Franzen I, et al. 1998. Revision der Gattung *Dichodontium* (Musci, Dicranaceae). Trop Bryol, 14: 109–118.

Frahm J P. 1992. A revision of the East-Asian species of *Campylopus*. J Hattori Bot Lab, 77: 133–164.

Frahm J P. 1997. A taxonomic revision of *Dicrandontium* (Musci). Ann Bot Fenn, 34: 179–204.

Gao C, Crosby M R. 1999. Moss Flora Of China Vol. 1. Science Press (Beijing, New York) & Missouri Botanical Garden (St. Louis): 1–273.

Gao C, Crosby M R. 2002. Moss Flora of China Vol. 3. Science Press (Beijing, New York) & Missouri Botanical Garden (St. Louis): 1–141.

Hattori S, Lin P J. 1985. A Prelimianry study of Chinese *Frullania* flora. J Hattori Bot Lab, 59: 123–169.

Hedenäs L. 1997a. A partial genric revision of *Campylium* (Musci). Bryologist, 100 (1): 65–88.

Hedenäs L. 1997b. Notes on some taxa of Amblystegiaceae. Bryologist, 100 (1): 98–101.

Henschel J, Paton J A, Schneider H, et al. 2007. Acceptance of *Liochlaena* Nees and *Solenostoma* Mitt. the systematic position of *Eremonotus* Pearson and notes on *Jungermainnia* L. s. 1 (Jungermainnidea) based on cholorplast DNA sequence data. PI Syst Evol, 268: 147–157.

Higuchi M. 1985. A Taxonomic revision of the Genus *Gollania* Broth. (Music). J Hattori Bot Lab, 59: 1–77.

Hofmann H. 1997. A monograph of the genus *Palamocladium* (Brachytheciaceae, Music). Lindbergia, 22: 3–20.

Hu R L, Wang Y F, Crosby M R. 2008. Moss Flora of China Vol. 7. Science Press (Beijing, New York) & Missouri Botanical Garden (St. Louis): 1–258.

Hu R L, Wang Y F. 1980. Two new species of *Entodon* in China. Bryologist, 11: 249–251.

Hu R L, Wang Y F. 1987. A review of the moss flora of East China. Memoirs New York Bot Gard, 45: 455–465.

Hu R L. 1983.　A revision of the Chinese species of *Entodon* (Musci, Entodontaceae). Bryologist, 86: 193–233.

Ignatov M S. 1998. Bryophyte Flora of Altai Mountain. Brachytheciaceae. Arctoa, 7: 85–152.

Ireland R R. 1969. A Taxonomic Revision of the Genus *Plagiothecium* for North America,North of Mexico. Publications in Botany, 1: 1–118.

Ignatov M S, Huttunen S. 2002. Brachytheciaceae (Bryophyta)-A family of sibling genera. Arctoa, 11: 245–296.

Iwastsuki Z. 1980. A Preliminary Study of *Fissidens* in China. J Hattori Bot Lab, 48: 171–186.

Iwatsuki Z. 1970. A revision of *Plagiothecium* and its related genera from Japan and her adjacent areas. I. J Hattori Bot Lab, 33: 331–380.

Ji M C, Enroth J. 2010. Contribution to *Neckera* (Neckeraceae,Music) in China. Acta Bryollichen Asiat, 3: 61–68.

Jia Y, Xu J M. 2006. A new species and a new record of *Brotherella* (Musci, Sematophyllaceae) from China, with a key to the Chinese species of *Brotherella*. Bryologist, 109 (4): 579–585.

Jiménez J A. 2006. Taxonomic revision of the genus *Didymodon* Hedw. (Pottiaceae, Bryophyta) in Europe, North Africa and Southwest and Central Asia. J Hattori Bot Lab, 100: 211–292.

Koponen T. 1967. *Eurhynchium angustirete* (Broth.) Kop, comb. n,(= *E. zetterstedtii* Störm.) and its distribution pattem. Memor Soc F Fl, Fenn, 43: 53–59.

Koponen T. 1968. Generic revision of Mniaceae Mitt. (Bryophyta). Ann Bot Fenici, 5: 117–151.

Koponen T. 1987. Notes on Chinese *Eurhynchium* (Brachytheciaceae). Memoirs New York Bot Gard, 45: 509–514.

Koponen T. 1988. The phylogeny and classification of Mniaceae and Rhizogoniaceae (Musci). J　Hattori Bot Lab, 64: 37–46.

Koponen T. 1998. Notes on *Philonotis* (Musci, Bartramiaceae). 3. A synopsis of the genus in China. J Hattori Bot Lab, 84: 21–27.

Krayesky D M, Crandall-Stotler B, Stotler R E. 2005. A revision of the genus *Fossombronia* Raddi in East Asia and Oceania. J Hattori Bot Lab, 98: 1–45.

Li X J, Crosby M R. 2001. Moss Flora Of China Vol. 2. Science Press (Beijing, New York) & Missouri Botanical Garden (St. Louis): 1–283.

Li X J, Crosby M R. 2007. Moss Flora Of China Vol. 4. Science Press (Beijing, New York) & Missouri Botanical Garden (St. Louis): 1–211.

Matsui T, Iwatsuki Z. 1990. A taxonomic revision of family Ditrichaceae (Musci) of Japan, Korea and Taiwan. J Hattori Bot Lab, 68: 317–366.

Noguchi A. 1987. Illustrated Moss flora of Japan Par 1. Nichinan: Hattori Botanical Laboratory: 1–242.

Noguchi A. 1988. Illustrated Moss flora of Japan Par 2. Nichinan: Hattori Botanical Laboratory: 243–491.

Noguchi A. 1989. Illustrated Moss flora of Japan Par 3. Nichinan: Hattori Botanical Laboratory: 493–742.

Noguchi A. 1991. Illustrated Moss flora of Japan Par 4. Nichinan: Hattori Botanical Laboratory: 743–1012.

Noguchi A. 1994. Illustrated Moss flora of Japan Par 5. Nichinan: Hattori Botanical Laboratory: 1013–1253.

Ochi H. 1992. A revised infrageneric classification of *Bryum* and related genera (Bryaceae, Musci). Bryobrothera, 1: 231–244.

Oguri E, Yamaguchi T, Tsubota H, et al. 2003. A preliminary phylogenetic study of the genus *Leucobryum* (Leucobryaceae, Musci) in Asia and the Pacific based on ITS and *rbc*L sequences. Hikobia, 14: 45–53.

Piippo S. 1987. Notes on Asiatic Brachytheciaceae. Memoirs New York Bot Gard, 45: 515–518.

Piippo S. 1990. Annotated catalogue of Chinese Hepaticae and Anthocerotae. J Hattori Bot Lab, 68: 1–192.

Pursell R A, Bruggeman-Nannenga M A. 2004. A revision of the infrageneric taxa of *Fissidens*. The Bryologist, 107: 1–20.

Pursell R A. 2007. Fissidentaceae. *In*: Flora North Anerica Editorial Committee. Flora of North America Vol. 27 bryophytes: Mosses, part 1. New York: Oxford University Press: 331–357.

Redfearn P L, Tan B C, He S. 1996. A newly updated and annotated checklist of Chinese mosses. J Hattori Bot Lab, 79: 163–357.

Redfearn P L, Wu P C. 1986. Catalog of the mosses of China. Ann Missouri Bot Gard, 73: 177–208.

Ren Z J, Yu N N, Tian Y X, et al. 2018. *Cephaloziella spinicaulis* (Cephaloziellaceae), a new record liverwort to Shandong Province, China. CHENIA, 13: 83–84.

Ren Z J, Yu N N, Zhao Z T. 2016. The Bryophyte Study in Shandong Province and a Brief Introduction of *Bryoflora of Shandong*. CHENIA, 12: 179–180.

Saito K. 1975. A monograph of Japanese Pottiaceae (Musci). J Hattori Bot Lab, 59: 241–278.

Smith A J E. 1990. The Liverworts of Britain and Ireland. Cambridge: Cambridge University Press: 1–349.

So M L. 2001. *Plagiochila* (Hepaticae, Plagiochilaceae) in China. Systematic Botany Monographs, 60: 1–214.

So M L. 2003. The Genus *Metzgeria* (Hepaticae) in Asia. J Hattori Bot Lab, 94: 159–177.

So M L, Zhu R L. 1995. Mosses and liverworts of Hong Kong (Volume 1). Hong Kong: Heavenly People Depot: 1–162.

Tan B C, Jia Y. 1999. A Preliminary Revision of Chinese Sematophyllaceae. J Hattori Bot Lab, 86: 1–70.

Touw A. 2001. A taxonomic revision of the Thuidiaceae (Musci) of tropical Asia, the western Pacific, and Hawaii. J Hattori Bot Lab, 91: 1–136.

Váňa J, Long D G. 2009. Jungermanniaceae of the Sino-Himalayan region. Nova Hedwigia, 89(3–4): 485–517.

Wang C K, Lin S H. 1975. *Entodon taiwanensis* and *Floribundaria torquata*, new species of mosses from Taiwan. Bot Bull Acad Sin, 16: 200–204.

Watanabe R. 1991. Notes on the Thuidiaceae in Asia. J hattori Bot Lab, 69: 37–47.

Wu P C, But P P H. 2009. Hepatic Flora of Hong Kong. Harbin: Northeast Forestry University Press: 1–193.

Wu P C, Crosby M R. 2002. Moss Flora of China Vol. 6. Science Press (Beijing, New York) & Missouri Botanical Garden (St. Louis): 1–221.

Wu P C, Crosby M R. 2005. Moss Flora of China Vol. 8. Science Press (Beijing, New York) & Missouri Botanical Garden (St. Louis): 1–385.

Wu P C, Crosby M R. 2012. Moss Flora of China Vol. 5. Science Press (Beijing, New York) & Missouri Botanical Garden (St. Louis): 1–422.

Wu Y H, Cao T, Gao C. 2001. Two species and one variety of the Amblystegiaceae (Musci) new to China. Acta Phytotax Sin, 39(2): 163–168.

Wu Y H, Gao C, Cao T. 2002. Notes on Chinese Amblystegiaceae described by H. N. Dixon. CHENIA, 7: 51–58.

Zander R H. 1993. Genera of the Pottiaceae: Mosses of harsh environments. Bull Buffalo Soc Nat Sci, 32: 1–378.

Zander R H. 2006. The Potticaceae s. str. as an evolutionary lazarus taxon. J Hattori Bot Lab, 100: 581–602.

Zhu R L, So M L. 1996. Mosses and liverworts of Hong Kong (Volume 2). Hong Kong: Heavenly People Depot: 1–130.

索　引

中名索引

拉丁名索引

照　　片

照片 1　日本紫背苔 *Plagiochasma japonicum*

照片 2　石地钱 *Reboulia hemisphaerica*

照片 3　蛇苔 *Conocephalum conicum*

照片 4　小蛇苔 *Conocephalum japonicum*

照片 5　地钱 *Marchantia polymorpha*，示雌托

照片 6　地钱 *Marchantia polymorpha*，示雄托

照片 7　带叶苔 *Pallavicinia lyellii*

照片 8　溪苔 *Pellia epiphylla*

照片 9　狭叶叶苔 *Jungermannia subulata*

照片 10　截叶叶苔 *Jungermannia truncata*

照片 11　筒萼对耳苔 *Syzygiella autumnalis*

照片 12　芽胞裂萼苔 *Chiloscyphus minor*

照片 19　日本细鳞苔 *Lejeunea japonica*

照片 20　南亚瓦鳞苔 *Trocholejeunea sandvicensis*

照片 17 陕西耳叶苔 *Frullania schensiana*

照片 18 湿生细鳞苔 *Lejeunea aquatica*

照片 15　芽胞扁萼苔 *Radula lindenbergiana*

照片 16　盔瓣耳叶苔 *Frullania muscicola*

照片 13　裂萼苔 *Chiloscyphus polyanthos*

照片 14　多瓣苔 *Macvicaria ulophylla*

照片 21　小胞仙鹤藓 *Atrichum rhystophyllum*

照片 22　仙鹤藓多蒴变种 *Atrichum undulatum* var. *gracilisetum*

照片 23　东亚小金发藓 *Pogonatum inflexum*

照片 24　葫芦藓 *Funaria hygrometrica*

照片 25　红蒴立碗藓 *Physcomitrium eurystomum*

照片 26　中华缩叶藓 *Ptychomitrium sinense*

照片 27 近缘紫萼藓 *Grimmia longirostris*

照片 28 毛尖紫萼藓 *Grimmia pilifera*

照片 29　角齿藓 *Ceratodon purpureus*

照片 30　长蒴藓 *Trematodon longicollis*

照片 31 多形小曲尾藓 *Dicranella heteromalla*

照片 32 钟帽藓 *Venturiella sinensis*

照片 33　黄叶凤尾藓 *Fissidens crispulus*

照片 34　卷叶凤尾藓 *Fissidens dubius*

照片 35 短肋凤尾藓 *Fissidens gardneri*

照片 36 裸萼凤尾藓 *Fissidens gymnogynus*

照片 37　网孔凤尾藓 *Fissidens polypodioides*

照片 38　丛本藓 *Anoectangium aestivum*

照片 39　小扭口藓 *Barbula indica*

照片 40　暗色扭口藓 *Barbula sordida*

照片 41 扭口藓 *Barbula unguiculata*

照片 42 无齿红叶藓 *Bryoerythrophyllum gymnostomum*

照片 43　尖叶对齿藓 *Didymodon constrictus*

照片 44　卷叶湿地藓 *Hyophila involuta*

照片 45　短茎芦氏藓 *Luisierella barbula*

照片 46　狭叶拟合睫藓 *Pseudosymblepharis angustata*

照片 47　剑叶舌叶藓 *Scopelophila cataractae*

照片 48　小反纽藓 *Timmiella diminuta*

照片 49　纽藓 *Tortella humilis*

照片 50　长叶纽藓 *Tortella tortuosa*

照片 51　皱叶毛口藓 *Trichostomum crispulum*

照片 52　平叶毛口藓 *Trichostomum planifolium*

照片 53 波边毛口藓 *Trichostomum tenuirostre*

照片 54 缺齿小石藓 *Weissia edentula*

照片 55 皱叶小石藓 *Weissia longifolia*

照片 56 毛叶泽藓 *Philonotis lancifolia*

照片 57 　细叶泽藓 *Philonotis thwaitesii*

照片 58 　东亚泽藓 *Philonotis turneriana*

照片 59　银藓 *Anomobryum julaceum*

照片 60　纤枝短月藓 *Brachymenium exile*

照片 61　短月藓 *Brachymenium nepalense*

照片 62　真藓 *Bryum argenteum*

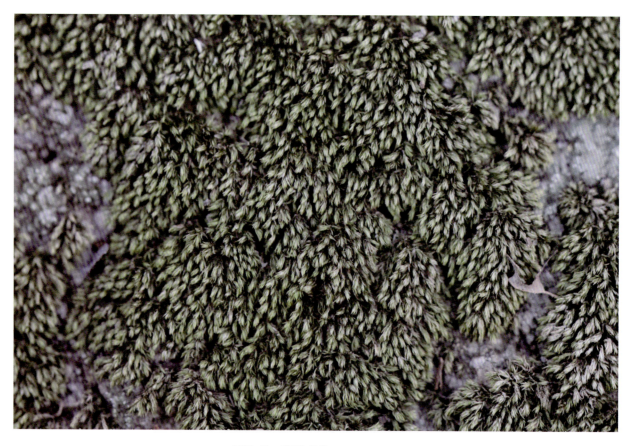

照片 63 卵蒴真藓 *Bryum blindii*

照片 64 瘤根真藓 *Bryum bornholmense*

照片 65　细叶真藓 *Bryum capillare*

照片 66　圆叶真藓 *Bryum cyclophyllum*

照片 67　拟三列真藓 *Bryum pseudotriquetrum*

照片 68　弯叶真藓 *Bryum recurvulum*

照片 69　异叶提灯藓 *Mnium heterophyllum*

照片 70　尖叶匐灯藓 *Plagiomnium acutum*

照片 71　钝叶匍灯藓 *Plagiomnium rostratum*

照片 72　圆叶匍灯藓 *Plagiomnium vesicatum*

照片 73　瘤柄匐灯藓 *Plagiomnium venustum*

照片 74　疣灯藓 *Trachycystis microphylla*

照片 75　北地拟同叶藓 *Isopterygiopsis muelleriana*

照片 76　圆条棉藓 *Plagiothecium cavifolium*

照片 77　东亚碎米藓 *Fabronia matsumurae*

照片 78　黄叶细湿藓 *Campylium chrysophyllum*

照片 79　牛角藓 *Cratoneuron filicinum*

照片 80　褐黄水灰藓 *Hygrohypnum ochraceum*

照片 81　尖叶拟草藓 *Pseudoleskeopsis tosana*

照片 82　狭叶小羽藓 *Haplocladium angustifolium*

照片 83 细叶小羽藓 *Haplocladium microphyllum*

照片 84 短肋羽藓 *Thuidium kanedae*

照片 85　多枝青藓 *Brachythecium fasciculirameum*

照片 86　羽枝青藓 *Brachythecium plumosum*

照片 87　长肋青藓 *Brachythecium populeum*

照片 88　卵叶青藓 *Brachythecium rutabulum*

照片 89　绒叶青藓 *Brachythecium velutinum*

照片 90　燕尾藓 *Bryhnia novae-angliae*

照片 91　短尖美喙藓 *Eurhynchium angustirete*

照片 92　密叶美喙藓 *Eurhynchium savatieri*

照片 93　日本细喙藓 *Rhynchostegiella japonica*

照片 94　水生长喙藓 *Rhynchostegium riparioides*

照片 95　扁灰藓 *Breidleria pratensis*

照片 96　美灰藓 *Eurohypnum leptothallum*

照片 97　皱叶粗枝藓 *Gollania ruginosa*

照片 98　大灰藓 *Hypnum plumaeforme*

照片 99　鳞叶藓 *Taxiphyllum taxirameum*

照片 100　东亚毛灰藓 *Homomallium connexum*

照片 101　贴生毛灰藓 *Homomallium japonico-adnatum*

照片 102　短叶毛锦藓 *Pylaisiadelpha yokohamae*

照片 103　矮锦藓 *Sematophyllum subhumile*

照片 104　柱蒴绢藓 *Entodon challengeri*

照片 105　绢藓 *Entodon cladorrhizans*

照片 106　深绿绢藓 *Entodon luridus*

照片 107　钝叶绢藓 *Entodon obtusatus*

照片 108　亚美绢藓 *Entodon sullivantii*

照片 109　小牛舌藓 *Anomodon minor*

照片 110　拟多枝藓 *Haplohymenium pseudo-triste*

照片 111　羊角藓 *Herpetineuron toccoae*

照片 112　拟附干藓 *Schwetschkeopsis fabronia*

作 者 简 介

赵遵田（1952—），汉族，山东沂南人，山东师范大学生命科学学院教授（二级），博士生导师。植物分类学及逆境植物实验室（省级重点实验室）学科带头人；国际苔藓学家学会会员（IBA）；全国植物学科首席科学传播专家；中国植物学会理事；山东科协常委；山东省青少年科普专家团团长；山东植物学会理事长。在国内外发表论文140余篇，其中，SCI文章60篇；著作10余部。荣获国务院政府特殊津贴、山东省专业技术拔尖人才、全国师范院校优秀教师曾宪梓基金奖、全国优秀科技工作者、第三届山东科普奖、首届山东省青少年科技教育春晖奖、全国科协系统先进工作者等奖项。曾前往加拿大国家自然博物馆做高级访问学者，澳大利亚、新西兰参加国际菌物学学术大会。

任昭杰（1984—），汉族，山东莱州人，植物学硕士。就职于山东博物馆，从事自然陈列和苔藓植物资源与分类学研究；参与完成国家自然科学基金项目3项、省部级课题2项；发表论文30余篇，主编专著2部。

www.sciencep.com

（Q-4617.01）

ISBN 978-7-03-066179-1

定 价：298.00元